高等院校教材

高频电子线路

主编　高瑜翔

副主编　王春圃　张　瑾　胡宏平

科学出版社

北　京

内 容 简 介

本书以高频电子线路涉及的基础知识、基本原理和实际应用设计为重点，立足于培养理论与工程设计兼具的实际应用型人才。全书共分8章，包括绪论、谐振与小信号选频放大电路、高频功率放大电路、正弦波振荡电路、线性频谱搬移电路、角度调制与解调电路、反馈控制电路和无线收发信系统设计简介，全面涵盖了高频电路与系统的相关知识。

为了增强读者对基本理论的深入理解和学习兴趣，本书还在每一重点章节末给出了相关的Matlab仿真分析的源代码，读者可以方便地改变有关参数来理解相应的结果。

本书既可作为应用型高等院校通信、电子信息、自动化测控与仪表等专业的教材和学习辅导用书，也可供有关工程技术人员参考。

图书在版编目(CIP)数据

高频电子线路/高瑜翔主编.—北京:科学出版社，2008
(高等院校教材)
ISBN 978-7-03-022631-0

Ⅰ.高…　Ⅱ.高…　Ⅲ.高频-电子电路-高等学校-教材
Ⅳ.TN710.2

中国版本图书馆CIP数据核字(2008)第104742号

责任编辑:毛　莹　潘继敏/责任校对:陈玉凤
责任印制:徐晓晨/封面设计:陈　敬

科学出版社出版
北京东黄城根北街16号
邮政编码:100717
http://www.sciencep.com
北京捷迅佳彩印刷有限公司 印刷
科学出版社发行　各地新华书店经销
*
2008年12月第　一　版　　开本:B5(720×1000)
2020年 1 月第八次印刷　　印张:17 3/4
字数:224 000
定价:69.00元
(如有印装质量问题，我社负责调换)

《高频电子线路》编委会名单

主　编　高瑜翔

副主编　王春圃　张　瑾　胡宏平

参　编　陈爱萍　张　杰　余红兵　邱红兵
　　　　　王欣强　肖　波　李华兵

前　　言

高频电子线路是通信、电子技术及相关电类专业的一门十分重要的专业基础课程，无论是电子类的重点院校，还是一般本科院校都开设本课程。高频电路涉及的内容非常丰富，并具有较强的理论性、工程实践性和复杂多变的实际电路结构，这使得学生不仅在学习理论时感到困难，更主要的是在分析实际电路与工程实践时感到茫然和力不从心。如何让学生较好地、高效地学习、理解和掌握这门课程，是我们任课老师多年来的心愿和追求。根据长期的教学实践，对于普通院校的学生必须要有一本内容适当、难易适中、叙述清晰、传授知识的手段多样、形式生动的好教材，这正是编写本书的出发点。

承蒙科学出版社的诚挚邀请，本书编写队伍以成都信息工程学院为主，联合了西南交通大学、西南民族大学、西南石油大学、西华大学和成都理工大学等高校通信与电子类专业长期从事高频电子线路课程教学工作的老师，共同完成了本教材的编写。

由于本教材希望从教和学两个方面来共同提高教学效果，全书具有如下特点：

(1) 内容精要，重点突出，主次分明，并具有系统性；

(2) 避免烦琐的理论推导，讲解由浅入深、逻辑性强，并对一些难于理解的原理和易混淆的概念作了深入的剖析和比较分析；

(3) 在理论讲授的同时重在应用设计，全书在重点部分都给出了有关设计实例；

(4) 从学习的角度，为了增强读者对基本理论的深入理解和学习兴趣，本书在每一重点章节末给出了相关的 Matlab 仿真分析的源代码，读者可以方便地改变有关参数来理解相应的结果。

本书由高瑜翔担任主编，并负责统稿和整理，第 1、8 章由成都信息工程学院的高瑜翔老师编写，第 2 章由西南民族大学的王欣强老师、西华大学的胡宏平老师共同编写，第 3 章、第 4 章、第 5 章、第 6 章分别由成都信息工程学院的陈爱萍、张杰、王春圃和余红兵老师编写，第 7 章由西南石油大学的邱红兵老师编写，西南交通大学的张瑾老师和肖波老师编写了全书的 Matlab 仿真代码。另外成都理工大学工程技术学院的李华兵老师参加了部分校对工作。

本书是在所有参编老师长期使用的讲稿和讲义的基础上整理，并参考了相关的同类教材编写而成的，适合作为应用型本科院校有关专业如通信工程、电子工程、自动化、测控、大气电子、医疗电子等的通用教材，也可供有关工程技术人员参考。

非常感谢为本书提出宝贵意见和为本书编写给予帮助的老师和领导，以及付出心血的所有工作人员。由于时间仓促，书中难免存在错误和不当之处，欢迎各位读者批评指正。

高瑜翔

2008 年 6 月

目　录

第1章　绪　　论

随着电子、通信技术的不断发展和广泛应用，现代电子、通信设备正日益成为人们生活中常用的不可缺少的一部分。而现代电子设备和系统中涉及的电子技术主要包括信号采集技术、传输或通信技术、信号处理技术和软件等，射频技术和微电子技术无疑是它们发展的基础，虽然它们正朝着“软件化”的方向发展，但是任何现代电子设备和系统总可以划分为模拟部分和数字部分。对于无线通信系统，模拟部分主要是指高频或射频前端，完成信号的变换与频谱搬移。

1.1　通信系统概述

1.1.1　通信系统及其基本组成

通信的含义就是信息的传递，其基本目的就是由信源通过电或光等方式向信宿传递消息。最基本的传输或通信系统的简化模型如图 1.1 所示。它包括信源、发送设备、信道、接收设备和信宿。

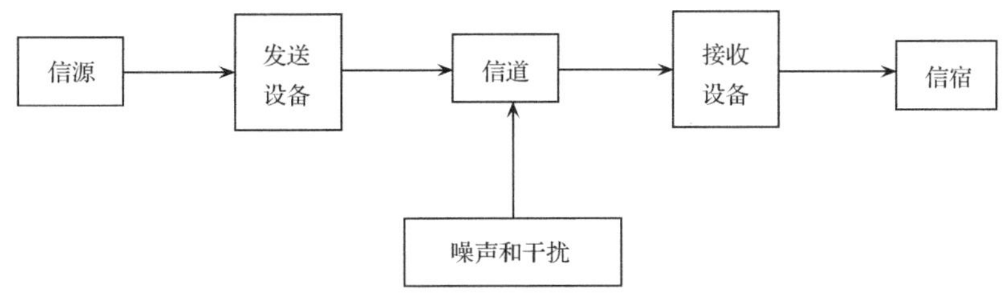

图 1.1　通信系统的简化模型

信源是信息的提供者，其表现形式有多种，如语音、图像、音乐、图片、文字、电码等。信源产生的信号随着时间而变化，一般称为基带信号，通常不适宜直接在信道中传输，需要发送设备对其进行某种变换与处理，将它转换成既载有信源的信息，又便于在信道中有效传输的频带信号，这种变换称为调制。

发送设备的主要作用就是实现调制和放大，其输出的频带信号称为已调信号。

信道是信号的传输介质，对于电信号来说，它可以分为有线和无线两种，有线包括普通的金属导线、双绞线、同轴电缆和微带线等；无线包括大气、水、地表和宇宙空间等。不同的信道其频率特性是不同的，适合于不同的应用场合。

接收设备与发送设备相对应，其作用是将信道中的频带信号接收后进行反变换，将频带信号转变成基带信号，即解调，随后将发送端发送的基带信号送给信宿，由信宿将电信号转变成人们可以理解的信息或消息。

信宿通常包括扩音器、显示器等。

信号在传输过程中，无论是在发送设备、接收设备，还是在信道中，都会受到噪声和干扰的污染与影响，使得接收端的信号同发送端相比存在失真，如何减小信号在传输过程中产生的失真始终是通信系统设计的主要任务。图 1.1 中将噪声和干扰集中表现在信道中，是大多数通信系统模型的一种表示方法，有利于简化系统的分析。

1.1.2　无线通信系统

通信系统总可以分为无线通信和有线通信两类，而无线通信的世界更为精彩，它是当今通信技术发展水平的集中而典型的代表。图 1.2 是一个典型无线通信系统的构成框图。

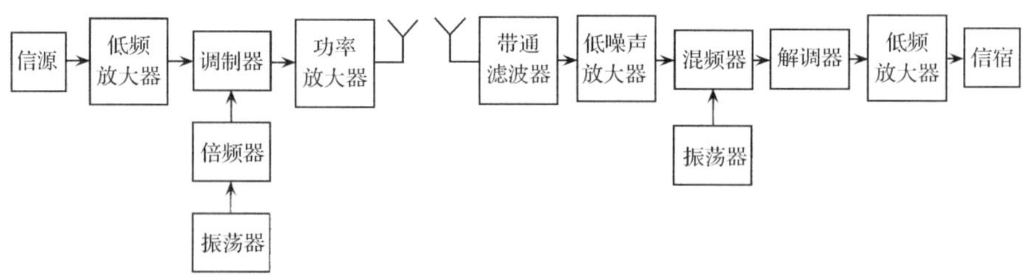

图 1.2　典型无线通信系统的构成框图

无线（或移动）通信系统主要是通过大气和宇宙空间等媒介以无线的方式实现信息的传输和通信，我们使用的手机就是典型的移动通信系统终端。无线通信系统的特点就是必须将原始信息载荷到高频或射频频率上，通过天线以电磁波的形式传送到接收端，并在接收端卸载原始信息，从而完成通信。整个系统主要包括产生载荷信息的高频载波振荡器、实现信息装载的调制器、提供传输能量的高频功率放大器、有效选择或调谐载波并抑制噪声的带通滤波器、放大高频小信号的低噪声放大器、改变高频载波频率的倍频器和混频器，以及卸载原始信息的解调器等。上述所有这些部分都属于高频电子线路或射频电路设计的主要内容，所以高频电子线路是设计无线（或移动）通信系统的基础。

1.2　信号与频谱、电磁波及其频段划分

1.2.1　典型信号及其频谱

在通信系统中实际传递的是各种形式的电信号，而这些电信号是通过某种转

换设备把对应的消息转换成相应的随时间变化的电流或电压，通常这些实际的电信号在时域都具有较为复杂的波形，它们都包含许多频率成分，在频域内占有一定的频率范围，存在一定的频谱结构，频谱图可以很方便地用来表示信号中含有的频率成分以及它们所占的比例。通常，信号的频谱可以通过傅里叶变换这一数学工具得到，下面给出几种典型信号的有关波形和频谱表达式以及它们相应的曲线，如图 1.3 所示。

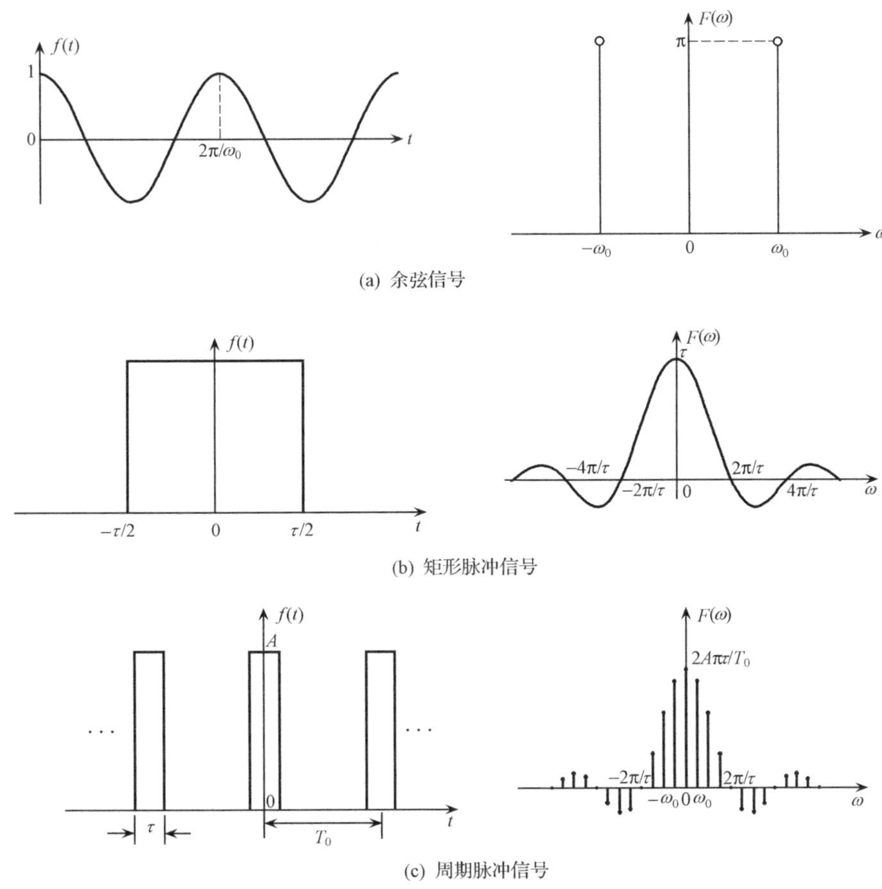

图 1.3　几种典型信号的波形和频谱图

（1）余弦信号

$$f(t) = \cos(\omega_0 t), \qquad F(\omega) = \pi\delta(\omega - \omega_0) + \pi\delta(\omega + \omega_0)$$

（2）矩形脉冲信号

$$f(t) = \mathrm{rect}\left(\frac{t}{\tau}\right), \qquad F(\omega) = \tau \mathrm{Sa}\left(\frac{\omega\tau}{2}\right)$$

（3）周期脉冲信号

周期为 T_0，宽度为 τ，高度为 A 的矩形脉冲信号的频谱为

$$F(\omega) = 2\pi \frac{A\tau}{T_0} \sum_{n=-\infty}^{\infty} \mathrm{Sa}\left(\frac{n\omega_0 \tau}{2}\right)\delta(\omega - n\omega_0)$$

1.2.2 电磁波及其频段的划分

在无线(或移动)通信系统中,电磁波充当了运送信息的载体。电磁波本质上是天线中流动的高频电流在其周围空间激起的随时间变化的交变电磁场,它是一种由近及远地以波的形式传播的电磁能。

电磁波在真空中的传播速度恒为光速 $c=3\times10^8$ m/s(米/秒),在大气中的速度也接近于光速。

任何无线电波都有两个基本参数,即频率(f)和波长(λ),频率表示电磁波在每秒钟交变的次数,其单位为赫兹(Hz);波长表示电磁波在一个振荡周期内传播的距离,其单位为米(m)。频率和波长满足如下关系式:

$$c = f\lambda$$

可见电磁波的频率和波长一一对应,当其传播速度恒定时,频率和波长成反比,即频率越高,波长越短,或波长越长,频率越低。

电磁波包括的范围十分广泛,可见光、红外线、紫外线和 X 射线等属于频率比较高的一类电磁波,常见的广播电视和移动通信中使用的电磁波频率相对较低,通常称之为无线电波。

根据频率或波长的大小,无线电波可以划分为不同的波段或频段,表 1.1 给出了各波段的名称、波长和频率的参考范围。

表 1.1　无线电波各波段名称、波长和频率的参考划分

波段名称	频率范围	波长范围
超长波	3～30 kHz(甚低频——VLF)	100～10 km
长波	30～300 kHz(低频——LF)	100～1 km
中波	300～3000 kHz(中频——MF)	1000～100 m
短波	3～30 MHz(高频——HF)	100～10 m
超短波	30～300 MHz(甚高频——VHF)	10～1 m
分米波	300～3000 MHz(特高频——UHF)	100～10 cm
厘米波	3～30 GHz(超高频——SHF)	10～1 cm
毫米波	30～300 GHz(极高频——EHF)	10～1 mm

需要指出的是,表中给出的波长和频率范围仅是一个参考划分值,电磁波的特性在各波段之间的衔接处并无明显差别。

目前,国内的中波广播频段为 525～1605 kHz;短波广播频段为 2～24 MHz;调频广播的频段为 88～108 MHz;广播电视使用的频段范围是 470～958 MHz;移动通信使用900MHz和1800MHz频段。

另外,本书中高频的频率范围非常宽,而非表1.1中的狭义划分值。我们认为只要电路尺寸比工作波长小得多,仍可以采用集总参数来描述和实现,都属于高频范畴。一般认为高频与射频的频率范围是30MHz～3GHz。

1.2.3 高频与射频电路设计的必要性

在无线通信系统典型的构成框图中,我们已经知道高频与射频电路是整个系统的模拟前端,同时由于信道复用和天线尺寸的要求,使它成为任何无线系统中必不可少的组成部分。高频与射频电路的设计在现代无线通信的整个系统设计中将花费相当大的工作量和财力投入。

高频与射频部分的性能直接决定和影响了整个通信系统的工作状况和性能,不管基带部分设计的多好,如果没有卓越的高频与射频前端,整个系统必无法正常工作。

高频与射频电路部分是无线通信系统中设计与实现的难点,高频与射频部分中器件的非线性、时变性、不稳定性和模型的不准确性,以及电路受分布与寄生参数的影响,均给高性能的高频与射频电路设计与实现造成相当大的困难,所以在实际设计时很大程度上依赖于设计人员长期积累的调测经验。

高频电路和低频电路存在重大区别。在低频信号下,电阻(R)、电容(C)和电感(L)都可以视为单一的理想器件;但在高频信号下,集总参数的电阻、电容和电感的频率响应特性与低频时的完全不同,它们都表现为一个复杂的RLC网络的频率特性,即使是一根简单的导线也会呈现出复杂的频率响应。图1.4为导线、电阻、电容、电感在高频信号下的等效电路图。

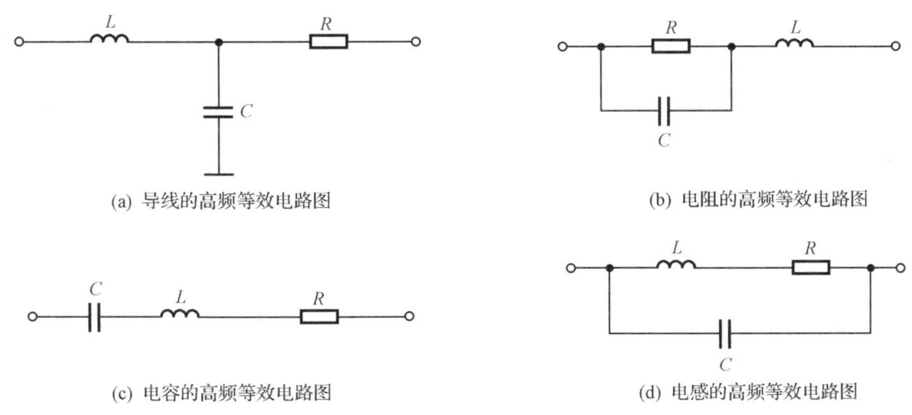

图1.4 导线、电阻、电容、电感的高频等效电路图

对于有源器件,如二极管和三极管,在高频信号下其等效电路和模型与低频时

的差别也很大，在设计时必须准确建立相应的模型并借助 EDA 工具方能实现较为有效的设计。

1.3 非线性电子线路的基本概念

1.3.1 线性与非线性电路

所谓线性电路是指全部由线性或处于线性工作状态的元器件组成的电路，线性电路的输入输出关系或伏安特性曲线为线性函数；电路中只要含有一个元器件是非线性的或处于非线性工作状态，则称为非线性电路，非线性电路的输入输出关系或伏安特性曲线为非线性函数。

图 1.5 示出了一种线性与非线性电路的伏安特性曲线，图 1.5(a)属于线性电路，其伏安特性曲线是一条直线，其特性参数如电导(曲线的斜率)是恒定的，电路的输出电流随外加电压正比变化；图 1.5(b)为非线性电路，其伏安特性曲线不再是一条直线，电路的输出电流不再随外加电压正比变化，电路呈现的电导值(曲线斜率)随外加电压大小变化而变化，特别是在大信号作用下，输出的信号波形必将产生畸变和失真，所以在输出信号中引起了新的频率成分，这是非线性电路的一个普遍现象。在高频或射频电路中，除了谐振电路和高频小信号放大器(如低噪声放大器)外，高频功放、振荡器、调制器、解调器、混频器和反馈控制电路等均属于非线性电路。

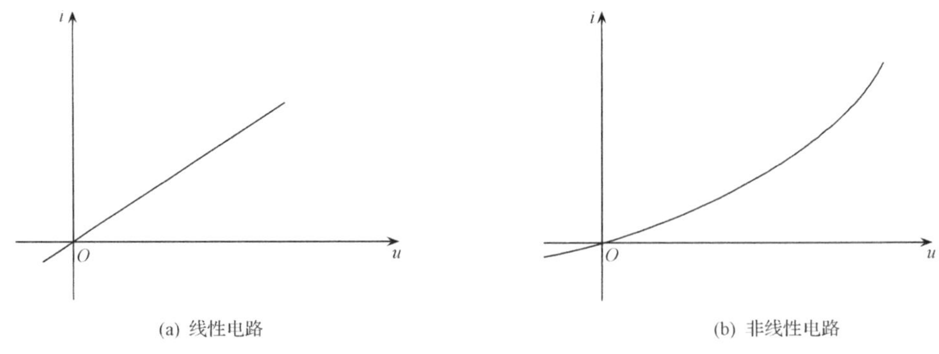

图 1.5 线性与非线性电路的一种伏安特性曲线

1.3.2 非线性电路的基本特点

对于图 1.5(b)的非线性电路特性曲线，使用二次曲线来模拟，可以方便地研究非线性电路的一些特点。

非线性电路的伏安特性曲线为如下表达式：

$$i(u) = ku^2 \tag{1.1}$$

其中 k 为常数。它对应的曲线斜率，也称交变电导

$$g = i'(u) = 2ku \tag{1.2}$$

g 随着外加电压变化而变化，即 g 是时变的，这是非线性电路的一个基本特性。

线性电路中叠加定理是恒成立的，即当多个信号同时作用于线性电路时，可以分别计算每个信号各自单独作用时的响应，然后将每个信号的响应相加即得到总的响应，这是线性电路中常用的分析方法。但是对于非线性电路，叠加定理是否还成立呢？下面将进行有关分析。

设有两个信号 u_1 和 u_2 同时作用于非线性电路，由式(1.1)可得输出为

$$\begin{aligned} i(u) &= k(u_1 + u_2)^2 \\ &= ku_1^2 + ku_2^2 + 2ku_1u_2 \end{aligned} \tag{1.3}$$

若根据叠加定理，则输出为

$$i(u) = ku_1^2 + ku_2^2 \tag{1.4}$$

显然，式(1.3)中比式(1.4)多了 u_1 和 u_2 的乘积项，所以叠加定理在非线性电路中不再适用，这是非线性电路的另一个基本特点。

若令 $u_1 = U_1\cos(\omega_1 t)$，$u_2 = U_2\cos(\omega_2 t)$，将它们代入式(1.3)中，可得

$$\begin{aligned} i(u) &= k(u_1 + u_2)^2 \\ &= kU_1^2\cos^2(\omega_1 t) + kU_2^2\cos^2(\omega_2 t) + 2kU_1U_2\cos(\omega_1 t)\cos(\omega_1 t) \\ &= \frac{1}{2}k(U_1^2 + U_2^2) + kU_1U_2[\cos(\omega_1 + \omega_2)t + \cos(\omega_1 - \omega_2)t] \\ &\quad + \frac{1}{2}kU_1^2\cos(2\omega_1 t) + \frac{1}{2}kU_2^2\cos(2\omega_2 t) \end{aligned} \tag{1.5}$$

由式(1.5)可知，输出信号中包含有直流成分、频率 ω_1 与 ω_2 的和差分量，以及它们的二次谐波 $2\omega_1$ 与 $2\omega_2$，这与线性电路不会产生新的频率成分完全不同，所以产生新的频率成分是非线性电路的又一个特点。

1.3.3　非线性电路的主要分析方法

在分析非线性电路时可以采用图解法和解析法。图解法比较直观明了，但是精确性较差，在实际的电路分析中，通常采用工程近似解析法。所谓工程近似解析法，就是根据实际工程的情况，对器件和电路进行一定程度的、合理的近似，以获得相对准确和有效的结果。常用的近似分析方法有折线法、幂级数法和开关函数法等，将在以后各章分别予以讨论。

在小信号作用下，当工作点选取适当，为了简化分析，也可以按照线性电路的分析方法来分析非线性电路。

本章小结

通信系统基本组成包括信源、发送设备、信道、接收设备和信宿。其中发送设备的主要作用就是实现调制和放大，其输出的频带信号称为已调信号；接收设备与发送设备相对应，其作用是将信道中的频带信号接收后进行反变换，将频带信号转变成基带信号，即解调。无线通信系统主要包括产生载荷信息的高频载波的振荡器、实现信息装载的调制器、提供传输能量的高频功率放大器、有效选择或调谐载波并抑制噪声的带通滤波器、放大高频小信号的低噪声放大器、改变高频载波频率的倍频器和混频器，以及卸载原始信息的解调器等，所有这些部分都属于高频电子线路或射频电路设计的主要内容。

任何时域信号都包含许多频率成分，并存在一定的频谱结构，频谱图可以方便用来表示信号中含有的频率成分以及它们所占的比例。通常，信号的频谱可以通过傅里叶变换这一数学工具得到。

电磁波本质上是天线中流动的高频电流在其周围空间激起的随时间变化的交变电磁场。电磁波在真空中的传播速度恒为光速，其实电磁波包括的范围十分广泛，可见光、红外线、紫外线和 X 射线等属于频率比较高的一类电磁波，常见的广播电视和移动通信中使用的电磁波频率相对较低，通常称之为无线电波。一般认为高频与射频的频率范围是 30MHz～3GHz。

高频电路和低频电路存在重大区别。在低频信号下，电阻、电容和电感都可以视为单一的理想器件；但在高频信号下，集总参数的电阻、电容和电感的频率响应特性与低频时的完全不同，它们都表现为一个复杂的 RLC 网络的频率特性，即使是一根简单的导线也会呈现出复杂的频率响应。对于有源器件，如二极管和三极管，在高频信号下其等效电路和模型与低频时的差别也很大，在设计时必须准确建立相应的模型并借助 EDA 工具方能实现较为有效的设计。

非线性电路的基本特点包括：①交变电导是时变的，这是非线性电路的一个基本特性；②叠加定理不再适用；③产生新的频率成分。非线性电路的分析方法有图解法和解析法。在小信号作用下，当工作点选取适当，也可以按照线性电路的分析方法来简化非线性电路的分析。

习　题

1.1　通信系统的三大主要构成部分分别是什么？

1.2　通信系统的发送设备的主要功能是什么？输出什么样的信号？

1.3　通信系统的接收设备的主要功能是什么？输入信号与输出信号的主要差别是什么？

1.4　什么是频谱？分析信号频谱有何意义？如何得到信号的频谱？

1.5　什么是电磁波？频率和波长的关系是什么？高频的频率范围一般是多少？

1.6　高频电路和低频电路的主要区别是什么？

1.7　什么是线性电路和非线性电路？二者主要区别是什么？

1.8　非线性电路的基本特点是什么？其主要的分析方法有哪些？

第 2 章　谐振与小信号选频放大电路

在高频电路中，谐振选频电路和阻抗变换部分是最基本的功能电路，广泛应用于小信号放大、功放、振荡、调制及解调电路中。振荡回路、石英谐振器及集中选频滤波器等都具有选频和阻抗变换功能。而对于高频小信号选频放大电路，它位于接收机的前端，可以对天线接收到的微弱信号进行放大，故本章对高频小信号选频放大电路的基本工作原理、噪声与稳定性指标和集成宽带放大器进行介绍。

2.1　选频电路概述

谐振选频回路的作用是从众多频率成分中选出有用信号的频率成分，抑制掉不需要的频率成分，具有滤波和阻抗变换的功能。常用的选频回路有 LC 谐振回路、晶体谐振器、声表面波谐振器等。典型选频网络的传输特性如图 2.1 所示。

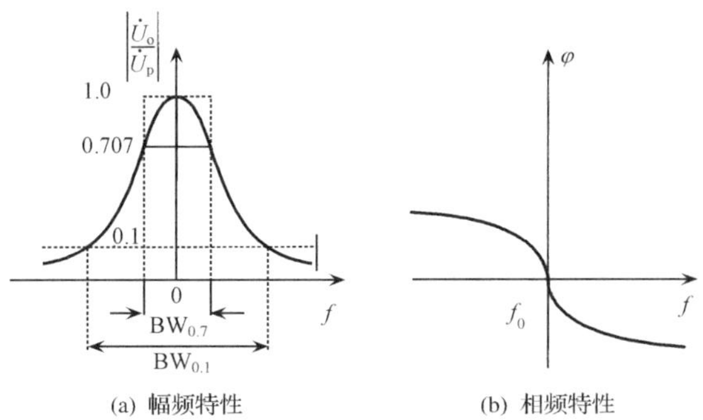

图 2.1　典型选频网络特性

选频回路的主要指标有：

(1) 中心频率 f_0。在该频率上传输系数最大。

(2) 通频带 BW_{3dB}($BW_{0.7}$)。当传输系数下降到最大值的 1/2(即 −3dB)时，所对应的上下限频率的差。

(3) 矩形系数 $K_{0.1}$。当传输系数下降到最大值的 0.1 倍时对应的频带宽度和通频带之比。矩形系数越小说明选择性越好，理想情况下 $K_{0.1}=1$ 说明可以把通频带以外的信号全部滤掉。矩形系数 $K_{0.1}$的定义如下：

$$K_{0.1}=\frac{BW_{0.1}}{BW_{3dB}}$$

2.2　LC 谐振回路选频特性分析

高频谐振回路是高频电路中应用最广泛的无源网络，它除了能实现选频滤波外，还能实现阻抗变换、移相和相频转换功能，并可以直接作为负载使用。在微波段，振荡回路还可以用传输线实现，从电路的角度看，它总是由电感和电容以串联或并联的形式构成回路。

在某一特定频率上谐振回路阻抗的虚部为零，即呈现为纯电阻，此时回路阻抗具有最大值或最小值的特性，称为谐振特性，这个特定频率称为谐振频率。利用其谐振特性可以实现频率选择，因此在高频电路中得到广泛应用。以下我们分别讨论并联谐振回路、串联谐振回路，及抽头并联回路性能。

2.2.1　并联谐振回路

简单并联谐振回路如图 2.2 所示，L 为电感线圈，r 是其损耗电阻，C 为电容。其中 r 很小，一般可以忽略。当信号角频率为 ω 时，回路的并联阻抗为

$$Z = \frac{(r + j\omega L)\frac{1}{j\omega C}}{r + j\omega L + \frac{1}{j\omega C}} \tag{2.1}$$

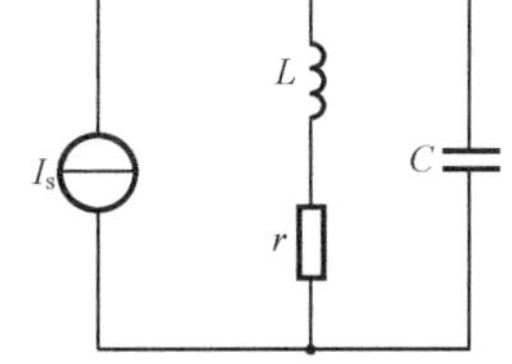

图 2.2　并联谐振回路

当信号角频率使感抗与容抗相等时，并联回路处于谐振状态，此时对应的频率称为并联谐振频率 ω_0，令式(2.1)虚部为零可得

$$\omega_0 = \frac{1}{\sqrt{LC}}\sqrt{1 - \frac{1}{Q^2}} \tag{2.2}$$

式中 Q 为回路的品质因数(固有品质因数)

$$Q = \frac{\omega_0 L}{r} = \frac{1}{r\omega_0 C} \tag{2.3}$$

定义为谐振时回路储存的能量与谐振时回路损耗的能量之比。高频电路中一般 Q 值较大($Q \gg 1$)，所以并联回路的谐振频率可写为

$$\omega_0 = \frac{1}{\sqrt{LC}} \tag{2.4}$$

它也是回路的中心频率。谐振时的感抗或容抗称为回路的特性阻抗

$$\rho = \omega_0 L = \frac{1}{\omega_0 C} = \sqrt{\frac{L}{C}} \tag{2.5}$$

谐振时回路的阻抗最大为一纯阻

$$R_p = \frac{L}{rC} = Q\omega_0 L = \frac{Q}{\omega_0 C} \tag{2.6}$$

则式(2.1)可写作

$$\begin{aligned}Z &= \frac{\dfrac{L}{C}}{r + \mathrm{j}\left(\omega L - \dfrac{1}{\omega C}\right)} \\ &= \frac{\dfrac{L}{rC}}{1 + \mathrm{j}\,\dfrac{\omega L - \dfrac{1}{\omega C}}{r}} = \frac{R_p}{1 + \mathrm{j}Q\left(\dfrac{\omega}{\omega_0} - \dfrac{\omega_0}{\omega}\right)}\end{aligned} \tag{2.7}$$

当信号频率 ω 在回路谐振频率 ω_0 附近，相差不大时

$$\begin{aligned}\frac{\omega}{\omega_0} - \frac{\omega_0}{\omega} &= \frac{\omega^2 - \omega_0^2}{\omega\,\omega_0} = \left(\frac{\omega + \omega_0}{\omega}\right)\left(\frac{\omega - \omega_0}{\omega_0}\right) \\ &\approx \frac{2\omega}{\omega}\,\frac{\Delta\omega}{\omega_0} = 2\,\frac{\Delta\omega}{\omega_0}\end{aligned} \tag{2.8}$$

故

$$Z = \frac{R_p}{1 + \mathrm{j}Q\,\dfrac{2\Delta\omega}{\omega_0}} \tag{2.9}$$

则阻抗的幅频特性和相频特性表达式分别是

$$\begin{aligned}|Z| &= \frac{R_p}{\sqrt{1 + \left(Q\,\dfrac{2\Delta\omega}{\omega_0}\right)^2}} \\ \varphi &= -\arctan\left(Q\,\frac{2\Delta\omega}{\omega_0}\right)\end{aligned} \tag{2.10}$$

相应的幅频特性和相频特性曲线如图 2.3 所示。

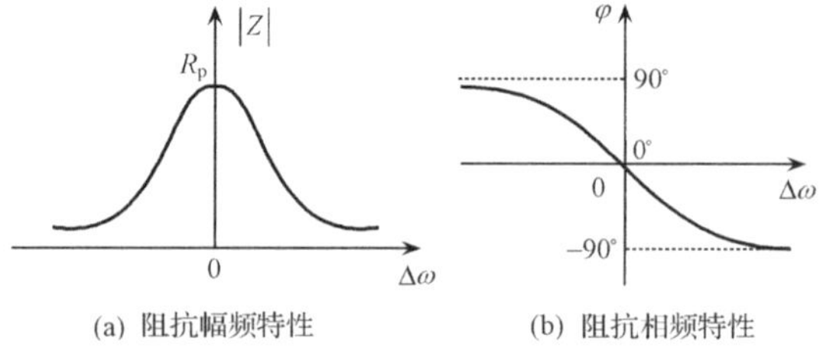

图 2.3　并联谐振回路的特性曲线图

从回路的幅频特性可知，当激励信号电流的频率与回路谐振频率相同时，能在回路两端产生最大输出电压。当激励信号频率与谐振频率出现偏差时(失谐)，阻

抗下降，输出电压也出现下降，当激励信号频率远远偏离谐振频率时，回路阻抗趋于零，输出电压也趋于零。因此谐振回路具有选频作用。

为了更好地描述回路性能，可计算得并联谐振回路的参数。

1. 通频带

令式(2.10)中幅频特性$|Z|=\frac{R_p}{\sqrt{2}}$，可得

$$Q\frac{2\Delta\omega}{\omega_0}=Q\frac{2\Delta f}{f_0}=1 \tag{2.11}$$

$$BW_{0.7}=2\Delta f=\frac{f_0}{Q} \tag{2.12}$$

通频带与回路的品质因数成反比。Q 值越大幅频曲线越尖锐，带宽越窄，Q 值越小幅频曲线越平坦，带宽越宽。

理想滤波器的幅频特性应该是一个矩形，通频带内信号被输出，带外信号被滤除。谐振回路的幅频特性接近矩形的程度，用矩形系数描述。

2. 矩形系数

令$|Z|=\frac{R_p}{10}$可得

$$BW_{0.1}=\sqrt{10^2-1}\,\frac{f_0}{Q}$$

则矩形系数

$$K_{0.1}=\frac{BW_{0.1}}{BW_{0.7}}=\sqrt{10^2-1}=9.96 \tag{2.13}$$

矩形系数远大于 1，故回路的选择性差。回路的矩形系数与品质因数 Q 大小无关。

3. 回路的相频特性

$$\varphi=-\arctan\left(Q\frac{2\Delta\omega}{\omega_0}\right) \tag{2.14}$$

当回路谐振时，$\omega=\omega_0$，$\varphi=0$，回路呈纯阻，不对信号附加相移。当回路失谐时，$\omega>\omega_0$，φ 小于零，回路呈容性；当 $\omega<\omega_0$，φ 大于零，回路呈感性。

并联谐振回路的相频特性呈现负斜率变化，在谐振频率上斜率为

$$\left.\frac{d\varphi}{d\omega}\right|_{\omega=\omega_0}=-\frac{2Q}{\omega_0} \tag{2.15}$$

回路的 Q 值越大，曲线斜率越大，即相位随信号频率变化率增大而增大。在谐振频率附近($\varphi<\pi/6$)，曲线近似直线，即相移与频率成线性关系。Q 越小线性范围越大。Q 值对回路性能影响如图 2.4 所示。

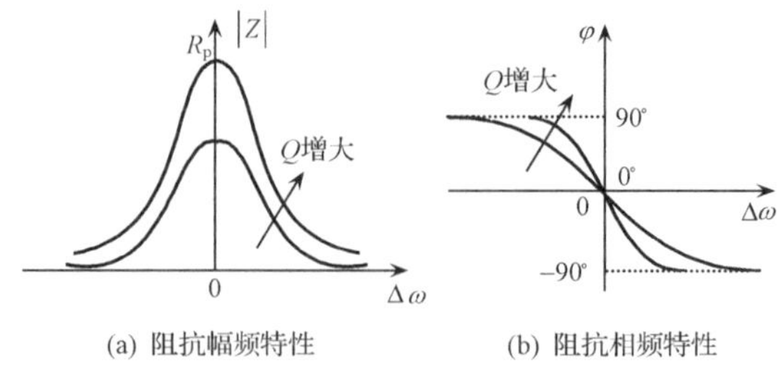

图 2.4　Q 值对回路性能影响

2.2.2　串联谐振回路

串联谐振回路与并联回路是对偶的电路，其电路组成如图 2.5 所示，串联回路与并联回路的电抗特性互为对称。

简单串联谐振回路如图 2.5 所示，L 为电感线圈，r 是其损耗电阻，C 为电容。其中 r 很小，一般可以忽略。当信号角频率为 ω 时，回路的串联阻抗为

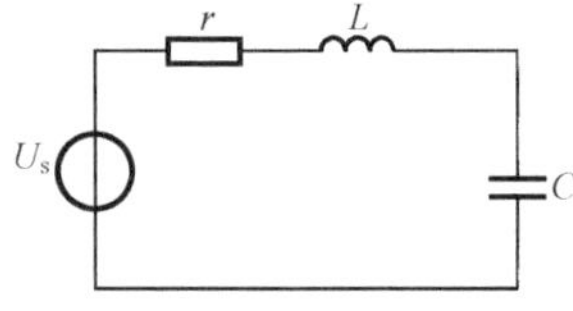

图 2.5　串联谐振回路

$$Z = r + j\omega L + \frac{1}{j\omega C}$$

$$= r + j\left(\omega L - \frac{1}{\omega C}\right) \tag{2.16}$$

令虚部为零，回路谐振，此时阻抗最小为 r，谐振频率为

$$\omega_0 = \frac{1}{\sqrt{LC}} \tag{2.17}$$

在电压激励下产生电流

$$I_0 = \frac{U}{r} \tag{2.18}$$

在任意频率下形成的电流为 I

$$\frac{I}{I_0} = \frac{U/Z}{U/r} = \frac{r}{Z} = \frac{1}{1 + j\dfrac{\omega L - \dfrac{1}{\omega C}}{r}} = \frac{1}{1 + jQ\left(\dfrac{\omega}{\omega_0} - \dfrac{\omega_0}{\omega}\right)} \tag{2.19}$$

同理可求出通频带和矩形系数

$$BW_{0.7} = \frac{f_0}{Q}$$

$$K_{0.1} = 9.96$$

串联谐振回路阻抗的幅频与相频曲线如图 2.6 所示。

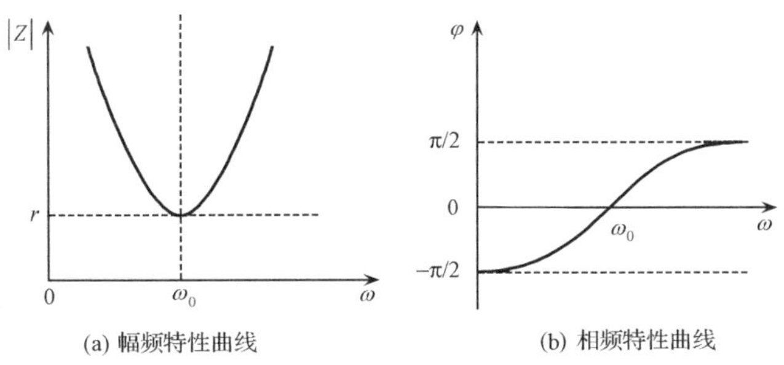

图 2.6　串联谐振回路阻抗的幅频与相频特性

2.2.3　串并联谐振回路特点

串联谐振回路适用于电源内阻为低内阻(如恒压源)的情况或低阻抗的电路(如微波电路)。并联谐振回路适用于电源内阻较高(如恒流源)情况,当频率不很高时,并联谐振回路应用最广泛。

串联与并联回路是对偶电路,其通频带和矩形系数均相同,相频特性变化方向相反。对照图 2.3 和图 2.6 可知两种选频回路比较如表 2.1 所示。

表 2.1　串并联谐振回路比较

	并联回路	串联回路
电路结构	LC 并联	LC 串联
谐振频率	$\omega_0=\dfrac{1}{\sqrt{LC}}$	$\omega_0=\dfrac{1}{\sqrt{LC}}$
谐振阻抗	$R_p=\dfrac{L}{rC}=Q\omega_0L$	r
品质因数	$Q=\dfrac{R_p}{\omega_0L}$	$Q=\dfrac{\omega_0L}{r}$
激励信号	电流源	电压源
附加相移	$\omega>\omega_0$ 回路呈容性相移滞后 $\omega<\omega_0$ 回路呈感性相移超前	$\omega>\omega_0$ 回路呈感性相移超前 $\omega<\omega_0$ 回路呈容性相移滞后

2.3　阻抗变换电路

2.3.1　信源与负载阻抗对选频电路的影响

在实际的谐振回路应用中,信源和负载必须接入振荡回路,信源内阻和负载阻抗将会对谐振回路产生如下影响：

(1) 降低了回路品质因数；

(2) 使得回路的选择性变差，通频带变宽；

(3) 使得回路的谐振频率发生偏移。

所以必须采用阻抗变换电路来消除这些不利的影响，同时通过阻抗变换实现阻抗匹配，还可以高效传输功率到负载，发挥电路最佳性能；也可以改善天线、混频器等电路的噪声系数。

阻抗变换网络首先应是无损耗的，阻抗变换有多种方法，可以采用集中参数电抗元件构成，也可采用分布参数的微带构成。采用集总参数的电感和电容或变压器构成的匹配网络可以是窄带网络，也可以是宽带网络。对于窄带网络不仅要完成阻抗变换，还要完成滤波功能。

2.3.2 基本阻抗变换电路

1. 变压器阻抗变换

变压器是靠磁通绞链，或者说是靠互感进行耦合的。高频变压器有如下特点：

(1) 为了减少损耗，高频变压器常用导磁率 μ 高、高频损耗小的软磁材料作磁芯。

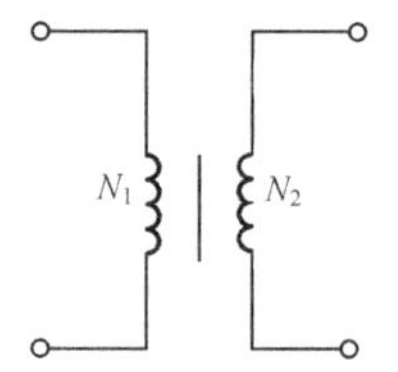

图 2.7 理想变压器

(2) 高频变压器一般用于小信号场合，尺寸小，线圈的匝数较少。

理想变压器初级匝数 N_1，次级匝数 N_2，则变比为 $n=\frac{N_1}{N_2}$，如图 2.7 所示。

当次级所接负载为 R_L 时，从初级看等效阻抗可以根据功率相等得到

$$R'_L = n^2 R_L \tag{2.20}$$

除此以外，还可以用传输线变压器实现阻抗变换。

2. 部分接入进行阻抗变换

采用抽头回路的阻抗变换电路，包括电感分压与电容分压两种，如图 2.8 所示，通过改变抽头系数，从而使信源与负载的阻抗实现匹配。定义接入系数

$$p = \frac{U}{U_T} \tag{2.21}$$

式中 U 是信源端(或负载端)电压；U_T 是回路端电压。考虑窄带高 Q 值的情况，对图 2.8 中的各电路，设回路谐振或失谐量不大时，由功率相等，即

$$\frac{U_T^2}{2R_0}=\frac{U^2}{2R}$$

得

$$R=\left(\frac{U}{U_T}\right)^2R_0=p^2R_0 \tag{2.22}$$

对于电感分压，设总匝数 N，抽头点匝数 N_1，则接入系数为

$$p=\frac{N_1}{N} \tag{2.23}$$

对于电容分压，其接入系数为

$$p=\frac{C_1}{C_1+C_2} \tag{2.24}$$

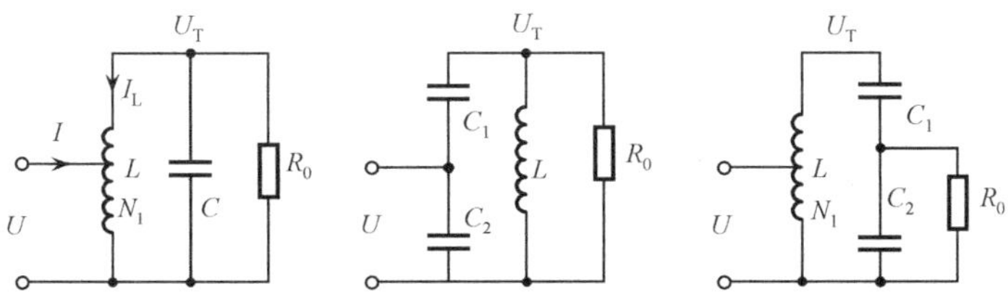

图 2.8　部分接入的阻抗变换电路

2.4　选频电路的计算与设计

我们通过例子说明电路的工作原理。

例 2.1　如图 2.9，已知一个 LC 并联回路的参数，$L=36\mu H$，$C=7pF$，$r=10\Omega$，求：(1) 回路谐振频率 f_0，品质因数 Q 和谐振时回路等效阻抗 R_p；

(2) 当信号频率偏离谐振频率 $\Delta f=\pm100kHz$ 时，对应的阻抗和相移。

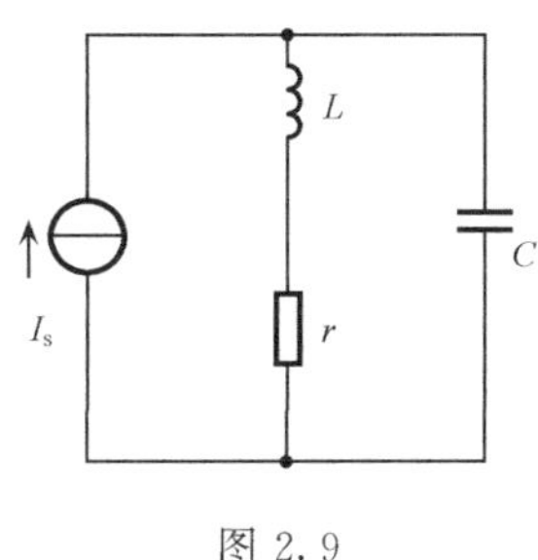

图 2.9

解　(1) 谐振频率为

$$f_0=\frac{1}{2\pi\sqrt{LC}}=\frac{1}{2\pi\sqrt{36\times10^{-6}\times7\times10^{-12}}}\approx10(\text{MHz})$$

品质因数为

$$Q=\frac{\rho}{r}=\frac{\sqrt{\frac{L}{C}}}{r}\approx226$$

谐振电阻为

$$R_p = \frac{L}{rC} \approx 514.3\text{k}\Omega$$

(2) 当频率偏移 $\Delta f = \pm 100\text{kHz}$ 时，偏移较小，对应的阻抗和相移通过下式计算：

$$|Z| = \frac{R_p}{\sqrt{1+\left(Q\frac{2\Delta f}{f_0}\right)^2}} \approx 111.1\text{k}\Omega$$

$$\varphi = -\arctan\left(Q\frac{2\Delta f}{f_0}\right) = \mp 77.5°$$

例 2.2 试计算上题中回路的通频带 $\text{BW}_{0.7}$，如果要求通频带 $\text{BW}_{0.7} = 0.2\text{MHz}$，求在回路两端并联多大电阻以降低回路 Q 值。

解 回路通频带

$$\text{BW}_{0.7} = \frac{f_0}{Q} = \frac{10^7}{226} = 44.25\text{kHz}$$

为了使通频带展宽，需要并联负载电阻 R_L 使回路品质因数(称为有载品质因数)：

$$Q_L = \frac{f_0}{\text{BW}_{0.7}} = \frac{10^7}{0.2\times 10^6} = 50$$

此时对应回路阻抗为

$$R = Q_L\omega_0 L \approx 113.1\text{k}\Omega$$

而 $R = \dfrac{R_p R_L}{R_p + R_L}$，故

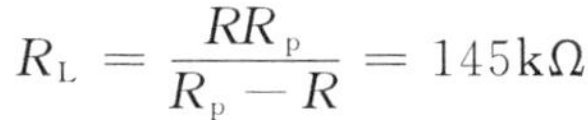

$$R_L = \frac{RR_p}{R_p - R} = 145\text{k}\Omega$$

即需要在回路两端并联 145kΩ 电阻，可使通频带变宽为 $\text{BW}_{0.7} = 0.2\text{MHz}$。

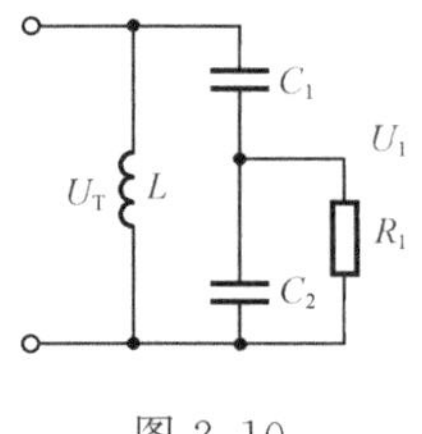

图 2.10

例 2.3 如图 2.10 要求把负载 R_1 变成信源端阻抗 R_s，已知中心频率 f_0 以及要求带宽为 $\text{BW}_{0.7}$，请选择 L,C 的值。

解 据带宽和谐振频率算得

$$Q_L = \frac{f_0}{\text{BW}_{0.7}}$$

由并联回路 Q 值得感抗

$$Q_L = \frac{R_s}{X_L}$$

$$X_L = \frac{R_s}{Q_L}$$

$$L = \frac{X_L}{\omega_0}$$

可得到电感 L 值大小，同理可算出回路总电容 C_Σ。

由 R_s 和 R_1 求得接入系数

$$p = \frac{C_1}{C_1 + C_2} = \sqrt{\frac{R_1}{R_s}}$$

而

$$C_\Sigma = \frac{C_1 C_2}{C_1 + C_2}$$

由此可求出 C_1 和 C_2 的值。

2.5　高频小信号选频放大电路

2.5.1　概述

1. 高频小信号放大器的功能

高频小信号放大器是各类通信设备中常用的功能电路，在通信系统中，由于信号受到信道的衰减，到达接收端的高频信号电平多在微伏数量级，因此，必须先将微弱信号进行放大再解调。而接收的信号通常占有特定的频带宽度，所以又称为高频小信号选频放大器。它集放大和选频功能于一体，中心频率一般在数百千赫兹至数百兆赫兹，频带宽度在几千赫兹到几十兆赫兹。由于信号较小，选频放大器工作在线性范围内，即甲类放大状态。

作为放大器件，可以是晶体管、场效应管或集成电路，而高频小信号放大器分为窄带放大器和宽带放大器两类。通常窄带放大器的中心频率：几百千赫兹到几百兆赫兹；频带宽度：几千赫兹到几十兆赫兹；宽带放大器的中心频率：几兆赫兹到几百兆赫兹；频带宽度：几千赫兹到几十兆赫兹。

高频小信号放大器通常以各种选频电路作负载（并联、耦合谐振回路等），所以还具有选频或滤波作用。它属于线性放大器，通常采用线性模型的等效电路分析法。

2. 高频小信号放大器的分类

高频小信号放大器的分类方法较多，按频带宽度分可分为窄带放大器和宽带放大器；按负载性质分可分为调谐放大器和非调谐放大器（包括集中选频滤波器）。

本节以单级调谐放大器为例，分析讨论其基本工作原理、等效电路模型、性能指标等。

3. 高频小信号放大器的主要性能指标

1）增益

增益表示放大电路对有用信号的放大能力。通常用在中心频率上的电压增益和功率增益两种方法表示。

$$电压增益：A_{uo}=\frac{U_o}{U_i}；分贝表示：A_{uo}=20\lg\frac{U_o}{U_i} \tag{2.25}$$

$$功率增益：A_{po}=\frac{P_o}{P_i}；分贝表示：A_{po}=10\lg\frac{P_o}{P_i} \tag{2.26}$$

式中，U_o、U_i 分别为放大电路中心频率上的输出、输入电压有效值；P_o、P_i 分别为放大电路中心频率的输出、输入功率，常用分贝表示。

2）通频带

为使信号无失真地通过放大电路，要求放大器的增益频率响应特性必须有与信号带宽相适应的平坦宽度，让通频带内的有用信号频谱分量通过放大器。通常定义放大器的电压增益下降到最大值的 0.707 倍时所对应的频率宽度作为放大器的通频带，常用 $BW_{0.7}=2\Delta f_{0.7}$ 表示，$2\Delta f_{0.7}$ 也称为 3dB 带宽，如图 2.11 所示。

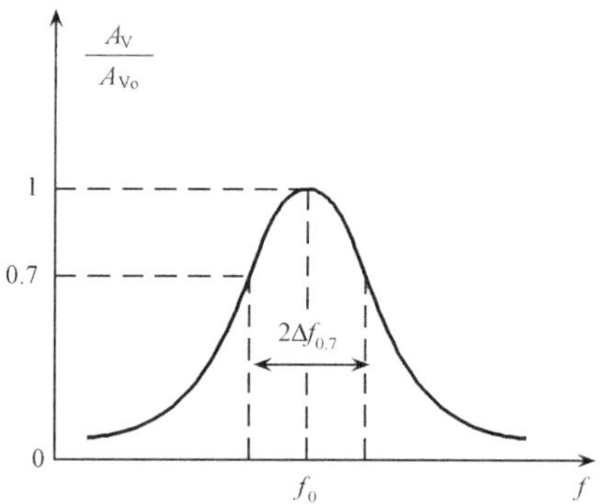

图 2.11　小信号放大器的通频带

放大器的通频带取决于回路的结构形式和回路的等效品质因数 Q_L，此外，放大器的总通频带随着级数的变化而改变，并且通频带越宽，放大器的增益越小。

3）选择性

对通频带之外的干扰信号的衰减能力称为放大器的选择性。常用矩形系数和抑制比(抗拒比)来表示。

(1) 矩形系数。

矩形系数是表征放大器选择性好坏的一个参量，表明了对邻近波段干扰的抑制能力，它描述了实际曲线接近理想曲线(矩形)的程度而引入“矩形系数”，如图 2.12所示，其定义与选频网络的矩形系数相同，为

$$K_{r0.1} = \frac{2\Delta f_{0.1}}{2\Delta f_{0.7}} \tag{2.27}$$

式中，$2\Delta f_{0.7}$为放大器的通频带；$2\Delta f_{0.1}$为放大器的电压增益下降至最大值的 0.1 倍时所对应的频带宽度。K 越接近 1 越好。

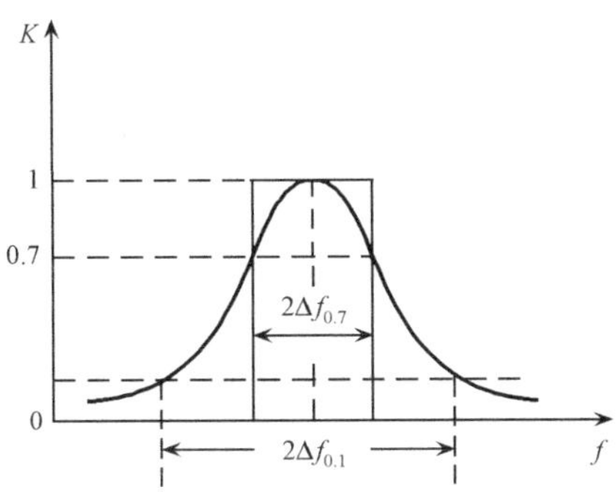

图 2.12　小信号放大器的频率特性

(2) 抑制比。

表示对带外某一特定干扰信号 f_N 的抑制能力，其定义为

$$\alpha = \frac{A_p(f_0)}{A_p(f_N)} \tag{2.28}$$

式中，$A_p(f_0)$是中心频率上的功率增益；$A_p(f_N)$是某一特定频率 f_N 上的功率增益，也可用分贝表示

$$\alpha(\mathrm{dB}) = 10\lg \frac{A(f_0)}{A(f_N)} \tag{2.29}$$

抑制比也可用电压增益表示

$$\alpha = \frac{A_u(f_0)}{A_u(f_N)} \quad 或 \quad \alpha(\mathrm{dB}) = 20\lg \frac{A_u(f_0)}{A_u(f_N)} \tag{2.30}$$

4) 噪声系数

噪声系数是用来表征放大器本身产生噪声电平大小的一个参数，噪声电平的大小对所传输的信号，特别是对微弱信号的影响是极其不利的。放大器的噪声性能可用噪声系数表示

$$N_F = \frac{\dfrac{P_{si}}{P_{ni}}}{\dfrac{P_{so}}{P_{no}}} \tag{2.31}$$

N_F 越接近 1 越好。在多级放大器中，前面一、二级的噪声对整个电路的噪声影响起决定作用。

2.5.2 晶体管高频小信号等效电路与参数

晶体管在高频线性应用时，可用等效电路来说明它的特性并进行分析讨论。等效电路有两种表示方法：形式等效电路（Y 参数等效电路）和物理模拟等效电路（混合 π 形等效电路），本书仅讨论 Y 参数等效电路。

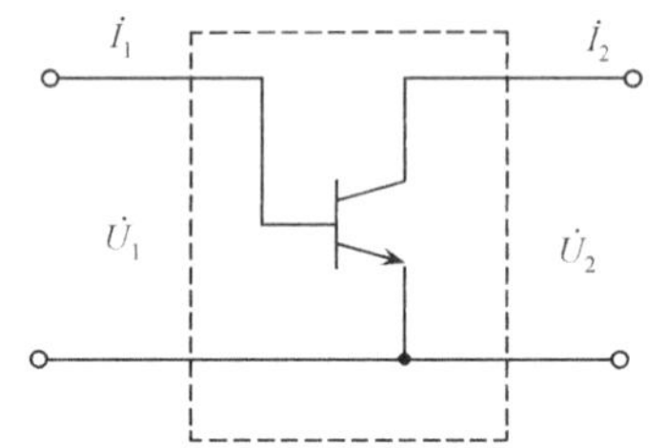

图 2.13　小信号放大器的端口等效

晶体管无论是共基极、共发射极还是共集电极电路，都可视为二端口网络，如图 2.13 所示。

由电路理论知，任一线性二端口网络，必须有四个变量。根据选择的自变量和因变量的不同，可以有不同的参数系，常用的有四种：H 参数——混合参数；Z 参数——阻抗参数；Y 参数——导纳参数；A 参数——传输参数。对高频小信号放大电路的分析，常采用 Y 参数等效电路，因为：

(1) 因 Y 参数是要求在短路条件下进行计算或测定出来的。高频时，晶体管内部的电容效应不能忽略，在其端口实现短路条件比较容易。

(2) 晶体管的等效参数与谐振回路之间常以并联方式出现，采用导纳参数给计算带来方便。

如图 2.14 所示为晶体管的 Y 参数等效电路。

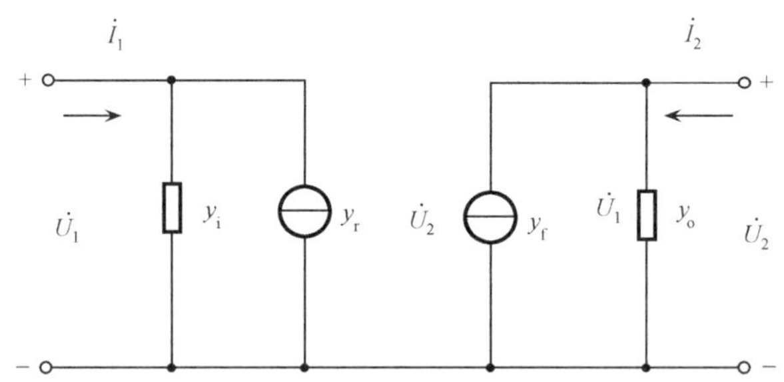

图 2.14　小信号放大器的 Y 参数等效电路

设输入电压 $\dot{U}_1$ 和输出电压 $\dot{U}_2$ 为自变量，输入电流 $\dot{I}_1$ 和输出电流 $\dot{I}_2$ 为因变量，其网络方程为

$$\begin{cases} \dot{I}_1 = y_i \dot{U}_1 + y_r \dot{U}_2 \\ \dot{I}_2 = y_f \dot{U}_1 + y_o \dot{U}_2 \end{cases} \tag{2.32}$$

即

$$\begin{bmatrix} \dot{I}_1 \\ \dot{I}_2 \end{bmatrix} = \begin{bmatrix} y_i & y_r \\ y_f & y_o \end{bmatrix} \tag{2.33}$$

式中，$\dot{U}_1$、$\dot{I}_1$ 是输入端电压、电流；$\dot{U}_2$、$\dot{I}_2$ 是输出端电压、电流；y_r、y_i、y_f、y_o 是晶体管的“内参数”，它们分别表示为：

$y_r = \left.\dfrac{\dot{I}_1}{\dot{U}_2}\right|_{\dot{U}_1=0}$ 为输入端短路时的反向传输导纳；

$y_i = \left.\dfrac{\dot{I}_1}{\dot{U}_1}\right|_{\dot{U}_2=0}$ 为输出端短路时的输入导纳；

$y_f = \left.\dfrac{\dot{I}_2}{\dot{U}_1}\right|_{\dot{U}_2=0}$ 为输出端短路时的正向传输导纳；

$y_o = \left.\dfrac{\dot{I}_2}{\dot{U}_2}\right|_{\dot{U}_1=0}$ 为输入端短路时的输出导纳。

根据端口网络方程和 Y 参数的基本含义，可得到图 2.14 所示的等效电路。对于不同的晶体管，Y 参数可能是实数，也可能是复数。

图 2.14 中，$y_f\dot{U}_1$ 表示由晶体管的放大作用而在输出端引起的电流源；$y_r\dot{U}_2$ 代表了晶体管的内部反馈作用在输入端引起的电流源。

内部反馈 y_r 的存在会影响晶体管工作的稳定性，实际应用时需要尽可能减小它的影响。

2.5.3　晶体管谐振放大器

晶体管谐振放大器由晶体管和调谐回路组成，常常可分为单级谐振放大器和多级谐振放大器两种类型。

1. 单调谐回路谐振放大器

单级单调谐放大器是由晶体管和并联谐振回路组成的，如图 2.15 所示。

直流偏置由 R_{B1}、R_{B2}、R_E 来实现，决定工作点；C_E 为高频旁路电容；R 用来加宽回路通频带；C、L 组成谐振回路；L_F、C_F 组成滤波电路。

2. 放大器的主要技术指标

单调谐回路谐振放大器的高频等效电路如图 2.16 所示。

1）电压增益 $\dot{A}_u$

由图 2.16 可知

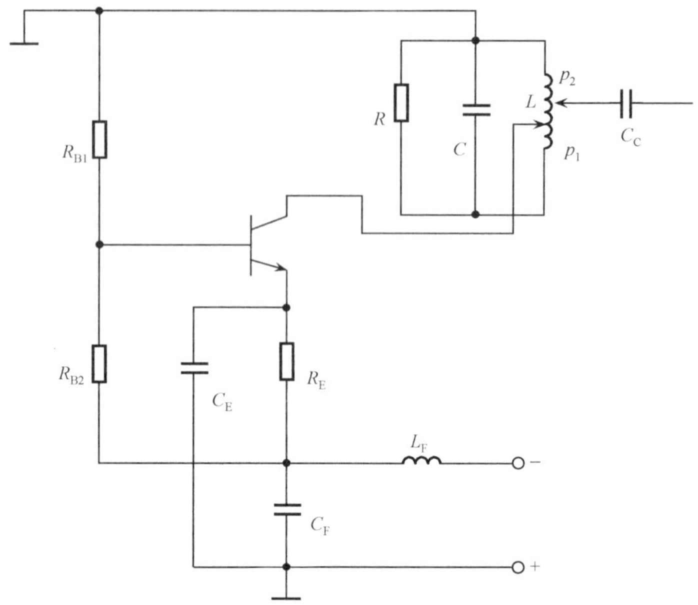

图 2.15　单级单调谐放大器

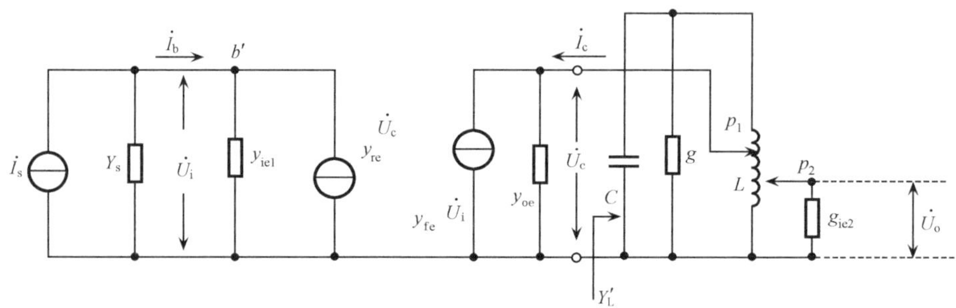

图 2.16　单级单调谐放大器的 Y 参数等效电路

$$\begin{cases} \dot{I}_b = y_{ie}\dot{U}_i + y_{re}\dot{U}_c \\ \dot{I}_c = y_{fe}\dot{U}_i + y_{oe}\dot{U}_c \\ \dot{I}_c = -Y'_L\dot{U}_c \end{cases} \tag{2.34}$$

Y'_L代表由集电极向右看的回路导纳(对外电路而言,若取 $\dot{U}_c$ 是上负下正,故 $\dot{I}_c$ 有一负号),因此式(2.34)简化为

$$\dot{U}_c = \frac{-y_{fe}}{y_{oe} + Y'_L}\dot{U}_i \tag{2.35}$$

$$Y_L' = \frac{1}{p_1^2}\left(g + j\omega C + \frac{1}{j\omega L} + p_2^2 y_{ie}\right) \tag{2.36}$$

式中，$g = g_p + \frac{1}{R}$，g_p 为回路的谐振导纳。而

$$\frac{\dot{U}_c}{\dot{U}_o} = \frac{p_1}{p_2} \tag{2.37}$$

所以

$$\dot{A}_u = \frac{\dot{U}_o}{\dot{U}_i} = \frac{p_2}{p_1} \cdot \frac{\dot{U}_c}{\dot{U}_i} \tag{2.38}$$

将式(2.35)代入式(2.38)得

$$\dot{A}_u = -\frac{p_2 y_{fe}}{p_1(y_{oe} + Y_L')} \tag{2.39}$$

根据

$$Y_L' = \frac{Y_L}{p_1^2} \tag{2.40}$$

故

$$\dot{A}_u = -\frac{p_2 y_{fe}}{p_1(y_{oe} + Y_L')} = -\frac{p_2 y_{fe}}{p_1\left(y_{oe} + \frac{Y_L}{p_1^2}\right)} = -\frac{p_1 p_2 y_{fe}}{p_1^2 y_{oe} + Y_L} \tag{2.41}$$

$Y_L = p_1^2 Y_L'$ 是负载回路两端的导纳，它包括回路本身元件 L、C、g 和下一级的输入导纳 Y_{ie}，即

$$Y_L = \left(g + j\omega C + \frac{1}{j\omega L} + p_2^2 y_{ie2}\right) \tag{2.42}$$

令 $y_{oe} = g_{oe} + j\omega C_{oe}$，$y_{ie2} = g_{ie2} + j\omega C_{ie2}$，进一步把 Y_L 和 Y_o 代入 $\dot{A}_u$，可得

$$\dot{A}_u = -\frac{p_1 p_2 y_{fe}}{(p_1^2 g_{oe} + p_2^2 g_{ie2} + g) + j\omega(C + p_1^2 C_{oe} + p_2^2 C_{ie}) + \frac{1}{j\omega L}} \tag{2.43}$$

更清楚地表明了放大器电路各元件和放大倍数的关系。

其中，g_{oe} 和 C_{oe} 分别是放大器的输出导纳和输出电容；C_{oe} 和 C_{ie2} 分别是下一级放大器的输入导纳和输入电容。

令 $g_\Sigma = p_1^2 g_{oe} + p_2^2 g_{ie2} + g$，$C_\Sigma = C + p_1^2 C_{oe} + p_2^2 C_{ie2}$，则

$$\dot{A}_u = \frac{-p_1 p_2 y_{fe}}{g_\Sigma + j\omega C_\Sigma + \frac{1}{j\omega L}} \approx \frac{-p_1 p_2 y_{fe}}{g_\Sigma\left(1 + j\frac{2Q_L \Delta f}{f_0}\right)} \tag{2.44}$$

式中，f_0 为放大器调谐回路的谐振频率；Δf 是工作频率 f 对谐振频率 f_0 的偏调；Q_L 是回路的有载品质因数，即

$$f_0=\frac{1}{2\pi\sqrt{LC_\Sigma}} \tag{2.45}$$

$$\Delta f=f-f_0 \tag{2.46}$$

$$Q_L=\frac{\omega_0 C_\Sigma}{g_\Sigma}=\frac{1}{\omega_0 L g_\Sigma} \tag{2.47}$$

上式说明谐振放大器的电压增益 $\dot{A}_u$ 是工作频率 f 的函数。在实际应用中，我们最关心谐振时($\Delta f=0$)的情况。其值用 $\dot{A}_{u_0}$ 表示，则

$$\dot{A}_{u_0}=\frac{-p_1 p_2 y_{fe}}{g_\Sigma}=\frac{-p_1 p_2 y_{fe}}{g+p_1^2 g_{oe}+p_2^2 g_{ie}} \tag{2.48}$$

“$-$”表明输入和输出有 180°的相位差，此外，y_{fe}是一个复数，它也有一个相角 φ_{fe}，因此，输入和输出之间的相差不是 180°，而是 $180°+\varphi_{fe}$。当频率较低时，$\varphi_{fe}=0$，$\dot{U}_i$ 和 $\dot{U}_o$ 之间的相位差才是 180°。

将式(2.35)代入式(2.34)得

$$\dot{I}_b=\left(y_{ie}-\frac{y_{re}y_{fe}}{y_{oe}+Y_L'}\right)\dot{U}_i \tag{2.49}$$

放大器的输入导纳

$$Y_i=\frac{\dot{I}_b}{\dot{U}_i}=y_{ie}-\frac{y_{re}y_{fe}}{y_{oe}+Y_L'} \tag{2.50}$$

放大器的输出导纳由式(2.34)和 $\dot{I}_b=-\dot{U}_i Y_s$ 可得

$$Y_o=\frac{\dot{I}_c}{\dot{U}_c}=y_{oe}-\frac{y_{re}y_{fe}}{y_{ie}+Y_s} \tag{2.51}$$

可以看出，由于 y_{re}的存在，使得放大器的输出导纳 Y_o 不仅与晶体管的输出导纳有关，而且还与放大器的输入端的信号源导纳 Y_s 有关，也就是说 Y_s 的变化会引起放大器输出导纳 Y_o 变化。

2）功率增益 $\dot{A}_p$

功率增益对于小信号谐振放大器本身并无主要意义，但是通过功率放大倍数的推导，可以获得晶体管最高振荡频率和最大电压放大倍数的概念。

只讨论谐振时的功率增益。p_o 为 输出端负载 g_{ie2}上获得的功率，p_i 为放大器的输入功率，即

$$p_o=\left(\frac{p_1|y_{fe}|V_i}{g_\Sigma}\right)^2 p_2^2 g_{ie2},\quad p_i=V_i^2 g_{ie1} \tag{2.52}$$

所以

$$A_{po}=\frac{p_o}{p_i}=\frac{p_1^2 p_2^2 g_{ie2}|y_{fe}|^2}{g_{ie}g_\Sigma^2}=(A_{vo})^2\frac{g_{ie2}}{g_{ie}} \tag{2.53}$$

式中，g_{ie} 和 g_{ie2} 分别是本级和下一级晶体管的输入导纳，用 dB 表示时

$$A_{po} = 10\lg A_{po}(\text{dB}) \tag{2.54}$$

如果回路本身损耗 g_p 与 $p_1^2 g_{ce}$ 相比可以忽略，由匹配条件 $p_1^2 g_{oe} = p_2^2 g_{ie2}$，则可获得最大功率增益

$$A_{pm} = \frac{p_o}{p_i} = \frac{|y_{fe}|^2}{4 g_{ie} g_{oe}} \tag{2.55}$$

但实际情况回路本身的损耗不能忽略，则考虑 g_p 时，最大功率增益可表示为

$$A_{pm} = \frac{p_o}{p_i} = \frac{|y_{fe}|^2}{4 g_{ie} g_{oe}}\left(1 - \frac{G_p}{g_\Sigma}\right)^2 = \left(1 - \frac{Q_L}{Q_0}\right)^2 \frac{|y_{fe}|^2}{4 g_{ie} g_{oe}} \tag{2.56}$$

式中，$Q_L = \dfrac{1}{\omega_0 L g_\Sigma}$ 为回路的有载品质因数；$Q_0 = \dfrac{1}{\omega_0 L G_p}$ 为回路的空载品质因数；而 $1 - \dfrac{Q_L}{Q_0}$ 称为回路的插入损耗。

如果用晶体管的物理参数来表示其最大功率增益为

$$A_{pm} = \frac{f_T}{8\pi r_{bb'} C_{b'c}}\left(\frac{1}{f^2}\right) \tag{2.57}$$

3）放大器的通频带

与并联回路相似，放大器 $\dfrac{A_u}{A_{u_0}}$ 随频率 f 而变化的曲线叫做放大器的谐振曲线，如图 2.17 所示。

$$\frac{A_u}{A_{u_0}} = \frac{1}{\sqrt{1 + \left(2Q_0 \dfrac{\Delta f}{f_0}\right)^2}} \tag{2.58}$$

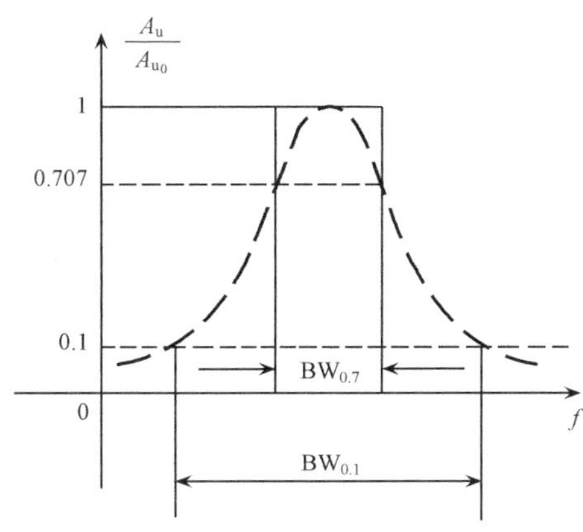

图 2.17　单级单调谐放大器的通频带

因为

$$\dot{A}_u = \frac{-p_2 p_2 y_{fe}}{g_\Sigma\left[1 + \dfrac{1}{g_\Sigma}\left(j\omega C_\Sigma + \dfrac{1}{j\omega L}\right)\right]} = \frac{\dot{A}_{u_0}}{1 + j\dfrac{1}{\omega_0 L g_\Sigma}\left(\omega C_\Sigma L - \dfrac{\omega_0 L}{\omega L}\right)}$$

$$= \frac{\dot{A}_{u_0}}{1 + jQ_L\left(\dfrac{\omega}{\omega_0} - \dfrac{\omega_0}{\omega}\right)} \tag{2.59}$$

则

$$\frac{A_u}{A_{u_0}} = \frac{1}{\sqrt{1 + \left(2Q_0 \dfrac{\Delta f}{f_0}\right)^2}} \tag{2.60}$$

所以

$$BW_{0.7}=2\Delta f_{0.7}=\frac{f_0}{Q_L} \tag{2.61}$$

因为 $Q_L=\dfrac{1}{\omega_0 L g_\Sigma}$,则

$$g_\Sigma=\frac{\omega_0 C_\Sigma}{Q_L}=\frac{2\pi f_0 C_\Sigma}{\dfrac{f_0}{B}}=2\pi BC_\Sigma \tag{2.62}$$

所以

$$A_{u_0}=\frac{-p_1 p_2 y_{fe}}{g_\Sigma}=\frac{-p_1 p_2 y_{fe}}{2\pi BC_\Sigma} \tag{2.63}$$

如果抽头 $p_1=p_2=1$,则

$$A_{u_0}=\frac{-y_{fe}}{2\pi BC_\Sigma} \tag{2.64}$$

4）放大器的选择性

单调谐放大器的选择性用矩形系数来描述其选择性,定义如下:

矩形系数 K:放大器电压增益下降至谐振增益的 0.1 倍(或 0.01 倍)时,相应的通频带放大器通频带之比,即

$$K_{r0.1}=\frac{BW_{0.1}}{BW_{0.7}}\quad \left(\text{或 } K_{r0.01}=\frac{BW_{0.01}}{BW_{0.7}}\right) \tag{2.65}$$

令 $\dfrac{A_u}{A_{u_0}}=0.1$,代入 $\dfrac{A_u}{A_{u_0}}=\dfrac{1}{\sqrt{1+\left(2Q_0\dfrac{\Delta f_{0.1}}{f_0}\right)^2}}$,则

$$BW_{0.1}=\sqrt{10^2-1}\,\frac{f_0}{Q_L} \tag{2.66}$$

所以

$$K_{r0.1}=\frac{BW_{0.1}}{BW_{0.7}}=\sqrt{10^2-1}\approx 9.95 \tag{2.67}$$

K 越接近于 1,选频特性越好。

例 2.4　单调谐回路放大器如图 2.18 所示,设负载是与该放大器完全相同的下一级放大器,BJT 的参数为 $g_{ie}=1.1\times10^{-3}$S,$g_{oe}=1.1\times10^{-4}$S,$|y_{fe}|=0.08$S,$C_{ie}=25$pF,$C_{ie}=6$pF,$N_{12}=16$ 圈,$N_{13}=20$ 圈,$N_{45}=4$ 圈,$L_{13}=1.5\mu$H,$C=12$pF,$Q_0=100$,求 f_0,A_{u_0},$BW_{0.7}$。

解　接入系数 $p_1=\dfrac{N_{12}}{N_{13}}=0.8$,$p_2=\dfrac{N_{45}}{N_{13}}=0.2$。

(1) 负载是与该放大器完全相同的下一级放大器,所以

$$g_L=g_{ie},\quad C_L=C_{ie}$$

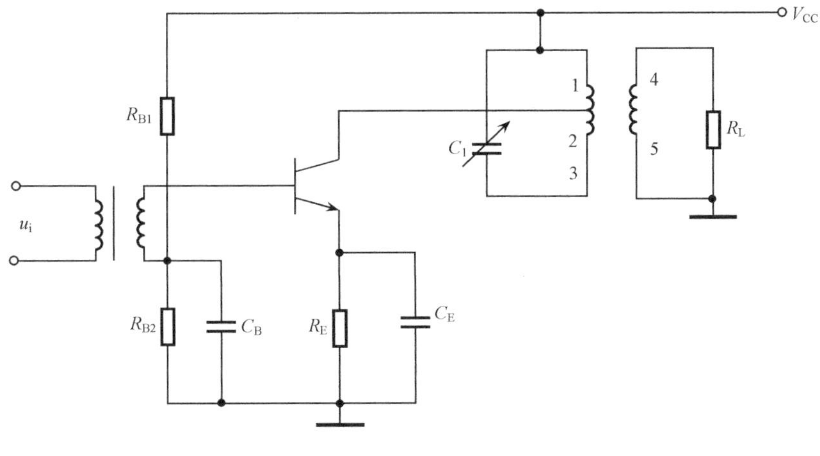

图 2.18

$$C_{\Sigma}=p_1^2C_{oe}+p_2^2C_L+C\approx 17\text{pF}$$

$$f_0=\frac{1}{2\pi\sqrt{L_{13}C_{\Sigma}}}\approx 31.4\text{MHz}$$

(2)
$$A_{u_0}=\frac{p_1p_2|y_{fe}|}{g_{\Sigma}}\approx 85$$

回路空载时的电导为

$$g_0=\frac{1}{Q_0\omega_0L}\approx 34\mu\text{S}$$

回路总电导为

$$g_{\Sigma}=p_1^2g_{oe}+p_2^2g_L+g_0\approx 1.48\times 10^{-4}\text{S}$$

(3) 因为

$$Q_L=\frac{1}{g_{\Sigma}\omega_0L}$$

$$Q_0=\frac{1}{g_0\omega_0L}$$

而

$$Q_L=\frac{g_0}{g_{\Sigma}}Q_0\approx 23$$

则

$$\text{BW}_{0.7}=\frac{f_0}{Q_L}\approx 1.37\text{MHz}$$

3. 单调谐放大器的级联

为了提高放大器的增益,可采用多级级联放大器,但放大器级联之后,其增益、通频带和选择性都将发生变化。

1）级联放大器的电压增益

例如，某级联放大器有 n 级，若每一级的电压增益分别为 A_{u_1}，A_{u_2}，…，A_{u_n}，则总增益为

$$A_u = A_{u_1} \cdot A_{u_2} \cdot A_{u_3} \cdot \cdots \cdot A_{u_n} \tag{2.68}$$

若级联放大器每级的增益均为 A_{u_1}，则总增益为 $A_u = A_{u_1}^n$。

n 级相同的放大器级联时，它的谐振曲线可表示为

$$\frac{A_u}{A_{u_0}} = \frac{1}{\left[1+\left(\frac{2Q_L \Delta f_{0.7}}{f_0}\right)^2\right]^{\frac{n}{2}}} \tag{2.69}$$

2）选择性和通频带

设

$$S = \left|\frac{A_{u\Sigma}}{A_{u_0\Sigma}}\right| = \frac{A_u}{A_{u_0}} = \frac{1}{\left[1+\left(\frac{2Q_L \Delta f_{0.7}}{f_0}\right)^2\right]^{\frac{n}{2}}} \tag{2.70}$$

根据通频带的定义，令

$$S = \frac{1}{\sqrt{2}} \tag{2.71}$$

所以

$$(BW_{0.7})_n = BW_{0.7(单级)} \sqrt{2^{\frac{1}{n}}-1} = \sqrt{2^{\frac{1}{n}}-1}\,\frac{f_0}{Q_L} \tag{2.72}$$

式中，$\sqrt{2^{\frac{1}{n}}-1}$ 称为带宽缩减因子，它表示级数增加后，总通频带变窄的程度。

由此可知，多级放大器的谐振曲线等于各单级谐振曲线的乘积。级数越多，谐振曲线越尖锐，通频带越窄。

3）矩形系数

根据矩形系数的定义，若令 $S=0.1$，则得

$$(BW_{0.1})_n = BW_{0.7(单级)} \sqrt{100^{\frac{1}{n}}-1} \tag{2.73}$$

所以 n 级单调谐回路放大器的矩形系数为

$$K_{\Sigma 0.1} = \frac{(BW_{0.1})_n}{(BW_{0.7})_n} = \frac{\sqrt{100^{\frac{1}{n}}-1}}{\sqrt{2^{\frac{1}{n}}-1}} \tag{2.74}$$

由表 2.2 中给出的数据可知，级数越多，矩形系数越小，选择性越好；但总的通频带变窄——表现出总增益和通频带之间的矛盾。

表 2.2

级数 n	1	2	3	4	5	6	7	8	9	…	∞
B_n/B_1	1.0	0.64	0.51	0.43	0.39	0.35	0.32	0.30	0.28	…	
$K_{0.1}$	9.95	4.66	3.74	3.42	3.15	3.07	3.01	2.94	2.92	…	2.57

例 2.5　调谐在中心频率为 $f_0=10.7\text{MHz}$ 的三级相同的单调谐放大器，要求 $BW_{0.7}\geqslant 100\text{kHz}$，失谐 $\pm 250\text{kHz}$ 时的衰减大于或等于 20dB。试确定每个谐振回路的有载品质因数 Q_L 值。

解　由带宽要求得

$$Q_L\leqslant\sqrt{2^{\frac{1}{3}}-1}\,\frac{f_0}{BW_{0.7}}\approx 0.51\times\frac{10.7}{0.1}=54.57$$

由选择性指标得

$$d\mid_{\Delta f=250\text{kHz}}=20\lg\left[1+\left(Q_L\frac{2\Delta f}{f_0}\right)^2\right]^{\frac{3}{2}}\geqslant 20\text{dB}$$

即

$$Q_L\geqslant\sqrt{10^{\frac{2}{3}}-1}\,\frac{f_0}{2\Delta f}\approx 40.84$$

故 $40.84\leqslant Q_L\leqslant 54.57$，取 $Q_L=50$。

单调谐回路放大器的电路简单，调试容易，但选择性差（矩形系数离理想矩形系数 $K_{r0.1}=1$ 较远），增益和通频带的矛盾突出。

4. 参差调谐放大器

将若干个单级谐振放大器级连，但每个谐振放大器的调谐频率不同，称为参差调谐放大器。

两个调谐放大器的回路谐振频率对应于频带中心频率 f_0 作小量的偏移，使总增益稍微降低，可以解决放大器的总增益和总通频带之间的矛盾。

参差调谐放大器既可以增加带宽，同时又得到边沿较陡峭的频率特性。因此，它用于宽带和高选择性的场合。

5. 双调谐放大器（通频带宽，选择性好）

双调谐回路谐振放大器的负载采用双调谐耦合回路，和单调谐回路放大器相比，双调谐回路放大器的矩形系数较小，其谐振曲线更接近于矩形，电路较复杂，调试较困难，本书不再讨论，请读者参阅相关文献。

2.5.4　高频谐振放大器的稳定性

稳定性作为放大器的重要质量指标之一，这里将进一步分析讨论导致谐振放大器工作不稳定的原因和提高放大器稳定性的基本措施。

1. 谐振放大器的输入导纳 Y_i 及稳定性分析

前面对小信号谐振放大器的分析中把三极管当成单向化器件对待，但是实际上三极管的高频小信号模型是双向传输的。由于反向传输导纳 y_{re} 的影响，将在小信号谐振放大器中产生两个问题。

(1) 影响小信号谐振放大器的谐振频率,特别是当输入端也接有谐振回路时,y_{re}中的电容成分会引起放大器的频率特性发生明显的畸变,使得多级调谐放大器调整变得很困难。

(2) y_{re}中的电导成分会引起放大器自激,使放大器不稳定。

图 2.19 即为晶体管反向传输导纳对其电压放大倍数的影响示意图,下面从理论上分析影响稳定性的原因。

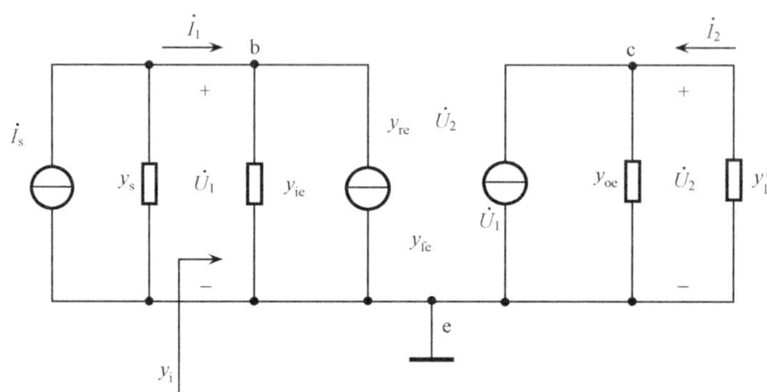

图 2.19　谐振放大器的 Y 参数等效电路

2. 输入导纳

由图 2.19 可知

$$y_i = \frac{\dot{I}_1}{\dot{U}_1} = \frac{\dot{U}_1 y_{ie} + y_{re}\dot{U}_2}{\dot{U}_1}$$

$$= y_{ie} + y_{re}\frac{\dot{U}_2}{\dot{U}_1} = y_{ie} - \frac{y_{re}y_{fe}}{y_{oe} + y'_L} = y_{ie} + y_F \tag{2.75}$$

式中,y_F 是由晶体管内部参数 y_{re} 引起的,称为反馈导纳,等效输入回路如图 2.20示。

在谐振频率点 ω_0 时,$y_{fe} \approx g_m$,忽略 $r_{b'b}$,有

$$y_{re} \approx -\mathrm{j}\omega C_\mu \tag{2.76}$$

$$y_F = -\frac{y_{re}y_{fe}}{y_{oe} + y'_L} \approx \mathrm{j}\frac{\omega_0 C_\mu g_m}{g''_L\left(1 + \mathrm{j}2Q_L\dfrac{\Delta\omega}{\omega_0}\right)} = g_F + \mathrm{j}b_F \tag{2.77}$$

式中,g_F 是频率的函数,在某些频率上 g_F 有可能为负值,即呈负电导性,使回路总电导减小,Q_L 增加,通频带减小,增益也因损耗的减少而增加,即负电导 g_F 供给能量,出现正反馈。同时这些都会导致放大器的谐振曲线产生畸变,如图 2.21 所示。

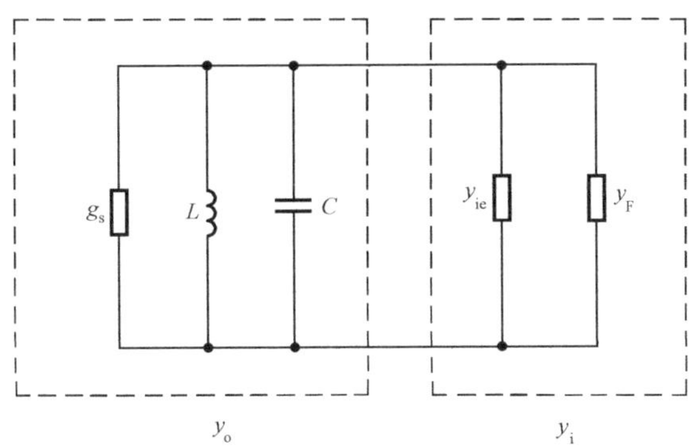

图 2.20　放大器等效输入端回路

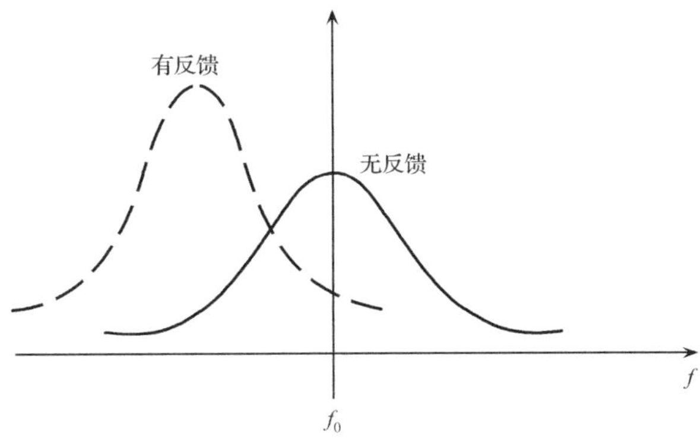

图 2.21　反馈导纳对放大器谐振曲线的影响

当 $g_F = g_s + g_{ie}$(回路原有电导)时,回路总电导 $g = 0$,$Q_L \to \infty$,放大器失去放大性能,会使放大器自激;b_F 使回路失谐,中心频率偏移。

3. 放大器产生自激的条件

$$y_s + y_{ie} - \frac{y_{re}y_{fe}}{y_{oe} + y'_L} = 0 \tag{2.78}$$

即

$$\frac{(y_s + y_{ie})(y_{oe} + y'_L)}{y_{re}y_{fe}} = 1 \tag{2.79}$$

所以:

(1) y_{re} 增大,反馈增强,式(2.79)左边的值变小,并接近于 1,放大器工作状态不稳定;

(2) y_{re} 减小,反馈减弱,式(2.79)左边的值变大,并远离 1,放大器工作状态稳定。

通常定义稳定系数来讨论放大器的稳定性,定义

$$s=\frac{(y_s+y_{ie})(y_{oe}+y')}{y_{re}y_{fe}} \tag{2.80}$$

为稳定系数。

当 $s=1$ 时产生自激；当 $s>1$ 时稳定；通常要求 $s=5\sim10$。同理，还可以推导

$$s=\frac{(g_s+g_{ie})(g_{oe}+g_L)}{|y_{fe}||y_{re}|[1+\cos(\varphi_{fe}+\varphi_{re})]} \tag{2.81}$$

式中，φ_{fe}、φ_{re}分别为 y_{fe}和 y_{re}的相角；s 表示放大器稳定工作的条件。

4. A_{vo}与 S 的关系

实际工作中，由于工作频率 $f\geqslant f_T$，$\varphi_{fe}\approx0$，因此，$y_{fe}=|y_{fe}|$且在 y_{re}中电纳起主要作用，即 $y_{re}\approx-j\omega C_{re}$，$\varphi=-90°$。

若令 $g_s+g_{ie}=g_1$，$g_{oe}+G_L=g_2$，代入稳定系数 $S=\dfrac{g_1g_2}{|y_{fe}|\omega_0C_{re}}$。

G_L 与前面 Y'_L 对应，表示回路的总导纳。

当 $s=5$ 时，有

$$(A_{vo})_s=\sqrt{\frac{y_{fe}}{2.5\omega_0C_{re}}} \tag{2.82}$$

$(A_{vo})_s$ 是保持放大器稳定工作所允许的电压增益，称为稳定电压增益。为保证放大器稳定工作，A_{vo}不允许超过$(A_{vo})_s$。

稳定工作的条件

$$g_F+g_{ie}+g_s>0$$

若 $g_F<0$，g_i 增大，当 $\dot{I}_s$ 一定时，$\dot{U}_1$ 减小，为负反馈，电路稳定工作；若 $g_F>0$，g_i 减小，当 $\dot{I}_s$ 一定时，$\dot{U}_1$ 增大，为正反馈。当 $g_F+g_{ie}+g_s<0$ 时，电路自激，参照图 2.21。

2.5.5　提高放大器稳定性的方法

由于 y_{re}的反馈作用，晶体管是一个双向器件。消除晶体管的反馈作用的过程称为单向化，目的是提高放大器的稳定性。单向化的方法有中和法和失配法。

(1) 中和法：消除 y_{re}大反馈；

(2) 失配法：使 $\dot{I}_1$ 或 $\dot{I}_2$ 的数值增大，因而使输入和输出回路与晶体管匹配。

1. 中和法

在晶体管外部接一个中和电容 C_N 来抵消内部反馈有害的影响。

如图 2.22 所示，在放大器的输出与输入之间引入一个外部反馈电路，以抵消晶体管内部 y_{re}的反馈作用。如果中和电路使 $\dot{I}_1$ 和 $\dot{I}_2$ 相等，此时，正反馈的影响被抵消，起到使放大器稳定工作的作用。

应该注意的是，完全中和很难达到，因为晶体管的 y_{re} 是随频率变化的。

2. 失配法

失配是指信号源内阻不与晶体管的输入阻抗匹配，晶体管输出端的负载不与本级晶体管的输出阻抗匹配。

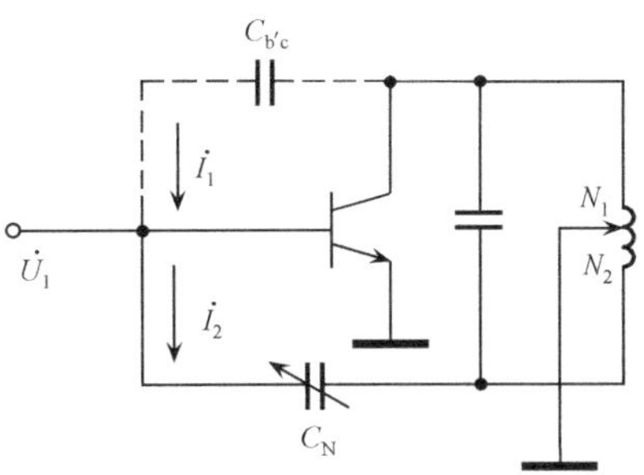

图 2.22　加中和电容的放大器电路

这是一种通过适当降低放大器的增益，提高放大器的稳定性的方法。可以选用合适的接入系数 p_1、p_2 或在谐振回路两端并联阻尼电阻来降低电压增益。

在实际运用中，较多采用共射-共基级放大器，其等效电路如图 2.23 所示。

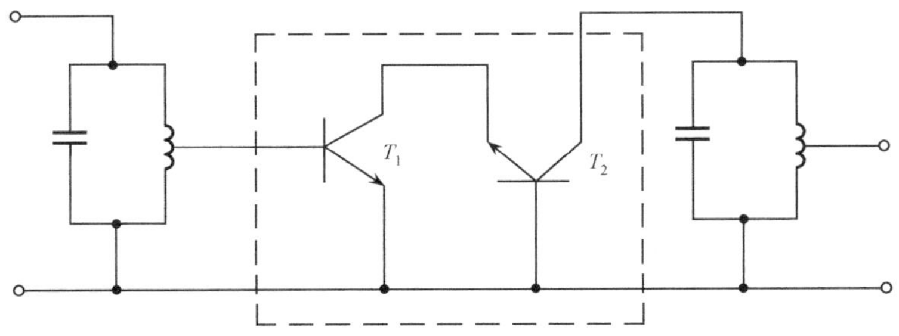

图 2.23　共射-共基级放大器电路

从图 2.23 中可以看出，输入回路与晶体管采用部分接入，而输出回路与晶体管直接接入，这是由于共基晶体管输出电阻很大。

T_2 的 $C_{b'c}$ 不构成正反馈，而 T_1 由于负载阻抗很小，导致该级增益很低，T_1 和 T_2 之间处于严重失配状态，也不会构成自激振荡。

2.6　集成谐振放大器

集成宽带放大器是一种线性放大器，属于模拟集成电路的范畴，与模拟电子线路课程中的运算放大器没有本质的区别。但是，随着现代通信技术的发展，对宽频带放大器频带宽度的要求越来越高，从低频段 0Hz 直流开始，一直延伸到几百兆赫兹甚至吉赫兹，如此宽的频带范围，对集成电路的制造提出了很高的要求，而且在集成芯片的使用上，有时还要增加许多用于展宽频带的电抗补偿电路。

1. 低噪声宽带放大器 AD45048

AD45048(图 2.24)内部集成了两个运算放大器，其工作电压 3.3～24V；电压噪声低至 4.5nV/Hz,电流噪声低至 1.5pA/Hz;带宽达 65MHz。典型应用电路如图 2.25 所示。

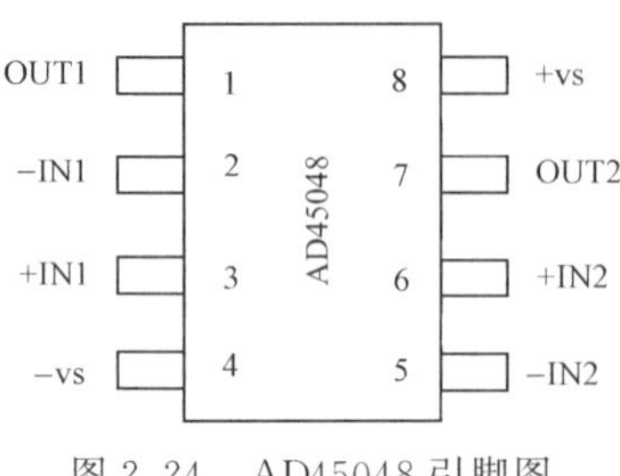

图 2.24　AD45048 引脚图

2. 由 MC1590 构成的选频放大器

MC1590 有自动增益控制功能,工作频率高且不易自激,内部集成了双输入双输出的差动放大电路。典型应用电路如图 2.26 所示。

利用谐振回路作为输入输出网络,L_3、C_6、C_5 组成了去耦滤波电路,减小输出信号通过电源对输入级形成寄生反馈。

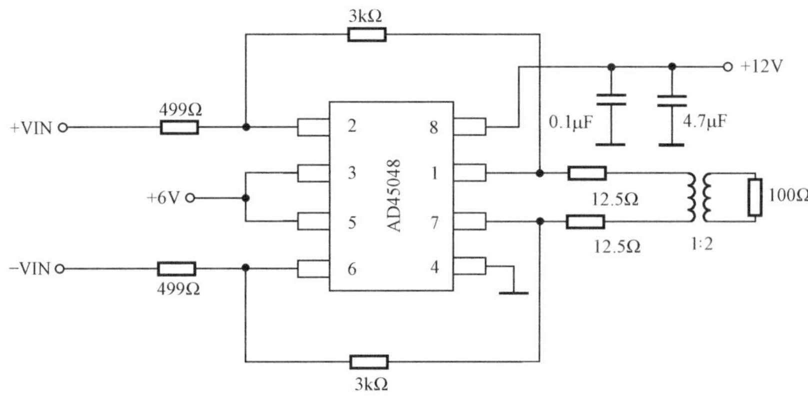

图 2.25　AD45048 典型应用

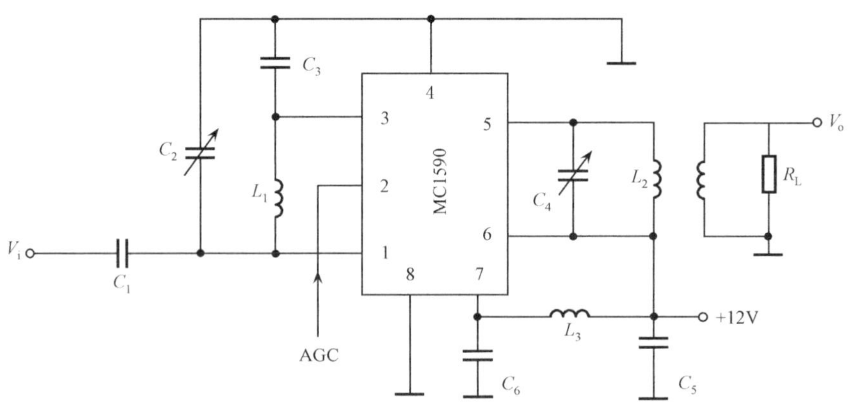

图 2.26　MC1590 典型应用

本章小结

通信系统中使用的小信号放大器分为两类。一类是谐振放大器，谐振放大器都是选频的窄带放大器，并联谐振回路、耦合谐振回路和各种固体滤波器作为其负载。谐振放大器的主要参数除了电压放大倍数（增益）、输入阻抗、输出阻抗外，通频带和选择性是有别于其他放大器的重要参数。另一类是宽带放大器，实用中的宽带放大器多为集成放大器。

分离元件的谐振放大器通常采用 Y 参数等效电路来分析计算，单管单调谐放大器和单管双调谐放大器的分析计算是本章的重点，这一章要注意计算公式的灵活应用。

小信号放大器能否稳定工作是电路设计和调整中必须考虑的问题，但是稳定性涉及的问题比较多，计算只能为电路调整指一个方向，需要根据实际情况进行仔细地调整。

集成宽带放大器和集中选频滤波器是目前小信号放大器的方向。宽带放大器也存在稳定工作的问题，当频率比较高时，需要认真考虑阻抗匹配问题。

附录　*LC* 并联谐振回路的 Matlab 分析源代码

1. 设回路品质因数 $Q=100$，$R_p=30\text{k}\Omega$，$\omega_0=10^7\text{rad/s}$，仿真 ω 变化时幅频特性曲线和相频特性曲线

```
% MATLAB script for Analyzing the Features of LC in parallel connection of elec-
tric circuit
% LC_1.m
Q = 100;                    % 定义参数
w0 = 1e7;
Rp = 3e4;
w = [0:100:2e7];
z = Rp./(1 + j * Q * (w./w0 - w0./w));          % 阻抗特性
subplot(211)
plot(w,abs(z),'k');               % 画出幅频特性曲线
xlabel('Frequency(\omega)')
ylabel('|z|')
title('magnitude-frequency curve of z ')
subplot(212)
plot(w,angle(z),'k');                 % 画出相频特性曲线
```

```
xlabel('Frequency(\omega)')
ylabel('\phi')
title('phase-frequency curve of z')
```

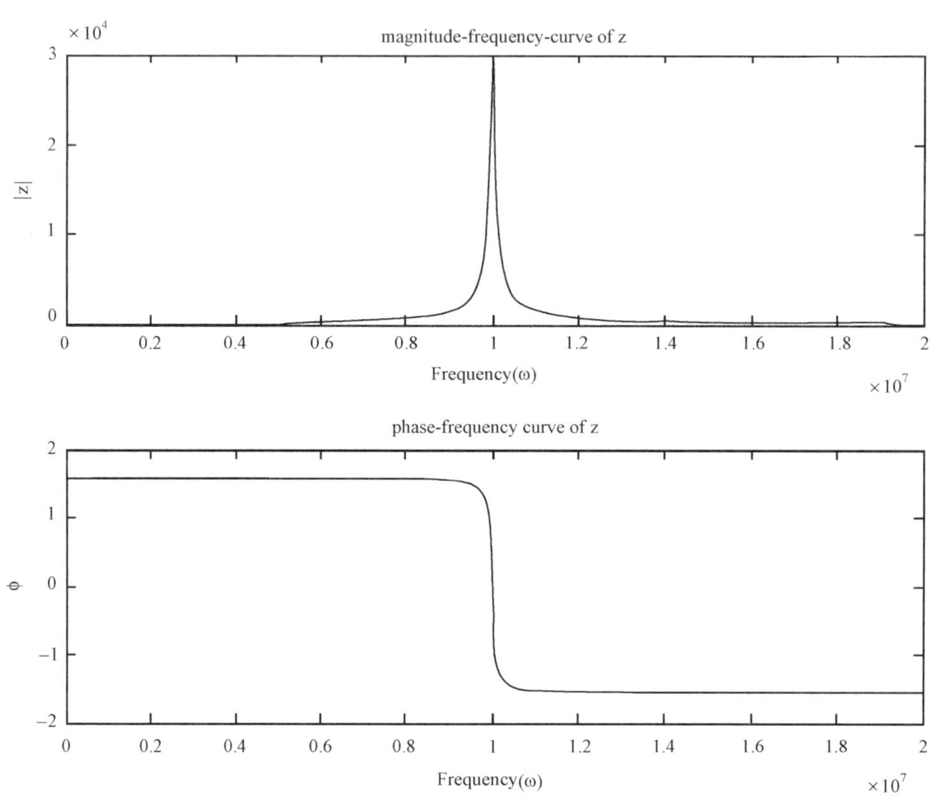

2. 设回路接有负载 $R_L = 10\text{k}\Omega$，此时回路两端等效谐振阻抗为 $R' = R_p // R_L = 7.5\text{k}\Omega$，有载品质因数 $Q_L = 25$，仿真 ω 变化时幅频特性曲线和相频特性曲线

```
% MATLAB script for Analyzing the Features of LC in parallel connection of elec-
tric circuit
% LC_2.m
w0 = 1e7;                              % 定义参数
Rp = 3e4;
RL = 1e4;
RpL = 1/(1/Rp + 1/RL);
QL = 25
w = [0:100:2e7];
```

```
zabs = RpL./sqrt(1 + (QL * 2 * (w - w0)./w0).^2);      % 阻抗特性
zphase = -atan(QL * 2 * (w - w0)./w0);
subplot(211)
plot(w,zabs,'k');                                       % 画出幅频特性曲线
xlabel('Frequency(\omega)')
ylabel('|z|')
title('magnitude-frequency curve of z ')
subplot(212)
plot(w,zphase,'k');                                     % 画出相频特性曲线
xlabel('Frequency(\omega)')
ylabel('\phi')
title('phase-frequency curve of z')
```

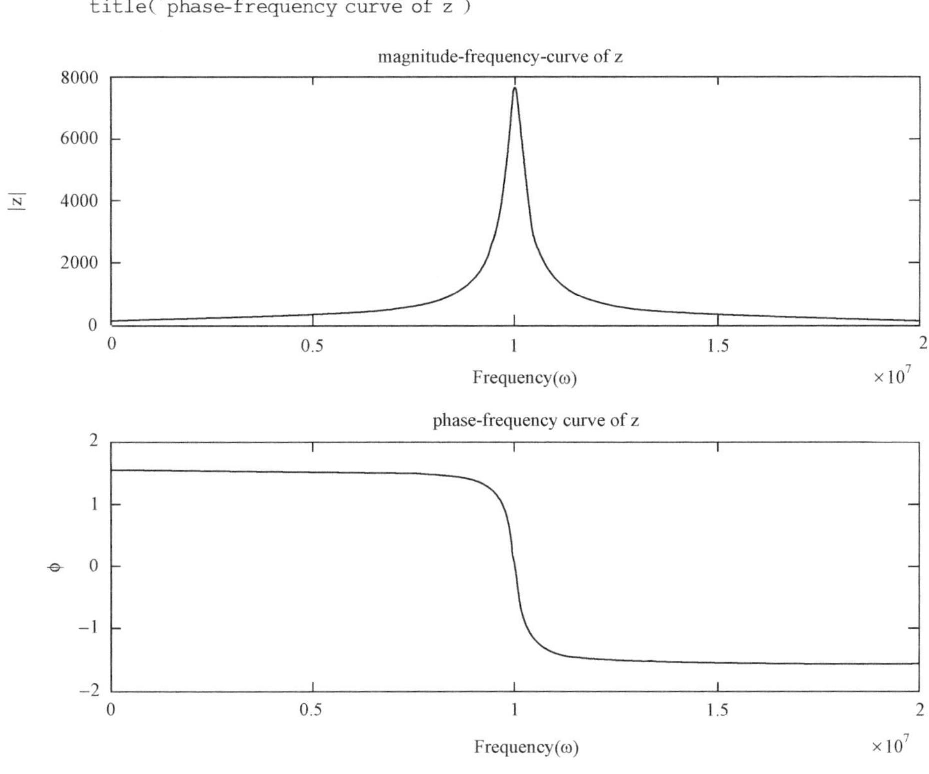

3. 不同大小的 Q 对阻抗的幅频和相频曲线仿真

```
% MATLAB script for Analyzing the Features of LC in parallel connection of electric circuit
% LC_3.m
```

```
Q = [180;100;40;15];                          % 定义参数
w0 = 1e7;
Rp = 3e4;
w = [0:100:2e7];
z = Rp./(1 + j * Q * (w./w0 - w0./w));            % 阻抗特性
subplot(211)
plot(w,abs(z));                            % 画出幅频特性曲线
xlabel('Frequency(\omega)')
ylabel('|z|')
title('magnitude-frequency curve of z ')
subplot(212)
plot(w,angle(z));                          % 画出相频特性曲线
xlabel('Frequency(\omega)')
ylabel('\phi')
title('phase-frequency curve of z')
```

magnitude-frequency curve of z

×10^4 3 2.5 2 1.5 1 0.5 0 |z|
Q=180 Q=100 Q=40 Q=15
0 0.2 0.4 0.6 0.8 1 1.2 1.4 1.6 1.8 2
Frequency(ω) ×10^7

phase-frequency curve of z

2 1 0 −1 −2 ϕ
Q=180 Q=15 Q=40 Q=100
0 0.2 0.4 0.6 0.8 1 1.2 1.4 1.6 1.8 2
Frequency(ω) ×10^7

4. 输入正弦信号时，谐振和失谐的输出波形仿真

```
% MATLAB script for Analyzing the Features of LC in parallel connection of elec-
tric circuit
% LC_4.m
Q = 100;                          % 定义参数
w0 = 1e7;
w = 1e7;
T0 = 2 * pi/w0;
Rp = 3e4;
t = 0:T0/100:4 * T0;
z = Rp./(1 + j * Q * (w./w0 - w0./w));              % 阻抗特性
Is = 0.005 * cos(w * t);                          % 输入为正弦信号
Uo = abs(z) * Is;
subplot(221)
plot(t,Is,'k');                          % 画出谐振时的电流、电压波形
xlabel('t')
ylabel('Is(A)')
subplot(222)
plot(t,Uo);
xlabel('t')
ylabel('Uo(V)')
title('\omega = \omega_{0}(谐振情况)')

w1 = 0.5e7;
t1 = 0:T0/100:4 * T0;
z1 = Rp./(1 + j * Q * (w1./w0 - w0./w1));
Is1 = 0.005 * cos(w1 * t1);                 % 输入为正弦信号
Uo1 = abs(z1) * Is1;
subplot(223)
plot(t1,Is1,'k');                        % 画出失谐时的电流、电压波形
xlabel('t')
ylabel('Is(A)')
subplot(224)
plot(t1,Uo1);
xlabel('t')
ylabel('Uo(V)')
title('\omega<\omega_{0}(失谐情况)')
```

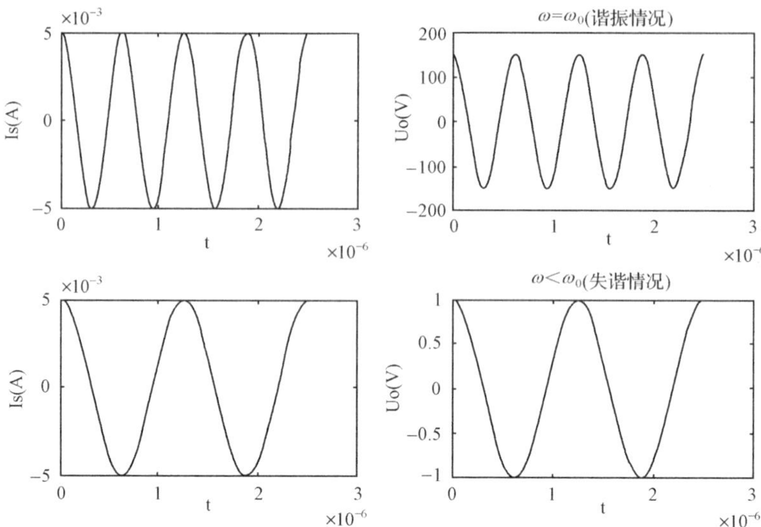

习　　题

2.1　*LC* 选频电路在小信号放大器中的作用是什么？

2.2　*LC* 谐振回路是最常用的选频电路，对串联回路和并联回路应该用什么样的激励信号？

2.3　已知一个中心频率为 $f_0=465\text{kHz}$，带宽 $BW_{0.7}=8\text{kHz}$ 的收音机的中频放大器，其回路电容为 $C=100\text{pF}$。计算回路的品质因数 Q_L，如电感线圈的固有品质因数 $Q_0=100$，求回路上应并接多大的负载才能满足带宽要求。

2.4　图 2.10 中，回路谐振频率为 1MHz，已知回路中两个电容相同都为 200pF，试求回路中电感。如果电感品质因数为 50，负载电阻等于 5kΩ，求回路的有载品质因数。

2.5　通频带为什么是小信号谐振放大器的一个重要指标？通频带不够会给信号带来什么影响？为什么？

2.6　外接负载阻抗对小信号谐振放大器有哪些主要影响？

2.7　在单调谐放大器中，若谐振频率 $f_0=10.7\text{MHz}$，$C_\Sigma=50\text{pF}$，$BW_{0.7}=150\text{kHz}$，求回路的电感 L 和 Q_L。如将通频带展宽为 300kHz，应在回路两端并接一个多大的电阻？

2.8　在小信号谐振放大器中，三极管与回路之间常采用部分接入，回路与负载之间也采用部分接入，这是为什么？

2.9　中心频率都是 6.5MHz 的单调谐放大器和临界耦合的双调谐放大器，若 Q_L 均为 30，试问两个放大器的通频带各为多少？

2.10　调谐在中心频率为 $f_0=10\text{MHz}$ 的三级相同的单调谐放大器，要求 $BW_{0.7}\geqslant 100\text{kHz}$，失谐 $\pm 200\text{kHz}$ 时的衰减大于或等于 20dB。试确定每个谐振回路的有载品质因数 Q_L。

2.11　某单调谐振放大器，集电极负载为并联谐振回路，其固有谐振频率 $f_0=6.5\text{MHz}$，回路总电容 $C=56\text{pF}$，回路通频带 $BW_{0.7}=150\text{kHz}$。

(1) 求回路调谐电感、品质因数；

(2) 求回路频偏 $\Delta f=600\text{kHz}$ 时，对干扰信号的抑制比。

2.12　某高频小信号放大器电路如题 2.12 图所示，工作频率为 300MHz，回路电容为 43pF，$R_L=2\text{k}\Omega$，回路的空载品质因数 $Q_0=100$，$p_1=0.2$，$p_2=0.6$，晶体管参数如下：$g_{ie}=12\text{mS}$，$Y_{re}=0$，$Y_{fe}=3800\text{mS}$，$g_{oe}=0.8\text{mS}$；若要求带宽为 500kHz，试求：

(1) 谐振回路的电感和回路有载 Q_L；

(2) 放大器的电压增益 A_u。

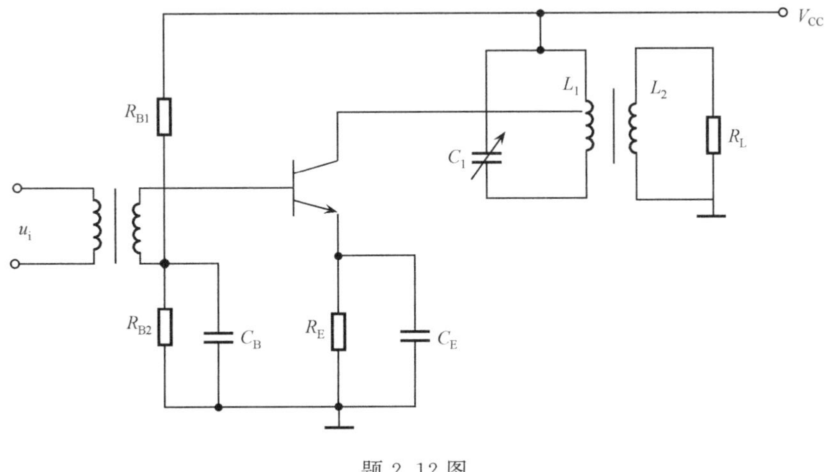

题 2.12 图

第3章 高频功率放大电路

高频功率放大器是各种无线电发射机的重要组成部分,主要用来对载波信号或高频已调波信号进行功率放大,其输出功率小到几毫瓦,大到几百瓦、上千瓦甚至兆瓦量级。在高频功率放大领域内扮演重要角色的是高频谐振功率放大器。本章主要介绍高频谐振功放的基本原理、动态特性、功率和效率等指标和高频谐振功放电路的实际设计,并简要介绍集成和宽带高频功放与有关技术。

3.1 高频功率放大器概述

由于发射机中振荡器产生的信号功率很小,为了获得足够大的功率,高频功率放大器通常由工作于不同状态的多级放大电路组成,包括缓冲放大、中间放大、推挽放大、末级功率放大,这些都属于高频功率放大的范畴。高频功率放大器和低频功率放大器的共同点是输出功率大和效率高。不同点是二者的工作频率和相对带宽不同:低频功率放大器的工作频率低,相对频带宽度很大,如一般工作在20～20000Hz,高端频率与低端频率相差1000倍。因此,它们都是采用无调谐负载,如电阻、变压器等。高频功率放大器工作频率高(几百千赫兹直到几百、几千甚至几万兆赫兹),相对频带宽度很小,如调幅广播的带宽为9kHz,若中心频率取900kHz,则相对频带宽度仅为1%。因此,高频功率放大器一般采用选频网络作为负载回路,故又称为谐振功率放大器。正是由于这一特点,使得这两种放大器的工作状态不同。

由先修课程可知,放大器按照电流导通角θ的不同,可分为甲、乙、丙三种类型。甲类工作时$\theta=180°$,乙类工作时$\theta=90°$,丙类工作时$\theta<90°$。低频功率放大器可工作于甲类、甲乙类或乙类(限于推挽电路)。甲类工作时,其理想效率为50%,乙类工作时其理想效率为78.5%,甲乙类工作时其理想效率在50%～78.5%之间。为了提高效率,高频功率放大器多工作于丙类状态。为了进一步提高高频功率放大器的效率,近年来又出现了丁类、戊类等开关型功率放大器,其理想效率可达100%。本章重点讨论丙类功率放大器的工作原理。

高频功率放大器的主要技术指标是功率与效率,除此之外是谐波、杂散波。谐波是高频谐振功率放大器的必然产物,它与很多因素有关,如频段、电路形式、频带宽度等。

由于高频谐振功率放大器工作在丙类,放大器处于非线性工作状态,高频小信号谐振放大器的一套线性模型在这里已不能适用，只能用图解法或折线近似分析法来分析功率放大器。图解法很麻烦，但准确度较高。折线近似法是把晶体管的特性曲线用折线近似代替，虽然可得出清晰的物理概念，但近似性较大，按此方法设计电路还要进行调整。本章的分析方法采用折线近似法，且建立在 $f_{工作} < 0.5f_\beta$ 的基础之上。

3.2　谐振功率放大器的工作原理

3.2.1　基本工作原理

谐振功率放大器的基本工作原理电路如图 3.1 所示，图中 C_A 为天线对地的等效电容，r_A 为等效辐射损耗电阻，r_r 为电感线圈 L 的损耗电阻。u_{BE}、u_{CE}分别为加到晶体管基极与发射极之间、集电极与发射极之间的电压，u_i 为信号源电压，V_{BB}、V_{CC}分别为加到基极与集电极的直流电压，V_{BB}又称为偏置电压。输出回路实质上是典型的并联谐振回路，如图 3.1(b)所示。假设回路有载品质因数 $Q_L \gg 1$，利用串并联互换的关系，把 r_A 折合到电感支路中去并与 r_r 串联，等效电阻 $r_e \approx r_A + r_r$。这样便可得到典型的谐振功率放大器原理电路，如图 3.1(c)所示。显然，并联谐振回路的品质因数 $Q_L = \dfrac{\omega_0 L}{r_e}$，谐振电阻 $R_e = \dfrac{L}{C \cdot r_e}$，实际工作时回路应调谐在输入信号频率上。为使晶体管工作于丙类状态，V_{BB}应设置在晶体管的截止区内，对硅 NPN 管，其导通电压 $V_{BZ} \approx 0.7\text{V}$，因此 $V_{BB} < 0.7\text{V}$ 就可工作于丙类。当没有输入信号 u_i 时，晶体管处于截止状态，集电极电流 $i_C = 0$。

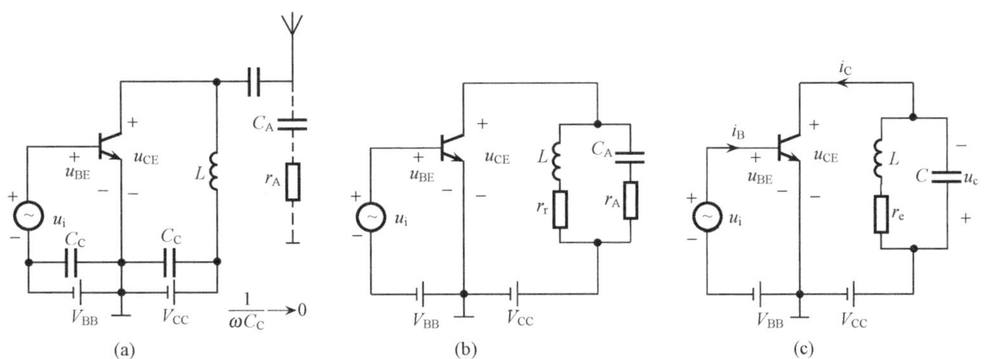

图 3.1　高频谐振功率放大器原理电路

当基极输入一余弦高频信号后，谐振功率放大器是如何工作的呢？图 3.2 画出了谐振功率放大器的转移特性，如图中虚线所示。由于输入信号较大，可用折线近似转移特性，如图中实线所示。设输入信号 $u_i = U_{im}\cos\omega t$，从图 3.1(c)电路可

见，晶体管基极与发射机之间的电压为

$$u_{BE}=V_{BB}+u_i=V_{BB}+U_{im}\cos\omega t \tag{3.1}$$

V_{BB}本身包含正负号。晶体管集电极与发射极之间的电压为

$$u_{CE}=V_{CC}-u_c \tag{3.2}$$

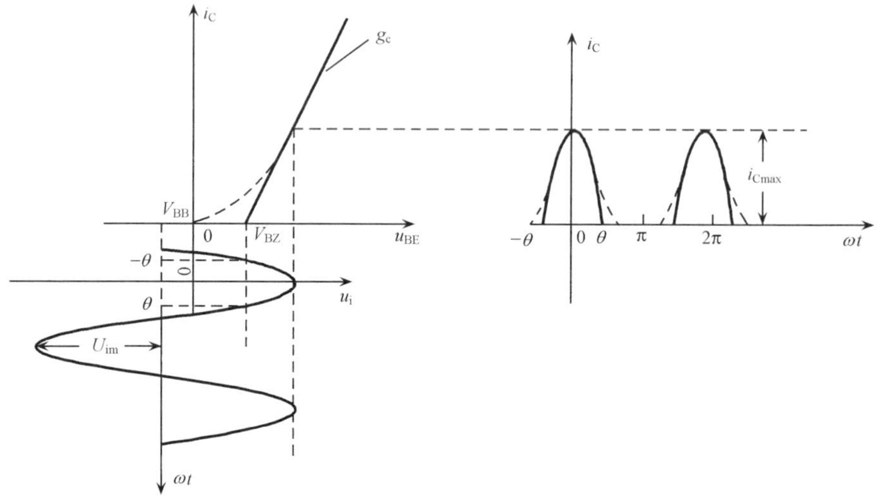

图 3.2 谐振功率放大器激励电压与集电极电流脉冲

u_c 是谐振回路两端的电压，电压的极性如图 3.1(c)所示。式(3.1)可用作图的方法画在晶体管的转移特性上，如图 3.2 所示。同样还可以画出集电极电流 i_C 的波形，这个电流是周期性的脉冲电流。显然，只有当 u_{BE}的电压大于 V_{BZ}，才有较大的电流，当 $u_{BE}=V_{BB}+u_i=u_{BEmax}$时，$i_C$ 达最大值 i_{Cmax}。由于该脉冲电流的周期与输入信号的周期相同，可用傅里叶级数分解成无数多个正弦波之和

$$i_C=I_{C0}+I_{c1m}\cos\omega t+I_{c2m}\cos 2\omega t+\cdots+I_{cnm}\cos n\omega t+\cdots \tag{3.3}$$

式中，I_{C0}为集电极电流直流分量；I_{c1m}，I_{c2m}，…，I_{cnm}分别为集电极电流的基波、二次谐波及高次谐波分量的振幅。

当集电极回路调谐在输入信号频率 ω 上，即与高频输入信号的基波谐振时，谐振回路对基波电流呈现阻抗 R_e，对直流和其他各次谐波呈现很小的阻抗，可近似看成短路。这样，包含有直流、基波和高次谐波的脉冲电流 i_C 流经谐振回路时，只有基波电流才产生压降，因而 LC 谐振回路两端输出不失真的高频信号电压。若谐振电阻为 R_e，则

$$u_c=I_{c1m}R_e\cos\omega t=U_{cm}\cos\omega t \tag{3.4}$$

$$U_{cm}=I_{c1m}R_e \tag{3.5}$$

$$u_{CE}=V_{CC}-u_c=V_{CC}-U_{cm}\cos\omega t \tag{3.6}$$

可见，由于谐振回路的选频作用，集电极的交流输出电压是与输入信号相同的

余弦电压，但相位相反。同时，谐振回路还可以将含有电抗分量的外接负载变换为谐振电阻 R_e，通过调节 L 和 C，还能使并联回路谐振电阻 R_e 与晶体管所需集电极负载值相等，实现阻抗匹配。因此，在谐振功率放大器中，谐振回路起到了滤波和阻抗匹配的双重作用。图 3.3 说明了谐振功率放大器中各种信号之间的关系。

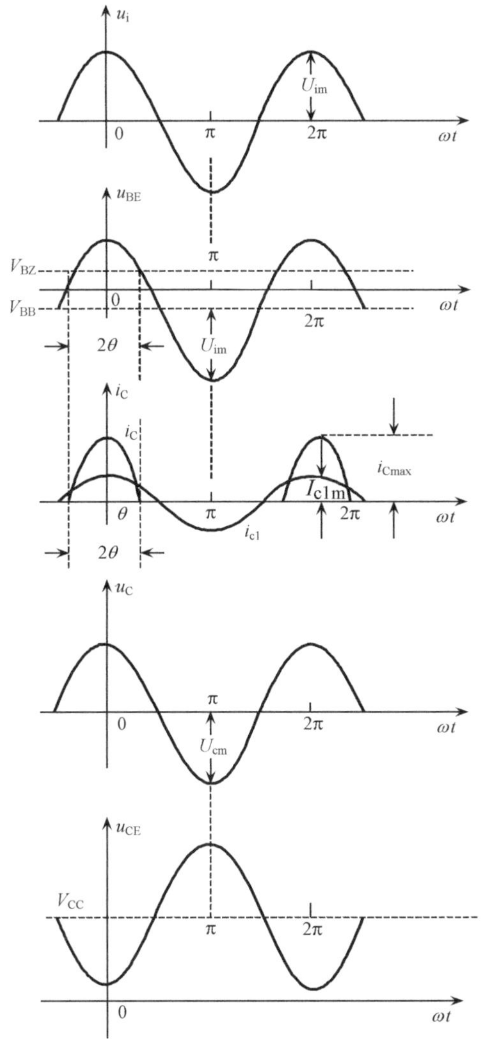

图 3.3　谐振功率放大器中电流电压波形

由图 3.3 可见，丙类放大器在一个信号周期内，只有小于半个信号周期的时间内有集电极电流流通，大部分时间内集电极是无脉冲电流的，由于集电极耗散功率等于集电极电压与集电极电流的乘积，因而大部分时间是无集电极耗散功率的，且 u_{BEmax}、i_{Cmax}、u_{CEmin} 是同一时刻出现的，导通角 θ 越小，i_C 越集中在 u_{CEmin} 附近，故耗损越小,效率越高。这就定性地说明了丙类放大器可提高集电极效率。

另外,已知集电极电流 i_C 中有很多谐波分量,如果将 LC 振荡回路调谐在信号的 n 次谐波上,即 $\omega_0 = n\omega$,则在回路两端将得到频率为 $n\omega$ 的电压 $u_C = I_{cnm} R_{en} \cos n\omega t$ 的输出信号,它的频率是输入信号频率的 n 倍,这种谐振功率放大器称为倍频器。

由图 3.3 可见,由于 V_{BZ} 附近实际是曲线而非折线,因而 i_C 的波形要严格地用数学表达是非常困难的,要严格地求出式(3.3)的数值几乎是不可能的,只有用作图法或近似分析法才能得解。

3.2.2 谐振功率放大器的近似分析

如前所述,对高频谐振功率放大器进行精确计算是十分困难的,为了研究谐振功率放大器的输出功率、管耗及效率,并指出一个大概的变化规律,可采用折线近似的分析方法。

晶体管实际的静态输出特性、转移特性和输入特性要用解析式表示是不可能的,只有用理想化曲线代替实际曲线后才有可能。要得到理想化特性曲线,最简单、直观的方法是用折线来代替实际曲线。图 3.4 是用折线来代替(近似)实际曲线后的转移特性和输出特性,并画出了激励信号及由此激励产生的输出电流波形。由图 3.4 可见,输出特性被临界饱和线(斜率为 g_{cr})和横坐标分成三部分:饱和区、放大区和截止区。转移特性也成了双折线,斜线与横轴的交点即为近似处理后晶体管的导通电压 V_{BZ}。加入余弦输入激励电压 $u_i = U_{im} \cos\omega t$ 后,得到的电流脉冲是理想的余弦脉冲。这意味着输入电压低于导通电压 V_{BZ} 时,电流 i_C 为零,输入电压高于导通电压时,电流 i_C 随 u_{BE} 线性增长。因此,折线化后的转移特性曲线可用下式表示:

$$\begin{cases} i_C = g_c(u_{BE} - V_{BZ}), & u_{BE} \geqslant V_{BZ} \\ i_C = 0, & u_{BE} < V_{BZ} \end{cases} \tag{3.7}$$

式中,g_c 为折线化转移特性曲线的斜率。输入回路和输出回路可以重新写为

$$u_{BE} = V_{BB} + U_{im} \cos\omega t \tag{3.8}$$

$$u_{CE} = V_{CC} - U_{cm} \cos\omega t \tag{3.9}$$

定义一个周期内导通角度的 1/2 为导通角 θ(见图 3.4)。由图 3.4 所示的几何关系,即当 $\omega t = \theta$ 时,$i_C = 0$,可以写出

$$U_{im} \cos\theta = V_{BZ} - V_{BB}$$

$$\cos\theta = \frac{V_{BZ} - V_{BB}}{U_{im}} \tag{3.10}$$

需要注意的是,V_{BB} 可正可负,即 $V_{BZ} - V_{BB}$ 就是图 3.4 中 $V_{BZ} - V_{BB}$ 的长度。将 u_{BE} 代入式(3.7),并利用式(3.10)可得

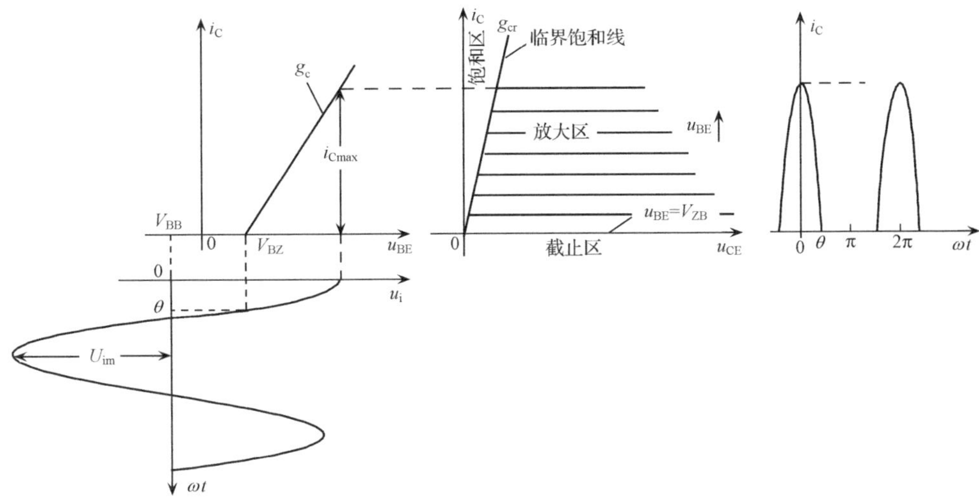

图 3.4　晶体管特性曲线折线化及集电极电流脉冲波形

$$
\begin{aligned}
i_C &= g_c(u_{BE} - V_{BZ}) \\
&= g_c(V_{BB} + U_{im}\cos\omega t - V_{BZ}) \\
&= g_c U_{im}(\cos\omega t - \cos\theta), \qquad u_{BE} \geqslant V_{BZ} \qquad (3.11)
\end{aligned}
$$

$$
i_C = 0, \qquad u_{BE} < V_{BZ} \qquad (3.12)
$$

由图 3.4 可见，当 $\omega t = 0$ 时，$i_C = i_{Cmax}$，由式(3.11)可得

$$
i_{Cmax} = g_c U_{im}(1 - \cos\theta)
$$

$$
g_c U_{im} = \frac{i_{Cmax}}{1 - \cos\theta}
$$

这样，

$$
i_C = i_{Cmax}\frac{\cos\omega t - \cos\theta}{1 - \cos\theta}, \qquad u_{BE} \geqslant V_{BZ} \qquad (3.13)
$$

$$
i_C = 0, \qquad u_{BE} < V_{BZ}
$$

式(3.13)是以 θ 和 i_{Cmax} 为自变量的 i_C 的表达式，实质上就是式(3.3)尖顶电流脉冲的数学表达式，利用傅里叶级数可展开为

$$
i_C = I_{C0} + \sum_{n=1}^{\infty} I_{cnm}\cos n\omega t \qquad (3.14)
$$

式中，I_{C0} 为直流分量；I_{cnm} 为基波及各次谐波的振幅。应用数学中求傅里叶级数的方法可以求出各个分量，它们都是 θ 的函数。

$$
\begin{aligned}
I_{C0} &= \frac{1}{2\pi}\int_{-\pi}^{\pi} i_C \,\mathrm{d}\omega t = \frac{1}{2\pi}\int_{-\theta}^{\theta} i_C \,\mathrm{d}\omega t \\
&= \frac{1}{2\pi}\int_{-\theta}^{\theta} i_{Cmax}\frac{\cos\omega t - \cos\theta}{1 - \cos\theta}\mathrm{d}\omega t
\end{aligned}
$$

$$=i_{\mathrm{Cmax}}\left(\frac{1}{\pi}\,\frac{\sin\theta-\theta\cos\theta}{1-\cos\theta}\right)$$

$$=i_{\mathrm{Cmax}}\alpha_0(\theta) \tag{3.15}$$

$$\alpha_0(\theta)=\frac{1}{\pi}\,\frac{\sin\theta-\theta\cos\theta}{1-\cos\theta} \tag{3.16}$$

同理，有

$$I_{\mathrm{c1m}}=\frac{1}{\pi}\int_{-\pi}^{\pi}i_{\mathrm{C}}\cos\omega t\,\mathrm{d}\omega t$$

$$=\frac{1}{\pi}\int_{-\theta}^{\theta}i_{\mathrm{Cmax}}\left(\frac{\cos\omega t-\cos\theta}{1-\cos\theta}\right)\cos\omega t\,\mathrm{d}\omega t$$

$$=i_{\mathrm{Cmax}}\left(\frac{1}{\pi}\,\frac{\theta-\sin\theta\cos\theta}{1-\cos\theta}\right)$$

$$=i_{\mathrm{Cmax}}\alpha_1(\theta) \tag{3.17}$$

$$\alpha_1(\theta)=\frac{1}{\pi}\,\frac{\theta-\sin\theta\cos\theta}{1-\cos\theta} \tag{3.18}$$

一般情况下，有

$$I_{\mathrm{c}n\mathrm{m}}=\frac{1}{\pi}\int_{-\pi}^{\pi}i_{\mathrm{C}}\cos n\omega t\,\mathrm{d}\omega t$$

$$=i_{\mathrm{Cmax}}\left[\frac{2}{\pi}\,\frac{\sin n\theta\cos\theta-n\cos n\theta\sin\theta}{n(n^2-1)(1-\cos\theta)}\right]$$

$$=i_{\mathrm{Cmax}}\alpha_n(\theta) \tag{3.19}$$

$$\alpha_n(\theta)=\frac{2}{\pi}\,\frac{\sin n\theta\cos\theta-n\cos n\theta\sin\theta}{n(n^2-1)(1-\cos\theta)} \tag{3.20}$$

式中，$\alpha(\theta)$称为余弦脉冲电流分解系数，其大小是导通角θ的函数。图 3.5 作出了

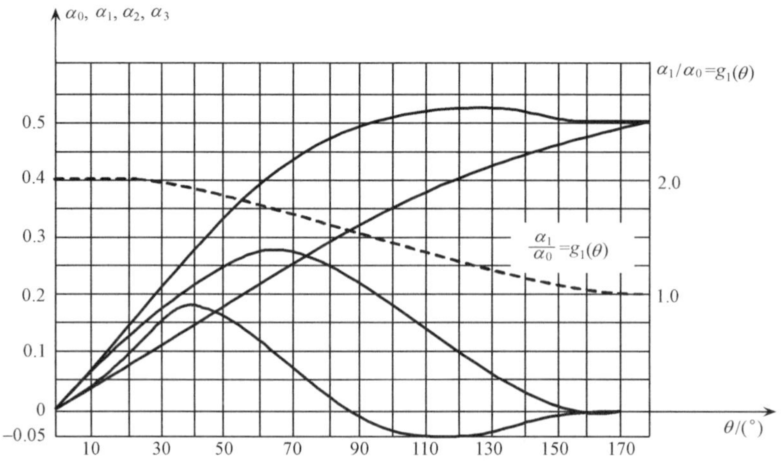

图 3.5　余弦脉冲电流分解系数

$\alpha_0(\theta)$、$\alpha_1(\theta)$、$\alpha_2(\theta)$和 $\alpha_3(\theta)$分解系数的曲线图，知道导通角 θ 的大小就可以通过曲线查到所需分解系数的大小或通过查数值表得到。例如，$\theta=60°$时，由图 3.5 可查得 $\alpha_0(\theta)=0.22$，$\alpha_1(\theta)=0.39$，$\alpha_2(\theta)=0.28$。

3.2.3　输出功率与效率

由于输出回路调谐在基波频率上，输出电路中的高次谐波处于失谐状态，相应的输出电压很小，因此谐振功率放大器集电极输出电压波形 u_{CE} 中只包含直流分量与交流分量，其交流分量与输入信号 u_i 波形一样，但相位相差 π。放大器输出的交流功率等于集电极基波电流分量在负载 R_e 上的平均功率，即

$$P_o = \frac{1}{2}I_{c1m}U_{cm} = \frac{1}{2}I_{c1m}^2 R_e = \frac{U_{cm}^2}{2R_e} \tag{3.21}$$

电源输入的直流功率 P_D 等于集电极直流分量 I_{C0} 与 V_{CC}的乘积，即

$$P_D = I_{C0}V_{CC} \tag{3.22}$$

集电极耗散功率 P_C 等于直流功率 P_D 与交流功率 P_o 之差，即

$$P_C = P_D - P_o \tag{3.23}$$

定义集电极效率为

$$\eta_C = \frac{P_o}{P_D} = \frac{1}{2}\frac{I_{c1m}}{I_{C0}}\frac{U_{cm}}{V_{CC}} = \frac{1}{2}g_1(\theta)\xi \tag{3.24}$$

式中，$\xi=\dfrac{U_{cm}}{V_{CC}}$ 称为集电极电压利用系数，$\xi\leqslant 1$；$g_1(\theta)=\dfrac{I_{c1m}}{I_{C0}}=\dfrac{\alpha_1(\theta)}{\alpha_0(\theta)}$ 称为波形系数。$g_1(\theta)$是导通角θ的函数，且是单调的，其关系如图 3.5 所示。$g_1(\theta)$ 越大，集电极效率 η_C 就越高；θ 值越小，$g_1(\theta)$ 就越大，$\theta\to 0$，$g_1(\theta)\to 2$ 达最大值。但此时 $i_C=0$，$P_o=0$，无交流功率输出。作为放大器，$\theta=120°$ 时，α_1 最大，此时 P_o 最大，但 $g_1(\theta)$ 小，效率低。折中考虑，丙类放大器一般取导通角 $\theta=70°$左右。在 $\xi=1$ 的条件下，可求得不同工作类型时放大器的效率：

甲类工作状态：$\theta=180°$，$g_1(\theta)=1$，$\eta_{Cmax}=50\%$；

乙类工作状态：$\theta=90°$，$g_1(\theta)=1.57$，$\eta_{Cmax}=78.5\%$；

丙类工作状态：$\theta=70°$，$g_1(\theta)=1.73$，$\eta_C=86.5\%$。

例 3.1　在图 3.1(c)所示的谐振功率放大器电路中，$V_{CC}=30V$，测得 $I_{C0}=100mV$，$U_{cm}=28V$，$\theta=70°$，求该功率放大器的 i_{Cmax}、P_o、P_D、P_C、η_C 和回路谐振阻抗 R_e。

解　由图可查得 $\alpha_0(70°)=0.253$，$\alpha_1(70°)=0.436$，因此由式(3.15) 可求得

$$i_{Cmax} = \frac{I_{C0}}{\alpha_0(70°)} = \frac{100}{0.253} = 395\ (\text{mA})$$

由式(3.17) 可求得

$$I_{c1m} = i_{Cmax}\alpha_1(70°) = 395\times 0.436 = 172(\text{mA})$$

由式(3.21)可求得

$$P_o = \frac{1}{2} I_{c1m} U_{cm} = \frac{1}{2} \times 0.172 \times 28 = 2.4(\mathrm{W})$$

由式(3.22)可求得

$$P_D = I_{C0} V_{CC} = 0.1 \times 30 = 3(\mathrm{W})$$

由式(3.23)可求得

$$P_C = P_D - P_o = 3 - 2.4 = 0.6(\mathrm{W})$$

由式(3.24)可求得

$$\eta_C = \frac{P_o}{P_D} = \frac{2.4}{0.1 \times 30} = 80\%$$

由式(3.5)可求得

$$R_e = \frac{U_{cm}}{I_{c1m}} = \frac{28}{0.172} = 163(\Omega)$$

3.3 谐振功率放大器的特性分析

谐振功率放大器的输出功率、效率及集电极耗散等都与集电极负载回路的谐振阻抗、输入信号的幅度、基极偏置电压以及集电极电源电压的大小密切相关。为了得到大功率、高效率的输出，必须对谐振功率放大器的工作状态进行分析。

3.3.1 谐振功率放大器的工作状态与负载特性

1. 高频功放的动态特性

动态特性是指当加上激励信号及接上负载阻抗时，晶体管集电极电流 i_C 与电极电压 u_{BE} 或 u_{CE} 的关系曲线，它在 $i_C \sim u_{BE}$ 或 $i_C \sim u_{CE}$ 坐标系统中是一条曲线。其做法与小信号放大器不同。小信号放大器中，若已知负载电阻，过静态工作点作一斜率为负的交流负载电阻值的倒数的直线，即得负载线，动态特性是负载线的一部分。而在高频谐振功率放大器中是已知 $u_{BE} = V_{BB} + u_i = V_{BB} + U_{im}\cos\omega t$ 和 $u_{CE} = V_{CC} - u_c = V_{CC} - U_{cm}\cos\omega t$，以 ωt 为变量，如由 0 至 π 变化，逐点由 u_{BE}、u_{CE} 从晶体管输出特性曲线上找出 i_C，并连成线，且一般不是直线。当晶体管的特性用折线近似时，动态特性曲线即为直线。据式(3.11)可得

$$i_C = g_c(V_{BB} + U_{im}\cos\omega t - V_{BZ})$$

又根据 $u_{CE} = V_{CC} - U_{cm}\cos\omega t$ 可得

$$\cos\omega t = \frac{V_{CC} - u_{CE}}{U_{cm}}$$

这样，可得

$$i_C = g_c\left(V_{BB} + U_{im}\frac{V_{CC} - u_{CE}}{U_{cm}} - V_{BZ}\right) \tag{3.25}$$

由式(3.25)可知，i_C 与 u_{CE} 是直线关系，两点决定一条直线，因此只要在输出特性上求出谐振功率放大器的两个瞬时工作点，它们的连线就是晶体管放大区的动态特性曲线。具体做法是：①取 $\omega t=0$，则 $u_{BEmax}=V_{BB}+U_{im}$，$u_{CEmin}=V_{CC}-U_{cm}$，得到 A 点；②取 $\omega t=\pi/2$，则 $u_{BE}=V_{BB}$，$u_{CE}=V_{CC}$，得到 Q 点；③取 $\omega t=\pi$，则 $i_C=0$，$u_{CEmax}=V_{CC}+U_{cm}$，得到 C 点；④连接 AQ 两点，横轴上方用实线表示，横轴下方用虚线表示，交横轴于 B 点，则 A、B、C 三点连线即为动态特性曲线。如图 3.6 所示。

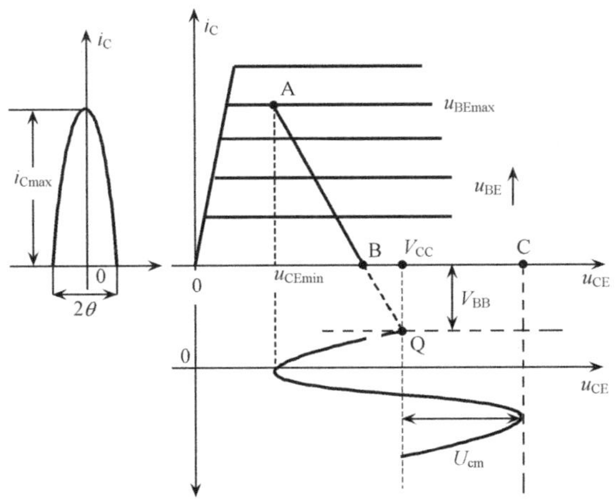

图 3.6　高频谐振功率放大器的动态特性曲线

在 A 点没有进入饱和区时，动态特性曲线的斜率为

$$-\frac{g_c U_{im}}{U_{cm}} = -\frac{i_{Cmax}}{U_{cm}(1-\cos\theta)} = -\frac{2\pi}{R_e(2\theta - \sin 2\theta)}$$

动态特性不仅与 R_e 有关，而且与 θ 有关。

2. 谐振功率放大器的工作状态

由图 3.6 可知，若改变电路参数，瞬时工作点 A(u_{BEmax}，u_{CEmin})的位置可能发生移动。因此，根据 A 点的位置不同，谐振功率放大器有欠压、临界和过压三种工作状态。当 A 点落在输出特性(对应 u_{BEmax} 的那条)的放大区时，为欠压状态；当 A 点正好落在临界线上时，为临界状态；当 A 点落在饱和区时，为过压状态。谐振功率放大器的工作状态必须由 V_{CC}、V_{BB}、U_{im}、U_{cm} 四个参量决定，缺一不可，其中任何一个参量的变化都会改变 A 点所处的位置。在实际工作中，最常见的是负载电阻 R_e 发生变化。由于 R_e 变化，U_{cm} 就会相应改变，工作状态也随之改变。

当 R_e 比较小时，$U_{cm}=I_{c1m}R_e$ 也较小，A 点处在输出特性的放大区，谐振功率放大器工作在欠压状态，集电极电流为余弦脉冲，动特性曲线如图 3.7 中 $A_1B_1C_1$。

当 R_e 增大时，U_{cm} 增大，u_{CEmin} 减小，A 沿 u_{BEmax} 的输出特性左移。若放大器仍处于欠压状态，集电极电流波形不变，动态特性曲线的斜率逐渐减小。R_e 继续增大，若 A 点正好移在特性的临界线上时，放大器处于临界工作状态，集电极电流仍为余弦脉冲，动态特性曲线如图 3.7 中 $A_2B_2C_2$。

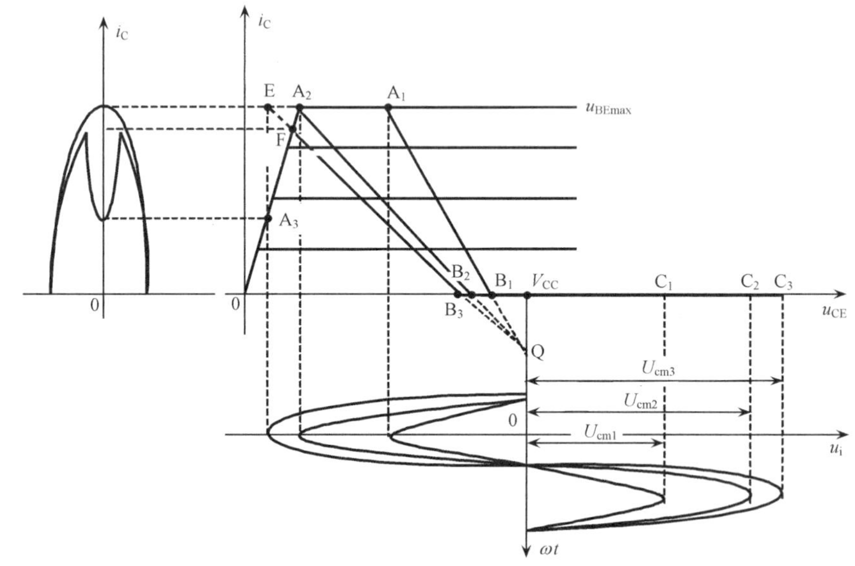

图 3.7　三种状态下的动态特性及集电极电流波形

继续增大 R_e，U_{cm} 继续增加，u_{CEmin} 继续减小，A 将移至沿 u_{BEmax} 输出特性的饱和区，即进入过压工作状态。由于饱和区 u_{CE} 对 i_C 的强烈反作用，动态特性曲线穿过临界点后，电流 i_C 将沿临界线迅速下降，动态特性曲线如图 3.7 中 $A_3FB_3C_3$，集电极电流 i_C 成为顶部凹陷的脉冲，F 点决定了脉冲的高度。这是高频功放中的一种特有的现象。为什么集电极电流会出现凹陷呢？这是由于谐振功率放大器的负载是谐振回路，具有良好的选频能力，谐振回路两端的电压是连续的正弦波，到达 F 后，u_{BE} 还没有达到 u_{BEmax}，还要继续增加，u_{CE} 电压进一步下降，一直到达 u_{CEmin}，完成连续的正弦波形。如负载是纯电阻，则电流波形不可能出现凹陷，用余弦电流脉冲波形分解系数求直流分量、基波分量等不再适用。

3. 负载特性

负载特性是指当保持晶体管及 V_{CC}、V_{BB}、U_{im} 不变时，改变负载电阻 R_e，谐振功率放大器的电流 I_{C0}、I_{c1m}，输出电压 U_{cm}，输出功率 P_o，集电极耗散 P_C，电源功率 P_D 及集电极效率 η_C 随之变化的曲线。

从上面的动态特性曲线随 R_e 变化的分析可知，R_e 由小变大，工作状态由欠压变到临界再进入过压，相应的集电极电流由余弦脉冲变成凹陷脉冲，如图 3.8 所示。在欠压状态，余弦脉冲的高度随 R_e 的增加而略有下降，所以从中分解出来的 I_{C0}、I_{c1m} 变化不大，此工作区又称为恒流源区。但在过压状态，电流脉冲的凹陷程度随着 R_e 的增加而急剧加深，使 I_{C0}、I_{c1m} 急剧下降。由于 $U_{cm}=I_{c1m}R_e$，在欠压状态 I_{c1m} 随 R_e 的增加而下降缓慢，所以 U_{cm} 随 R_e 的增加较快；在过压状态，I_{c1m} 随 R_e 的增加而下降很快，所以 U_{cm} 随 R_e 的增加而缓慢地上升，如图 3.9(a)所示的三种状态下的动态特性及集电极电流波形。

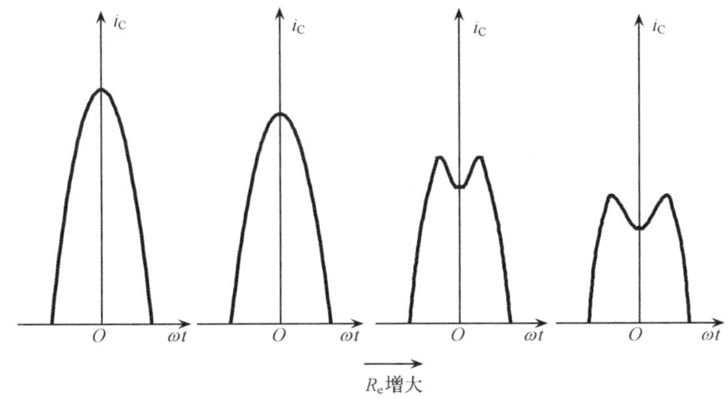

图 3.8　i_C 电流波形随 R_e 变化的特性

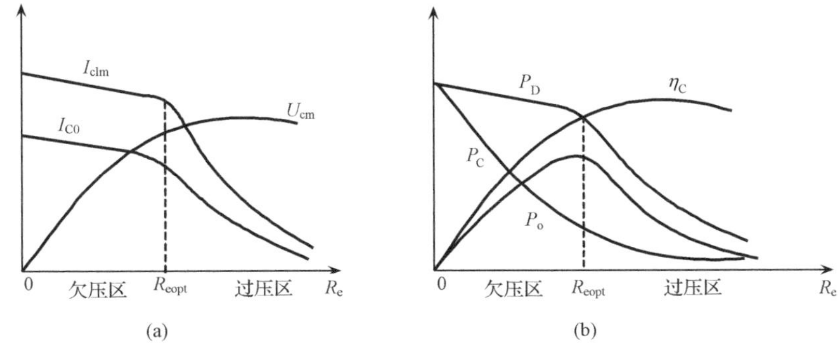

图 3.9　谐振功率放大器的负载特性

根据图 3.9(a)的关系曲线，各功率、效率随 R_e 变化曲线如图 3.9(b)所示。由于 $P_D=V_{CC}I_{C0}$，因此，P_D 的变化规律与 I_{C0} 相同。又因为 $P_o=\frac{1}{2}U_{cm}I_{c1m}$，因此，在欠压状态，$P_o\propto U_{cm}$，在过压状态，$P_o\propto I_{c1m}$。再根据 $P_C=P_D-P_o$，$\eta_C=\frac{P_o}{P_D}$ 可得

到 P_C、η_C 随 R_e 变化的曲线。

由负载特性可见，欠压状态 I_{c1m}、I_{C0} 基本保持不变，P_o 小，P_C 大，η_C 低；过压状态，U_{cm} 基本保持不变，P_o、P_C 随 R_e 增加而下降，η_C 略有上升；临界状态，P_o 最大，η_C 较高；弱过压状态，P_o 虽不是最大，但仍较大，且 η_C 还略有提高。由此可见，谐振功率放大器要得到大功率、高效率的输出，应工作在临界或弱过压状态。临界状态对应的负载电阻称为匹配负载，用 R_{eopt} 表示。工程上 R_{eopt} 可以根据所需输出信号功率 P_o 由下式近似确定：

$$R_{eopt}=\frac{1}{2}\frac{U_{cm}^2}{P_o}=\frac{1}{2}\frac{(V_{CC}-U_{CES})^2}{P_o}$$

式中，U_{CES} 为集电极饱和压降。

3.3.2 V_{CC} 对放大器工作状态的影响

若保持 V_{BB}、U_{im}、R_e 不变而只改变集电极直流电压 V_{BB} 时，谐振功率放大器的工作状态将会随之发生变化。由于 $u_{BEmax}=V_{BB}+U_{im}$ 不变，当 V_{CC} 由小增大时，$u_{CEmax}=V_{CC}-U_{cm}$ 也将由小增大，因而由 u_{CEmin}、u_{BEmax} 决定的瞬时工作点将沿这条输出特性，由特性的饱和区向放大区移动，工作状态由过压变到临界再进入欠压，波形由 i_{Cmax} 较小的凹陷脉冲变为 i_{Cmax} 较大的尖顶脉冲，如图 3.10(a)所示。在欠压状态 i_C 脉冲高度变化不大，所以 I_{C0}、I_{c1m} 随 V_{CC} 的变化不大，而在过压状态，i_C 脉冲高度随 V_{CC} 减小而下降，凹陷加深，因而 I_{C0}、I_{c1m} 随 V_{CC} 的减小而较快地下降，并且在

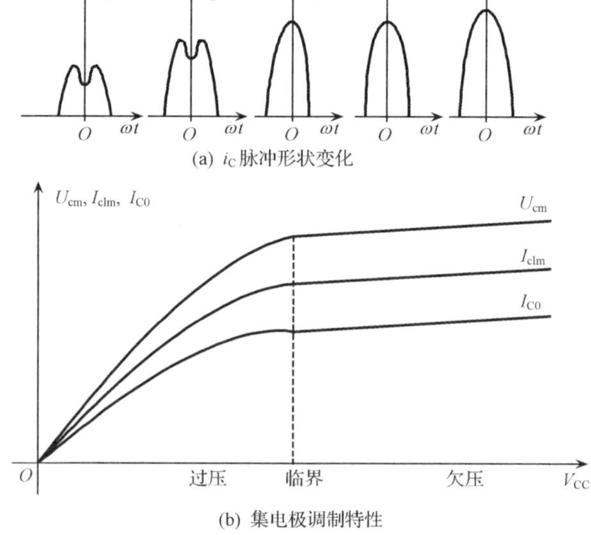

图 3.10 V_{CC} 对放大器工作状态的影响

$V_{CC}=0$ 时，变化不大，I_{C0}、I_{c1m} 都等于零。I_{C0}、I_{c1m} 随 V_{CC} 的变化曲线如图 3.10(b)所示。因为 $U_{cm}=I_{c1m}R_e$，所以 U_{cm} 与 I_{c1m} 变化规律相同，如图 3.10(b)所示。

在过压区域，输出电压幅度 U_{cm} 与 V_{CC} 的关系基本是线性的，这种特性称为集电极调制特性。利用这一特性，可以实现振幅调制电路，让 U_{cm} 与调制信号成线性关系。可用图 3.11 所示的电路来实现振幅调制。

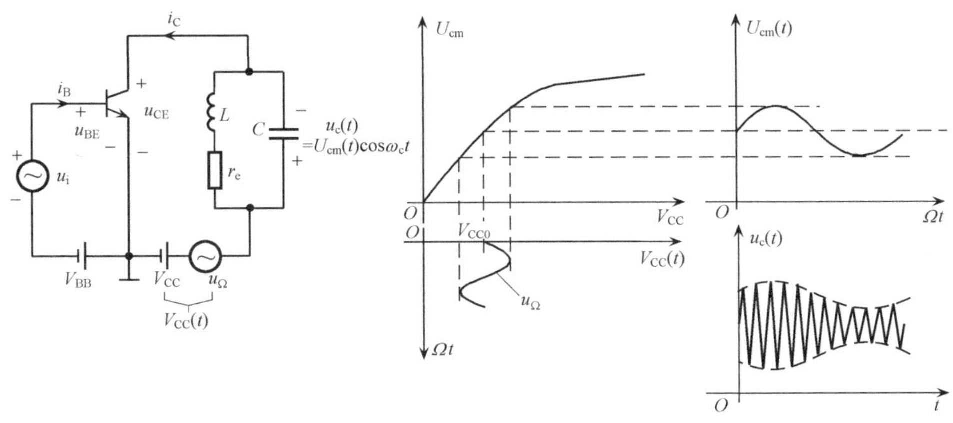

图 3.11　集电极调幅电路

3.3.3　U_{im} 和 V_{BB} 对放大器工作状态的影响

1. U_{im} 对放大器工作状态的影响

假设 V_{CC}、V_{BB} 和 R_e 不变而只改变输入信号振幅 U_{im} 时，谐振功率放大器的性能将会随之发生变化，这种特性也称为放大特性。

当 U_{im} 由小增大时，管子的导通时间加长，$u_{BEmax}=V_{BB}+U_{im}$ 增大，集电极电流 i_C 脉冲宽度和高度均增加，I_{C0}、I_{c1m} 和相应的 U_{cm} 增大，结果使 u_{CEmin} 减小，放大器由欠压状态进入过压状态，如图 3.12 所示。在欠压状态，输出电压振幅与输入电压振幅基本成正比，即电压增益近似为常数，利用这一特点可将谐振功率放大器用作电压放大器。在过压状态 i_C 脉冲宽度虽略有增加，但凹陷也加深，所以 I_{C0}、I_{c1m} 和 U_{cm} 增长缓慢。

2. V_{BB} 对放大器工作状态的影响

假定 V_{CC}、U_{im} 和 R_e 不变而只改变基极直流偏压 V_{BB} 时，谐振功率放大器的工作状态变化如图 3.13(a)所示。由于 $u_{BEmax}=V_{BB}+U_{im}$，所以 U_{im} 不变、增大 V_{BB} 与 V_{BB} 不变、增大 U_{im} 的情况是类似的，因此 V_{BB} 由负到正增大时，集电极电流 i_C 脉冲宽度和高度均增加，并出现凹陷，放大器由欠压状态进入过压状态。I_{C0}、I_{c1m} 和相

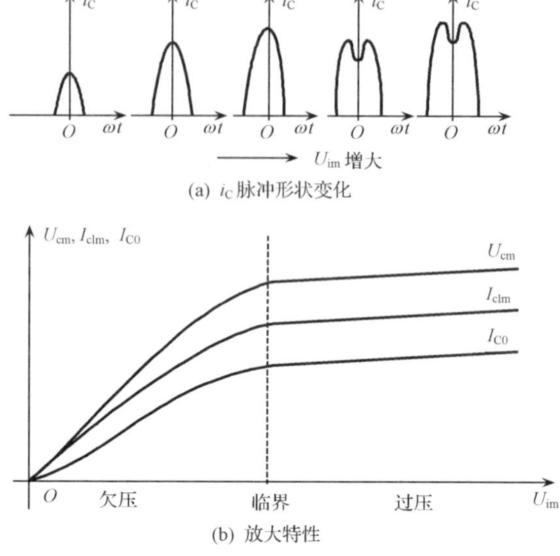

(a) i_C 脉冲形状变化

(b) 放大特性

图 3.12　U_{im}对放大器工作状态的影响

应的U_{cm}随V_{BB}变化的曲线与放大特性类似，在欠压状态，输出电压振幅与V_{BB}近似成线性关系，如图 3.13(b)所示。利用这一特性可实现基极调幅，所以又称为基极调制特性，可用图 3.14 所示的电路来实现振幅调制。

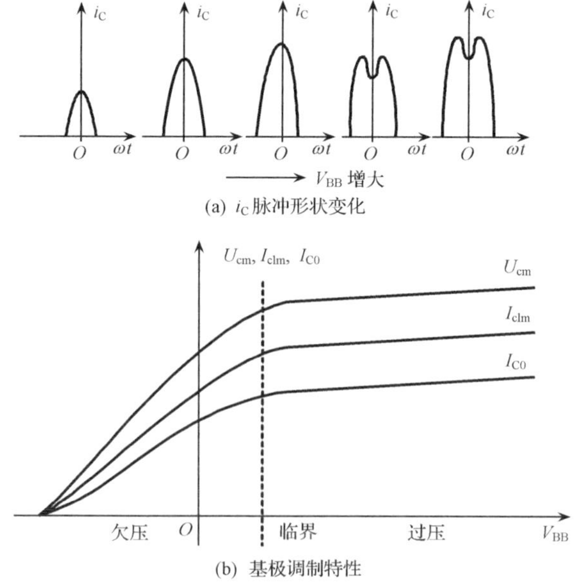

(a) i_C 脉冲形状变化

(b) 基极调制特性

图 3.13　V_{BB}对放大器工作状态的影响

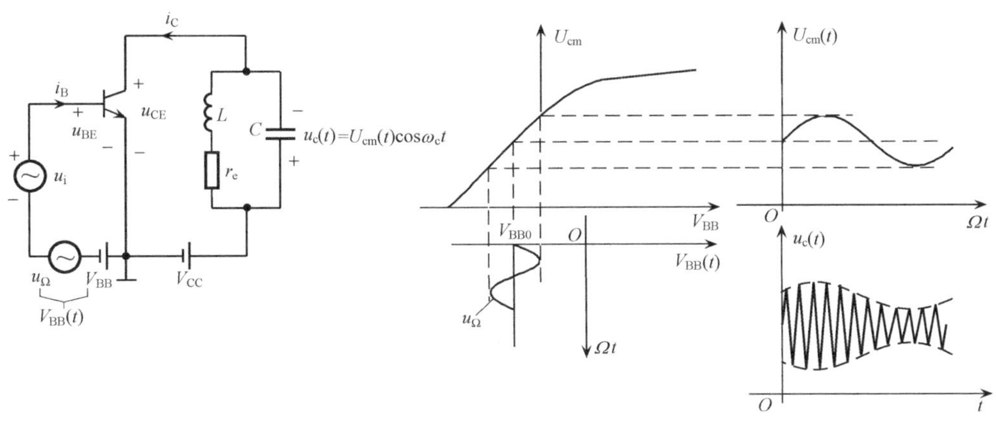

图 3.14　基极调制电路

例 3.2　某谐振功放工作在过压状态，现欲将它调整到临界状态，应改变哪些参数？不同的调整方法所得到的输出功率是否相同？

解　减小 R_P（图 3.9），或增大 V_{CC}（图 3.10），或减小 V_{BB}，减小 U_{im}（图 3.12 和图 3.13），或综合调节。不同的调整方法所得到的输出功率不相同。

3.4　谐振功率放大器电路与设计

前面，对谐振功率放大器的原理电路进行了分析，但实际的谐振功率放大器电路，往往要比原理电路复杂得多。它通常包括直流馈电（包括集电极馈电和基极馈电）电路和滤波匹配网络（包括输入匹配网络和输出匹配网络）两个部分，现分别介绍如下。

3.4.1　直流馈电电路

谐振功率放大器工作在丙类，它的馈电线路除了保证集电极合适的工作电压外，还要保证基极偏置。交流等效电路还要考虑到负载是谐振回路，交流分量必须通过谐振回路，以获得交流信号的放大。谐振功率放大器工作在大电流状态，为减小功耗，外电路应对直流近似短路，但又不能对交流短路。外电路为保证输出波形不失真，对交流谐波应近似短路。

1. 集电极馈电线路

集电极馈电可分为两种形式，一种为串联馈电，另一种为并联馈电。

1）串联馈电

集电极串联馈电是一种在电路形式上直流电源 V_{CC}，集电极负载谐振回路，晶体管 c、e 三者为串联连接的馈电方式，如图 3.15 所示。

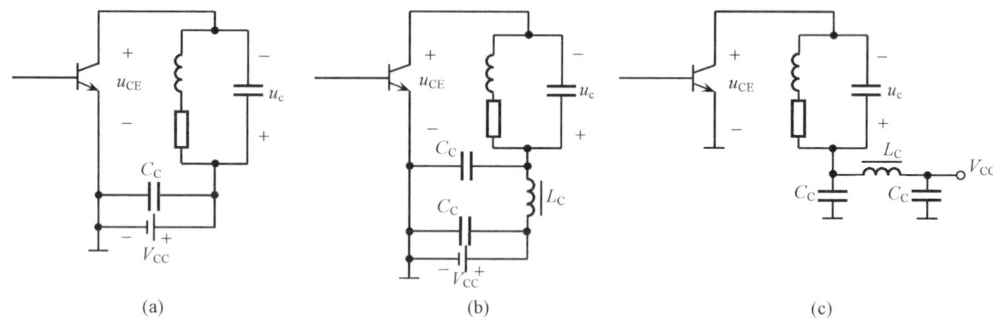

图 3.15　集电极串馈电路

由于电源是公用的，所以必须经过去耦电路馈电。去耦电路通常由 π 形网络构成。图 3.15 中，去耦用的电感 L_C 是大电感，称为射频扼流圈（Radio Frequency Choke，RFC），它的作用近似为对直流短路，对交流开路。电容 C_C 称为滤波电容，又称为旁路电容，它对高频信号呈现短路。去耦电路用以避免信号电流通过直流电源而产生极间反馈，造成放大器工作不稳定。L_C 和 C_C 的取值在实际工程中需满足

$$\omega L_C = (5 \sim 10)\frac{1}{\omega C_C} \tag{3.26}$$

$$\frac{1}{\omega C_C} = \frac{1}{5 \sim 20}R_e \tag{3.27}$$

2）并联馈电

与串馈相对应，集电极并馈线路是指直流电源 V_{CC}，集电极谐振回路负载，晶体管 c、e 三者在电路形式上为并联连接的一种馈电方式，如图 3.16 所示。图中，C_C' 为隔直流电容，它对信号频率的容抗很小，近似短路。

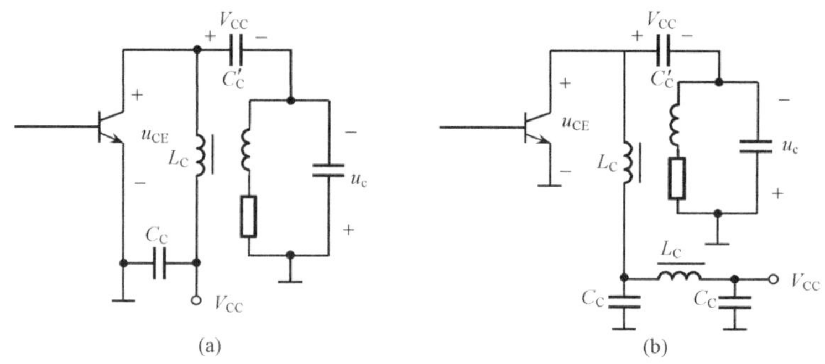

图 3.16　集电极并馈电路

与串馈类似，L_C 和 C_C 的取值在实际工程中需满足

$$\omega L_C = (5 \sim 20) R_e \tag{3.28}$$

$$\frac{1}{\omega C_C} = \frac{1}{5 \sim 20} R_e \tag{3.29}$$

无论是串馈还是并馈，交流电压和直流电压总是串联叠加在一起的，即总是满足 $u_{CE} = V_{CC} - U_{cm}\cos\omega t$，所以折线近似分析法对于并馈仍是适用的。

从图 3.15 和图 3.16 可见，两种馈电线路的不同之处仅仅是谐振回路的接入方式。在串馈电路中，谐振回路处于直流高电位上，谐振回路元件不能直接接地；而在并馈电路中，由于 C_C' 隔断直流，谐振回路处于直流低电位上，谐振回路元件可以直接接地，因而电路的安装调试就比串馈电路方便、安全，但 L_C 和 C_C' 并联在回路上，它们的分布参数将直接影响谐振回路的调谐。

2. 基极馈电线路

基极馈电线路原则上和集电极馈电相同，也有串馈与并馈之分。基极串联馈电是指偏置电压 V_{BB}，输入信号源 u_i 及管子 b、e 三者在电路形式上为串联连接的一种馈电方式，而在电路形式上为并联连接的则称为并联馈电。如图 3.17 所示。不论串馈还是并馈同样都满足关系式 $u_{BE} = V_{BB} + U_{im}\cos\omega t$，折线近似分析法都适用。

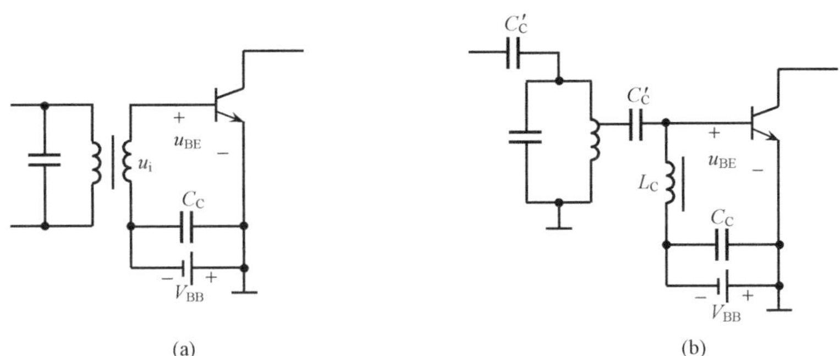

图 3.17　基极馈电线路

为了使放大器工作于丙类，基极偏置电压一般要加上负电压。若用一组单独的"负"电源提供偏置偏压，往往给馈电带来麻烦。为了避免这种麻烦，常常采用自给偏压电路，如图 3.18 所示。自给偏压电路由串接在基极回路或发射极回路的 RC 低通网络构成，低通网络两端的电压为 $I_{B0}R_E$ 或 $I_{E0}R_E$（I_{B0} 和 I_{E0} 分别是基极和发射极脉冲电流 i_B 和 i_E 中的直流分量），且它们相对于基极是负的直流电压，这就是自给偏置电压。电容 C_B 和 C_E 的容量要足够大，以便有效地短路基波及各次谐波电流，使 R_B 和 R_E 上产生稳定的直流压降。改变 R_B 或 R_E 的大小，可调节反向

偏置电压的大小。

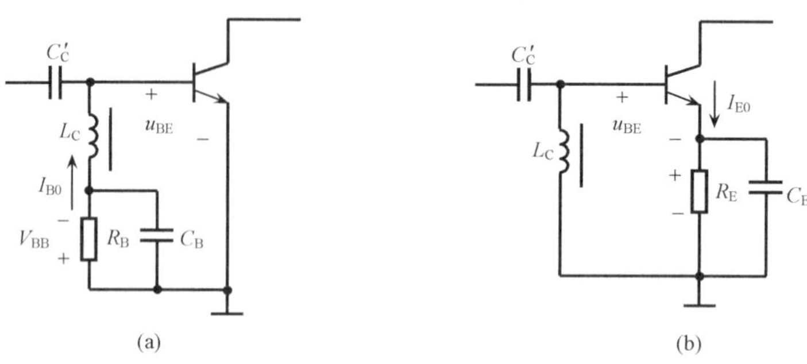

图 3.18 基极自给偏压

在图 3.18(a)所示的自给偏置电路中，当未加输入信号电压时，因 i_B 为零，所以偏置电压 V_{BB} 也为零。当输入信号电压由小加大时，i_B 跟随增大，直流分量 I_{B0} 增大，自给反向偏压随之增大，这种偏置电压随输入信号幅度而变化的现象称为自给偏置效应。自给偏置效应可以起到稳定输出电压振幅值的作用。当输入信号电压增大时，自给反向偏压随之增大，导致 i_{Cmax} 下降，因而输出电压幅度基本是稳定的。

很多中小功率谐振功率放大器常采用“零”偏压或略微正电压偏置。以减小对输入激励电压 u_i 的要求，图 3.19 就是采用了“零”偏置电压及略微正电压偏置（小于 V_{BZ}）电路。基极回路必须形成直流通路，为保证晶体管正常工作，一定有单方向流动的基极电流。

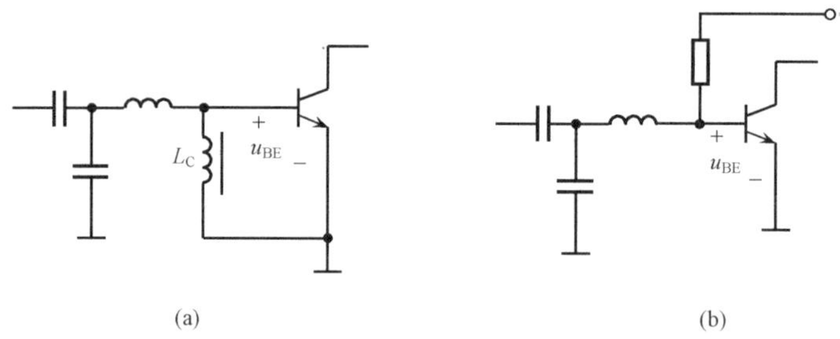

图 3.19 “零”偏置电压和略微正电压偏置电路

3.4.2 滤波匹配网络

1. 对匹配网络的要求

高频功率放大器中都要采用一定形式的回路（如上面介绍的原理电路中均采用 LC 并联谐振回路），以使它的输出功率能有效地传输到负载（下级输入回路或者天线回路）。这种保证外负载与谐振功率放大器最佳工作要求相匹配的网络常称为匹配网络。如果谐振功率放大器的负载是下级放大器输入阻抗，应采用“输入匹配网络”或“级间耦合网络”；如果谐振功率放大器的负载是天线或其他终端负载，应采用“输出匹配网络”。对输入匹配网络与输出匹配网络的要求略有不同，但基本设计方法相同。图 3.20 中，R_L 通过输出匹配网络转换成工作在临界状态时所需的 R_{eopt} 值。匹配网络同时又是选频网络，它能滤除高次谐波电流 I_{cnm}。由于起到了滤波和匹配的双重作用，又称为滤波匹配网络。

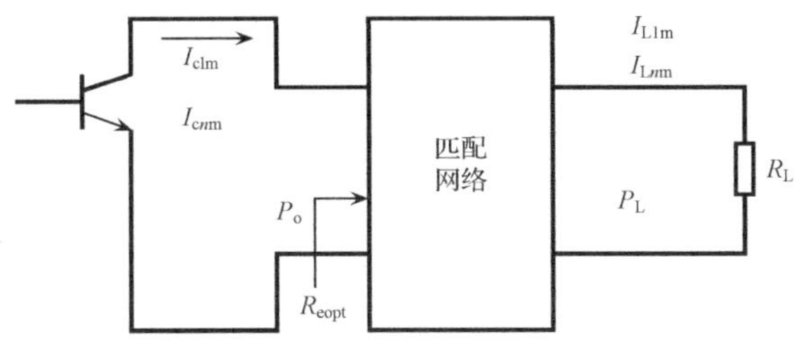

图 3.20　匹配网络

对滤波匹配网络的主要要求是：

(1) 滤波匹配网络应有选频作用，充分滤除不需要的直流和谐波分量，以保证外接负载上仅输出高频基波功率。通常，滤波性能的好坏用滤波度 Φ_n 表示，即

$$\Phi_n = \frac{I_{cnm}/I_{c1m}}{I_{Lnm}/I_{L1m}} \tag{3.30}$$

式中，I_{c1m}、I_{cnm}分别表示集电极电流脉冲中基波分量及 n 次谐波分量的振幅；I_{L1m}，I_{Lnm}则表示外接负载中电流基波分量及 n 次谐波分量的幅度。Φ_n 越大，滤波性能越好。

(2) 滤波匹配网络还应有阻抗变换作用，即把实际负载 Z_L 的阻抗转变为纯阻性，且其数值应等于谐振功率放大器所要求的负载电阻值，以保证放大器工作在所设计的状态。若要求大功率、高效率输出，则应工作在临界状态，因而需将外接负载变换到临界负载电阻。

(3) 滤波匹配网络应能将功率管给出的信号功率 P_o 高效率传送到外接负载 R_L 上(功率为 P_L)，即要求匹配网络的效率(称为回路效率 $\eta_k = P_L/P_o$)高。

另外，匹配网络还应保证一定的通频带，结构简单，调整方便。

下面仅讨论滤波匹配网络的阻抗变换特性。

2. LC 网络的阻抗变换作用

1) 串并联电路的阻抗变换

若需将电阻、电抗串联电路(R_s、X_s 串联)与它们相并联的电路(R_p、X_p 并联)之间作恒等变换，如图 3.21 所示，则可根据端导纳相等的原则进行变换，即

$$Y_p = \frac{1}{R_p} + \frac{1}{jX_p} = \frac{1}{R_p} - j\frac{1}{X_p}$$

$$Y_s = \frac{1}{R_s + jX_s} = \frac{R_s}{R_s^2 + X_s^2} - j\frac{X_s}{R_s^2 + X_s^2}$$

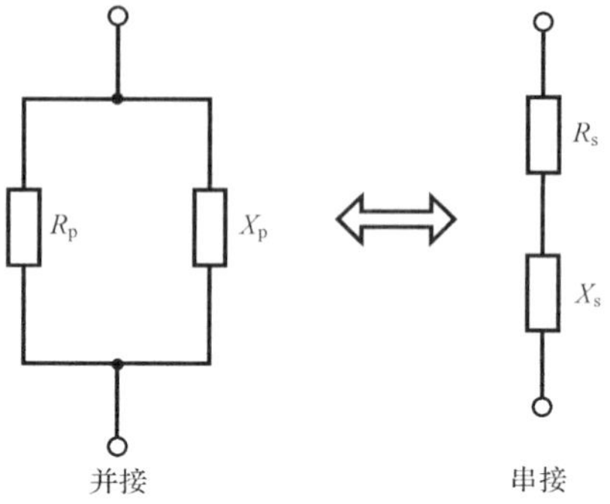

图 3.21　串并联电路阻抗变换

由 $Y_p = Y_s$ 可得到串联阻抗转换为并联阻抗的关系式为

$$R_p = \frac{R_s^2 + X_s^2}{R_s} = R_s\left(1 + \frac{X_s^2}{R_s^2}\right) = R_s(1 + Q_e^2) \tag{3.31}$$

$$X_p = \frac{R_s^2 + X_s^2}{X_s} = X_s\left(1 + \frac{R_s^2}{X_s^2}\right) = X_s\left(1 + \frac{1}{Q_e^2}\right) \tag{3.32}$$

$$Q_e = \frac{|X_s|}{R_s} \tag{3.33}$$

反之可得到并联阻抗转换为串联阻抗的关系式为

$$R_s = \frac{R_p}{1 + Q_e^2} \tag{3.34}$$

$$X_s = \frac{X_p}{1 + \frac{1}{Q_e^2}} \tag{3.35}$$

$$Q_e = \frac{R_p}{|X_p|} \tag{3.36}$$

式中，Q_e 为品质因数，一般都大于 1。由式(3.31)～式(3.36)可见，并联形式电阻 R_p 大于串联形式电阻 R_s；转换前后电抗性质不变，且电抗值相差很小。

例 3.3　将图 3.22(a)所示电感与电阻串联电路变换成图 3.22(b)所示并联电路。已知工作频率为 100MHz，$L_s = 100\text{nH}$，$R_s = 10\Omega$，求 R_p 与 L_p。

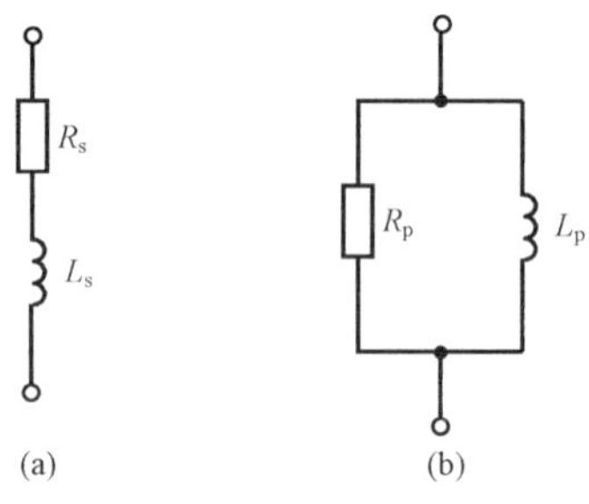

图 3.22　电感、电阻串并联电路变换

解　由式(3.33)得

$$Q_e = \frac{|X_s|}{R_s} = \frac{\omega L_s}{R_s} = \frac{2\pi \times 100 \times 10^6 \times 100 \times 10^{-9}}{10} = 6.28$$

再由式(3.31)和式(3.32)分别得

$$R_p = R_s(1+Q_e^2) = 10(1+6.28^2) = 404(\Omega)$$

$$L_p = L_s\left(1+\frac{1}{Q_e^2}\right) = 100 \times \left(1+\frac{1}{6.28^2}\right) = 102.5(\text{nH})$$

由上述计算结果可见，当 $Q_e \gg 1$ 时，电抗元件的值 L_p 与 L_s 的相差不大，但电阻值却发生了较大变化。

2) L 形滤波匹配网络的阻抗变换

L 形网络是由两个异性电抗元件接成 L 形结构的阻抗变换网络，它是最简单的阻抗变换电路。图 3.23(a)是低阻抗变高阻抗的 L 形滤波匹配网络。实际上，这种阻抗变换电路就是前面介绍原理电路时采用的并联谐振回路。R_L 为外接实际负载电阻，它与电感支路相串联，可减小高次谐波的输出，对提高滤波性能有利。为了提高网络的传输效率，C 应采用高频损耗很小的电容，L 应采用 Q 值较高的电感线圈。

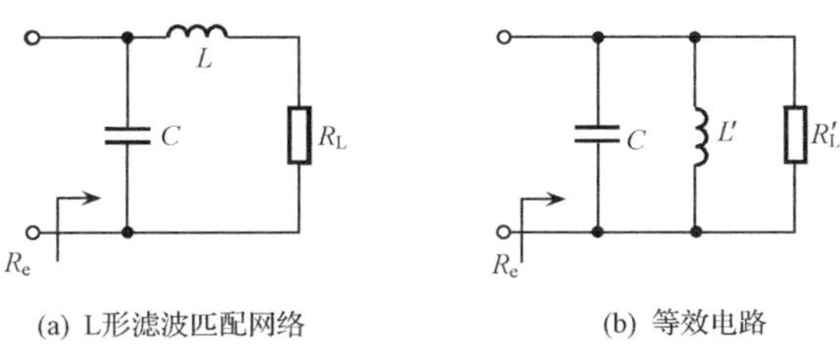

(a) L形滤波匹配网络　(b) 等效电路

图 3.23　低阻变高阻 L 形滤波匹配网络

将图 3.23(a)中 L 和 R_L 串联电路用并联电路来等效，可得如图 3.23(b) 所示的等效电路。由式(3.31)～式(3.36)串并联电路阻抗变换关系可得

$$\begin{cases} R'_L = R_L(1+Q_e^2) \\ L' = \dfrac{R_s^2+X_s^2}{X_s} = L\left(1+\dfrac{1}{Q_e^2}\right) \\ Q_e = \dfrac{\omega L}{R_L} \end{cases} \tag{3.37}$$

图 3.23(b)所示并联回路在信号频率上应呈现谐振，有 $\omega L' - \frac{1}{\omega C} = 0$，其谐振电阻 R_e 等于 R'_L。由于 $Q_e > 1$，$R_e = R'_L = R_L(1+Q_e^2) > R_L$，这说明图 3.23(a) L 形网络可以实现低阻负载变为高阻负载，其变换倍数取决于 Q_e 值的大小。实际中，常常需要根据 R_e、R_L 和工作频率设计 L 形滤波匹配网络，此时品质因数 Q_e 可由式(3.38)得

$$Q_e = \sqrt{\frac{R_e}{R_L} - 1} \tag{3.38}$$

下面举例说明 L 形滤波匹配网络的设计方法。

例 3.4 已知某谐振功率放大器工作频率 $f=50\text{MHz}$，实际负载电阻 $R_L=50\Omega$，所需的匹配负载为 $R_e=1\text{k}\Omega$。试设计一个 L 形网络作为输出滤波匹配网络。

解 采用低阻变高阻型 L 形滤波匹配网络，其电路如图 3.23(a)所示，参数设计如下：

由式(3.38)可得

$$Q_e = \sqrt{\frac{R_e}{R_L} - 1} = \sqrt{\frac{1000}{50} - 1} = 4.36$$

由式(3.37)可得

$$L = \frac{Q_e R_L}{\omega} = \frac{4.36 \times 10}{2\pi \times 50 \times 10^6} = 139(\text{nH})$$

$$L' = L\left(1 + \frac{1}{Q_e^2}\right) = 139 \times \left(1 + \frac{1}{4.36^2}\right) = 146(\text{nH})$$

因此

$$C = \frac{1}{\omega^2 L'} = \frac{1}{(2\pi \times 50 \times 10^6)^2 \times 146 \times 10^{-9}} = 69(\text{pF})$$

如果外接负载电阻 R_L 比较大，而放大器要求的负载电阻 R_e 比较小，可采用图 3.24(a)所示的高阻变低阻 L 形滤波匹配网络。

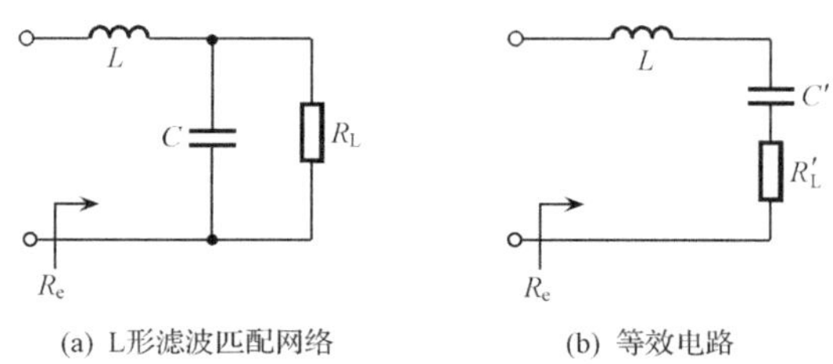

图 3.24 高阻变低阻 L 形滤波匹配网络

将图 3.24(a)中 C 和 R_L 并联电路用串联电路来等效，可得如图 3.24(b) 所示的等效电路。由式(3.31)～式(3.36)并串联电路阻抗变换关系可得

$$\begin{cases} R'_L = \dfrac{R_L}{1 + Q_e^2} \\ C' = C\left(1 + \dfrac{1}{Q_e^2}\right) \\ Q_e = \dfrac{R_L}{\dfrac{1}{\omega C}} = R_L \omega C \end{cases} \tag{3.39}$$

图 3.24(b)所示串联回路在信号频率上应呈现谐振，有 $\omega L-\frac{1}{\omega C'}=0$，其谐振电阻 R_e 等于 R'_L。由于 $Q_e>1$，$R_e=R'_L=\frac{R_L}{1+Q_e^2}<R_L$，这说明图 3.24(a) L 形网络实现了高阻负载变为低阻负载的作用，当已知 R_e 和 R_L 时，滤波匹配网络的品质因数 Q_e 可由式(3.40)得到

$$Q_e=\sqrt{\frac{R_L}{R_e}-1} \tag{3.40}$$

图 3.23(a)和图 3.24(a)两种 L 形滤波匹配网络均是低通电路，图 3.25 所示为两种高通电路。相比来讲，低通电路具有良好的高频滤波作用，应用较为广泛。

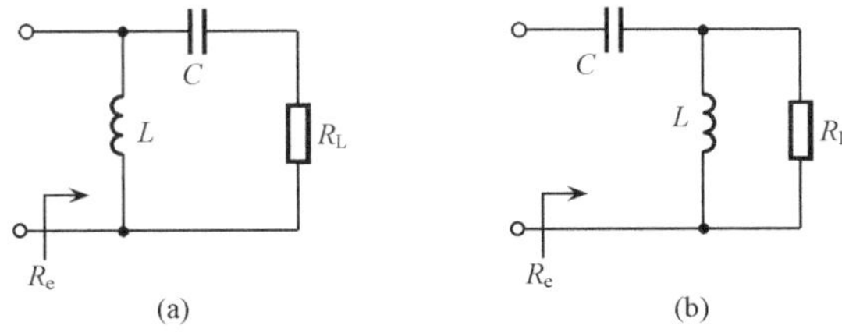

图 3.25　两种高通型网络

3) π 形和 T 形滤波匹配网络

由于 L 形滤波匹配网络阻抗变换前后电阻相差 $1+Q_e^2$ 倍，如果实际情况下要求阻抗变换的倍数并不高，则回路的 Q_e 值就只能很小，其结果导致滤波性能很差。如既要求变换前后阻值相差不大，又希望有较高的 Q_e 值，则可以采用图 3.26 和图 3.27 所示的 π 形和 T 形滤波匹配网络。

π 形网络的形式如图 3.26(a)所示。它可以视作是两节 L 形匹配网络的级联，如图 3.26(b)所示。π 形匹配网络的阻抗变换特点是高阻→低阻→高阻。

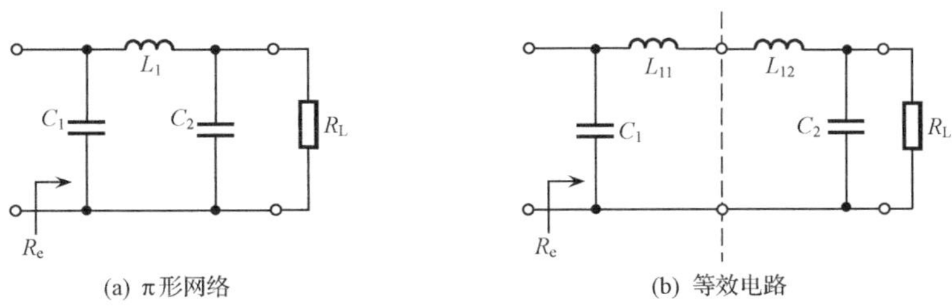

图 3.26　π 形滤波匹配网络

T 形网络的形式如图 3.27(a)所示。显然，它可以视作是两节 L 形匹配网络的级联，如图 3.27(b)所示。T 形匹配网络的阻抗变换特点是低阻→高阻→低阻。

π 形和 T 形滤波匹配网络的设计方法这里不再推导，仅以下面的实例来说明思路。

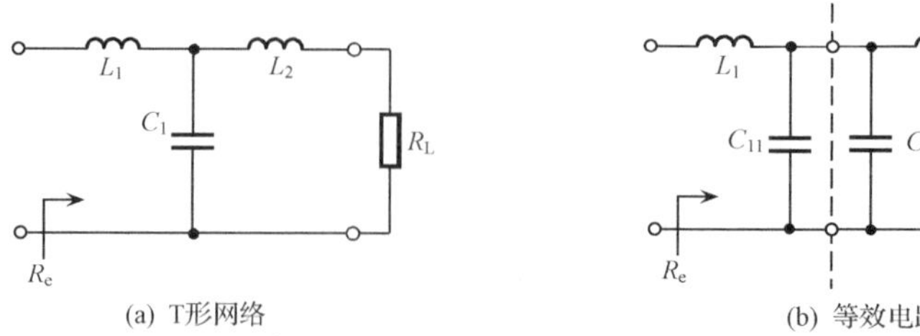

图 3.27　T 形滤波匹配网络

例 3.5　已知某谐振功率放大器工作频率 $f=50\text{MHz}$，实际负载电阻 $R_{\text{L}}=50\Omega$，所需的匹配负载为 $R_{\text{e}}=150\Omega$。试设计一个 π 形网络作为输出滤波匹配网络。

解　采用图 3.26(a)所示的 π 形网络，该网络可以视作如图 3.28(a)所示的两节 L 形匹配网络的级联。参数设计如下：

对电路Ⅱ进行计算，选取

$$Q_2=4$$

$$R_{\text{L}}'=\frac{R_{\text{L}}}{1+Q_2^2}=\frac{50}{17}=2.94(\Omega)$$

$$C_2=\frac{Q_2}{\omega R_{\text{L}}}=255\text{pF}$$

$$L_{12}=\frac{Q_2 R_{\text{L}}'}{\omega}=37.4\text{nH}$$

对电路Ⅰ进行计算，

$$Q_1=\sqrt{\frac{R_{\text{e}}}{R_{\text{L}}'}-1}=7.07$$

$$L_{11}=\frac{Q_1 R_{\text{L}}'}{\omega}=66\text{nH}$$

$$L_1=L_{11}+L_{12}=103.4\text{nH}$$

$$C_1=\frac{Q_1}{\omega R_{\text{P}}}=151\text{pF}$$

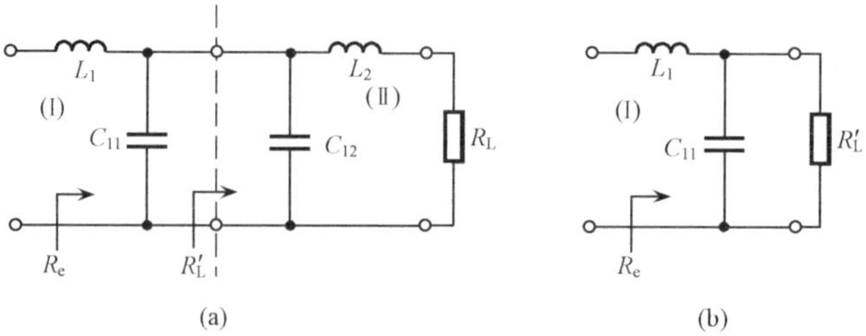

(a)　　(b)

图 3.28　π 形滤波匹配网络的变形

如前所述，匹配网络按所处位置的不同，有输入匹配网络、输出匹配网络以及级间耦合网络。输出匹配网络的负载是天线，匹配网络必须将天线的负载值转换成谐振功率放大器工作在临界状态附近所需的 R_e 值，前面的讨论认为天线为纯电阻 r_A，但实际上天线常为阻容性负载。这时，可以把它的电容归入匹配网络电抗中去，按前面纯阻负载情况进行分析。

3.4.3　谐振功率放大器的电路设计实例

与所有功率放大器相同，丙类谐振功率放大器的主要设计计算参数为：输出功率 P_o、电源供给功率 P_D、功率管的最大输出电流、最大集电极耗散功率、匹配负载、基极偏置电压以及激励功率等。下面举例说明谐振功率放大器的设计方法。

例 3.6　设计一个用 3DA1 硅高频晶体管做成的谐振功率放大器，工作频率 $f_0=2\text{MHz}$，输出功率 $P_o=2\text{W}$，$V_{CC}=24\text{V}$，查得 3DA1 的参数如下：$f_T=70\text{MHz}$，$A_p\geqslant 13\text{dB}$，$I_{CM}=750\text{mA}$，$P_{CM}>1\text{W}$，$\beta\geqslant 10$，$V_{CES}\geqslant 1.5\text{V}$。$I_{CM}$ 为晶体管允许的最大集电极电流，P_{CM} 为允许的最大集电极耗散功率，V_{CES} 为饱和压降。试计算其他参数。

解　(1)

$$f_\beta \approx \frac{f_T}{\beta} = 7\text{MHz}$$

$f_0\leqslant 0.5\beta$，工作于低频区，可用折线法计算。

选导通角 $\theta=70°$，$\alpha_0(70°)=0.253$，$\alpha_1(70°)=0.436$。

(2) 计算匹配电阻，设工作于临界状态，则

$$U_{cm} = V_{CC} - U_{CES},\quad P_o = \frac{1}{2}\frac{U_{cm}^2}{R_{eopt}}$$

$$R_{eopt} = \frac{1}{2}\frac{U_{cm}^2}{P_o} = \frac{1}{2}\frac{[V_{CC}-U_{CES}]^2}{P_o} = \frac{(24-1.5)^2}{2\times 2} = 126(\Omega)$$

(3) 计算 i_{Cmax}。

$$I_{c1m} = \sqrt{\frac{2P_o}{R_{eopt}}} = \sqrt{\frac{2\times 2}{126}} = 174(\text{mA})$$

$$I_{c1m} = i_{Cmax}\alpha_1(\theta)$$

$$i_{Cmax} = \frac{I_{c1m}}{\alpha_1(\theta)} = \frac{174}{0.436} \approx 400(\text{mA}) < I_{CM}$$

从最大允许电流角度看，晶体管工作是安全的。

(4) 计算 I_{C0}、P_D、η_C、P_C。

$$I_{C0} = i_{Cmax}\alpha_0(\theta) = 400\times 0.253 = 101(\text{mA})$$

$$P_D = I_{C0}V_{CC} = 101\times 10^{-3}\times 24 = 2.45(\text{W})$$

$$P_C = P_D - P_o = 2.45 - 2 = 0.45(\text{W})$$

从集电极耗散功率看，晶体管工作是安全的。由 $i_{Cmax}<I_{CM}$ 及 $P_C<P_{CM}$ 这两个

条件看,设计是合理的。

$$\eta_C = \frac{P_o}{P_D} = \frac{2}{2.45} = 81.6\%$$

(5) 输入参数的计算。

$$P_{in} = \frac{P_o}{\lg^{-1} A_p} = \frac{2}{\lg^{-1} 13} \approx 0.1(\mathrm{W})$$

$$i_{Bmax} = \frac{i_{Cmax}}{\beta} = 40\mathrm{mA}$$

$$I_{B1m} = i_{Bmax}\alpha_1(\theta) = 40 \times 0.436 = 17(\mathrm{mA})$$

$$P_{in} = \frac{1}{2} U_{im} I_{B1m}$$

$$U_{im} = \frac{2P}{I_{B1m}} = \frac{0.2}{17 \times 10^{-3}} = 11.8(\mathrm{V})$$

$$\cos\theta = \frac{V_{BZ} - V_{BB}}{U_{im}}$$

$$V_{BZ} - V_{BB} = U_{im}\cos\theta = 11.8 \times \cos 70^\circ$$

设硅晶体管导通电压 $V_{BZ} \approx 0.7\mathrm{V}$,则 $V_{BB} = -3.34\mathrm{V}$。

3.4.4 谐振功率放大器的实际电路

采用不同的馈电电路和滤波匹配网络,可以构成谐振功率放大器的各种实用电路。

图 3.29 所示为一工作频率为 50MHz 的谐振功率放大器,它向 50Ω 的外接负载提供 70W 功率,功率增益达 11dB。电路中,基极采用自给偏置,由高频扼流圈 L_B 中的直流电阻产生很小的负偏压 V_{BB}。在放大器输入端,C_1、C_2、C_3 和 L_1 组成 T 形和 L 形的两级混合网络作为输入滤波匹配网络,调节 C_1、C_2 使得功率管的输入阻抗在工作频率上变换为前级放大器所要求的 50Ω 匹配电阻。集电极采用并馈电路,L_C 为高频扼流圈,C_{C1}、C_{C2} 为电源滤波电容。在放大器的输出端,C_4、C_5、C_6、L_2 和 L_3 组成 T 形和 L 形的两级混合网络,调节 C_4、C_5,使得 50Ω 的外接负载电阻在工作频率上变换为放大器所要求的匹配电阻。

图 3.30 所示为一工作频率为 150MHz 的谐振功率放大器,它向 50Ω 的外接负载提供 3W 功率,功率增益为 10dB。基极采用自给偏置,由 R_B 产生负偏压 V_{BB},L_B 为高频扼流圈,C_B 为滤波电容。集电极采用串馈电路,高频扼流圈 L_C 和 R_C、C_{C1}、C_{C2}、C_{C3} 组成电源滤波网络。放大器的输入端采用由 $C_1 \sim C_3$ 和 L_1 组成的 T 形滤波匹配网络,输出端采用由 $C_4 \sim C_8$ 和 $L_2 \sim L_5$ 组成的三级 π 形混合滤波匹配网络。

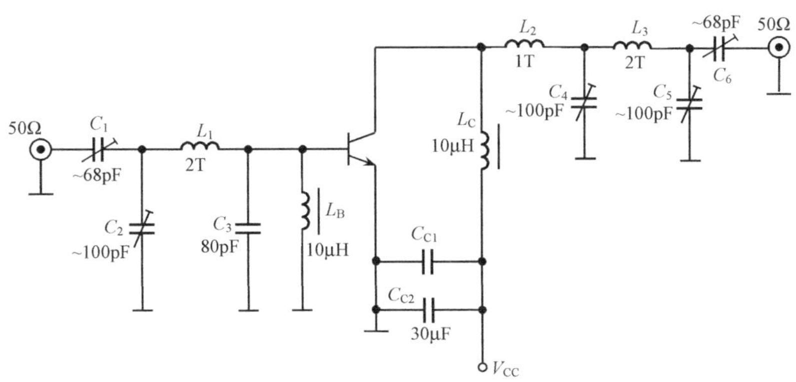

图 3.29　50MHz 谐振功率放大器电路

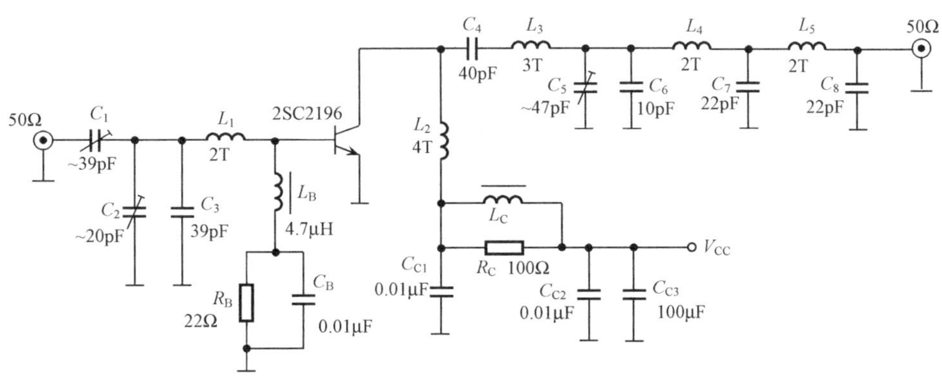

图 3.30　150MHz 谐振功率放大器电路

3.5　丁类和戊类谐振功率放大器

图 3.31 为丁类(D 类)谐振功率放大器的原理电路和相应的波形。图 3.31 中,u_{b1}和 u_{b2}是由 u_i 通过变压器产生的两个极性相反的输入激励电压,分别加到两个特性配对的同形功率管 V_1 和 V_2 的输入端。若输入激励电压为角频率为 ω 的余弦波,且其幅值足够大,足以使 u_i 正半周时 V_1 饱和导通,V_2 截止,u_i 负半周时 V_2 饱和导通,V_1 截止,设 V_1 和 V_2 的饱和压降为 U_{CES},则当 V_1 饱和导通时,A 点对地电压为

$$u_A = V_{CC} - U_{CES}$$

当 V_2 饱和导通时

$$u_A = U_{CES}$$

因此,u_A 是幅值为 $V_{CC}-2U_{CES}$的矩形方波电压。该电压加到由 L、C 和 R 组

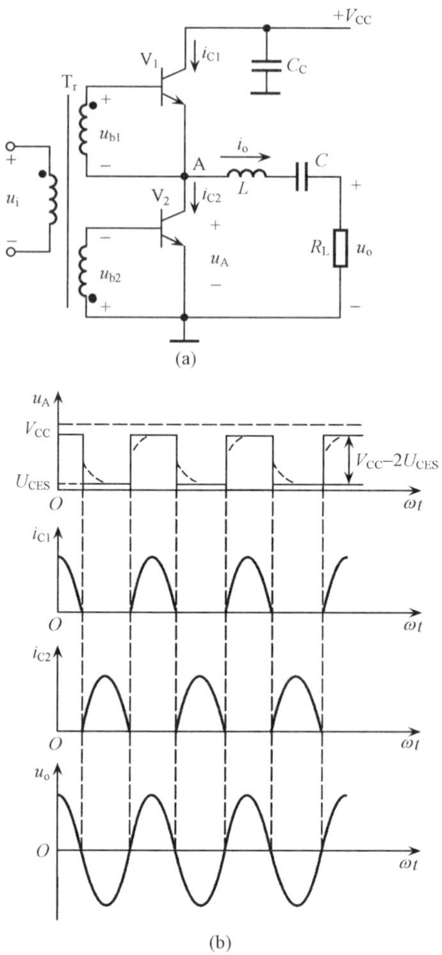

图 3.31　丁类谐振功率放大器的原理电路及其波形

成的串联谐振回路上，若谐振回路调谐在输入信号角频率上，且其 Q 值足够高，则可近似认为通过回路的电流 i_o 是角频率为 ω 的余弦波，R_L 上获得不失真输出功率。实际上，这个电流 i_o 是由通过上下两管的电流合成的，因而导通时上下两管的电流 i_{C1} 和 i_{C2} 均为半个余弦波。可见，尽管每管的电流很大，但相应的管压降很小(均为 U_{CES})，这样，每管的管耗就很小，放大器的效率也就很高(一般可达 90%以上)。

实际上，考虑到管子结电容、分布电容等影响，管子从自导通到截止或截止到导通都需经历一段过渡时间，实际波形如 u_A 虚线所示，管子动态管耗增大，丁类功放效率受限。为了克服这个缺点，在丁类放大器的基础上采用一个特殊设计的集电极回路，以保证 u_{CE} 为最小值的一段期间内，才有集电极电流流通，这就是正在发展的戊类(E 类)放大器。

3.6　集成射频功率放大器及其应用简介

集成射频功率放大器是在微波集成电路的基础上,用表面封装工艺将多级功率放大器高密度组合装配在微带基片上,再封装而成的功率模块电路。这种集成组件的出现,使发射机功放部分的设计和装配极为方便,而且也提高了整机的质量和性能指标,并简化了大量的调试工作。

常见的集成射频功率放大器有美国 Motorola 公司的 VHF 波段 MHW600、UHF 波段 MHW800 /900/1815/1915/1916/2821 等,以及日本三菱公司的 M57700 系列等。其中工作在 GSM 波段的有 MHW900/2821 等系列。这些功放器件体积小,可靠性高,外接元件少,输出功率一般在几瓦至十几瓦之间。

三菱公司的 M57700 系列高频功放是一种厚膜混合集成电路,包括多个型号,如 M57704 其频率范围为 335～512 MHz(其中 M57704H 为 450～470 MHz),可用于频率调制移动通信系统。它的电特性参数为:当 $V_{CC}=12.5V$,$P_{in=}0.2$ W,$Z_o=Z_L=50\Omega$ 时,输出功率 $P_o=13$ W,功率增益 $G_p=18.1dB$,效率 35%～40%。图 3.32 是 M57704 系列功放的等效电路图。由图 3.32 可见,它包括三级放大电路,匹配网络由微带线和 LC 元件混合组成。图 3.33 是 M57704 外形尺寸图。

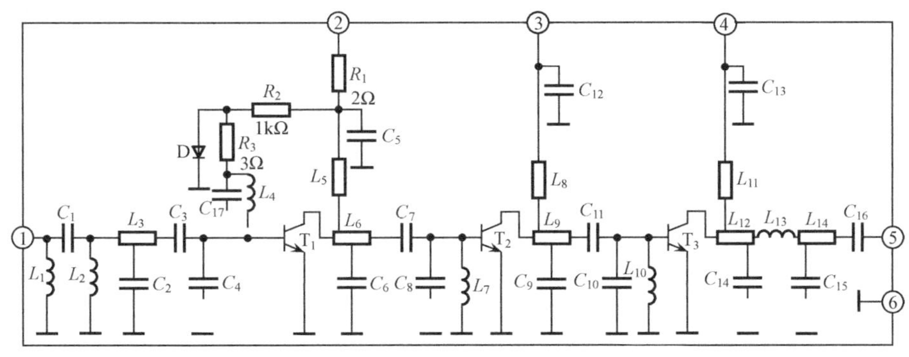

图 3.32　M57704 内部电路图

图 3.34 为 M57704H 的典型应用电路图。图中外接元件仅为电源滤波网络元件:①脚为信号输入端,+12.5V 电源通过 LC π 形滤波网络加到模块的电源引脚②,为内部功率管 T_1 供电;+13.8V 电源通过 RC π 形滤波网络加到模块的电源引脚④,为内部功率管 T_3 供电;同时,又通过 RC π 形滤波网络加到模块的引脚③,为内部功率管 T_2 供电;输出端⑤脚通过 1000pF 耦合电容 C_{11} 与收发信机的终

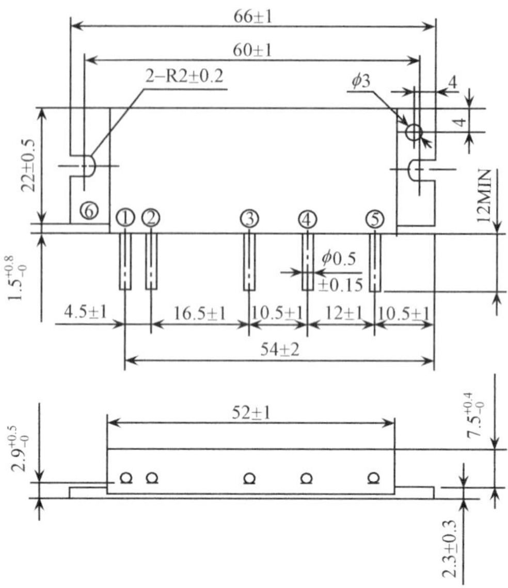

图 3.33　M57704 外形尺寸图

端网络相连。终端网络包括收发控制电路、天线匹配电感 L_4 和检测电路等三部分。发射状态时，收发控制端加 +12.5V 电源，则二极管 D_1 导通，⑤脚输出功率通过 D_1 和 L_4 送出。接收状态时，收发控制端为零电平，二极管 D_1 截止，L_1、C_{12} 回路阻止接收信号进入模块，天线接收信号经 L_2、L_3 进入接收通道。检测网络用来监测功率模块的发送功率电平。

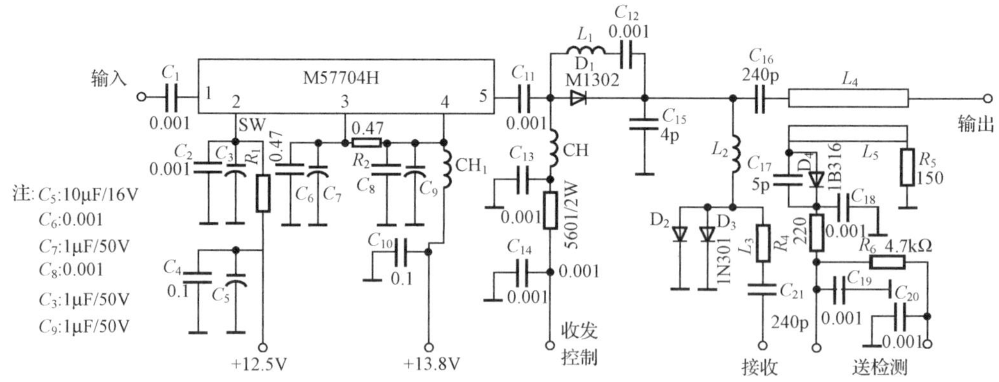

图 3.34　M57704H 典型应用电路

Motorola 公司的 MHW912 功放组件是专门为泛欧数字式 8WGSM 移动通信系统设计的。电源电压 V_{CC}=12.5V，输入功率 P_{in}=1mW(0dBm)，$Z_o = Z_L$=50Ω 时，输出功率 P_o=13 W，最小功率增益 G_p= 41 dB。图 3.35 是 MHW912 的测试

电路图，由于高增益五级功放模块的尺寸限制，应仔细考虑外部去耦网络的设计。1～5 端的去耦网络分别由 C_2、C_4、C_6、C_8、C_{10} 组成，这 5 个旁路电容均为 0.018μF，电容有效频率范围在 5～940MHz，L_1～L_5 均为 0.29μH 磁珠电感。MHW912 具有 GSM 理想的功率电平控制范围，在控制电压 V_{cont} 从 1.5V 变化到 3V 时，输出功率可从 1mW 增加到 15W。

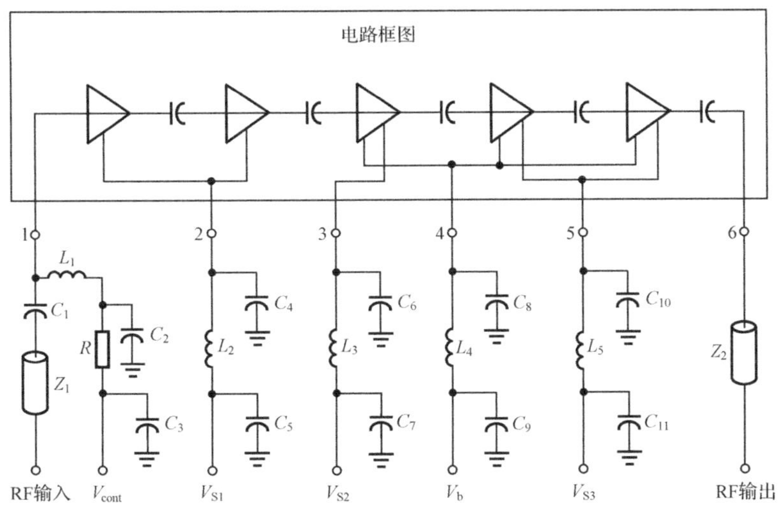

图 3.35　MHW912 的测试电路

3.7　宽带高频功率放大器

谐振功率放大器的主要优点是效率高，但需要改变工作频率时，必须改变其滤波匹配网络的谐振频率，这往往是十分困难的。在多频道通信系统和相对带宽较宽的高频设备中，谐振功率放大器就不适用了，这时必须采用无须调节工作频率的宽带高频功率放大器。宽带高频功率放大电路采用非调谐宽带网络作为匹配网络，能在很宽的频带范围内获得线性放大。常用的宽带匹配网络是传输线变压器，它可使功放的最高频率扩展到几百兆赫甚至上千兆赫，并能同时覆盖几个倍频程的频带宽度。由于无选频滤波性能，故宽带高频功放只能工作在非线性失真较小的甲类或乙类状态，效率较低。所以，宽带高频功放是以牺牲效率来换取工作频带的加宽。一般来说，无须调谐的宽带功率放大器适用于中、小功率级，如推动级和中间级，而效率较高的谐振功率放大器适用于末级放大。

3.7.1　传输线变压器

1. 传输线变压器简介

传输线变压器是基于传输线原理和变压器原理二者相结合而产生的一种耦合元件。它是将传输线(双绞线、带状线或同轴线等)绕在高导磁率的高频磁芯上构成的,其能量根据激励信号频率的不同,以传输线方式或以变压器方式进行传输。

图 3.36 所示是一种简单的 1∶1 传输线变压器,图(a)是结构示意图,图(b)和图(c)分别是传输线方式和变压器方式的工作原理图,图(d)是用分布电感和分布电容表示的传输线分布参数等效电路。

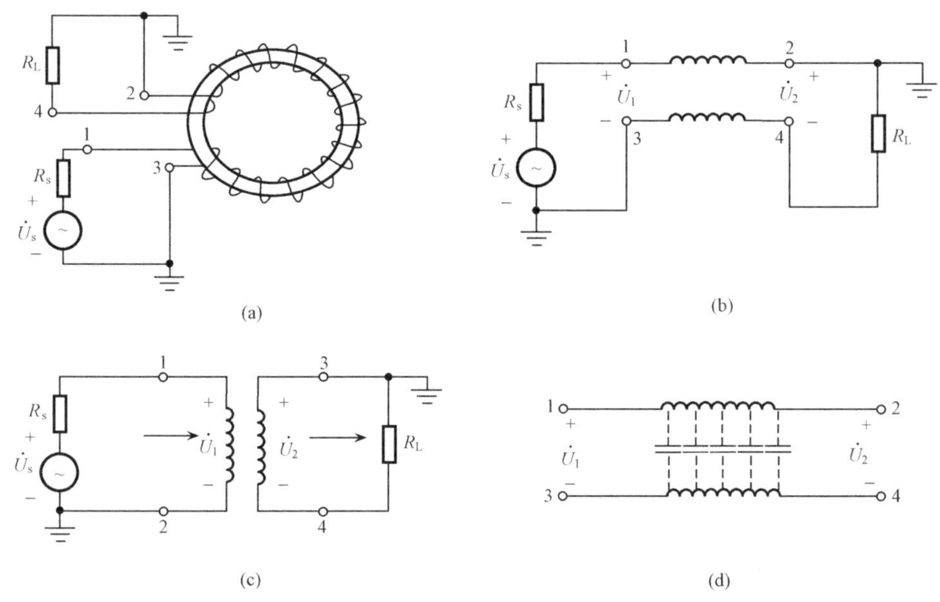

图 3.36　传输线变压器结构示意图及等效电路

在以传输线方式工作时,信号从 1、3 端输入,2、4 端输出。如果信号的波长与传输线的长度可以相比拟,两根导线固有的分布电感和相互间的分布电容就构成了传输线的分布参数等效电路。若传输线是无损耗的,则传输线的特性阻抗

$$Z_C = \sqrt{\frac{\Delta L}{\Delta C}} \tag{3.41}$$

式中,ΔL、ΔC 分别是单位线长的分布电感和分布电容,Z_c 的值取决于传输线的结构尺寸及线间填充介质的特性,对于理想无耗的传输线,Z_c 为纯电阻。当 Z_c 与负载电阻 R_L 相等时,则称为传输线终端匹配。

在无耗、匹配情况下,若传输线长度 l 与工作波长 λ 相比足够小($l<\lambda_{min}/8$)时,

可以认为传输线上任何位置处的电压或电流的振幅均相等，且输入阻抗 $Z_i=Z_c=R_L$，故为 1∶1 变压器。可见，此时负载上得到的功率与输入功率相等且不因频率的变化而变化。

在以变压器方式工作时，信号从 1、2 端输入，3、4 端输出。由于输入、输出线圈长度相同，从图 3.36(c)可见，这是一个 1∶1 的反相变压器。

当工作在低频段时，由于信号波长远大于传输线长度，分布参数很小，可以忽略，故变压器方式起主要作用。由于磁芯的导磁率高，虽然传输线较短也能获得足够大的初级电感量，保证了传输线变压器的低频特性较好。

当工作在高频段时，传输线方式起主要作用，在无耗匹配的情况下，上限频率将不受漏感、分布电容、高导磁率磁芯的限制。而在实际情况下，虽然要做到严格无耗和匹配是很困难的，但上限频率仍可以达到很高。

由以上分析可以看到，传输线变压器具有良好的宽频带特性。

2. 传输线变压器的功能

传输线变压器除了可实现 1∶1 的反相作用外，还可以实现 1∶1 平衡和不平衡电路的转换、阻抗变换等功能。

1）平衡与不平衡电路的转换

传输线变压器用以实现 1∶1 平衡和不平衡电路转换如图 3.37 所示。图 3.37(a)为不平衡输入信号源，通过传输线变压器得到两个大小相等、对地反相的电压输出；图 3.37(b)为对地平衡的双端输入信号，通过传输线变压器转换为对地不平衡的电压。

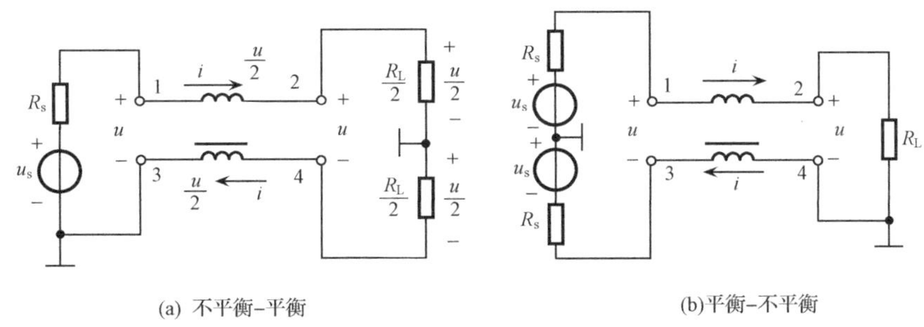

图 3.37　平衡与不平衡电路的转换

2）阻抗变换

与普通变压器一样，传输线变压器也可以实现阻抗变换，但由于受结构的限制，只能实现某些特定阻抗比的变换。

图 3.38 给出了一种 4∶1 传输线阻抗变换器的原理图。

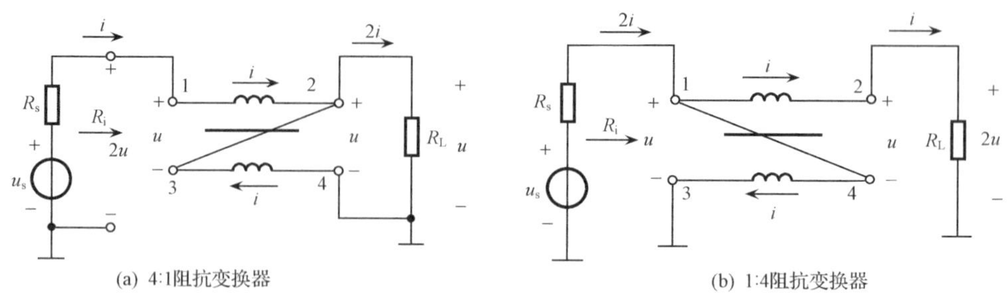

图 3.38　传输线变压器构成的阻抗变换器

在无耗且传输线长度很短的情况下，传输线变压器输入端与输出端电压相同，均为 u，流过的电流均为 i，由此可得到特性阻抗 Z_c 和输入端输入阻抗 Z_i 分别为

$$Z_c = \frac{u}{i} = \frac{2iR_L}{i} = 2R_L \tag{3.42}$$

$$Z_i = \frac{2u}{i} = 4\,\frac{u}{2i} = 4R_L \tag{3.43}$$

所以，当负载 R_L 为特性阻抗 Z_c 的 1/2 时，输入阻抗是负载的 4 倍，从而实现了 4∶1 的阻抗变换，其中 Z_i 是指 1、4 端之间的等效阻抗。故此时的终端匹配条件是 $R_L = Z_c/2$。

利用传输线变压器还可以实现其他一些特定阻抗比的阻抗变换，如 9∶1、1∶16 或 1∶9、16∶1。图 3.38(b)是实现 1∶4 阻抗变换器，终端匹配条件是 $R_L = 2Z_c$。注意不同阻抗比时的终端匹配条件是不一样的。

3.7.2　功率合成技术

利用多个功率放大电路同时对输入信号进行放大，然后设法将各个功放的输出信号相加，这样得到的总输出功率可以远远大于单个功放电路的输出功率，这就是功率合成技术。

利用功率合成技术可以获得几百瓦甚至上千瓦的高频输出功率。

理想的功率合成器不但应具有功率合成的功能，还必须在其输入端使与其相接的前级各功率放大器互相隔离，即当其中某一个功率放大器损坏时，相邻的其他功率放大器的工作状态不受影响，仅仅是功率合成器输出总功率减小一些。

图 3.39 给出了一个功率合成器的原理框图。由图 3.39 可见，采用 7 个功率增益为 2，最大输出功率为 10 W 的高频功放，利用功率合成技术，可以获得 40W 的功率输出。其中采用了三个一分为二的功率分配器和三个二合一的功率合成器。功率分配器的作用在于将前级功放的输出功率平分为若干份，然后分别提供给后级若干个功放电路。

利用传输线变压器可以组成各种类型的功率分配器和功率合成器，且具有频带

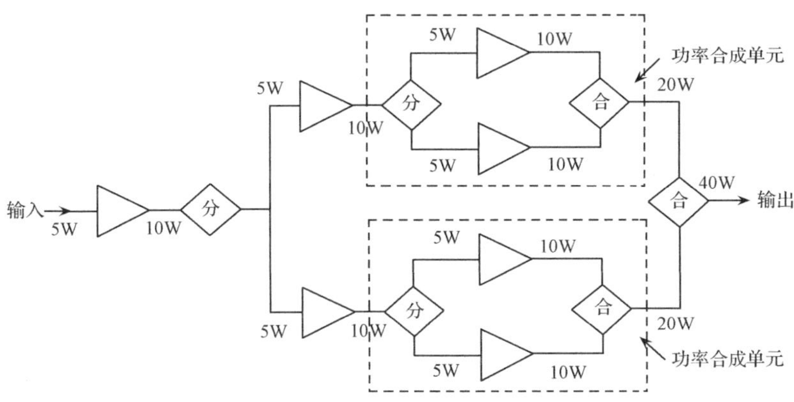

图 3.39　功率合成器的原理框图

宽、结构简单、插入损耗小等优点，然后可进一步组成宽频带大功率高频功放电路。

3.7.3　宽带高频功率放大器实用电路

图 3.40 所示为反向功率合成器应用电路，其带宽为 30～75MHz，输出功率为 75W。图 3.40 中，T_{r1} 为传输线变压器，用来将不平衡的输入变为平衡的输入加到 T_{r2} 的两端，所以，A、B 两端可得到相等的激励功率，但电压相位相反。T_{r3}、T_{r4} 为 4∶1阻抗变换器，它们的作用是把晶体管的输入阻抗(约 3Ω)变换成功率分配网络 A、B 端所要求的阻抗(12.5Ω)。

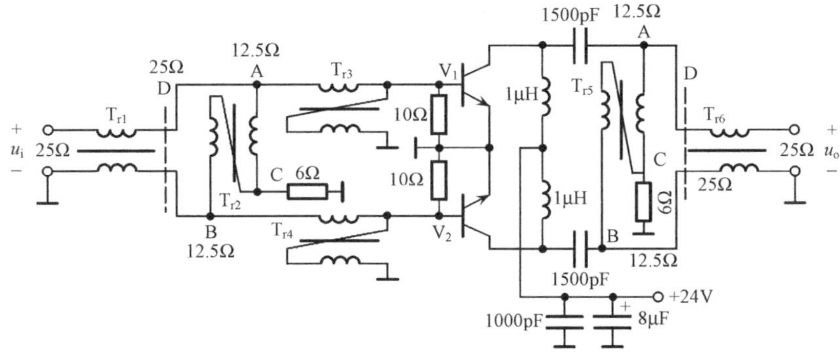

图 3.40　宽频带功率合成电路

由于晶体管 V_1、V_2 输入的激励电压反相，经放大后，它们的输出电压也是反相的，所以输出端采用了由 T_{r5} 构成的反相功率合成网络，可将 V_1、V_2 管输出的反相功率由 D 端合成后经 T_{r6} 输出。C 端为平衡端。

根据阻抗匹配的要求，对于反相功率合成网络 T_{r5}，当 D 端阻抗 $R_d=25\Omega$ 时，则要求 A、B 端阻抗 $R_a=R_b=R_d/2=12.5\Omega$，而 C 端平衡电阻 $R_c=R_d/4\approx6\Omega$。对

于反相功率分配网络 T_{r2}，当 D 端阻抗 $R_d=25\Omega$ 时，要求 A、B 端阻抗 $R_a=R_b=R_d/2=12.5\Omega$，而 C 端平衡电阻 $R_c=R_d/4\approx6\Omega$。

本章小结

(1) 高频功率放大器主要用来对载波信号或高频已调波信号进行功率放大，其主要性能指标是输出功率和效率。根据导通角 θ 的不同，高频功率放大器可以分为甲类、乙类和丙类。相比之下，丙类谐振功放的输出功率虽不及甲类和乙类大，但由于导通角 θ 小，效率高，节约能源，所以是高频功放中经常选用的一种电路形式。

丙类谐振功放中功放管的导通角小于 90°，所以输出电流为脉冲电流，但是由于利用了选频网络的滤波作用，可以得到正弦电压输出。

(2) 谐振功率放大器中，根据晶体管工作是否进入饱和区，将其分为欠压、临界、过压三种工作状态。当 R_e、V_{CC}、V_{BB}、U_{im} 四个参量中任意一个改变时，放大器的工作状态也跟随变化。四个量中分别只改变其中一个量，其他三个量不变所得到的特性分别为负载特性，集电极调制特性、基极调制特性和放大特性，熟悉这些特性有助于了解谐振功率放大器性能变化的特点，并对谐振功率放大器的调试有指导作用。

由负载特性可知，放大器工作在临界状态，输出功率最大，效率比较高，通常将相应的值称为谐振功率放大器的最佳负载阻抗，也称匹配负载。

若丙类谐振功放用来放大等幅信号(如调频信号)时，应该工作在临界状态；若用来放大非等幅信号(如调幅信号)时，应该工作在欠压状态；若用来进行基极调幅，应该工作在欠压状态；若用来进行集电极调幅，应该工作在过压状态。折线化的动态线在性能分析中起了非常重要的作用。

(3) 丙类谐振功放的集电极直流馈电电路有串联馈电和并联馈电两种形式。基极偏置常采用自给偏压电路。自给偏压电路只能产生反向偏压，自给偏压形成的必要条件是电路中存在非线性导电现象。

(4) 为了实现和前后级电路的阻抗匹配，可以采用 LC 分立元件、微带线或传输线变压器几种不同形式的匹配网络，分别适用于不同频段和不同工作状态。常用的 LC 滤波匹配网络有 L 形、π 形和 T 形，其主要作用是滤波和阻抗变换。L 形滤波匹配网络可以把低阻变高阻，也可以把高阻变低阻；π 形和 T 形网络实质上是 L 形网络的变形。

(5) 谐振功放属于窄带功放。目前出现的一些集成高频功放器件如 M57704 系列和 MHW 系列等，属窄带谐振功放，输出功率不是很大，效率也不是太高，但功率增益较大，需外接元件不多，使用方便，可广泛用于一些移动通信系统和便携式仪器中。

(6) 宽带高频功放采用非调谐方式,工作在甲类状态,采用具有宽频带特性的传输线变压器进行阻抗匹配,并可利用功率合成技术增大输出功率。

传输线变压器不同于普通变压器,它具有极宽的工作频带,主要用于平衡和不平衡电路的转换、阻抗变换、功率合成与分配等。

附录 谐振功率放大器的Matlab分析源代码

1. 高频功率放大电路电流电压波形仿真

```
% 本例所示为一丙类功率放大器的电路电流电压波形,设功放工作状态为临界状态。取导通角为70°
% poweramplification.m
wt = -pi/2:pi/36:3*pi;
VBB = -1.1;Vcc = 12;Ubm = 5.3;gc = 0.0574;Ic1m = 0.088;Ubz = 0.7;theatc = 7*pi/18;Re = 130;
ui = Ubm*cos(wt);
uBE = VBB + ui;
uc = Ic1m*Re*cos(wt);
uCE = Vcc - uc;
Icm = gc*Ubm*(1 - cos(theatc));
for n = 1:length(wt);
if (wt(n)<(theatc + 2*pi)&wt(n)>(-theatc + 2*pi))|(wt(n)<(theatc)&wt(n)>(-theatc))
    ic(n) = Icm*(cos(wt(n)) - cos(theatc))/(1 - cos(theatc));
else
    ic(n) = 0;
end
end
ic1 = Ic1m*cos(wt);
subplot(3,2,1)
plot(wt,ui,'k');axis([-2,10,-6,6]);
grid on;
title('u_{i}');
subplot(3,2,3)
plot(wt,uBE,'k');axis([-2,10,-7,6]);
grid on
title('u_{BE}');
subplot(3,2,5)
```

```
plot(wt,ic,'k',wt,ic1,'k-.');axis([-2,10,-0.2,0.3]);
grid on
xlabel('\omegat');title('i_{C}');
subplot(3,2,2)
plot(wt,uc,'k');axis([-2,10,-14,14]);
grid on
title('u_{c}');
subplot(3,2,4)
plot(wt,uCE,'k');axis([-2,10,-2,25]);
grid on
xlabel('\omegat');title('u_{CE}');
```

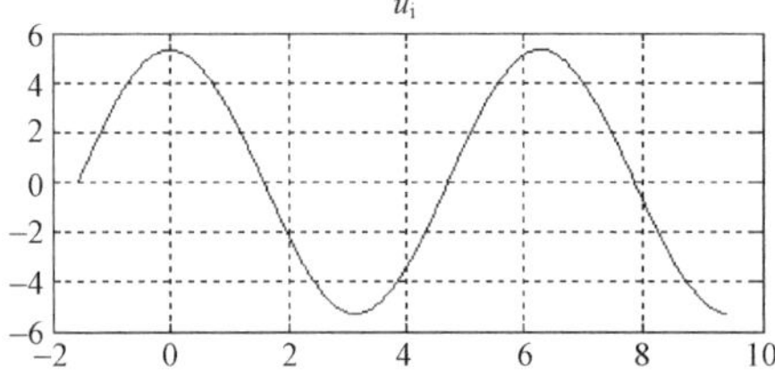

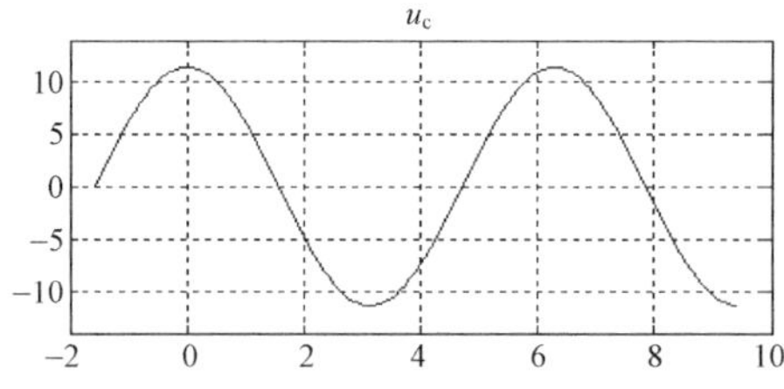

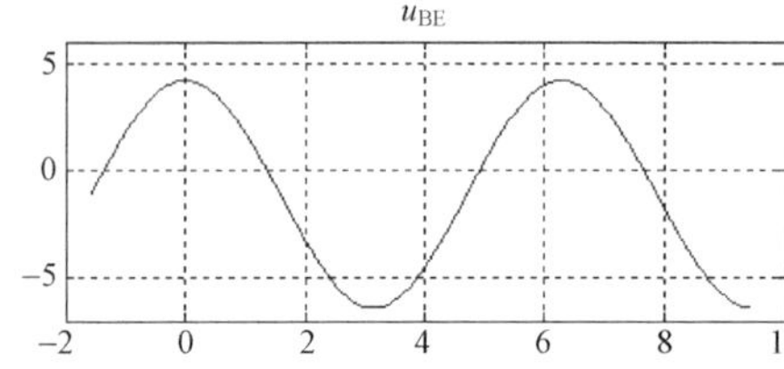

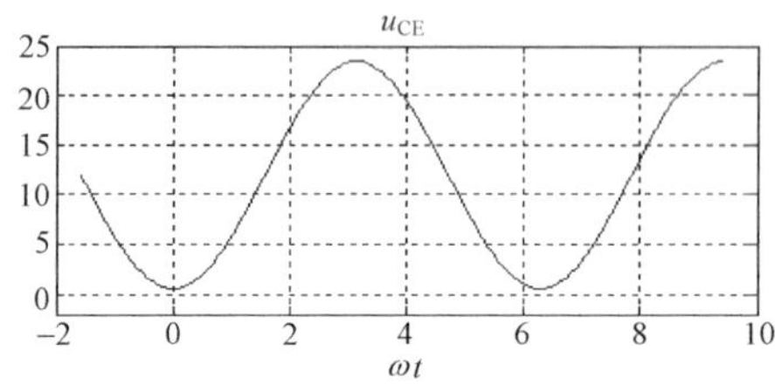

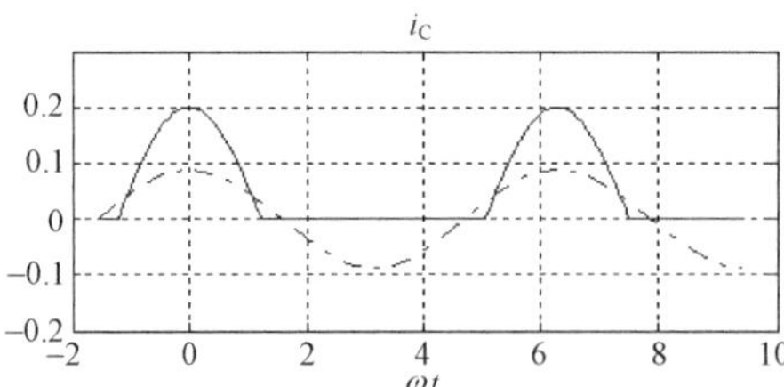

2. 高频功率放大电路余弦脉冲分解系数曲线仿真

```
% poweramplification_alpha.m
theta = 0:pi/36:pi;                          % 导通角取值范围
alpha0 = (sin(theta) - theta. * cos(theta))./(1 - cos(theta) + eps)/pi;
                                             % 计算各余弦脉冲电流分解系数,eps 变
                                             % 为避免除数为 0 的情况
```

```
alpha1 = (theta - sin(theta). * cos(theta))./(1 - cos(theta) + eps)/pi;
plot(theta * 180/pi,alpha0,theta * 180/pi,alpha1);
grid ;
hold on;
g1 = (alpha1)./(alpha0);
plotyy(theta * 180/pi,alpha1,theta * 180/pi,g1);
for k = 2:3
    alpha = 2 * (sin(k * theta). * cos(theta) - k * cos(k * theta). * sin(the-
ta))./(1 - cos(theta) + eps)/pi/k/(k^2 - 1);
    plot(theta * 180/pi,alpha);
end
xlabel('\theta^{o}');
ylabel('\alpha_{0},\alpha_{1},\alpha_{2},\alpha_{3}');
gtext('\alpha_{1}\\\alpha_{0} = g_{1}(\theta)');
```

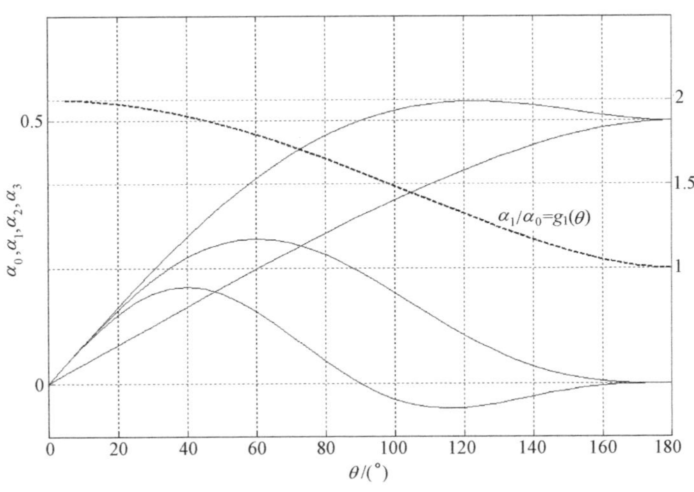

习　　题

3.1　高频功率放大器的主要作用是什么？应对它提出哪些主要要求？

3.2　为什么丙类谐振功率放大器要采用谐振回路作负载？若回路失谐将产生什么结果？若采用纯电阻负载又将产生什么结果？

3.3　高频功放的欠压、临界和过压状态是如何区分的？各有什么特点？

3.4　分析下列各种功放的工作状态应如何选择？

(1) 利用功放进行振幅调制时，当调制的音频信号加到基极或集电极时，如何选择功放的工作状态？

(2) 利用功放放大振幅调制信号时，应如何选择功放的工作状态？

(3) 利用功放放大等幅度信号时，应如何选择功放的工作状态？

3.5　两个参数完全相同的谐振功放，输出功率 P_o 分别为 1W 和 0.6W，为了增大输出功率，将 V_{CC} 提高。结果发现前者输出功率无明显加大，后者输出功率明显增大，试分析原因。若要增大前者的输出功率，应采取什么措施？

3.6　一谐振功放，原工作于临界状态，后来发现 P_o 明显下降，η_C 反而增加，但 V_{CC}、U_{cm} 和 u_{BEmax} 均未改变，问此时功放工作于什么状态？导通角增大还是减小？并分析性能变化的原因。

3.7　某谐振功率放大器，工作频率 $f=520\text{MHz}$，输出功率 $P_o=60\text{W}$，$V_{CC}=12.5\text{V}$。

(1) 当 $\eta_C=60\%$ 时，试计算管耗 P_C 和平均分量 I_{C0} 的值；

(2) 若保持 P_o 不变，将 η_C 提高到 80%，试问管耗 P_C 减小多少？

3.8　谐振功率放大器电路如图 3.1(c)所示，晶体管的理想化转移特性如题 3.8 图所示。已知 $V_{BB}=0.2\text{V}$，$u_i=1.1\cos(\omega t)\text{V}$，回路调谐在输入信号频率上，试在转移特性上画出输入电压和集电极电流波形，并求出电流导通角 θ 及 I_{C0}、I_{c1m}、I_{c2m} 的大小。

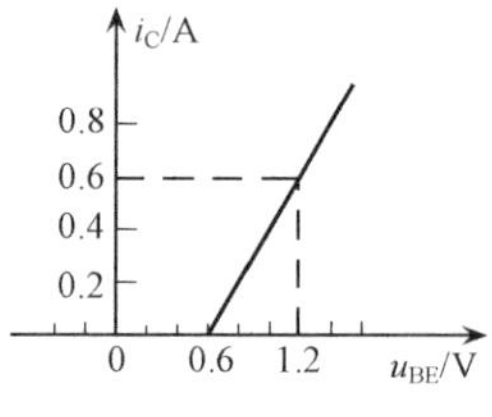

题 3.8 图

3.9　谐振功率放大器工作在欠压区，要求输出功率 $P_o=5\text{W}$。已知 $V_{CC}=24\text{V}$，$V_{BB}=V_{BZ}$，$R_e=53\Omega$，设集电极电流为余弦脉冲，即

$$i_C=\begin{cases} i_{Cmax}\cos\omega t, & u_i>0 \\ 0, & u_i\leqslant 0 \end{cases}$$

试求电源供给功率 P_D，集电极效率 η_C。

3.10　已知集电极电流余弦脉冲 $i_{Cmax}=100\text{mA}$，试求导通角 $\theta=120°$，$\theta=70°$ 时集电极电流的直流分量 I_{C0} 和基波分量 I_{c1m}；若 $U_{cm}=0.95V_{CC}$，求出两种情况下放大器的效率各为多少？

3.11　已知谐振功率放大器的 $V_{CC}=24\text{V}$，$I_{C0}=250\text{mA}$，$P_o=5\text{W}$，$U_{cm}=0.9V_{CC}$，试求该放大器的 P_D、P_C、η_C 以及 I_{c1m}、i_{Cmax}、θ。

3.12　试画一高频功率放大器的实际电路，要求：

(1) 采用 PNP 型晶体管，发射极直接接地；

(2) 集电极并联馈电，与谐振回路抽头连接；

(3) 基极串联馈电，自偏压，与前级互感耦合。

3.13　谐振功率放大器电路如题 3.13 图所示，试从馈电方式，基极偏置和滤波匹配网络等方面，分析这些电路的特点。

3.14　某谐振功率放大器输出电路的交流通路如题 3.14 图所示。工作频率为2MHz，已知天线等效电容 $C_A=500\text{pF}$，等效电阻 $r_A=8\Omega$，若放大器要求$R_e=80\Omega$，求 L 和 C。

3.15　一谐振功率放大器，要求工作在临界状态。已知 $V_{CC}=20\text{V}$，$P_o=0.5\text{W}$，$R_L=50\Omega$，集电极电压利用系数为 0.95，工作频率为 10MHz。用 L 形网络作为输出滤波匹配网络，试计算该网络的元件值。

3.16　已知实际负载 $R_L=50\Omega$，谐振功率放大器要求的最佳负载电阻 $R_e=121\Omega$，工作频率 $f=30\text{MHz}$，试计算题 3.16 图所示 π 形输出滤波匹配网络的元件值，取中间变换阻抗 $R'_L=2\Omega$。

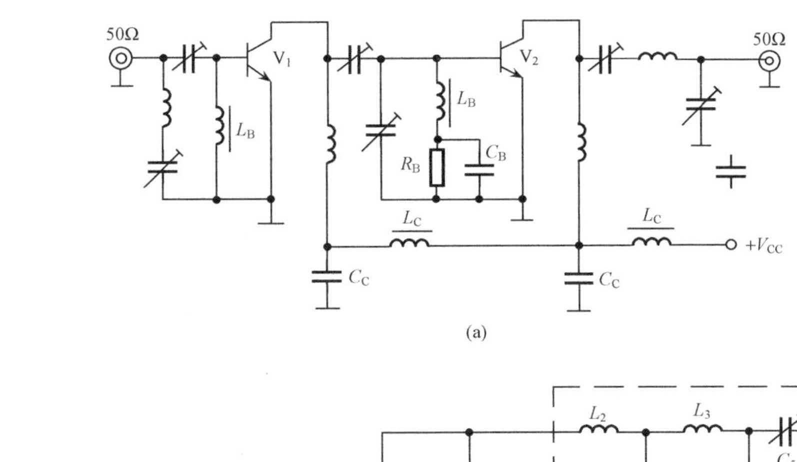

(a)

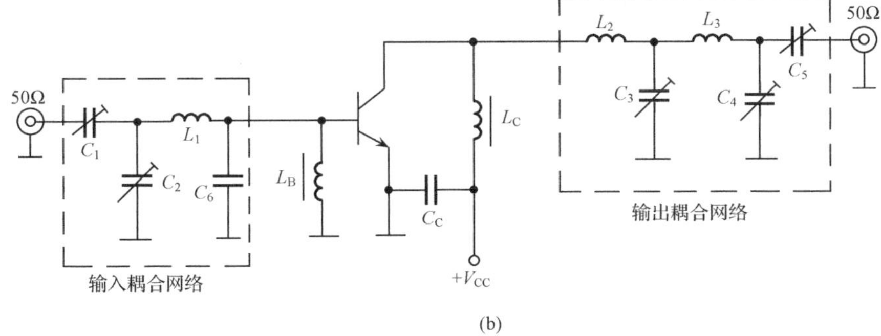

(b)

题 3.13 图

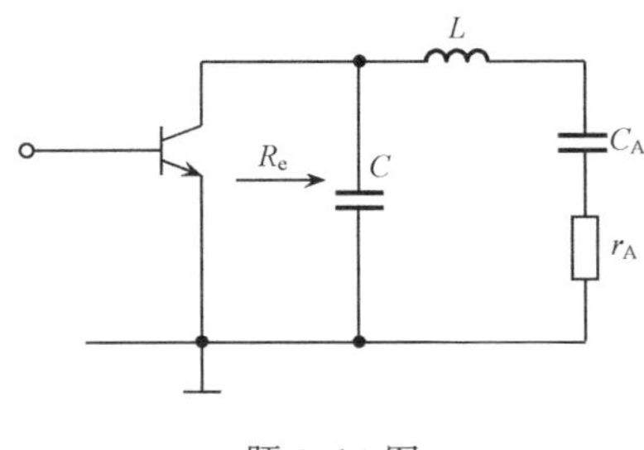

题 3.14 图

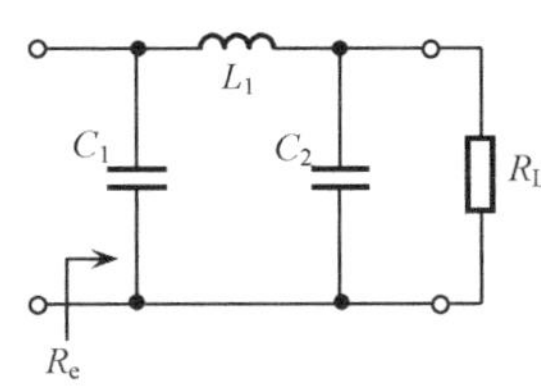

题 3.16 图

第4章　正弦波振荡电路

振荡器在电子电路中有着广泛的应用。在无线电通信、广播、电视等设备中用来产生载波和本地振荡信号；在电子仪器中产生各种频段的正弦信号等。从实质上讲，振荡电路是一种能量转换装置，它无须外加信号，就能自动地将直流电能转换成具有一定频率、一定幅度和一定波形的交流信号。

振荡器按输出信号波形的不同，可分为正弦波振荡器和非正弦波振荡器两类。正弦波振荡器又可以分为反馈振荡器和负阻振荡器。反馈振荡器是利用正反馈原理构成，本章将介绍反馈振荡器的基本原理、振荡条件、幅度和频率稳定度等参数指标以及振荡器电路设计，重点介绍三端振荡器和石英晶体振荡器电路，还对现代高性能振荡器作了简要介绍。

4.1　反馈振荡器的工作原理

4.1.1　反馈振荡器振荡的基本原理

电路中如果在输入端不外接信号，只是将输出信号的一部分正反馈到输入端以代替输入信号，此时输出端仍有一定频率和幅度的信号输出，这种现象称为自激振荡。自激振荡不仅在振荡电路中产生，在放大电路中也可能产生，例如，现实生活中在使用扩音机时，如果话筒和音箱的位置安排不合适，虽然没有输入信号，音箱中仍可能会出现啸叫声，这其实也是一种自激振荡，这时的自激振荡是有害的，应尽量消除。在放大电路中需要尽量消除正反馈造成的影响，而在振荡电路中，则正是利用了自激振荡来产生所需的信号。所以，放大器电路研究的重点是负反馈，而振荡器研究的则是正反馈。

图4.1给出了反馈振荡器的构成框图。当开关S在1的位置时输入信号$\dot{U}_i$经过放大器，在输出端产生输出信号$\dot{U}_o$，$\dot{U}_o$通过反馈网路得到反馈信号$\dot{U}_f$，当$\dot{U}_f$和$\dot{U}_i$形成正反馈则使得输入信号得以加强，经过放大和反馈电路得到的输出信号$\dot{U}_o$和反馈信号$\dot{U}_f$也随之增强。假设$\dot{U}_f$和$\dot{U}_i$相位相同、大小相等。这时把外加信号移除，即开关由1接到2位置，放大器和反馈网路构成一个闭环回路，电路在没有外加输入信号的情况下输出端仍然有一定幅度的电压输出，这个过程就是振荡电路的工作过程。

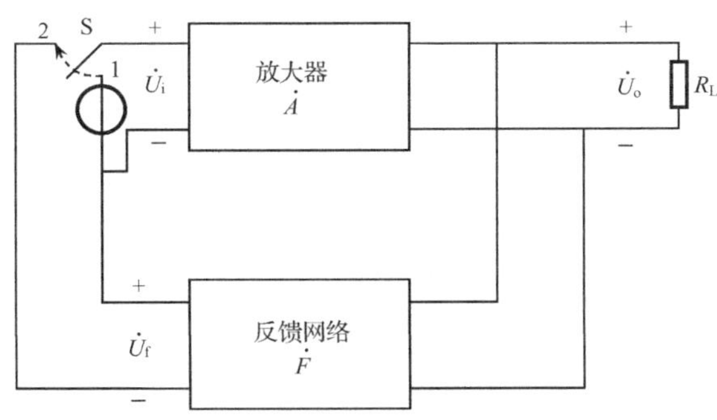

图 4.1　反馈振荡器构成框图

从原理分析上需要外加电压作为输入信号，但在实际电路中并不需要通过开关转换外加信号激发产生输出。接通电源的瞬间，电路产生的电脉冲就可以作为振荡器的初始输入信号，使电路开始工作，这个过程称为起振。信号通过放大电路输出又经过反馈电路形成正反馈信号加到输入端。如果信号幅度比原来大则再次经过放大、反馈，使得输入端信号进一步加大，直到放大器进入非线性工作区，增益下降。当反馈电压正好等于产生输出电压所需的输入电压时，振荡器输出不再增大，电路进入平衡工作状态。这就是一个振荡器电路从起振到平衡的全过程。

上述的自激振荡电路可以产生一定频率和幅度的信号，但是如果要形成稳定的正弦波输出还需要从产生的振荡信号中"筛选"出所需频率的正弦波。所以正弦波振荡器需要在图 4.1 的基础上加入选频网络，从而得到所需频率的正弦波输出。图 4.2 给出了正弦波振荡器的构成框图，在本章中利用 LC 回路或晶体进行选频的电路即 LC 振荡器或晶体振荡器。值得注意的是在振荡器分析中能否构成振荡器主要看能否形成正反馈结构，而对正弦波振荡器输出正弦波频率的分析则主要是针对选频网络的分析。

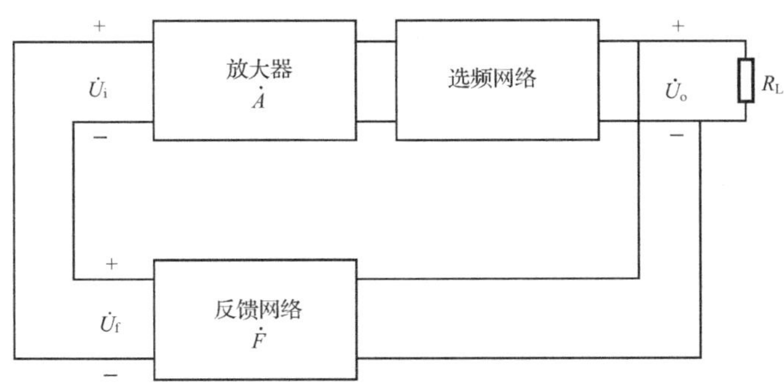

图 4.2　正弦波振荡器的构成框图

4.1.2 振荡的平衡条件和起振条件

振荡器的工作条件可以分为起振条件、平衡条件和稳定条件三种。其中所谓起振条件是振荡电路进入工作状态的条件，即电路开始工作时的条件；平衡条件则是输出能够维系电路输入的条件；稳定条件则指振荡器不易受外界干扰从而产生稳定振荡信号输出的条件。一个振荡电路可能存在多个满足平衡条件的状态，但不一定都能满足稳定条件。值得注意的是这三个条件都可以分为振幅条件和相位条件进行讨论。

1. 振荡的平衡条件

产生自激振荡的条件可以根据图 4.1 进行分析。图中，A 是放大电路，放大系数为 $\dot{A}$；F 是反馈电路，反馈系数为 $\dot{F}$。当开关 S 接在 1 位置时，放大电路的输入端与正弦波信号 $\dot{U}_i$ 相接，输出电压$\dot{U}_o=\dot{A}\dot{U}_i$。通过反馈电路得到反馈电压 $\dot{U}_f=\dot{F}\dot{U}_o$。适当调整放大电路和反馈电路的参数，使 $\dot{U}_f=\dot{U}_i$，即两者大小相等，相位相同。再将开关 S 接到 2 位置，反馈电压 $\dot{U}_f$ 即可代替原来的输入信号 $\dot{U}_i$，仍维持输出电压 $\dot{U}_o$ 不变，这样，整个电路就成为一个自激振荡电路。由此可知

$$\dot{A}=\frac{\dot{U}_o}{\dot{U}_i},\quad \dot{F}=\frac{\dot{U}_f}{\dot{U}_o} \tag{4.1}$$

$$\dot{U}_f=\dot{F}\dot{U}_o=\dot{F}\dot{A}\dot{U}_i \tag{4.2}$$

根据振荡器平衡的要求 $\dot{U}_f=\dot{U}_i$，得出振荡器平衡的条件

$$\dot{A}\dot{F}=1 \tag{4.3}$$

因为 $\dot{A}$ 和 $\dot{F}$ 都包含了幅度和相位，可以表示为

$$\dot{A}=A\mathrm{e}^{\mathrm{j}\varphi_A},\quad \dot{F}=F\mathrm{e}^{\mathrm{j}\varphi_F} \tag{4.4}$$

所以，式(4.3)即可用幅度和相位来表示。

$$\dot{T}=\dot{A}\dot{F}=AF\mathrm{e}^{\mathrm{j}(\varphi_A+\varphi_F)}=1 \tag{4.5}$$

式中 $\dot{T}$ 为反馈系统的环路增益。可以把平衡条件分成两部分进行分析，由此可得到自激振荡的两个条件。

（1）振幅平衡条件

$$AF=1 \tag{4.6}$$

式(4.6)说明，由放大器和反馈网路构成的闭合环路中，其环路增益 T 的模值应该等于 1，以使反馈电压和输入电压大小相等。

(2) 相位平衡条件

$$\varphi_A + \varphi_F = 2n\pi \tag{4.7}$$

式(4.7)说明,放大器与反馈网路的总相移必须等于 2π 的整数倍,使得反馈电压与输入电压相位相同,以保证环路构成正反馈。反过来看,在反馈式振荡器中,要保证形成振荡电路则要求是构造成正反馈结构才有可能振荡。

2. 振荡的起振条件

实际的振荡电路并不需要外接信号源,而是靠电路本身"自激"起振。在振荡电路接通电源的瞬间,电路中的电流突变以及电路内不可避免的噪声和干扰,都成了振荡电路的原始信号。这些原始信号都很微弱,但只要起振时 $\dot{A}\dot{F}>1$,这些微弱的信号通过放大、正反馈,放大、再反馈……,如此反复循环,就可以由小到大,迅速的振荡起来。由于三极管是非线性元件,当信号幅度增加到一定程度,必将使三极管工作到非线性区,放大电路的放大倍数降低,输出信号幅度的增加越来越少,最后达到一个相对稳定的状态,振荡器的输出就维持在某一幅值稳定的振荡,这时 $\dot{A}\dot{F}=1$。由此可见,起振过程是从 $\dot{A}\dot{F}>1$ 到 $\dot{A}\dot{F}=1$ 的过程。所以振荡的起振条件可以归结为

$$\dot{T} = \dot{A}\dot{F} > 1 \tag{4.8}$$

图 4.3 给出了正弦波振荡器从起振到平衡的波形示意图。

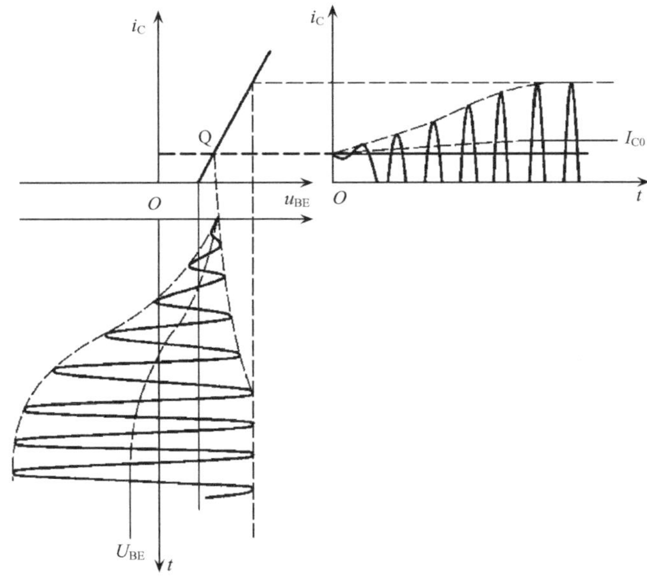

图 4.3　正弦波振荡器的起振过程

4.1.3 振荡的稳定条件

由于振荡电路中存在各种干扰，如温度变化、电压波动、噪声、外界干扰等，这些干扰会破坏振荡的平衡条件。因此，为使振荡器的平衡状态能够存在，只有使它成为稳定的平衡——具有返回原先平衡状态能力的平衡。鉴于此，除了平衡条件外还必须有稳定条件。稳定条件同样分成振幅稳定条件和相位稳定条件。本节仅仅对振荡电路的稳定条件进行简单地分析。

1. 振幅稳定条件

在振幅的平衡点上，当外界因素使得振幅振荡增大时，要使得平衡点稳定，则环路增益应该减小，使得 $T<1, U_f<U_i$，从而形成振幅的衰减，在原来的平衡点附近重新建立起平衡点。反之，当外界因素使得振幅振荡减小时，则环路增益应该增大，使得 $T>1, U_f>U_i$，从而形成振幅的增大，同样在原来的平衡点附近重新建立起平衡点。这样的平衡点 A 点是稳定的，即该平衡点能够抵消掉外界的影响，其条件可以归结为

$$\left.\frac{\partial T}{\partial U_i}\right|_{U_i=U_{iA}} < 0 \tag{4.9}$$

即在平衡点处，T 对 U_i 的变化率为负值。考虑反馈网络为线性网络的情况，则反馈系数为常数，式(4.9)可以简化为

$$\left.\frac{\partial A}{\partial U_i}\right|_{U_i=U_{iA}} < 0 \tag{4.10}$$

图 4.4 给出了导通角在 $\theta \geqslant 90°$ 和 $\theta < 90°$ 情况下稳定点的情况。图 4.4 中 A 点和 B 点都是稳定的，可以看出不同的电路工作状态其稳定工作点情况也不尽相同。在 $\theta \geqslant 90°$ 的情况下，由于放大特性曲线斜率大于反馈特性曲线斜率，即放大的信号大于反馈的信号，因此当接通电源瞬间产生的电压就会使电路从 O 点过渡到 A 点。但 $\theta < 90°$ 的情况有所不同，O 点本身也是稳定的，如果接通电源时产生的信号不足够大则无法从 O 点过渡到 B 点。我们把 $\theta \geqslant 90°$ 这种形式的振荡称为软激励，而 $\theta < 90°$ 形式的振荡称为硬激励。

2. 相位稳定条件

相位平衡的稳定条件是指相位平衡遭到破坏时，电路本身能够重新建立起相位平衡。根据相位平衡条件可知，在相位平衡点上 $\dot{U}_f$ 与 $\dot{U}_i$ 同相。如果产生了相位变化，只要能够重新恢复平衡条件，即实现了相位的稳定。这一过程可用如下流程关系表示：

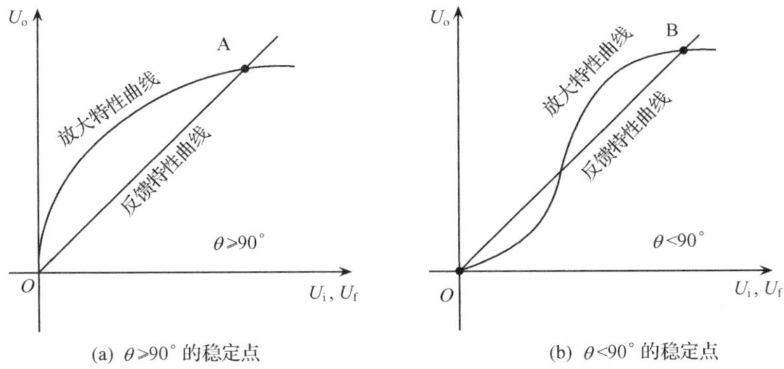

(a) $\theta>90°$ 的稳定点　　(b) $\theta<90°$ 的稳定点

图 4.4　振荡器的振幅稳定条件

$$\varphi_{\Sigma}=0 \xrightarrow{\text{外界干扰}} \begin{cases} \varphi_{\Sigma}^{\uparrow} \to f^{\uparrow} \to \begin{cases} \varphi_{\Sigma}^{\uparrow}\text{，不稳定} \\ \varphi_{\Sigma}^{\downarrow}\text{，稳定} \end{cases} \\ \varphi_{\Sigma}^{\downarrow} \to f^{\downarrow} \to \begin{cases} \varphi_{\Sigma}^{\uparrow}\text{，稳定} \\ \varphi_{\Sigma}^{\downarrow}\text{，不稳定} \end{cases} \end{cases}$$

因此，振荡的相位稳定条件可以归结为

$$\left.\frac{\partial \varphi_{\Sigma}}{\partial f}\right|_{f=f_{OA}}<0 \tag{4.11}$$

其中 φ_{Σ} 为振荡器总的相移，它由放大器的相移 φ_A、反馈网路的相移 φ_F 和选频网路的相移 φ_Z 组成，通常 φ_A 和 φ_F 为常数振荡器总相位的变化主要由选频网路的相移 φ_Z 决定，因此相位稳定条件也可以写成

$$\left.\frac{\partial \varphi_{Z}}{\partial f}\right|_{f=f_{OA}}<0 \tag{4.12}$$

即选频网路的相频特性在 f_0 处变化率为负值，且负值越大，振荡器的相位稳定性就越好。

4.1.4　正弦波振荡电路的组成要点

引起自激振荡的扰动信号往往是非正弦的。但根据傅里叶级数的知识，这些扰动信号是由许多不同频率、不同幅值的正弦信号组合而成。因此，为了保证输出波形为单一频率的正弦波，就要求正弦波振荡电路必须具有选频特性，从众多的频率中筛选出所需的输出频率。

选频特性通常由选频网络来实现。按选频网络的元件类型，把由电阻、电容组成选频网络的振荡电路称为 RC 振荡电路；把由电感、电容组成选频网络的振荡电路称为 LC 振荡电路；把由石英晶体组成的振荡电路称为石英晶体振荡电路。在本章中将主要讨论 LC 振荡器和石英晶体振荡器。

综合起来，一个正弦波振荡电路一般应该包括以下几个部分：

(1) 放大电路。由三极管或集成运算放大器组成，具有足够大的电压放大倍数，以能够获得较大的输出电压。

(2) 反馈回路。必须引入正反馈，把输出信号反馈到输入端，作为放大器的输入信号。

(3) 选频回路。用于确定振荡频率，使电路中只有这种频率的信号才能满足自激振荡的条件而产生振荡。

而分析一个正弦波振荡器时，首先要判断它是否振荡。通常，判断振荡的一般方法是：

(1) 是否满足相位平衡条件。

(2) 放大电路的结构是否合理，有无放大能力，静态工作点是否合适。

(3) 是否满足幅度平衡条件，检验 $|\dot{A}\dot{F}|$。如果 $|\dot{A}\dot{F}|<1$，则不可能起振。$|\dot{A}\dot{F}|\gg1$，能起振，但输出波形明显失真。$|\dot{A}\dot{F}|>1$，能产生振荡，振荡稳定后 $|\dot{A}\dot{F}|=1$。

由于完整分析振荡电路是比较复杂的，在分析正弦波振荡器时，可以进行相应的简化分析。判断电路能否产生振荡，可以只判定电路能否形成正反馈，从而满足相位条件，如果满足则该电路可能振荡，当然需要说明的是真正要产生振荡还需满足振幅条件、起振条件等。分析振荡器的输出频率时，实际是对选频回路的滤波特性进行分析，输出频率由选频网路决定。

例 4.1　变压器反馈 LC 振荡器的交流通路如图 4.5 所示，试分析图示电路是否满足相位平衡条件。

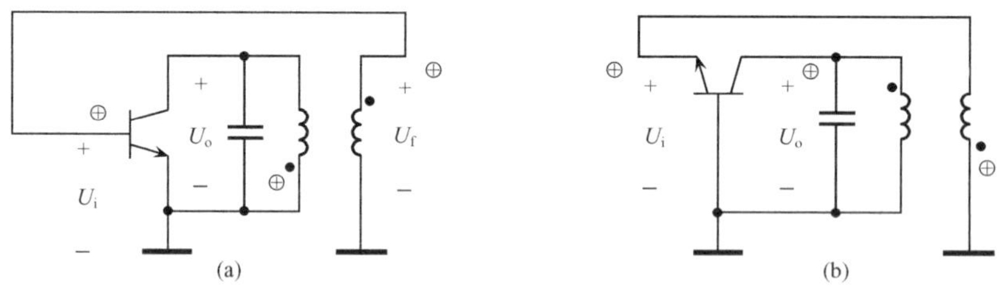

图 4.5　变压器反馈 LC 振荡器

解　分析振荡器的相位平衡条件，实际上就是分析电路是否构造成正反馈。图 4.5 所示的交流通路中由 LC 回路构成反馈选频网路，通过变压器的次级将反馈信号接入到输入端。该类电路可以利用瞬时极性法进行分析。

图 4.5(a)为共射极电路，$\dot{U}_i$ 由晶体管的发射极输入，由集电极输出，经过变压器的耦合，把放大器的输出信号 $\dot{U}_o$ 在二次线圈两端形成反馈电压 $\dot{U}_f$ 送回到放大

器的输入端，从而构成闭合反馈环路。根据共射极电路的特点，放大器输出电压 $\dot{U}_o$ 和输入电压 $\dot{U}_i$ 反相，由于图 4.5(a)中变压器的同名端在谐振回路上 $\dot{U}_o$ 和 $\dot{U}_f$ 也是反相的，因此 $\dot{U}_f$ 和 $\dot{U}_i$ 为同相，闭合回路构成正反馈，满足振荡的相位平衡条件。图 4.5(a)所示电路可能产生振荡。

同理，图 4.5(b)为共基极电路 $\dot{U}_i$ 由晶体管的发射极输入，由集电极输出，经过变压器的耦合，把放大器的输出信号 $\dot{U}_o$ 在二次线圈两端形成反馈电压 $\dot{U}_f$ 送回到放大器的输入端，从而构成闭合反馈环路。根据共基极电路的特点，放大器输出电压 $\dot{U}_o$ 和输入电压 $\dot{U}_i$ 同相，图 4.5(b)中变压器的同名端在谐振回路上 $\dot{U}_o$ 和 $\dot{U}_f$ 是反相的，因此 $\dot{U}_f$ 和 $\dot{U}_i$ 为反相，闭合回路构成负反馈，不满足振荡的相位平衡条件。

根据以上分析，可以看出对振荡的相位平衡条件的分析主要是根据放大器的组态来确定输入输出电压的关系，再根据变压器的同名端判定反馈电压的极性，由反馈电压和输入电压的极性确定反馈的类型。构成正反馈的电路满足相位平衡条件，电路可能产生振荡，反之则不能。图 4.6 给出了三种基本组态的输入输出电压关系，可以看出只有共射极组态输入输出电压是反相的，其他组态输入输出电压为同相。利用这种瞬时极性的方法可以对电路的反馈状态进行准确的分析，从而判定电路是否构成正反馈。

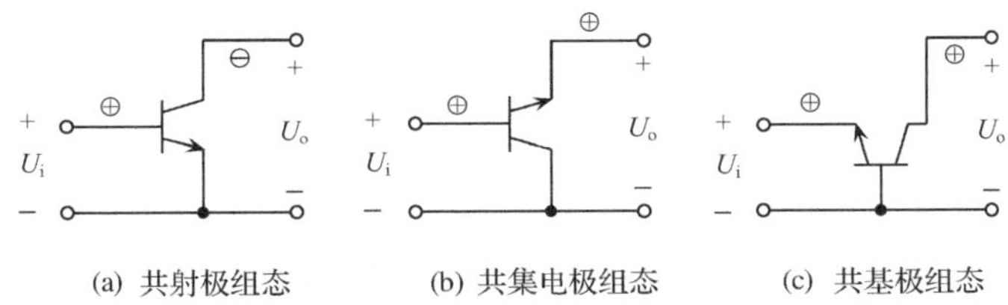

图 4.6　三种基本组态输入输出电压的相位关系

4.2　LC 振荡器

以 LC 谐振回路作为选频网路的反馈式振荡器称为 LC 振荡器。在 LC 振荡器电路中，振荡电路的频率是由振荡回路的总电感 L 和总电容 C 决定的，可产生频率高达 1000MHz 以上的正弦波信号。常见的 LC 正弦波振荡电路有变压器反馈式、电感三点式和电容三点式。它们的共同特点是用 LC 谐振回路作为选频网络，而且通常采用 LC 并联回路。其中变压器反馈式 LC 正弦波振荡电路在前节已经有相应的分析，本节主要讨论三端振荡器，即三点式振荡器。三点式振荡器在构成上同样满足相位平衡条件，但其构成法则更为简单和实用。在本节中将重点讨论三点式振荡器的构成和相应的实用电路，对振荡器的振幅条件的分析做了相应地简化。

4.2.1 三端振荡器基本工作原理和构成法则

三端振荡器的基本结构如图 4.7 所示。图中晶体管的三端间分别接入一个电抗元件或网络 X_1、X_2、X_3，由 X_1、X_2、X_3 组成 LC 谐振回路。该谐振回路既是晶体管集电极的负载又是正反馈选频网络，因此该结构的振荡电路称为三端振荡器或三点式振荡器。

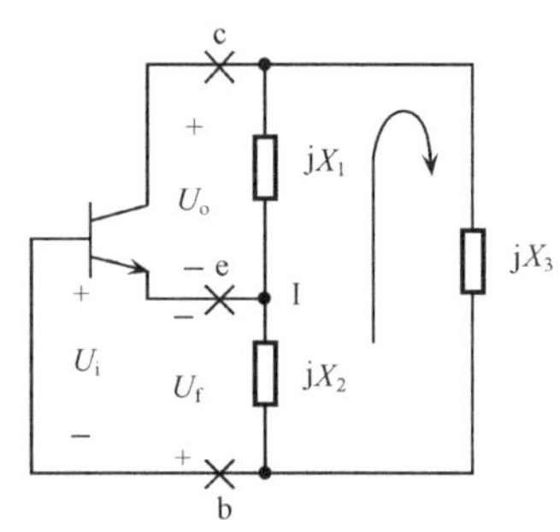

图 4.7 三端振荡器基本结构

根据前节的知识，电路要能产生振荡的首要条件是满足振荡的相位平衡条件，即电路需要构造成正反馈。为了分析方便，忽略元件的损耗和晶体管输入输出阻抗的影响。当 X_1、X_2、X_3 组成的 LC 谐振回路谐振时，回路等效为纯电阻，即 $X_1+X_2+X_3=0$。电路的输入电压为 $\dot{U}_i$，输出电压为 $\dot{U}_o$，反馈电压为 $\dot{U}_f$。根据图 4.7 电路可知，输出电压 $\dot{U}_o$ 与输入电压 $\dot{U}_i$ 反相，电抗 X_2 上的电压为反馈电压 $\dot{U}_f$，要构成正反馈满足相位条件，则 $\dot{U}_f$ 与 $\dot{U}_i$ 需要同相，因此 $\dot{U}_f$ 与 $\dot{U}_o$ 反相。

考虑在高 Q 的 LC 谐振回路中，回路电流远远大于晶体管的基极、发射极和集电极的电流，因此在分析时可以把回路从电路中独立出来。可以得到 $\dot{U}_f=\mathrm{j}\dot{I}X_2$，$\dot{U}_o=-\mathrm{j}\dot{I}X_1$。为使得 $\dot{U}_f$ 与 $\dot{U}_o$ 反相，X_1、X_2 应该是相同性质的电抗元件，即同为电容或同为电感。又因为需要构造成 LC 选频回路，因此 X_3 应该和 X_1、X_2 是不同性质的电抗元件。这就是三端振荡器的构造原理。

根据上述分析，三端振荡器的基本结构是在晶体管的三端间分别接入三个电抗元件。为了满足相位平衡条件，与发射极相接(即 eb、ec 之间)的元件必须是相同性质的元件，与基极相接(即 be，bc 之间)的两个元件则应该是不同性质的元件。三端振荡器的构成原则也可以简单归结为“射同基反”，如果采用场效应管也可以描述为“源同栅反”。值得注意的是两极间也可以使用回路来代替相应的元件，只要该回路在工作时呈现出所需要的电抗特性就可以了。

很明显，三端振荡器根据接入电抗元件的不同其基本的形式有两种。当与发射极相接的两个电抗元件都为电容时，构成的三端振荡器称为电容三点式振荡器。当与发射极相接的两个电抗元件都为电感时，构成的三端振荡器则称为电感三点式振荡器。图 4.8 给出了基本的三点式振荡器的结构。

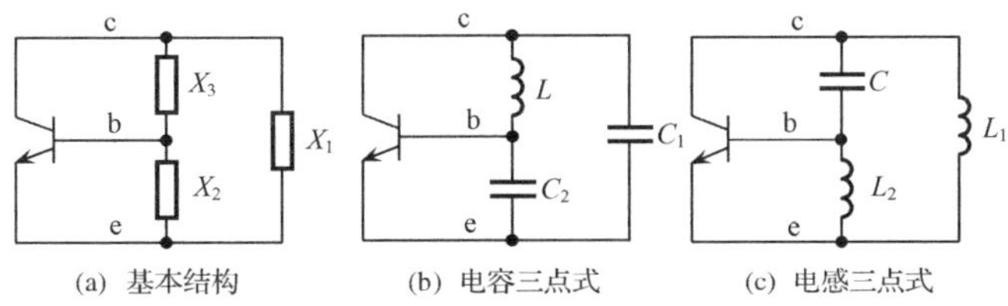

图 4.8 基本的三端振荡器

4.2.2 三端振荡器分析

1. 电感三点式振荡器

电感三点式振荡器又称为哈特莱(Hartley)振荡器。在图 4.9(a)所示的振荡器电路中,电阻 R_{B1}、R_{B2}、R_E 为基极直流偏置电阻;C_B、C_{C1}、C_{C2}、C_E 分别为耦合电容和旁路、滤波电容,它们对交流均可认为短路;L_C 为高频扼流圈,是集电极直流馈电电路,对交流可认为开路;L_1、L_2、C 为振荡器的选频网络;电感 L_1、L_2 构成反馈网络,反馈电压取自 L_2 两端。由此可画出该电路的交流等效电路,如图 4.9(b)所示。由图 4.9(b)可见,该振荡器是电感三点式振荡器,放大器为共射组态电路,满足振荡的相位平衡条件。又由于在电路谐振的时候,LC 回路的电流远大于与晶体管各极相接支路上的电流,分析振荡频率时可以把回路独立出来分析,图 4.9(c)给出了该电路的振荡回路。回路总电容为 C,总电感 $L=L_1+L_2+2M$,因此电路振荡频率为

$$f_0 \approx \frac{1}{2\pi\sqrt{(L_1+L_2+2M)C}} \tag{4.13}$$

式中,M 为电感 L_1、L_2 之间的互感,通常 L_2 的匝数为电感线圈总匝数的 1/8~1/4,就能满足起振条件。线圈抽头的位置可通过调试来决定。如果忽略互感则该电路的振荡频率为

$$f_0 \approx \frac{1}{2\pi\sqrt{(L_1+L_2)C}} \tag{4.14}$$

该电路在不考虑互感的条件下,反馈系数 $F \approx \frac{L_2}{L_1}$;放大器增益 $A=g_m R'_L$,其中 g_m 是晶体管的跨导,R'_L 是晶体管放大器集电极和发射极间的等效负载电阻。因此该振荡器的起振条件和平衡条件可以简单的归纳为 $g_m R'_L \frac{L_2}{L_1}>1$ 和 $g_m R'_L \frac{L_2}{L_1}=1$。本书对电路的起振条件和平衡条件不进行深入地分析,读者可以根据需要参考相关资料。

电感三点式振荡器的优点是便于用改变电容的方法来调整振荡频率,而不会

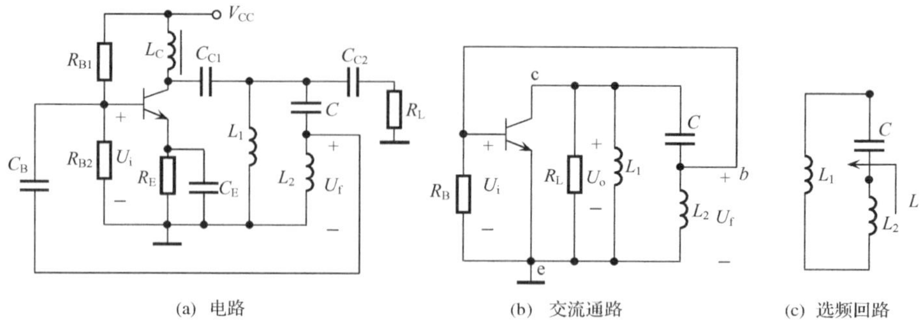

图 4.9　电感三点式振荡器

影响反馈系数;缺点是反馈电压取自 L_2,而电感线圈对高次谐波呈现高阻抗,所以反馈电压中高次谐波分量较多,输出波形较差。

2. 电容三点式振荡器

图 4.10(a)所示电路即电容三点式振荡器,又称为考毕兹(Colpitts)振荡器。与电感三点式振荡器比较,电容三点式振荡器,反馈电压取自 C_2,而电容对晶体管非线性特性产生的高次谐波呈现低阻抗,所以反馈电压中高次谐波分量很小,因而输出波形好,接近于正弦波。又由于三极管的极间电容也包括在内,若 C_1 和 C_2 取值小些,可以提高振荡频率,一般可达 100MHz 以上。但由于反馈系数与回路电容有关,如果用改变回路电容的方法来调整振荡频率,必将改变反馈系数,从而影响起振。

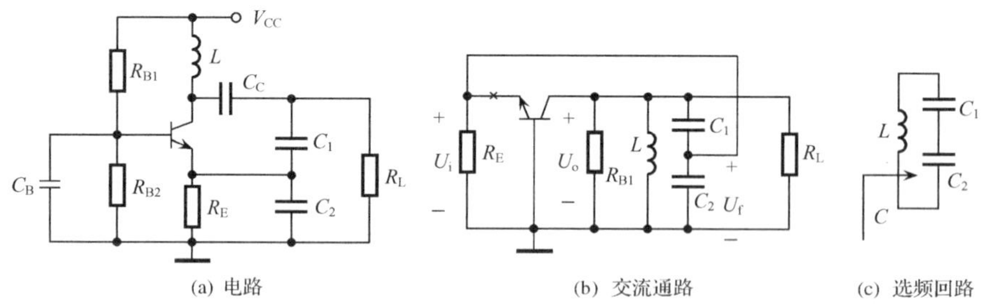

图 4.10　电容三点式振荡器

在图 4.10(a)中 R_{B1}、R_{B2}、R_E 为直流偏置电阻;C_B 是基极偏置的滤波电容,C_C 是集电极耦合电容,它们对交流应当等效短路;直流电源 V_{CC} 对于交流等效短路接地;R_{B1}、R_{B2} 被交流短路。由此可画出该电路的交流等效电路,如图 4.10(b)所示。放大器为共基组态电路,满足振荡的相位平衡条件。根据交流通路可得出该电路的选频回路如图 4.10(c)所示,因此该振荡电路的振荡频率为

$$f_0 \approx \frac{1}{2\pi\sqrt{LC}} \tag{4.15}$$

式中，C 为电路的总电容是 C_1、C_2 的串联，所以 $C=\dfrac{C_1C_2}{C_1+C_2}$。

该电路为共基极放大器，从射极和基极间输入，集电极和基极间输出。输出电压经过电容组成的反馈网路，从 C_2 两端取得反馈电压，把它加到放大器输入端，从而构成正反馈。可看出该电路的反馈网路由 C_1 和 C_2 构成(忽略输入端的电容)。该反馈网路的反馈系数 $F\approx\dfrac{C_1}{C_1+C_2}$。基本放大器的放大倍数 $A=g_mR'_L$，其中 g_m 是晶体管的跨导，R'_L 是晶体管放大器集电极和基极间的等效负载电阻。所以该电路的起振条件和平衡条件可以简单归结为：$g_mR'_L\dfrac{C_1}{C_1+C_2}>1$ 和 $g_mR'_L\dfrac{C_1}{C_1+C_2}=1$。需要说明的是，根据电路的不同起振条件和平衡条件形式也不同，式(4.15)只适用于图 4.10 的电路。

例 4.2　画出图 4.11(a)所示各电路的交流通路，并根据相位平衡条件，判断电路能否产生振荡，如果能求出振荡频率。

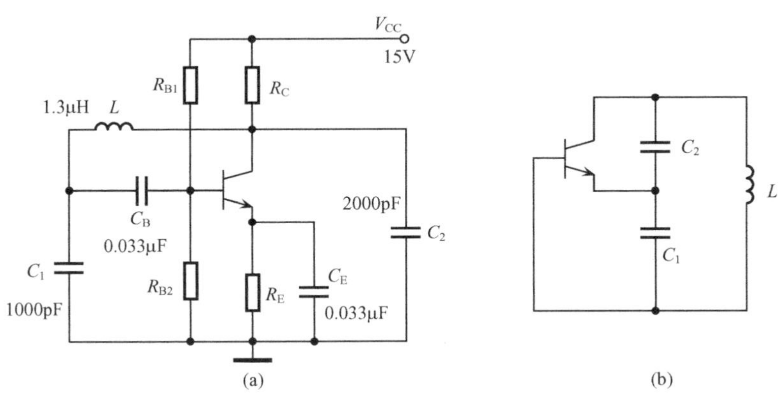

图 4.11　例 4.2 电路图

解　根据题意，该振荡电路中放大器为共射极组态，R_{B1}、R_{B2}、R_E 为直流偏置电阻，C_B 是基极耦合电容，C_E 是发射极旁路电容。所以，电路 4.11(a)的交流通路如图 4.11(b)所示，图中省略了电阻。从交流通路可以看出该电路为电容三点式振荡器，满足相位平衡条件，该电路可能振荡。振荡频率由 L、C_1、C_2 组成的 LC 滤波回路决定。

电路的总电感 $L=1.3\mu H$；总电容由 C_1、C_2 串联，$C=\dfrac{C_1C_2}{C_1+C_2}$。

所以，该电路的振荡频率为

$$f_0 \approx \frac{1}{2\pi\sqrt{LC}} = \frac{1}{2\pi\sqrt{L\dfrac{C_1C_2}{C_1+C_2}}} = \frac{1}{2\pi\sqrt{1.3\times\dfrac{1000\times 2000}{1000+2000}}} \approx 5.4(\text{MHz})$$

例 4.3　有一振荡器的交流等效电路如图 4.12 所示。已知回路参数 $L_1C_1 > L_2C_2 > L_3C_3$。问该电路能否起振？等效为哪种类型的振荡电路？其振荡频率与各回路的固有谐振频率之间有何关系？

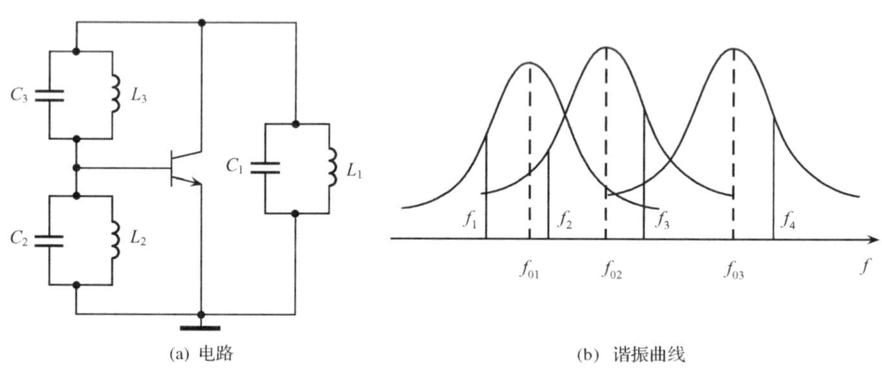

图 4.12　例 4.3 电路图

解　由于 LC 并联谐振回路在不同的工作频率下呈现出不同的工作状态，既可以作为电感使用，也可以作为电容使用。根据三点式振荡器的构成原理，该电路可能形成电容三点式振荡器，也可能形成电感三点式振荡器。首先，令 $f_{01} = \dfrac{1}{2\pi\sqrt{L_1C_1}}$，$f_{02} = \dfrac{1}{2\pi\sqrt{L_2C_2}}$，$f_{03} = \dfrac{1}{2\pi\sqrt{L_3C_3}}$；$f$ 为振荡电路的工作频率。

因为 $L_1C_1 > L_2C_2 > L_3C_3$，即 $f_{01} < f_{02} < f_{03}$，图 4.12(b)给出了三个并联谐振回路间的定性关系，振荡频率的取值区间可以用 f_{01}、f_{02}、f_{03} 为分界点，有四种状态。当 $f < f_{01}$ 时，X_1、X_2、X_3 均呈感性，不能振荡；当 $f_{01} < f < f_{02}$ 时，X_1 呈容性，X_2、X_3 呈感性，不能振荡；当 $f_{02} < f < f_{03}$ 时，X_1、X_2 呈容性，X_3 呈感性，构成电容三点式振荡电路；当 $f > f_{03}$ 时，X_1、X_2、X_3 均呈容性，也不能振荡。

所以，该电路在振荡频率 $f_{02} < f < f_{03}$ 时，构造成电容三点式振荡电路，其余情况均不能振荡。

3. 改进电容三点式振荡器

电容三点式电路比电感三点式电路性能要好些，但如何减小晶体管输入输出电容对频率稳定度的影响仍是一个必须解决的问题，于是出现了改进型的电容三点式电路——克拉泼电路。图 4.13(a)是克拉泼电路的实用电路，图 4.13(b)是其高频等效电路。与电容三点式电路比较，克拉泼电路的特点是在回路中增加了一

个与 L 串联的电容 C_3。各电容取值必须满足：$C_3 \ll C_1$、$C_3 \ll C_2$。这样可使电路的振荡频率近似只与 C_3、L 有关。图 4.13(c)给出了该电路的选频回路，不考虑晶体管输入输出电容的影响，又因为 C_3 远远小于 C_1 或 C_2，所以 C_1、C_2、C_3 三个电容串联后的等效电容

$$C = \frac{C_1C_2C_3}{C_1C_2 + C_2C_3 + C_1C_3} = \frac{C_3}{1 + \frac{C_3}{C_1} + \frac{C_3}{C_2}} \tag{4.16}$$

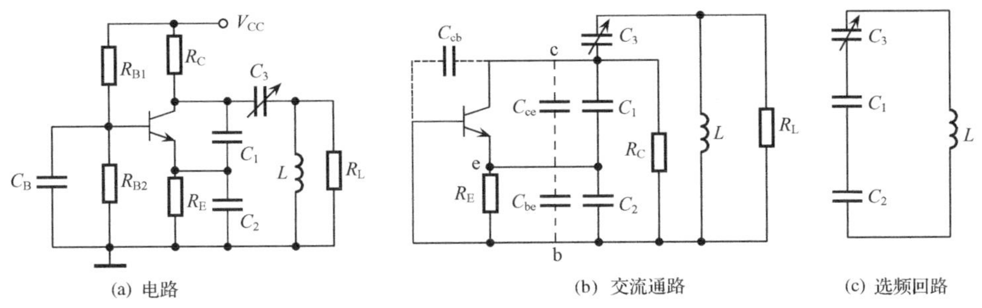

图 4.13　克拉泼振荡电路

电路的振荡频率为

$$f_0 = \frac{1}{2\pi\sqrt{LC}} \approx \frac{1}{2\pi\sqrt{LC_3}} \tag{4.17}$$

由此可见，克拉泼电路的振荡频率几乎与 C_1、C_2 无关。但是，随 C_3 的减小，虽然克拉泼电路的稳定性提高，但是起振条件越来越难满足。特别是当波段工作在高频端时，由于 C_3 小，接入系数减小，放大器负载电阻随接入系数减小，因此在工作频率较高时有可能停振。所以，克拉泼电路常用做固定频率或窄带的振荡器电路。

为了克服克拉泼电路的缺点，即停振的问题，提出了西勒电路。图 4.14 给出了西勒振荡器电路、交流通路和该电路的选频回路。西勒电路是在克拉泼电路基础上，在回路电感 L 两端并入一个电容 C_4，其参数值应满足 $C_4 \gg C_3$。因此，选频回路的谐振频率

$$f_0 \approx \frac{1}{2\pi\sqrt{L(C_4 + C_3)}} \approx \frac{1}{2\pi\sqrt{LC_4}} \tag{4.18}$$

振荡器工作频率的改变可通过调整 C_4 实现。C_4 改变，而 C_3 不变，接入系数也不变，从而振荡器的工作频率范围展宽，稳定性也得以提高。

以上所介绍的几种 LC 振荡器均是采用 LC 元件作为选频网络。由于 LC 元件的标准性较差，因而谐振回路的 Q 值较低，空载 Q 值一般不超过 300，有载 Q 值就更低，所以 LC 振荡器的频率稳定度不高(频率稳定度将在 4.3 节进行讨论)，一

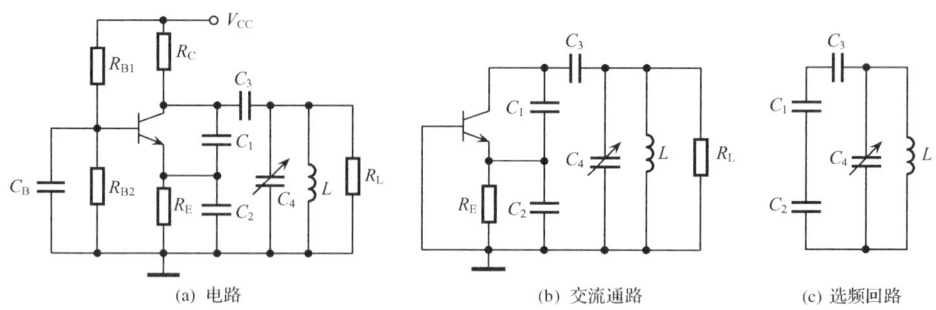

图 4.14　西勒振荡电路

般为 10^{-3} 量级，即使是克拉泼电路和西勒电路也只能达到 $10^{-5}\sim10^{-4}$ 量级。如果需要频率稳定度更高的振荡器，可以采用晶体振荡器。

例 4.4　有一 LC 振荡电路如图 4.15 所示，试分析该电路，画出电路的交流通路，并求出振荡频率。

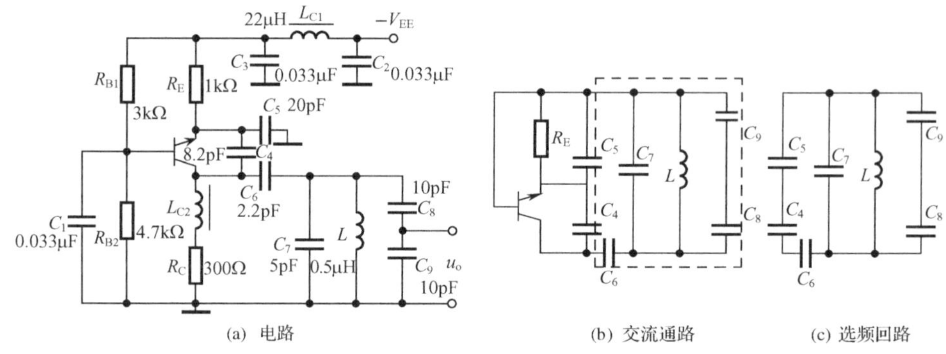

图 4.15　例 4.4 电路

解　该电路采用负电源供电，其中 L_{C1}、C_2、C_3 构成直流电源滤波电路。图中 R_{B1}、R_{B2} 和 R_E 是直流偏置电路。C_1 为基极的旁路电容，C_8、C_9 构成输出的电容分压电路。根据电路图画出该电路的交流通路如图 4.15(b)所示，可以看出 ec、eb 间接入的都是电容，而 bc 间接入的是一个由 $C_6\sim C_9$、L 构成的回路。所以该电路属于电容三点式振荡电路。

该电路的选频回路如图 4.15(c)所示，回路总电感为 $L=0.5\mu\text{H}$。回路总电容由 C_7 并联 C_4、C_5、C_6 的串联电容再并联 C_8、C_9 的串联电容，所以总电容为

$$C=C_7+\frac{1}{\dfrac{1}{C_4}+\dfrac{1}{C_5}+\dfrac{1}{C_6}}+\frac{1}{\dfrac{1}{C_8}+\dfrac{1}{C_9}}$$

$$=5+\frac{1}{\frac{1}{8.2}+\frac{1}{20}+\frac{1}{2.2}}+\frac{1}{\frac{1}{10}+\frac{1}{10}}\approx 11.6(\text{pF})$$

由此可以求出该电路的振荡频率为

$$f=\frac{1}{2\pi\sqrt{LC}}=\frac{1}{2\pi\sqrt{0.5\times 10^{-6}\times 11.6\times 10^{-12}}}\approx 66(\text{MHz})$$

4.2.3　集成 *LC* 正弦波振荡器

E1648(MC1648)是单片高频集成振荡器，外接 *LC* 谐振回路可以构成正弦波 *LC* 振荡器，其最高频率可以达到 225MHz。图 4.16(a)给出了 E1648 的内部电路。E1648 的内部电路由三个部分组成。第一部分是电源部分，由晶体管 V_{10}～V_{14}组成直流电源馈给电路。第二部分是差分振荡器部分，由 V_7、V_8、V_9 晶体管和 12、10 脚外接的 *LC* 并联回路构成，V_9 是恒流源电路。第三部分是输出部分，由 V_4、V_5 构成共射-共基组态放大器，对 V_8 集电极输出电压进行放大；再经 V_3、V_2 组成的差分放大器放大；最后经射随器 V_1 隔离，由 3 脚输出。图中 V_6 是直流负反馈电路，5 脚外接滤波电容；当 V_8 输出电压幅度增加时，V_5 射极电压增加，V_6 集电极直流电压减小，从而使差分振荡器恒流源 I_0 减小，跨导减小，限制了 V_8 输出电压的增加，提高了振幅的稳定性。该电路的工作频率

$$f_g\approx\frac{1}{2\pi\sqrt{L(C+C_i)}}\tag{4.19}$$

式中，C_i 是 10 脚和 12 脚之间的输入电容，对于 E1648 而言 C_i＝6pF。集成电路具有外接元件少、稳定性高、可靠性好、调整使用方便等优点。由于目前集成技术的限制，最高工作频率还低于分立元件电路，电压和功率也难做到分立元件的水平。但是，尽管这样，集成电路依然是微电子技术的发展方向，其性能将会不断得

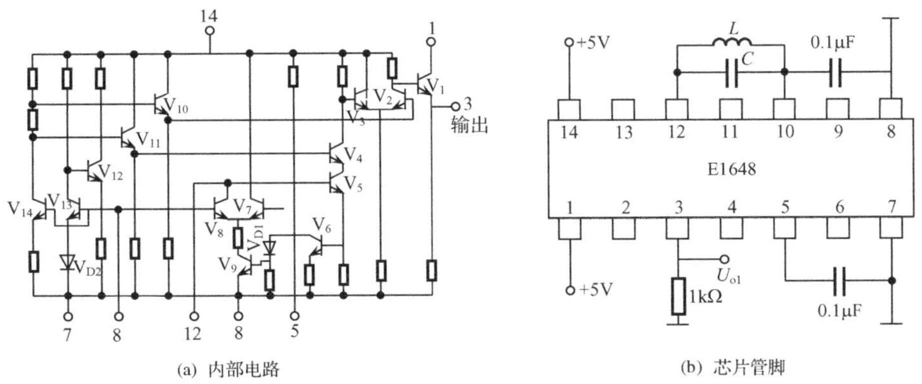

(a) 内部电路　(b) 芯片管脚

图 4.16　E1648 单片集成振荡电路

到提高。图 4.17 给出了一种由 E1648(MC1648)构成的压控振荡器电路,压控振荡器(VCO)的概念将在 4.5 节进行介绍,该电路还使用了变容二极管,关于变容二极管的内容可以参看调频一章。该电路的振荡频率由电感和变容二极管的电容值决定,并随外加电压控制信号变化而变化。

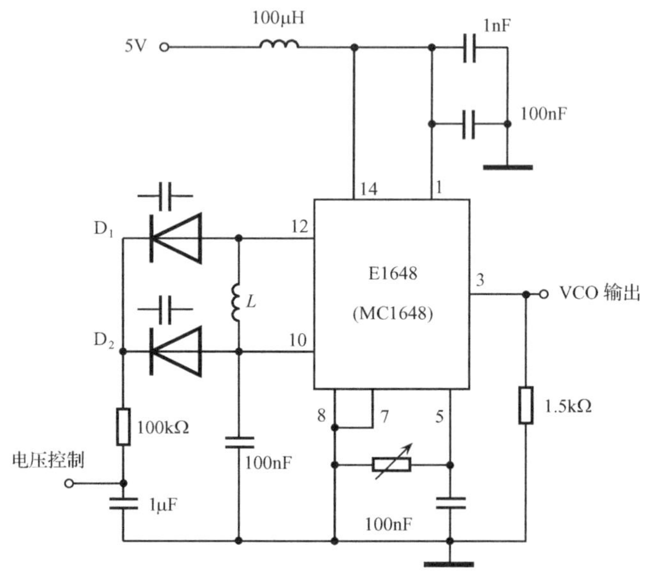

图 4.17 E1648 构成的压控振荡器

4.2.4 三端振荡器设计

1. 三端振荡器设计原则

本节将简要介绍三端振荡器的设计原则、振荡器设计中主要考虑的因素等问题,供实际设计使用时参考。

三端振荡器的设计应该从以下几方面进行考虑。

首先,振荡器电路类型的选择。*LC* 振荡器一般工作在几百千赫兹至几百兆赫兹范围。振荡器线路主要根据工作的频率范围及波段宽度来选择。在短波范围,电感反馈振荡器、电容反馈振荡器都可以采用。在中、短波收音机中,为简化电路常用变压器反馈振荡器做本地振荡器。

其次,晶体管的选择。从稳频的角度出发,应选择特征频率 f_T 较高的晶体管,这样晶体管内部相移较小。通常选择 $f_T>(3\sim10)f_{max}$,f_{max} 为电路工作频率的最大值。同时希望电流放大系数 β 大些,这既容易振荡,也便于减小晶体管和回路之间的耦合。

第三，直流馈电线路的选择。为保证振荡器起振的振幅条件，起始工作点应设置在线性放大区。从稳频出发，稳定状态应在截止区，而不应在饱和区，否则回路的有载品质因数 Q_T 将降低。所以，通常应将晶体管的静态偏置点设置在小电流区，电路应采用自偏压。

第四，振荡回路元件的选择。从稳频出发，振荡回路中电容 C 应尽可能大，但 C 过大，不利于波段工作；电感 L 也应尽可能大，但 L 大后，体积大，分布电容大，L 过小，回路的品质因数过小，因此应合理地选择回路的 C、L。在短波范围，C 一般取几十至几百皮法，L 一般取 0.1 至几十微亨。

最后，反馈回路元件的选择。为了保证振荡器有一定的稳定振幅以及容易起振，在静态工作点通常应选择。反馈系数的大小应在下列范围选择 $F=0.1\sim0.5$。

2. 大自由度克拉泼振荡器设计

克拉泼振荡器是电容三点式振荡器的改进，有着广泛的应用，本节以克拉泼振荡器为例，介绍三端振荡器的设计。克拉泼振荡器原理图如图 4.13 所示，图 4.18 给出了振荡器的选频电路和电路的负阻表示。

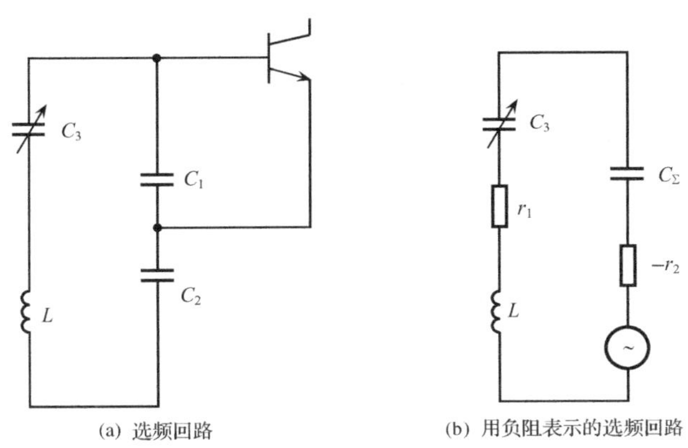

图 4.18　克拉泼振荡器设计

普通的电阻是消耗能量的，而负阻具有和电阻相反的特征，也就是负阻两端电压上升，则电流减小。

图 4.18(a)所示电路中，振荡条件是在电感 L＋电容 C_3 与 C_Σ 变为相同电抗的频率时，式(4.20)成立，即

$$|r_1|<|-r_2| \tag{4.20}$$

式中，r_1 是电感 L 的等效电阻；r_2 则是晶体管侧的负阻成分。图 4.18(a)中的 C_1 和 C_2 在内的反馈电路成为负阻，通过一些分析可以等到验证。

图 4.19 中 A 电路的电压为 u_A，流过的电流为 i_A，根据电路分析可以得出

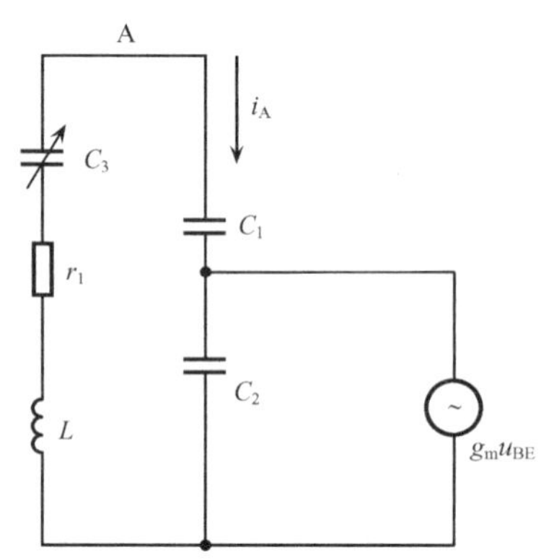

图 4.19 克拉泼振荡器等效电路

$$u_A = \frac{i_A}{j\omega C_1} + \frac{i_A + g_m u_{BE}}{j\omega C_2} \tag{4.21}$$

式中

$$u_{BE} = \frac{i_A}{j\omega C_1} \tag{4.22}$$

所以，A 点的电压电流比值为

$$\frac{u_A}{i_A} = \frac{1}{j\omega C_1} + \frac{1}{j\omega C_2} - \frac{g_m}{\omega^2 C_1 C_2} \tag{4.23}$$

式中，$-\frac{g_m}{\omega^2 C_1 C_2}$ 可以理解为负阻成分。因此，克拉泼振荡器的起振要求是

$$r_1 < \frac{g_m}{j\omega C_1 C_2} \tag{4.24}$$

若负阻成分与谐振电路的损耗相互抵消，则振荡开始，振幅增大。当放大器进入饱和区，则 g_m 逐渐降低，负阻 r_2 也减小。当达到 $r_1 = r_2$ 时，则可以产生稳定的振荡，设此时的振荡器频率为 f，则频率与电容电感的关系如下：

$$(2\pi f)^2 L = \frac{1}{C_1} + \frac{1}{C_2} + \frac{1}{C_3} \tag{4.25}$$

当然，在前面也提到克拉泼振荡器中一般取 $C_3 \gg C_1$、$C_3 \gg C_2$，因此在估算振荡频率时也可以近似认为总电容为 C_3。

在设计时，根据获得振荡所需要的足够大的负阻来设定 C_1、C_2，值得注意的是频率超过 2GHz 时，用晶体管内部电容 C_{BE} 就能完全替代 C_1，有时不用外接电容。

4.3 振荡器的频率和幅度稳定度

振荡器输出的信号既要满足一定的频率和幅度要求，同时还必须保证输出信号频率和幅度的稳定。在振荡器中使用频率稳定度和幅度稳定度这两个重要的性能指标来衡量一个振荡器电路。其中，频率稳定度对一个振荡器而言尤为重要。在本节中将介绍频率稳定度、幅度稳定度的概念，影响稳定度的因素和提高振荡器稳定度的一般方法。

4.3.1 频率稳定度

1. 频率稳定度的定义

频率稳定，就是在各种外界条件发生变化的情况下，要求振荡器的实际工作频率与标称频率间的偏差及偏差的变化最小。振荡器的频率稳定度则是指在一定时间间隔内，由于各种因素变化，引起的振荡频率相对于标称频率变化的程度。假设

振荡器的标称频率为 f_0，实际频率为 f，则绝对偏差

$$\Delta f = |f - f_0| \tag{4.26}$$

Δf 也称为绝对频率准确度。而频率稳定度可以表示为

$$\frac{\Delta f}{f_0} = \frac{|f - f_0|}{f_0} \tag{4.27}$$

短期频率稳定度主要与温度变化、电源电压变化和电路参数不稳定性等因素有关。长期频率稳定度主要取决于有源器件和电路元件及石英晶体和老化特性，与频率的瞬间变化无关。而瞬间频率稳定度主要是由于频率源内部噪声而引起的频率起伏，它与外界条件和长期频率稳定度无关。

2. 影响频率稳定度的因素

影响频率稳定度的因素是多方面的。其一是振荡回路参数对频率的影响。因为振荡频率 $f_0 = \dfrac{1}{2\pi\sqrt{LC}}$，所以频率的相对变化为 $\dfrac{\Delta f_0}{f_0} = -\dfrac{1}{2}\left(\dfrac{\Delta L}{L} + \dfrac{\Delta C}{C}\right)$。可见振荡回路参数 L、C 的变化都会引起频率稳定度的变化。其二是回路品质因数 Q 值对频率的影响。Q 值越高，则相同的相位变化引起频率偏移越小。图 4.20 给出了在不同 Q 值情况下由相位变换引起的频率偏移。其三是有源器件的参数对频率的影响。振荡管为有源器件，若它的工作状态包括电源电压或周围温度等有所改变，晶体管参数将发生变化，即引起振荡频率的改变。另外，当外界因素例如电源电压、温度、湿度等变化时，这些参数随之而来的变化就会造成振荡器频率的变化。

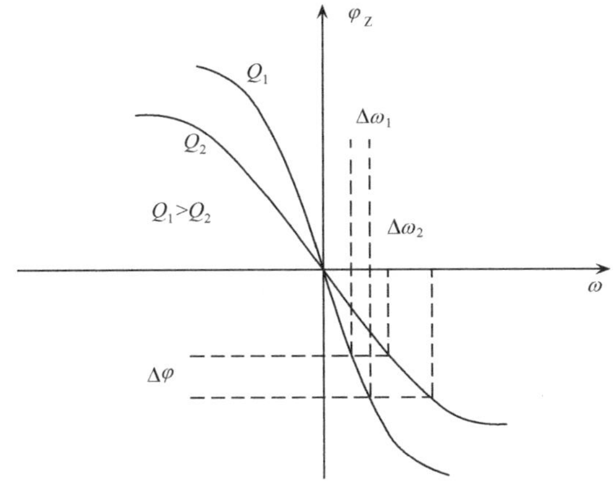

图 4.20　品质因数对频率稳定度的影响

3. 提高频率稳定度的一般方法

振荡器频率稳定度的好坏由振荡电路的稳频性能决定。根据上面对影响频率稳定因素的简单讨论中可知,引起频率不稳定的原因来自电路本身和外界因素的变化。因此,提高振荡频率的稳定度,可以从以下两方面进行。

1）减小外界变化

减小外界变化的措施很多。减小温度的变化,可将振荡器放在恒温槽内,另外振荡器应该远离热源。减小电源的变化,采用二次稳压电源供电;或者振荡器采取单独供电。减小湿度和大气压力的影响,通常将振荡器密封起来。减小磁场感应对频率的影响,对振荡器进行屏蔽。消除机械振动的影响,通常可加橡皮垫圈作减振器。减小负载的影响,在振荡器和下级电路之间加缓冲器,提高回路 Q 值;本级采用低阻抗输出,本级输出与下一级采取松耦合;采取克拉泼电路或西勒电路,减弱晶体管与振荡回路之间耦合,使折算到回路内的有源器件参数减小,提高回路标准性,提高频率稳定度。

2）改善电路性能

首先,要提高回路的标准性。所谓回路的标准性即指振荡回路在外界因素变化时保持其固有谐振频率不变的能力。要提高回路标准性即要减小 L 和 C,因此可采取优质材料的电感和电容。

其次,应该减小相位及其变化量。可使振荡器的工作频率比振荡管的特性频率低很多,即 $f \ll f_T$,并选用电容三端式振荡电路,使振荡波形良好。

4.3.2 幅度稳定度

振荡器的输出电压,在受到外界因素的影响下会发生波动。假设振荡器的输出电压标称值为 U_o,实际输出电压为 U,则电压的偏差为 $\Delta U = |U - U_o|$,因此振幅稳定度定义为

$$\frac{\Delta U}{U_o} = \frac{|U - U_o|}{U_o} \tag{4.28}$$

振荡器的稳幅方法分为内稳幅和外稳幅。利用放大器工作于非线性区来实现的,这种方法称为内稳幅。在振荡器放大器保持在线性工作区,另外接入非线性电路进行稳幅的方法称为外稳幅。同时采用高稳定的直流稳压电源、减小负载与振荡器的耦合等措施也可以有效提高振荡器的幅度稳定度。

4.4 石英晶体振荡器

石英晶体振荡器与一般的谐振回路相比具有优良的特性。石英晶体振荡器具

有很高的标准性。有源器件的接入系数很小，同时石英晶体振荡器具有非常高的 Q 值。因此，石英晶体振荡器的频率稳定度一般可以达到 $10^{-8}\sim10^{-6}$，而 LC 振荡器的频率稳定度一般在 10^{-5} 以内。

4.4.1　石英谐振器及其特性

石英晶体是一种各向异性的结晶体，它是硅石的一种。从一块晶体上按一定的方位角切下的薄片称为晶片，然后在晶片的两个对应表面上涂敷银层并装上一对金属板，就构成了石英晶体产品，如图 4.21 所示，石英晶体一般用金属或玻璃壳封装。

石英晶片之所以能做振荡电路是基于它的压电效应。从物理学中知道，若在晶片的两个极板间加一个电场，会使晶体产生机械形变；反之，若在极板间施加机械力，又会在相应的方向上产生电场，这种现象就称为压电效应。如果在极板间所加的是交变电压，就会产生机械振动，同时机械振动又会产生交变电场。一般来说，这种机械振动的振幅是比较小的，其振动频率则是很稳定的。当外加交变电压的频率与晶片的固有频率相等时，机械振动的幅度将急剧增加，这种现象称为压电谐振，因此石英晶体又称为石英晶体谐振器。

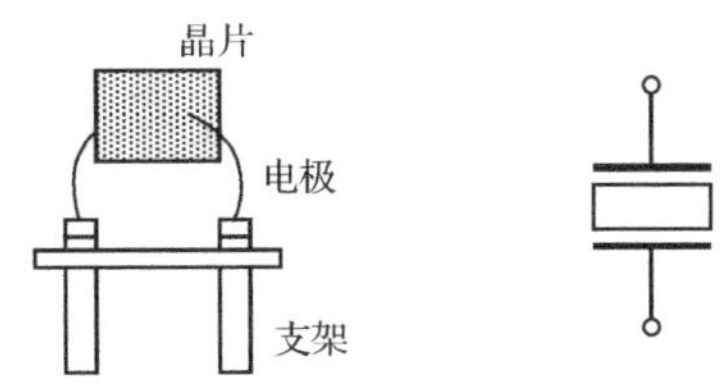

图 4.21　石英晶体的结构和电路符号

石英晶体的压电谐振现象可以用图 4.22 所示的等效电路来模拟。等效电路中的 C_0 为切片与金属板构成的静电电容，L_{qn} 和 C_{qn} 分别模拟晶体的质量和弹性，而晶片振动时，因摩擦而造成的损耗则用电阻 r_{qn} 来等效。晶体在外加交变电压的作用下，产生机械振荡包含了基频、三次谐波、五次谐波等频率。其中除基频外，其他谐波频率统称为泛音，晶体工作于基频振动的称为基频晶体，工作于谐波振动的则称为泛音晶体。晶体的不同工作频率可以分别用 LC 串联谐振回路进行等效，在本章中只研究基频晶体。石英晶体最重要的特点是相对于 LC 回路它具有很高的质量与弹性的比值，因而它的品质因数 Q 在高达 10000～500000 的范围内。例如，一个 4MHz 的石英晶体的典型参数：$L_{q1}=100\text{mH}$，$C_{q1}=0.015\text{pF}$，$C_0=5\text{pF}$，$r_{q1}=100\Omega$，$Q=25000$。

图 4.22 为石英晶体的代表符号、等效电路和电抗特性。对于基音而言，设 $L_{q1}=L$，$C_{q1}=C$，$r_{q1}=R$，如图 4.22(c)所示。

当忽略 R 时，图 4.22(c)所示的等效电路的等效电抗为

$$Z=\frac{-\dfrac{1}{\omega C_0}\left(\omega L-\dfrac{1}{\omega C}\right)}{-\dfrac{1}{\omega C_0}+\left(\omega L-\dfrac{1}{\omega C}\right)}=\frac{\omega^2LC-1}{\omega(C_0-\omega^2LC_0C)}\tag{4.29}$$

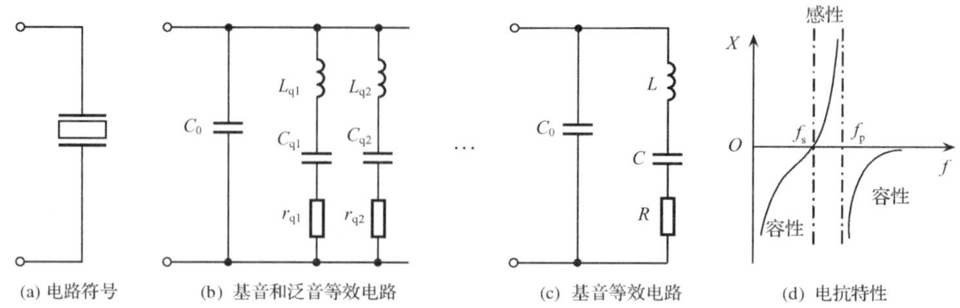

图 4.22　石英晶体的等效电路与电抗特性

由等效电路和式(4.29)可知,石英晶体有两个谐振频率,即

(1) 当 L、C、R 支路发生串联谐振时,等效阻抗最小,若不考虑损耗电阻 R,这时 $Z=0$,即式(4.29)中的分子为零,则串联谐振频率为

$$f_s=\frac{1}{2\pi\sqrt{LC}} \tag{4.30}$$

(2) 当频率高于 f_s 时,L、C、R 支路呈感性。它与电容 C_0 发生并联谐振,此时等效阻抗最大,当忽略 R 时,$X\to\infty$,即式(4.29)中分母为零,回路的并联谐振频率为

$$f_p=\frac{1}{2\pi\sqrt{L\dfrac{C_0C}{C_0+C}}}=\frac{1}{2\pi\sqrt{LC}}\sqrt{1+\frac{C}{C_0}} \tag{4.31}$$

由于 $C\ll C_0$,f_s 与 f_p 非常接近。由式(4.29)可以画出电抗-频率特性,如图 4.22(d)所示,当 $f_s<f<f_p$ 时,石英晶体呈感性,其余频率范围内,石英晶体呈容性。

市场上出售的石英晶体盒子上标注的频率值既非 f_s,也非 f_p,而是指石英谐振器与规定的电容 C_L 相并联的谐振频率值。此电容 C_L 叫负载电容,厂家在产品说明书中都会给出。因此要使振荡器的工作频率 f 严格等于铭牌上标注的频率值,必须使电路总电容等于 C_L,否则就会有微小的偏差。

晶体振荡器种类很多,可以分为普通晶体振荡器、电压控制晶体振荡器、温度补偿晶体振荡器、恒温控制晶体振荡器、电压控制-温补晶体振荡器、电压控制-恒温晶体振荡器。普通晶体振荡器(Packaged Crystal Oscillator,PXO)是最简单最适用的、其基本控制元件为晶体元件的振荡器。由于不采用温度控制和温度补偿方式,它的频率-温度特性主要由所采用的晶体元件来确定。电压控制晶体振荡器(Voltage Controlled Crystal Oscillator,VCXO)用外加控制电压偏置或调制其频率输出的晶体振荡器。VCXO 的频率-温度特性类似于 PXO,主要由所采用的晶体元件来确定。温度补偿晶体振荡器(Temperature Compensated Crystal Oscillator,TCXO)包括数字补偿晶体振荡器(Digitally Compensated Crystal Oscillator,DCXO)和微机补偿晶体振荡器(Microcomputer Compensated Crystal Oscillator,MCXO)。器件内部采用模拟补偿网络或数字补偿方式,利用晶体负载电抗随温度的变化而补偿晶体元件的频率-温度特性,以达到减少其频率-温度偏移的晶体振荡器。恒温控制晶体振荡器(Oven Controlled Crystal Oscillator,OCXO)至少是将晶体元件置于隔热罩里(如恒温槽)控制其温度,以使晶体温度基本维持不变的晶体振荡器。电压控制-温补晶体振荡器(VCT-CXO)是温度补偿晶体振荡器和电压控制晶体振荡器结合。电压控制-恒温晶体振荡器(VCO-CXO)是恒温晶体振荡器和电压控制晶体振荡器结合。

4.4.2　石英晶体振荡电路

石英晶体振荡器电路有两类。一种是并联型石英晶体振荡器,另一种是串联型石英晶体振荡器。

1. 并联型石英晶体振荡器

并联型石英晶体振荡器是把石英晶体当做电感元件使用。振荡器的工作频率 f 与晶体的串、并联谐振角频率 f_s、f_p 之间一定满足 $f_s<f<f_p$ 的关系,如图 4.23 所示。

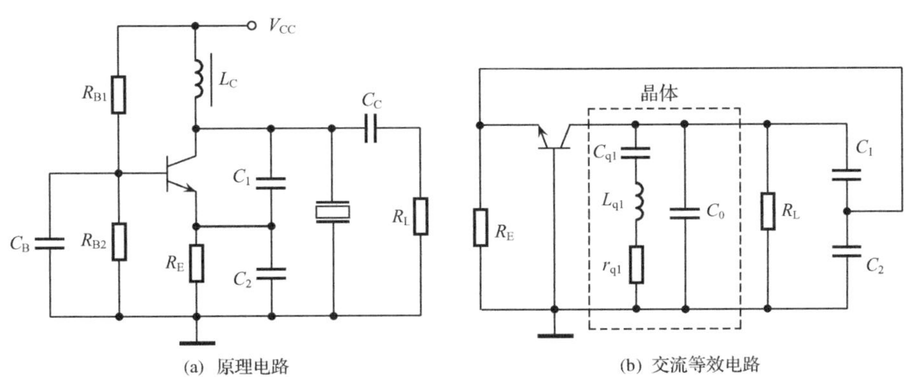

(a) 原理电路　　(b) 交流等效电路

图 4.23　并联型石英晶体振荡器

根据三点式电路“射同基反”的构成原则,晶体应呈现感性。石英谐振器和电容 C_1、C_2 组成选频网络,当晶体谐振器呈现的感抗 ω_L 等于 C_1、C_2 串联的容抗 $\dfrac{1}{\omega\dfrac{C_1C_2}{C_1+C_2}}$ 时,可确定振荡器的工作频率 f,如图 4.23 所示。C_1、C_2 变化,工作频

率 f 就会发生微小的变化，但始终在 $f_s<f<f_p$ 的范围之内。

该电路中晶体呈现出感性，同时电路构造成为电容三点式振荡器，这种电路称为皮尔斯振荡器；如果在并联型晶体振荡器中，电路构造为电感三点式振荡器，则称为密勒振荡器。

2. 串联型石英晶体振荡器

串联型石英晶体振荡器是把石英谐振器做一根短路线用。当振荡器的工作频率 f 等于晶体的串联谐振频率 f_s 时，晶体谐振器的阻抗近似为零；当频率偏离 f_s 时，晶体的阻抗骤然增加，近乎开路。所以把晶体接在振荡器的反馈支路中，只有等于串联谐振频率 f_s 的分量才有反馈，其他频率分量均无反馈，从而只能形成 $f=f_s$ 的振荡。图 4.24 给出了串联型石英振荡器电路和其交流等效电路。

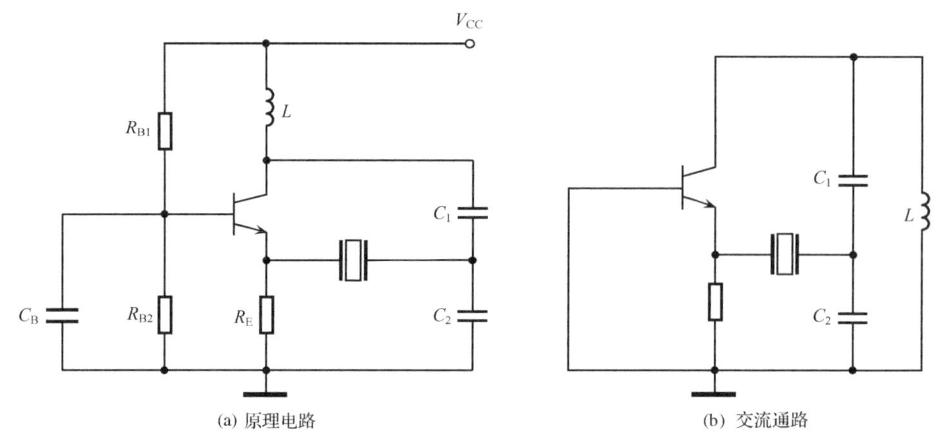

图 4.24　串联型石英晶体振荡器

例 4.5　一晶体振荡电路如图 4.25(a)所示，其中 C_1 为 300pF、C_2 从 5pF～22pF 可变、C_3 为 1600pF、L 为 3.9μH，试分析该电路中晶体的作用，并求出该电路的振荡频率。

解　根据电路图画出交流通路，如图 4.25(b)所示。排除晶体，可以看出该电路已经构成电容三点式振荡器；晶体的作用是作为短路线。因此，该电路是串联型石英振荡电路。其振荡频率由 L、C_1、C_2、C_3 共同决定。其频率为 $f_0=\dfrac{1}{2\pi\sqrt{L\dfrac{(C_1+C_2)C_3}{C_1+C_2+C_3}}}$，因此，$f_{min}\approx 4.92$MHz，$f_{max}\approx 5.04$MHz。

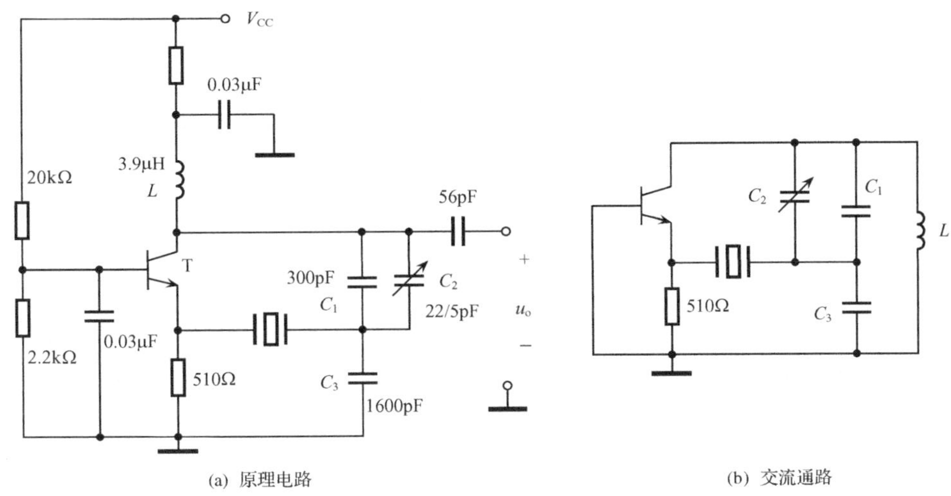

(a) 原理电路　　(b) 交流通路

图 4.25　晶体振荡电路

4.5　实用振荡器简介

1. 现代振荡器的发展

振荡器为现代电子系统提供系统时序是实现整体功能的重要部件。高性能、多功能、小型封装、低功耗、低价格的振荡器是现代高性能振荡器的要求。

小型化是现代振荡器的一个重要特征。在手机和 PDA 等小型电子设备中需要缩减尺寸,这就给配套元件提出了新的要求。其结果是,高容积标准振荡器产品的封装越来越小型化。当前全硅振荡器是解决小型化的一个重要技术,尽管它的稳定性仍无法达到传统晶体振荡器所能达到的程度。但是在温度补偿晶振技术(TCXO)的快速发展下,对于在网络、仪器和无线应用中出现的常见输出频率的小型振荡器已经出现。

高频率是现代振荡器的又一特征。在高速数据网络中对振荡器的频率提出了新的要求。更高的数据速率意味着更快的时钟频率,为了获得高频率,可以将低频率振荡器连接到乘法电路上。然而,使用高频率时序器件却可以实现简单的高性能电路设计,100MHz 或更高输出频率的振荡器就成为现代高速网路的基础电路。这类高频率的振荡电路通常通过选择晶体谐波来倍增频率,而且还不影响振荡器性能。

2. 压控振荡器

压控振荡器(VCO)是一种振荡频率随外加控制电压变化的振荡器,是频率产生源的关键部件。在许多现代通信系统中,VCO是可调信号源,用以实现锁相环(PLL)和其他频率合成源电路的快速频率调谐。VCO已广泛用于手机、卫星通信终端、基站、雷达、导弹制导系统、军事通信系统、数字无线通信、光学多工器、光发射机和其他电子系统。VCO的性能指标主要包括频率调谐范围、输出功率、(长期及短期)频率稳定度、相位噪声、频谱纯度、电调速度、推频系数、频率牵引等。

频率调谐范围是VCO的主要指标之一,与谐振器及电路的拓扑结构有关。通常,调谐范围越大,谐振器的Q值越小,谐振器的Q值与振荡器的相位噪声有关,Q值越小,相位噪声性能越差。

振荡器的频率稳定度包括长期稳定度和短期稳定度,它们各自又分别包括幅度稳定度和相位稳定度。长期相位稳定度和短期幅度稳定度在振荡器中通常不考虑;长期幅度稳定度主要受环境温度影响,短期相位稳定度主要指相位噪声。在各种高性能、宽动态范围的频率变换中,相位噪声是一个主要限制因素。在数字通信系统中,载波信号的相位噪声还要影响载波跟踪精度。

其他指标中,振荡器的频谱纯度表示了输出中对谐波和杂波的抑制能力;推频系数表示了由于电源电压变化而引起的振荡频率的变化;频率牵引则表示了负载的变化对振荡频率的影响;电调速度表示了振荡频率随调谐电压变化快慢的能力。

在压控振荡器的各项指标中,频率调谐范围和输出功率是衡量振荡器的初级指标,其余各项指标依据具体应用背景不同而有所侧重。例如,在作为频率合成器的一部分时,对VCO的要求,可概括为以下几方面:应满足较高的相位噪声要求;要有极快的调谐速度,频温特性和频漂性能要好;功率平坦度好;电磁兼容性好。

3. 频率合成振荡器技术

频率合成技术是将一个或多个高稳定、高精确度的标准频率经过一定变换,产生同样高稳定度和精确度的大量离散频率的技术。频率合成理论自20世纪30年代提出以来,已取得了迅速的发展,逐渐形成了目前的4种技术:直接模拟式频率合成技术、锁相频率合成技术、直接数字式频率合成技术和混合式频率合成技术。直接式频率合成器是最先出现的一种合成器类型的频率信号源。这种频率合成器原理简单而且易于实现。直接模拟式频率合成器是由一个高稳定、高纯度的晶体参考频率源,通过倍频器、分频器、混频器,对频率进行加、减、乘、除运算,得到各种所需频率。而混合式频率合成技术是利用锁相频率合成技术和直接数字式频率合成技术各自的优点,将两者结合起来的产物。下面就锁相频率合成技术、直接数字式频率合成技术的基本原理进行简单地介绍。

锁相式频率合成器是采用锁相环(PLL)进行频率合成的一种频率合成器。它是目前频率合成器的主流,可分为整数频率合成器和分数频率合成器。在压控振荡器与鉴相器之间的锁相环反馈回路上增加整数分频器,就形成了一个整数频率合成器。通过改变分频系数 N,压控振荡器就可以产生不同频率的输出信号,其频率是参考信号频率的整数倍,因此称为整数频率合成器。输出信号之间的最小频率间隔等于参考信号的频率,而这一点也正是整数频率合成器的局限所在。图 4.26是锁相式整数频率合成器的原理框图。锁相式频率合成的基本原理是在 VCO 的输出端和鉴相器的输入端之间的反馈回路中加入了一个 $1/N$ 的可变分频器。高稳定度的参考振荡器信号 f_R 经 R 次分频后,得到频率为 f_r 的参考脉冲信号。同时,压控振荡器的输出经 N 次分频后,得到频率为 f_v 的脉冲信号,两个脉冲信号在鉴频鉴相器进行频率或相位比较。当环路处于锁定状态时,输出信号频率为 $f_o = Nf_v = Nf_r$。只要改变分频比 N,即可实现输出不同频率。

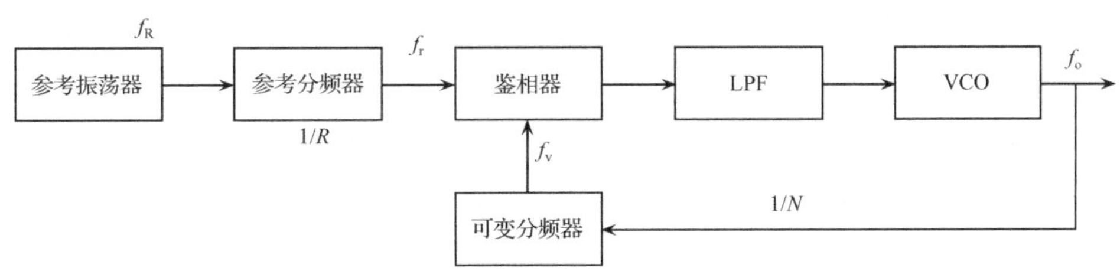

图 4.26　锁相式整数频率合成器的原理框图

直接数字频率合成(DDS)技术是 20 世纪 80 年代末,随着数字集成电路和微电子技术的发展出现的一种新的数字频率合成技术,它从相位量化的概念出发进行频率合成。DDS 技术与传统的频率合成技术相比,具有频率分辨率高、相位噪声小、稳定度高、易于调整及控制灵活等优点。图 4.27 给出了 DDS 原理框图。

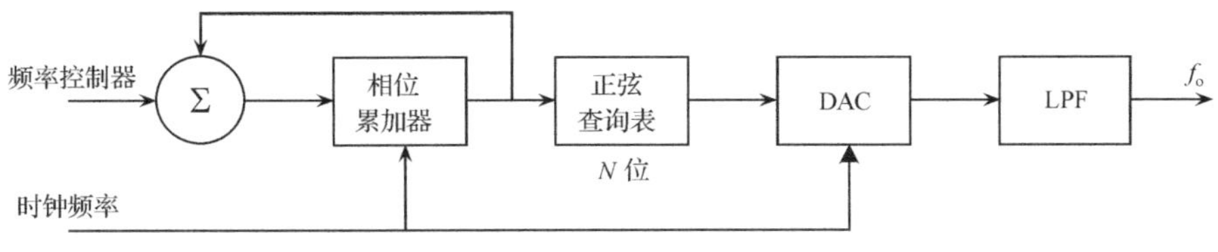

图 4.27　DDS 原理框图

DDS 的工作原理实质上是以数控的方式产生频率、相位可控制的正弦波。相位累加器由 N 位全加器和 N 位累加寄存器级联而成,对代表频率的二进制码进行累加运算。幅度/相位转换电路实质上是一个波形寄存器,以供查表使用,读出的数据送入 D/A 转换器和低通滤波器。工作过程中每来一个时钟脉冲,N 位加法器将频率控制数据与累加寄存器输出的累加相位数据相加，把相加后的结果送至累加寄存器的输入端，以使加法器在下一时钟的作用下继续与频率控制数据相加；另外输出 M 位作为取样地址值送入幅度/相位转换电路，幅度/相位转换电路根据这个地址输出相应的波形数据。最后经 D/A 转换器和低通滤波器将波形数据转换成所需要的模拟波形。

本章小结

本章从振荡器原理开始，重点讨论了正弦波振荡器的组成法则和相关电路。三端振荡器是本章的核心，同时介绍了晶体振荡器、振荡器的指标等内容。由于 RC 振荡器主要用于低频，在本章中没有进行相关电路的分析；同时对振荡器的寄生振荡、间歇振荡也未进行讨论，读者可以根据需要参考相关书籍。本章的要点可以归纳为以下几点：

(1) 正弦波振荡器用于产生一定频率和幅度的正弦波信号。其基本原理是利用自激振荡，从电路结构上构成正反馈。

(2) 正弦波振荡器的组成包括了基本放大器、反馈网络和选频网络。根据选频网络的不同，可以分为 LC 振荡器、晶体振荡器等。

(3) 振荡器的构成条件分为起振条件、平衡条件和稳定条件。它们都可以分为振幅条件和相位条件。其中振荡的相位平衡条件是 $\varphi_A+\varphi_F=2n\pi$，可以利用相位平衡条件判定电路能否振荡。

(4) LC 振荡器分为变压器反馈、电感三点式和电容三点式等电路，其振荡频率近似等于 LC 谐振回路的谐振频率，相位稳定条件由 LC 回路提供。

(5) 三点式振荡器的构成法则是“射同基反”。

(6) 频率稳定度和振幅稳定度是振荡器的两个重要的性能指标。振荡器的频率稳定度则是指在一定时间间隔内，由于各种因素变化，引起的振荡频率相对于标称频率变化的程度。

(7) 石英晶体振荡器是采用石英晶体构成的振荡器，其振荡频率的准确性和稳定性很高。石英晶体振荡器分为并联型和串联型两类。并联型晶体振荡器中，石英晶体的作用相当于电感；串联型晶体振荡器中，石英晶体的作用相当于具有选频能力的短路线。

附录　振荡过程仿真

振荡器的振荡过程实际上就是信号反馈的过程，利用 Matlab 的 feedback() 函数可以近似的对振荡过程进行仿真。

1. 反馈振荡原理的仿真

```
B = tf([5 0],[1 20 1]);
A = 4.18;
out = [];
[u,t] = gensig('sin',2 * pi,2 * pi,0.1);
u = 0.01 * u
H = feedback(A,B);

nrl = [];
END = 10;
for k = 1:END
    nr = sqrt(norm(u));
    nrl = [nrl nr];
    A = 4.18 /(exp((nr - 100)/0.01) + 1.);
    H = feedback(A,B);
    [u,t] = lsim(H,u,t);
    out = [out u'];

end
plot(out);
nrl
```

仿真输出结果如下：

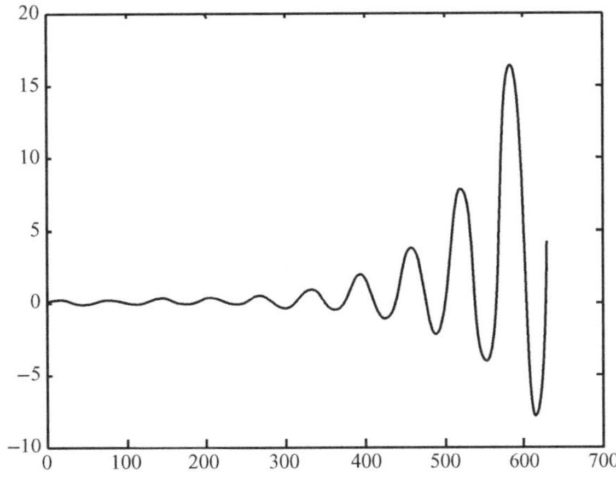

2. 振荡器起振和平衡过程仿真

```
C = 1.0;
```

```
R = 1.0;
s = tf('s');
period = 2 * pi/(R * C);
B = s * C * R/(1 + 3 * s * C * R + (s * C * R)^2);
A = 3.2;
%[u,t] = gensig('square',5,6,0.1);
%u = 0.01 * u
H = feedback(A,B, + 1);
%起振过程
subplot(2,1,1)
impulse(H,0:0.1:10 * period);

%平衡过程
A = 3.0;
H = feedback(A,B, + 1);
subplot(2,1,2)
impulse(H,0:0.1:10 * period);
```

仿真输出结果如下：

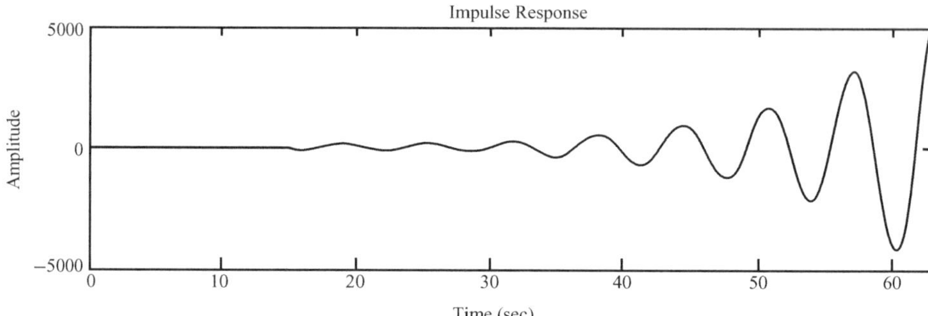

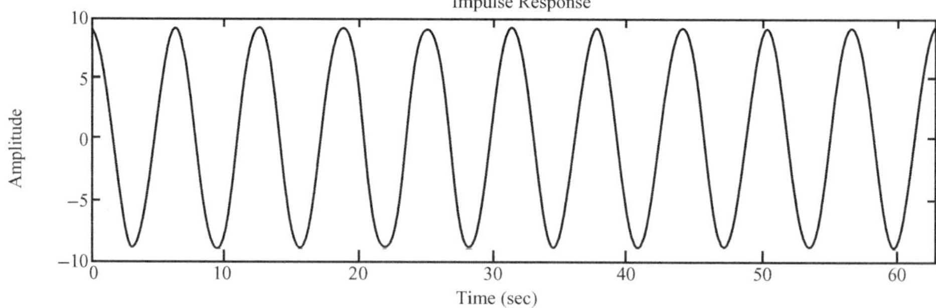

习　　题

4.1　分析题 4.1 图中所示电路，标明次级数圈的同名端，使之满足相位平衡条件。

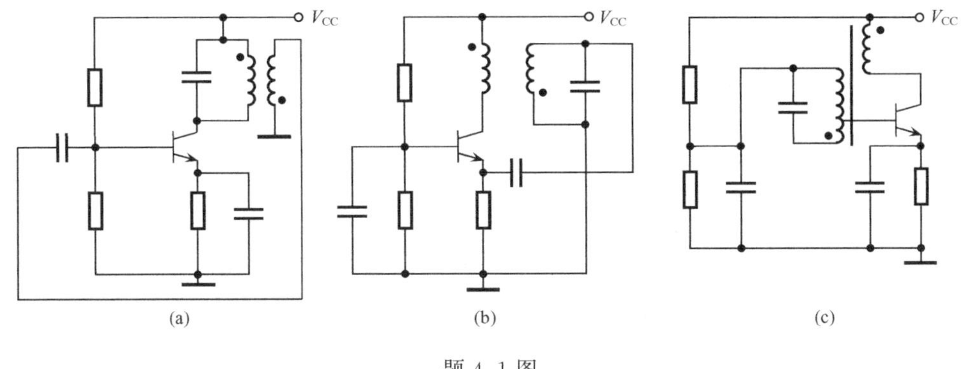

题 4.1 图

4.2　变压器反馈振荡器的交流等效电路如题 4.2 图所示，请标明满足相位条件的同名端。

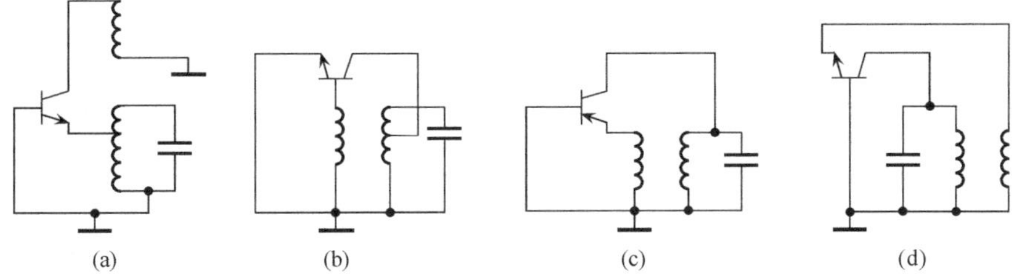

题 4.2 图

4.3　试检查如题 4.3 图所示的振荡电路，指出图中错误，并加以改正。

4.4　根据三端振荡器的构成原则，判断题 4.4 图中电路的交流通路能否产生振荡？

4.5　电路如题 4.5 图所示，标明次级数圈的同名端，使之满足相位平衡条件，试估算该电路的振荡频率。

4.6　电容三点式振荡器电路如题 4.6 图所示。

(1) 画出其交流等效电路(交流通路)。

(2) 问：电容 C_B 和 C_E 分别起什么作用？

(3) 问：电容 C_1(或 C_2)与电感 L 的位置能否调换，为什么？

(4) 写出该电路振荡角频率的表达式。

4.7　题 4.7 图中是一种超外差收音机的本振电路。

(1) 在图中标出同名端，使之满足相位平衡条件；

(2) 画出电路的交流通路；

(3) 说明 L_{23} 的影响；

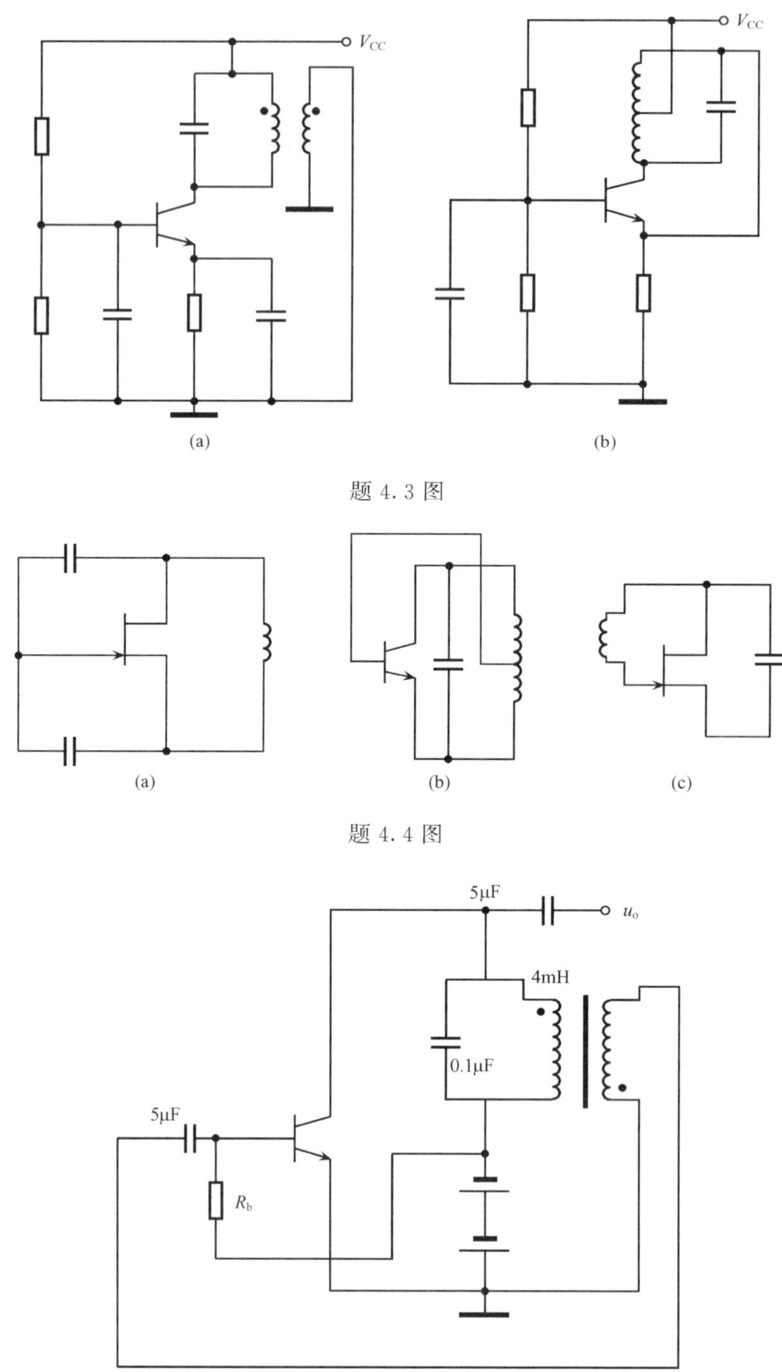

题 4.3 图

题 4.4 图

题 4.5 图

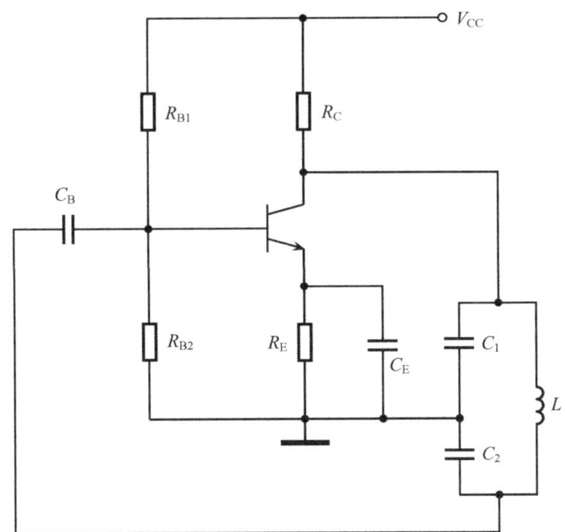

题 4.6 图

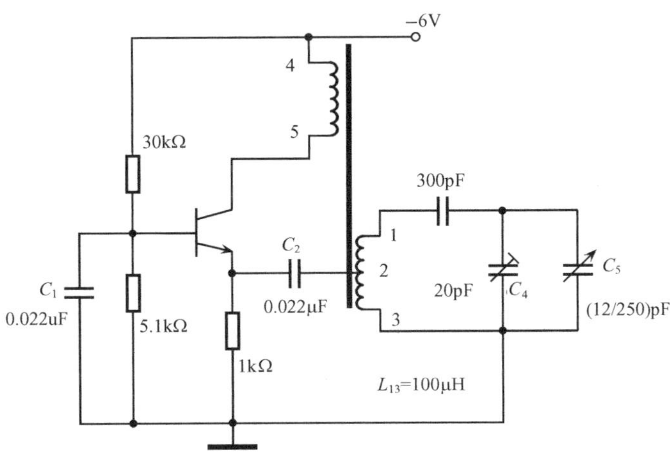

题 4.7 图

(4) 说明 C_1、C_2 的作用,振荡器电路能否去掉这两个电容;

(5) 设 C_4 为 10pF,求振荡器的频率。

4.8　三点式振荡器电路如题 4.8 图所示。

(1) 问图中两个 0.1μF 的电容的主要功能分别是什么?

(2) 画出其交流等效电路(交流通路)。若振荡频率为 500kHz,求 L。

(3) 输出变压器的主要功能有哪两个?

4.9　电容三点式振荡器电路如题 4.9 图所示。

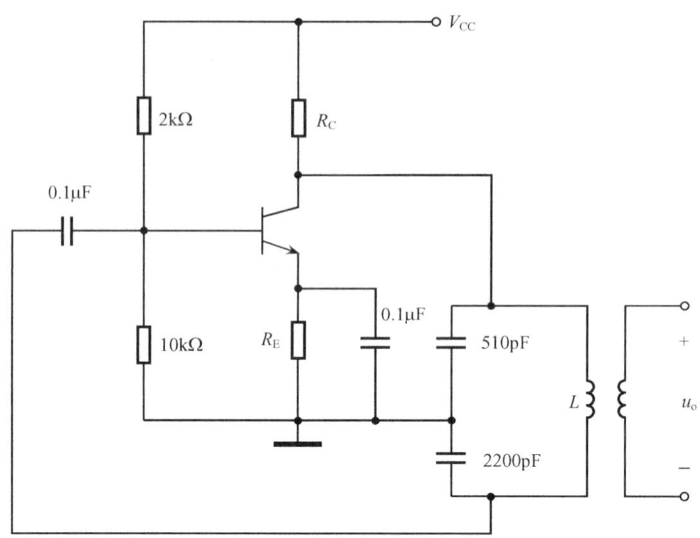

题 4.8 图

(1) 问图中电感 L_C 的主要功能是什么?

(2) 画出其交流等效电路(交流通路)。

(3) 写出振荡回路(LC 并联谐振回路)总电容 C_Σ 的关系式。

(4) 调整电容 C 主要改变该振荡器的哪个参数?

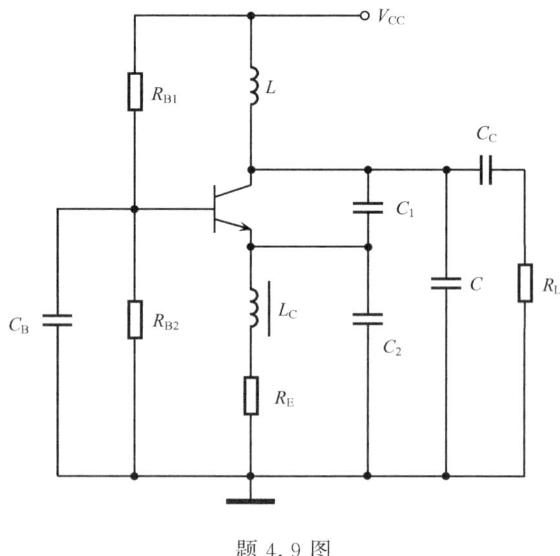

题 4.9 图

4.10 三点式振荡器电路如题 4.10 图所示。

(1) 问图中电感 L_C 的主要功能是什么?

(2) 画出其交流等效电路(交流通路)。

(3) 写出振荡回路(LC 并联谐振回路)总电容 C_Σ 的关系式。

(4) 如果电容 $C_3 \gg C_1, C_3 \gg C_2$,问该振荡器是哪种改进型 LC 振荡器?

4.11　三点式振荡器电路如题 4.11 图所示。

(1) 画出其交流等效电路(交流通路)。

(2) 写出振荡频率的数学关系式。

(3) 如果电容 C_B 用短路线代替,问该振荡器还能否振荡?

(4) 电容 C_B 能用工作频率≈LC 选频回路谐振频率的石英晶体(JT)替代吗?

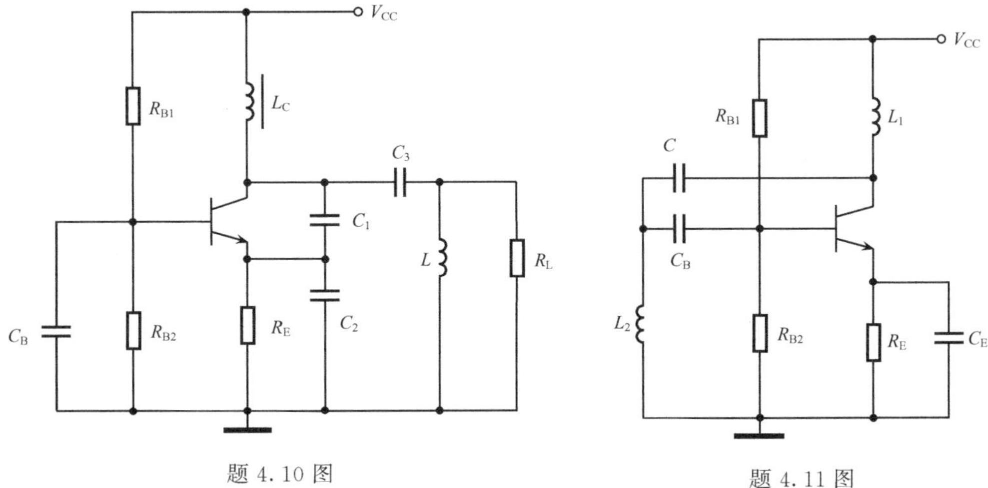

题 4.10 图　　题 4.11 图

4.12　在振幅条件已满足的前提下,用相位条件去判断题 4.12 图中所示的各振荡器(所画为其交流等效电路)哪些必能振荡?哪些必不能振荡?哪些仅当电路元件参数之间满足一定的条件时方能振荡?并相应说明其振荡频率所处的范围以及电路元件参数之间应满足的条件。

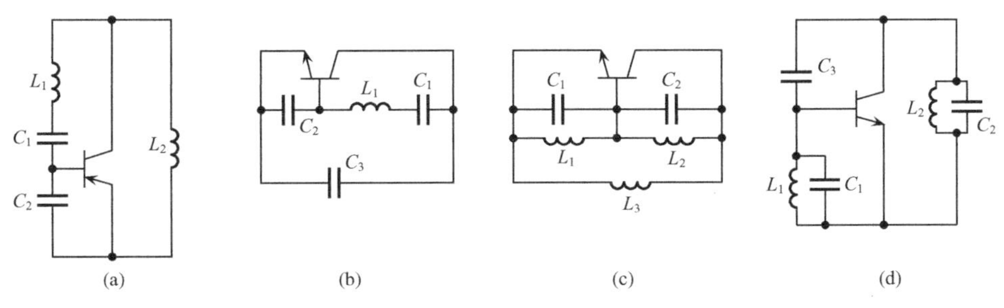

题 4.12 图

4.13　对题 4.13 图中所示电路,判断该电路能否振荡,如果能振荡,频率为多少?如果不能,为什么?如果把晶体振荡器更换为 2MHz,该电路能否振荡,为什么?

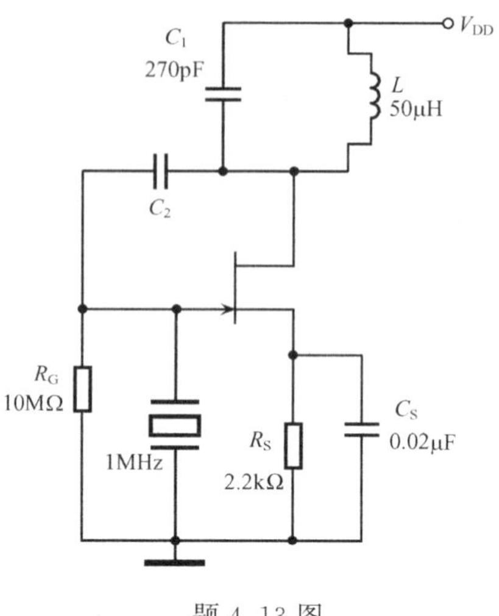

题 4.13 图

4.14 题 4.14 图是一个数字频率计晶振电路，画出该电路的交流通路，并求系统频率。若晶体换成 1MHz，能否起振？

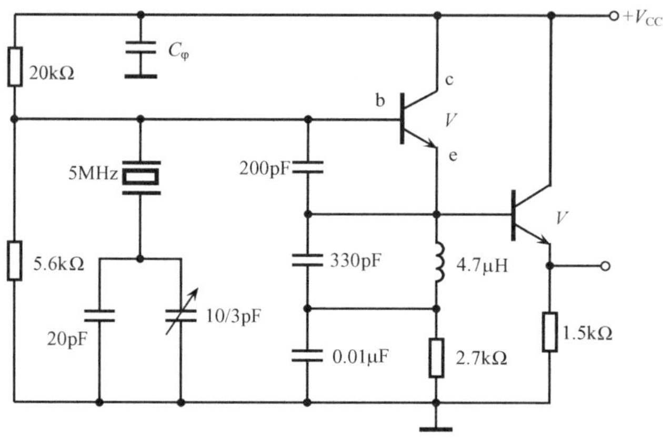

题 4.14 图

4.15 晶体振荡电路如题 4.15 图所示。

(1) 画出其交流通路，该电路的振荡频率为多少？

(2) 试画出图中石英谐振器(JT)的等效电路图以及电抗特性曲线草图，写出其串联谐振频率 f_s 和并联谐振频率 f_p 的表达式。

(3) 试判别其振荡电路类型(是串联型还是并联型晶振)；说明 JT 在电路中所起的作用，问调整 C_4 有何作用？

100Ω
V_{CC}
12V
10kΩ
0.02μF
C_3
20~50pF
4MHz
C_4
C_1
2200pF
10kΩ
22Ω
2200pF
2.2kΩ
C_2
390pF

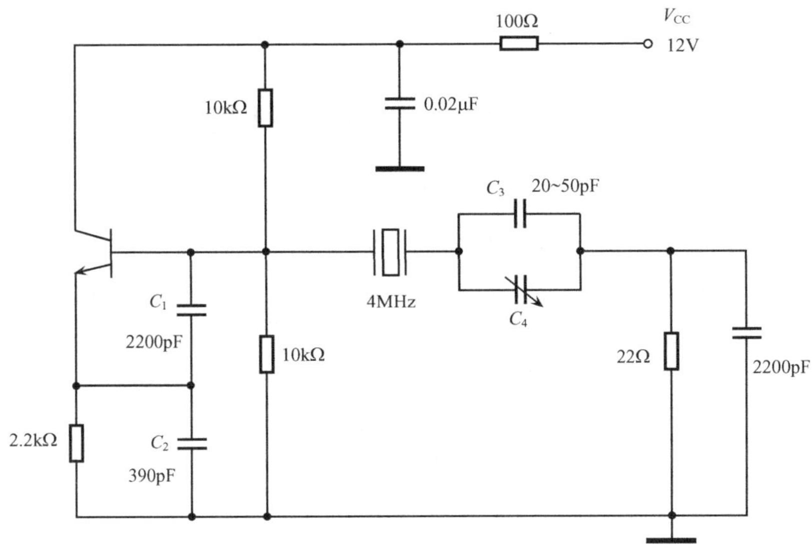

题 4.15 图

第 5 章　线性频谱搬移电路

无线电通信、广播、电视、导航、雷达等系统，都会利用各种类型的电路来加工处理或传输各种类型的信号，而欲保质保量地传输信号，需要用到能够实现信号频谱搬移的电路。本章将主要介绍具有线性频谱搬移功能的电路，如双边带调幅波的调制与解调电路；单边带调幅波的调制与解调电路；混频电路等；包括这些电路的功能、结构、主要性能指标以及电路分析的目的、方法、推导过程及结论等。

5.1　频谱搬移及调幅基本原理

5.1.1　概述及其分类

我们曾经在绪论中指出，欲将代表消息的信号通过信道传送到其他地方，需要通过调制将这些基带信号变换成更加适合在信道中传输的信号，其主要目的有如下几个：

(1) 降低信号的波长，以便有效地辐射。由电磁场与天线理论知，欲有效地通过天空或地表辐射信号，必须使用与信号波长相比拟的天线。如频率为 1kHz，波长为 300 km 的电磁波，若采用 1/4 波长的天线，则天线尺寸就要 75 km。毋庸置疑，这很难做到。而采用调制手段，将待传送的低频信号的频谱搬移到指定的较高的频段，提高了信号的频率，从而降低了信号的波长。

(2) 实现信道复用。无论是无线信道还是有线信道，它们中的绝大部分都有很宽的通频带范围，即被传信号的有效频带都小于实际信道的工作频带，这就是说，一个信道往往可传送多路信号。但是，若不加工处理就在信道中同时传输多路信号，极易引起信号间的串扰。而选择不同频率的载波，通过调制将各路信号频谱分别搬移到指定的频段，互不重叠，就能够在同一信道内无串扰地传输多路信号，即实现所谓“频分复用”。

(3) 改善系统的性能。理论和实践证明，通过调制，可以用较宽的信号频带，换取较大的输出信噪比，从而改善整个系统的抗噪声性能。

从时域上看，调制就是在通信系统的发送端，将频率较低的消息信号“寄载”在高频振荡波上以便传输。因这种高频振荡波如同运载消息的工具，因而被称作载波。消息信号则被称作基带信号或调制信号。解调的根本任务是在接收端将已调信号还原成消息信号。而混频的作用则是将接收到的已调信号变换成另外一个固定载频的已调信号。从频域上看，无论是调制、解调还是混频，都具有频率变换作用，能够将信号频谱搬移到另一个频率点附近。

频谱搬移电路分线性和非线性两大类，而振幅调制和解调、混频等电路属于前者。线性频谱搬移电路的基本类型和有关电路中使用的关键元器件参见表 5.1。表中无论哪种频谱搬移电路，均属于非线性电路。它们往往有两个输入端，一个输入端是输入需要进行频谱搬移的信号；另一个则是输入载波一类的参考信号，该参考信号一般为单频正弦波。

表 5.1　线性频谱搬移电路分类

<table>
<tr><td rowspan="8">根据功能分类</td><td rowspan="3">振幅调制电路</td><td>AM 调幅电路</td><td rowspan="8">根据关键元器件分类</td><td rowspan="3">二极管电路</td><td>二极管平衡 / 环形调幅电路</td></tr>
<tr><td>DSB 调幅电路</td><td>峰值包络检波电路</td></tr>
<tr><td>SSB 调幅电路</td><td>平衡、环形混频电路</td></tr>
<tr><td rowspan="2">振幅检波电路</td><td>包络检波电路</td><td rowspan="2">三极管电路</td><td>高电平调幅电路</td></tr>
<tr><td>同步检波器</td><td>三极管混频电路</td></tr>
<tr><td rowspan="3">混频电路（变频电路）</td><td>上变频电路</td><td rowspan="3">模拟集成电路</td><td>滤波法调幅电路</td></tr>
<tr><td rowspan="2">下变频电路</td><td>乘积型同步检波电路</td></tr>
<tr><td>乘积型混频电路</td></tr>
</table>

5.1.2　调幅基本原理与分析

假设载波为高频正弦波：$u_c(t)=U_{cm}\cos(\omega_c t+\phi_0)$。其中 U_{cm} 为载波振幅，ω_c 为载波角频率，ϕ_0 为载波初相（为简化计算，可假设 $\phi_0=0$）。而调制信号可以是任何需要传送的实际信号，表示为 $u_\Omega(t)$。若保持载波频率 $f_c\left(=\dfrac{\omega_c}{2\pi}\right)$不变，用调制信号 $u_\Omega(t)$去改变载波振幅的过程称为幅度调制，简称调幅。

1. 调幅基本原理

调幅通常包括普通双边带调幅、抑制载波的双边带调幅、单边带调幅、残留边带调幅 4 种基本的调制方法。

1）普通双边带调幅

如图 5.1 那样，假设调制信号 $u_\Omega(t)$为单频信号：$u_\Omega(t)=U_{\Omega m}\cos\Omega t$ 去“调变”载波的振幅，使之在原振幅 U_{cm} 的基础上叠加 $u_\Omega(t)$，使已调信号可以用式(5.1)来描述的话，则称其为普通双边带调幅（简记为 AM）。

$$u_{AM}(t)=[U_{cm}+k_a u_\Omega(t)]\cos\omega_c t \tag{5.1a}$$

$$=(U_{cm}+k_a U_{\Omega m}\cos\Omega t)\cos\omega_c t \tag{5.1b}$$

$$=U_{AM}(t)\cos\omega_c t \tag{5.1c}$$

式中，k_a 是由调制电路决定的比例常数。并且，式(5.1a)乃调幅波的一般表达式；式(5.1b)则是单音调幅波的表达式；式(5.1c)说明调幅波的振幅是关于时间的函数，即 $U_{AM}(t)$ 将随时间，随调制信号的强弱而变化。图 5.1(a)反映了单音 AM 调幅前后信号波形的变化情况。从中不难发现，这种调制将使载波振幅按照低频调制信号的规律而变化，因此，调幅波将携带原调制信号的信息。受调载波振幅变化的轨迹称调幅波的包络线，在图 5.1 中用虚线表示。正常情况下，AM 调幅信号包络线的变化轨迹与调制信号的变化轨迹是一致的。

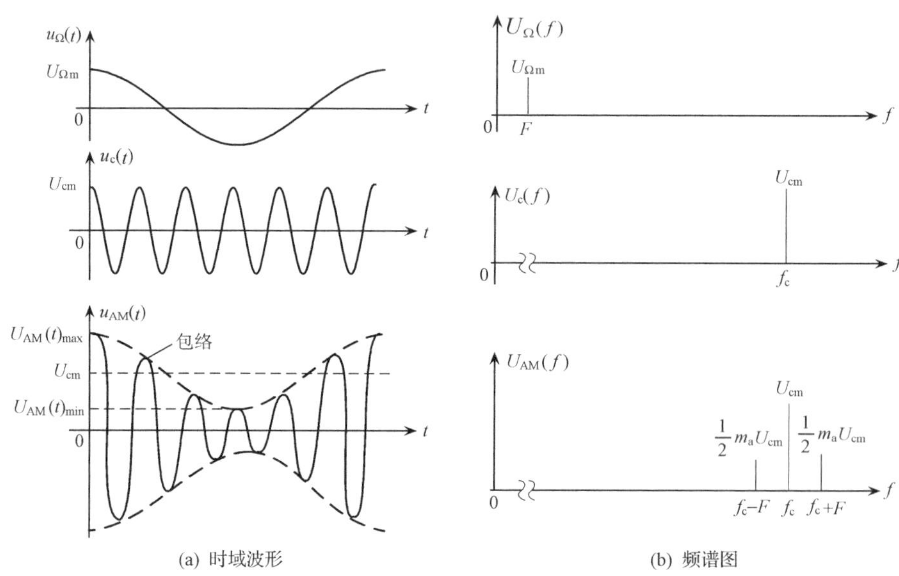

(a) 时域波形　　(b) 频谱图

图 5.1　单音 AM 调幅信号波形和频谱图

通常，还可以用式(5.2)来描绘单音 AM 调幅波

$$u_{AM}(t)=U_{AM}(t)\cos\omega_c t=U_{cm}\left(1+\frac{k_a U_{\Omega m}}{U_{cm}}\cos\Omega t\right)\cos\omega_c t$$
$$=U_{cm}(1+m_a\cos\Omega t)\cos\omega_c t \tag{5.2}$$

式中，m_a 称调幅度或调幅系数，它代表载波振幅受调制信号控制的强弱程度，而 $U_{AM}(t)=U_{cm}(1+m_a\cos\Omega t)$ 就是按调制信号规律变化的包络线。由图 5.1 可见，已调波的最大振幅为

$$U_{AM}(t)_{max}=U_{cm}(1+m_a) \tag{5.3a}$$

而最小振幅为

$$U_{AM}(t)_{min}=U_{cm}(1-m_a) \tag{5.3b}$$

从而可得调幅系数的关系式

$$m_a=\frac{U_{AM}(t)_{max}-U_{AM}(t)_{min}}{2U_{cm}}=\frac{U_{AM}(t)_{max}-U_{AM}(t)_{min}}{U_{AM}(t)_{max}+U_{AM}(t)_{min}} \tag{5.3c}$$

调幅系数的值可以从0(未调幅)变化到1,即$0<m_a\leqslant 1$。当$m_a>1$时,由于调制信号幅度过大,会造成过调幅现象。这时,已调信号包络与原调制信号不再是线性关系而出现了严重的失真,如图5.2所示。结果将导致接收端包络检波器无法重建代表消息的原调制信号。因此,应该尽量避免过调幅现象的发生。

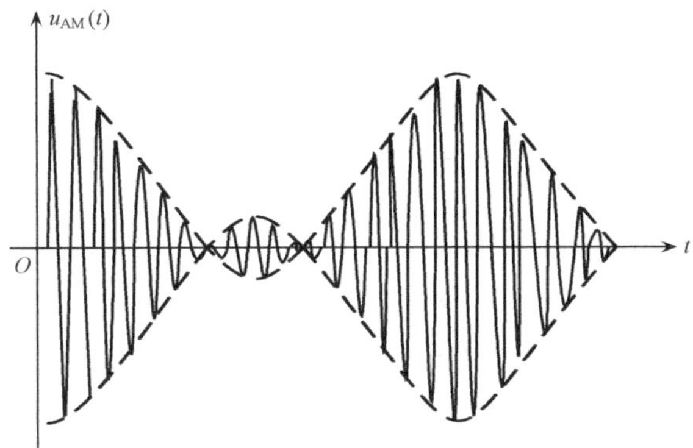

图5.2　过调幅现象示意图

为了在频域分析AM调幅波的频谱结构以及频带宽度,先将式(5.2)用三角函数的积化和差公式展开

$$\begin{aligned}u_{AM}(t) &= U_{cm}(1+m_a\cos\Omega t)\cos\omega_c t = U_{cm}\cos\omega_c t + m_a\cos\Omega t\cos\omega_c t\\ &= U_{cm}\cos\omega_c t + \frac{1}{2}m_aU_{cm}\cos(\omega_c+\Omega)t + \frac{1}{2}m_aU_{cm}\cos(\omega_c-\Omega)t\end{aligned} \quad (5.4)$$

式(5.4)说明,单频正弦载波受$u_\Omega(t)$调制后,不再是单频信号了。其频率成分除了载频ω_c以外,新增加了和频$\omega_c+\Omega$、差频$\omega_c-\Omega$等组合频率分量。

按式(5.4)绘制的AM调幅波频谱如图5.1(b)所示,图中,两个新的频率分量对称于载频f_c;通常,f_c+F被称作上边频,而f_c-F被称作下边频。其中$f_c=\frac{\omega_c}{2\pi}$,$F=\frac{\Omega}{2\pi}$。由此可见,调幅过程实际上是一种频谱的线性搬移过程,即经过调幅后,调制信号的频谱被搬移到载频附近,形成了对称排列在载频两侧的上边频和下边频。两者振幅相等($\frac{1}{2}m_aU_{cm}$),当$m_a=1$时,上、下边频的振幅仅为载波振幅的一半。由图5.1(b)还可见,调幅波的带宽BW是调制信号频率的两倍,即$BW=2\times\frac{\Omega}{2\pi}=2F$。

例5.1　已知调制信号$u_\Omega(t)=U_{\Omega m}\cos\Omega t$(V),AM波的振幅峰值$U_{AM}(t)_{max}=1.9V$,振幅谷值$U_{AM}(t)_{min}=0.6V$,比例常数$K_a=0.9$ (1/V),求已调波载频分量的振幅U_{cm},原调制信号的振幅$U_{\Omega m}$以及调幅系数m_a。

解　由式(5.3a)和式(5.3b)得:$U_{cm}(1+m_a)=1.9V$, $U_{cm}(1-m_a)=0.6V$,联

立两式并解方程可得

$$m_{a}U_{cm} = 0.65 \quad ①$$

又因为
$$m_{a} = \frac{k_{a}U_{\Omega m}}{U_{cm}} = \frac{0.9U_{\Omega m}}{U_{cm}}$$

所示
$$m_{a}U_{cm} = 0.9U_{\Omega m} \quad ②$$

将①代入②可解得

$$U_{\Omega m} \approx 0.72\text{V}$$

再将 $U_{AM}(t)_{max}=1.9\text{V}$;$U_{AM}(t)_{min}=0.6\text{V}$ 代入式(5.3c)可得

$$m_{a} = 0.52$$

最后由 $m_{a}U_{cm}=0.65$ 解得

$$U_{cm} \approx 1.25\text{V}$$

事实上,因图 5.1 中的调制信号是单频正弦波,因此,相应的调幅称单音调幅。然而,代表消息的调制信号往往并非单频信号,而是由许多频率成分组成。譬如,电话(话音)信号的频率变化范围为 300～3400Hz,广播信号的频率变化范围为 10kHz 左右,而普通电视信号的频带宽达 6.5MHz。因此,若假设调制信号的频率范围为(Ω_{min},Ω_{max}),载波频率为 ω_{c},则相应的 AM 调幅信号的时域波形以及频谱如图 5.3 所示。图 5.3(a)示意的是多音 AM 调幅波的时域波形。由图 5.3(b)示意的已调波频谱图 $U_{AM}(\omega)$。可见,多音调制信号频谱 $U_{\Omega}(\omega)$被线性搬移到了载频的两侧,形成了上、下两个边带。

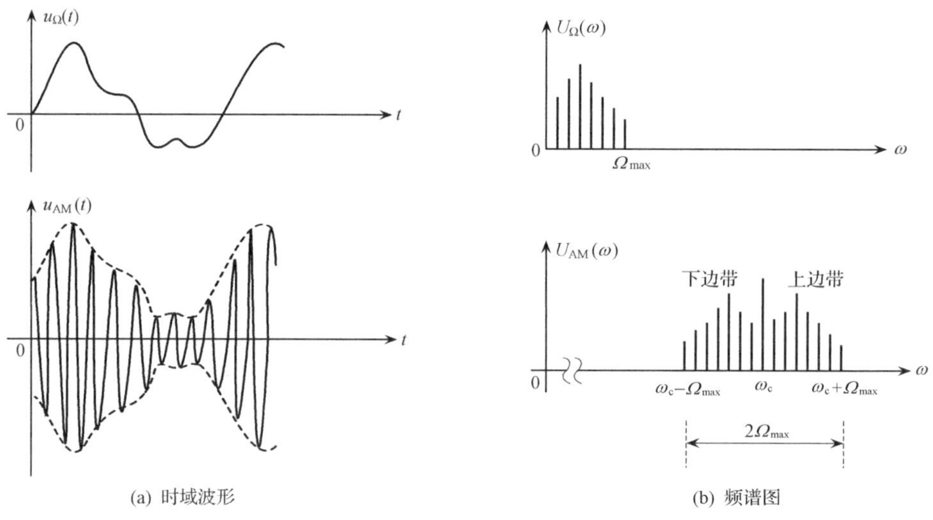

(a) 时域波形　(b) 频谱图

图 5.3　多音 AM 调幅波

所以普通调幅波带宽是调制信号上限频率的二倍,即 $\text{BW}=\frac{\Omega_{max}}{\pi}=2F_{max}$。

2）抑制载波的双边带调幅

由图 5.3(b)还可以看到，AM 调幅波中的载频分量本身并未反映调制信号的变化规律。因此，从传输信息的角度来看，载频分量不但没有传输的必要，却还要占用绝大部分发射功率。因此，若能在传输前将载频分量抑制掉，就可以在不影响信息传输的前提下大大节省发射功率，提高发射效率。这种只传输两个边带的频率分量，而不传送载频分量的调制方式，被称作抑制载波的双边带调制（简记为 DSB），而单音 DSB 信号的数学表达式为

$$u_{\mathrm{DSB}}(t)=m_{\mathrm{a}}U_{\mathrm{c}}\cos\Omega t\cos\omega_{\mathrm{c}}t=\frac{m_{\mathrm{a}}U_{\mathrm{c}}}{2}[\cos(\omega_{\mathrm{c}}+\Omega)t+\cos(\omega_{\mathrm{c}}-\Omega)t] \tag{5.5}$$

由式(5.5)可见，DSB 信号中只含有 $\omega_{\mathrm{c}}+\Omega$ 和 $\omega_{\mathrm{c}}-\Omega$ 两边频分量，而未含有载频分量。单音 DSB 信号的时域波形与频谱见图 5.4 所示。由图 5.4 可发现，在调制信号 $u_{\Omega}(t)=0$ 的那些瞬间，DSB 调幅波的高频振荡会出现 180°的相位突变。将此概念予以拓展，可得图 5.5 示意的多音 DSB 信号的时域波形和频谱图。

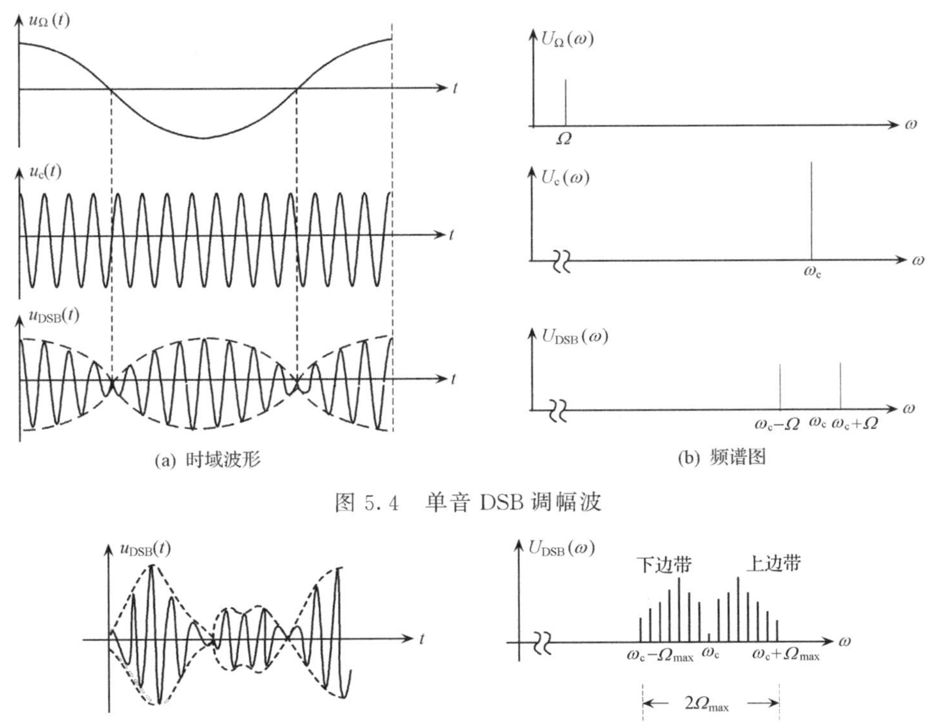

(a) 时域波形　　(b) 频谱图

图 5.4　单音 DSB 调幅波

(a) 时域波形　　(b) 频谱图

图 5.5　多音 DSB 调幅波

由图 5.4 和图 5.5 可见，DSB 同样实现了频谱的线性搬移，其波形幅度仍按调制信号规律变化，但与 AM 波不同的是，由于 DSB 信号不含载频分量，其包络线

不再按调制信号的规律而变化，即其包络已经不能完全反映调制信号的实际变化规律，因此，其解调方式将受到某些限制。

3）单边带调幅

由于 DSB 已调信号占用的频带与 AM 调幅波相同$\left(BW=\frac{\Omega_{max}}{\pi}=2F_{max}\right)$，所以这种调制虽然节省了发射功率但并不节省频带。观察多音 DSB 信号的频谱结构不难发现，上边带和下边带同样都能反映调制信号的频谱结构，两者的区别仅在于下边带频谱与上边带频谱是镜像对称的倒置关系，因此还可进一步把其中的一个边带抑制掉。这种只传输 DSB 信号中的一个边带（上边带或下边带）的调制方式称为单边带调制（简记为 SSB）。而单音 SSB 信号表达式为

上边带（频）

$$u_{SSBH}(t)=\frac{m_aU_{cm}}{2}\cos(\omega_c+\Omega)t=U_{SSB}\cos(\omega_c+\Omega)t \tag{5.6a}$$

下边带（频）

$$u_{SSBL}(t)=\frac{m_aU_{cm}}{2}\cos(\omega_c-\Omega)t=U_{SSB}\cos(\omega_c-\Omega)t \tag{5.6b}$$

式中，式(5.6a)对应的 SSB 信号时域波形和频谱如图 5.6 所示。

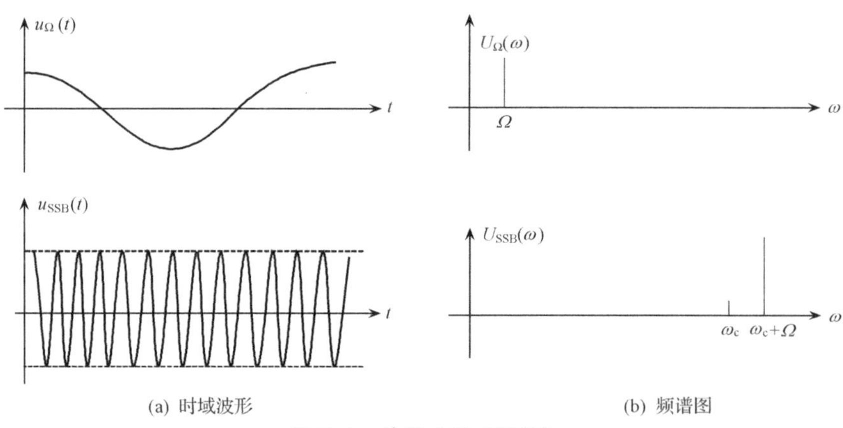

图 5.6　单音 SSB 调幅波

单边带调制方式不但能够节省发射功率，提高发射效率，还将已调波的频带压缩了一半，有利于提高频分复用的效率。因此，它是短波无线电通信中一种最有效的调制方式。但单边带调制也有缺陷，那就是收发双方的载波必须严格地同步，要求相关振荡器具有很高的频率稳定度，其他技术性能要求也很严格，故此，SSB 系统设备复杂、成本昂贵。

4）残留边带调幅

综上所述，按照频谱结构特点，振幅调制可分普通双边带调幅、抑制载波双边

带调幅以及单边带调幅三种类型。与双边带调幅相比，单边带调幅无疑最能节约能量和频带。但是，单边带的调制和解调设备都比较复杂，而且不适于传送含有直流成分的基带信号。因此，欲解决 SSB 和 DSB 调幅的不足，可选择一种折中的调幅方式，那就是残留边带（VSB）调幅。所谓 VSB 调幅，不是像 SSB 那样将双边带信号中的另一个边带完全加以滤除，而是可以残留一小部分，即传送双边带信号中的一个边带和另一边带的残留部分。譬如，如果调制信号频谱如图 5.7(a)所示，则图 5.7(b)示意的是 AM 调幅波的频谱，而双边带信号再经残留边带滤波器滤除部分上边带分量（也可以滤除部分下边带分量）后的 VSB 频谱如图 5.7(c)所示。VSB 调幅的典型应用是电视图像信号的残留边带调幅。

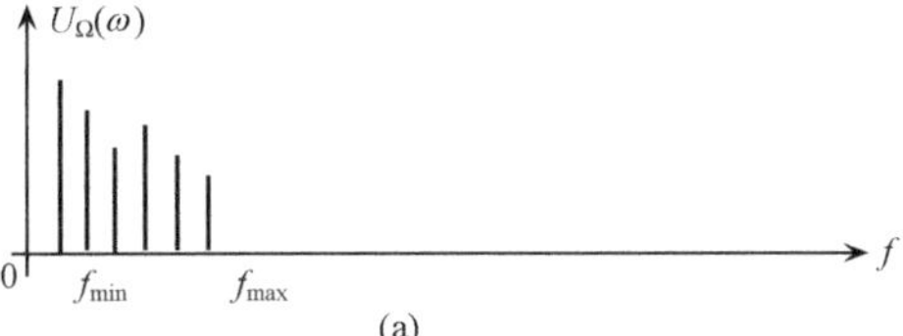

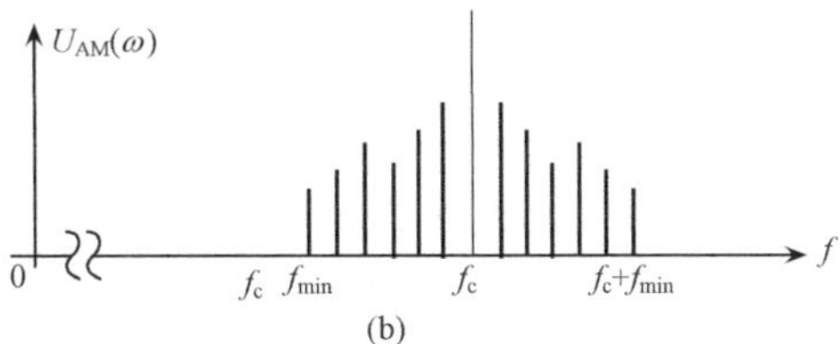

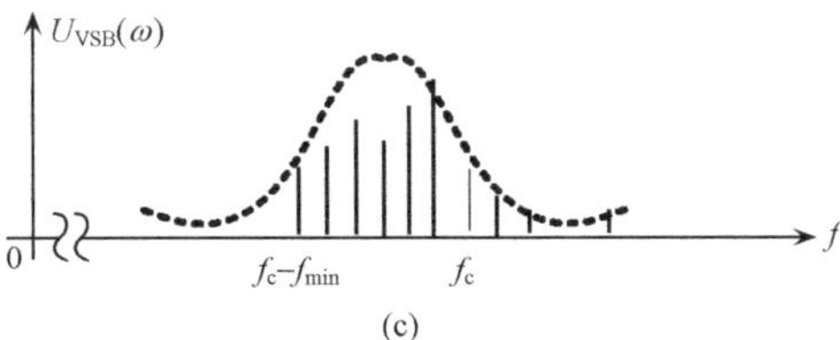

图 5.7　残留边带信号频谱

2. 调幅波的功率

如果调幅信号电压被加至负载电阻 R_L，则载波和边频分量都将给 R_L 传送功率。其中周期载波信号的功率由式(5.7a)决定

$$P_c = \frac{\frac{1}{T}\int_0^T (U_{cm}\cos\omega_c t)^2 dt}{R_L} = \frac{1}{2}\frac{U_{cm}^2}{R_L} \tag{5.7a}$$

上边频（或下边频）信号的功率（即边频功率）为

$$P_{SSB} = \frac{\frac{1}{T}\int_0^T \left[\frac{m_a U_{cm}}{2}\cos(\omega_c + \Omega)t\right]^2 dt}{R_L} = \frac{1}{4}m_a^2 P_c \tag{5.7b}$$

边带总功率

$$P_{DSB} = 2P_{SSB} = \frac{1}{2}m_a^2 P_c \tag{5.7c}$$

由于可将 AM 调幅信号人为视作是由载波＋DSB 信号组成的（见式(5.4)），因此，这种调幅波传给负载 R_L 的总功率为

$$P_{AM} = P_c + P_{DSB} = \left(1 + \frac{1}{2}m_a^2\right)P_c \tag{5.7d}$$

式(5.7d)说明,AM调幅波总功率等于未调载波功率加边带功率。由图5.3(b)可见,待传信息被包含在上、下边频分量中。因此,边带功率才是用于传送信息的有用功率。这部分功率随调幅系数 m_a 的增加而增加,当 $m_a=1$ 时,边带功率具有最大值并等于载波功率的一半。

因代表消息的调制信号往往是频幅都随机变化的多音信号。因此,调制信号的随机变化将导致调幅系数 m_a 在0.1～1变化。从整个工作时间来看,平均调幅度约为20%～30%,这意味着包含有用信息的边带功率很小,导致调幅波传送信息的效率很低,此乃调幅制的缺陷之一。

例 5.2　已知两个信号电压的频谱如图5.8所示,要求:

(1) 写出两个信号电压的数学表达式,并指出已调波的性质。

(2) 计算在单位电阻(1Ω)上消耗的边带功率和总功率,以及已调波的带宽。

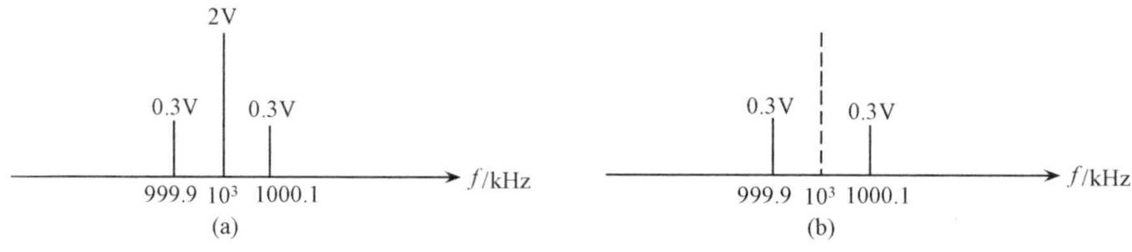

图 5.8　两调幅信号频谱

解　(1) 图5.8(a)为普通双边带调幅波。因为 $\frac{1}{2}m_aU_{cm}=0.3\text{V}$,且 $U_{cm}=2\text{V}$,所以调幅系数 $m_a=0.3$。

所示时域信号表达式为

$$u_{AM}(t)=U_{cm}(1+m_a\cos\Omega t)\cos\omega_c t=2[1+0.3\cos(2\pi\times10^3t)]\cos(2\pi\times10^6t)$$

图5.8(b)为抑制载波的双边带调幅波

$$u_{DSB}(t)=0.6\cos200\pi t\times\cos2\pi\times10^6t\text{V}$$

(2) 先求图5.8(a)所示AM信号功率。因为其中载波功率

$$P_c=\frac{1}{2}\frac{U_{cm}^2}{R}=\frac{1}{2}\times2^2=2(\text{W})$$

又因为边带功率

$$P_{SSB}=\frac{1}{4}m_a^2P_c=\frac{1}{4}\times0.3^2\times2=0.045(\text{W})$$

所示AM调幅波总功率

$$P_{AM}=P_C+2P_{SSB}=2.09\text{W}$$

再求图5.8(b)所示DSB信号功率

$$P_{DSB}=2\times\frac{1}{T}\int_0^T[0.3\cos(2\pi\cdot999t)]^2\text{d}t=0.09\text{W}$$

可见，上下边频分量相同的情况下，DSB 信号发射功率比 AM 信号要小得多。此外，因它们均为双边带调幅信号，因此它们的带宽相等(即 BW＝$2F$＝200Hz)。

3. 调幅电路的组成模型

由前面对 AM 和 DSB 等调幅信号的分析可见，调幅等线性频谱搬移实质是调制信号和载波相乘，所以调幅电路的关键部件是乘法器。

模拟乘法器电路的符号如图 5.9 所示，它具有用 X 和 Y 表示的两个输入端口和一个输出端口。如果假设输入信号为 u_x 和 u_y，则输出信号为 $u_o=A_M u_x u_y$，其中，A_M 为相乘器的乘积系数，单位是 V^{-1}。理想相乘器的输出电压与两输入信号在同一时刻瞬时值的乘积成正比，并且，其输入信号电压的波形、幅度、极性和频率等均可任意。

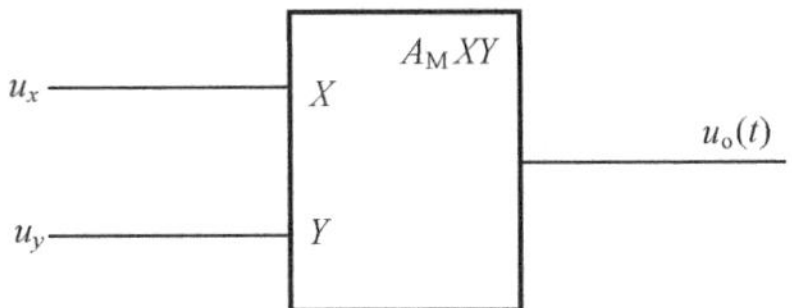

图 5.9　模拟乘法器电路符号

普通双边带调幅(AM)电路的组成模型如图 5.10(a)所示，它由相加器、相乘器和带通滤波器(BPF)组成，图 5.10(a)中的 U_Q 为直流电压。可见，该电路的输出等于调制信号 $u_\Omega(t)$与直流电压叠加后再与载波 $u_c(t)$相乘，输出信号表达式为

$$\begin{aligned} u_{AM}(t) &= A_M[U_Q + u_\Omega(t)]u_c(t) = A_M U_Q U_{cm}\cos\omega_c t + A_M U_{cm} u_\Omega(t)\cos\omega_c t \\ &= U_{0m}\cos\omega_c t + k_a u_\Omega(t)\cos\omega_c t = [U_{0m} + k_a u_\Omega(t)]\cos\omega_c t \end{aligned} \tag{5.8}$$

式中，$U_{0m}=A_M U_Q U_{cm}$ 为相乘器输出的载波电压振幅；而 $k_a=A_M U_{cm}$ 为比例常数，它由相乘电路以及载波电压决定。式(5.8)等同于式(5.1a)。

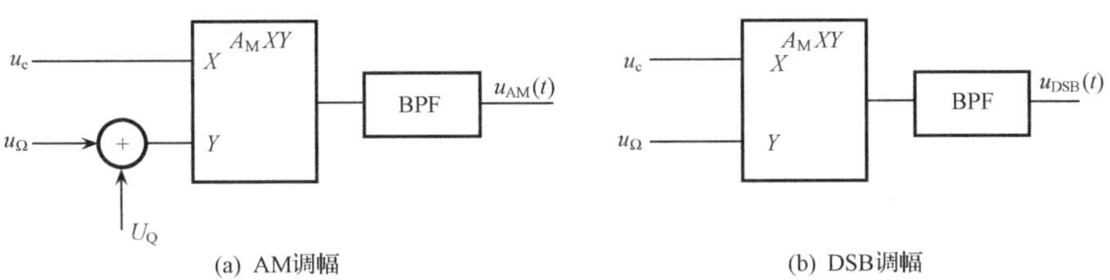

图 5.10　调幅电路模型

因调制信号电压 $u_\Omega(t)$与载波信号电压 $u_c(t)$直接相乘就可以获得抑制载波的双边带信号，因此，DSB 调幅电路的组成模型如图 5.10(b)所示，而输出信号电压表达式为

$$u_{DSB}(t) = A_M u_\Omega(t) u_c(t) = A_M U_{cm} u_\Omega(t)\cos\omega_c t = k_a u_\Omega(t)\cos\omega_c t \tag{5.9}$$

考虑到实际的相乘器电路除了会产生有用的上下边带(边频)分量以外，还可能因电路的非线性作用而产生许多无用的组合频率分量或谐波分量，所以，AM 和 DSB 电路模型中增加了用来滤除无用频率成分的带通滤波器(BPF)。显然，带通

滤波器的中心频率应等于载频，工作频带应等于双边带信号的有效频带。

如果滤除双边带信号中的一个边带，就可以获得单边带信号，因此，滤波法获得 SSB 信号的调幅电路组成模型如图 5.11(a)所示。这种调幅电路的关键部件除了相乘器外，还有边带滤波器。由图 5.11(b)可见，它要求边带滤波器对于需要滤除的边带信号应有很强的抑制能力，而对于需要保留的边带信号应尽量使其无失真的通过。

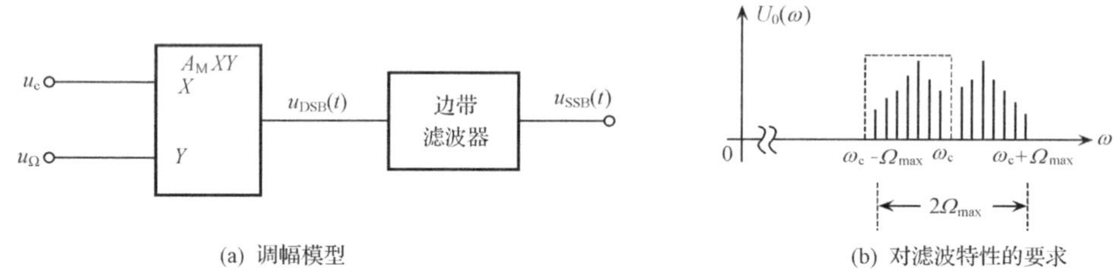

图 5.11　SSB 调幅电路模型

综上所述，调幅电路由具有频率变换作用的乘法器以及滤波器等部件组成，其中，乘法器电路既可以是由二极管、三极管等分立元件组成的工作频带较窄的非线性电路，也可以是由模拟 IC 芯片加外围元件构成的性能更加优越乘法器电路。滤波器的任务是取出有用的双边带或单边带分量，滤除无用的边带分量以及非线性电路可能产生的其他无用的频率分量。

5.2　幅度调制电路

5.2.1　相乘器电路

1. 非线性器件的相乘作用

大家知道，线性电路是无法产生新的频率成分而没有频率变换作用的。但是，如果一个电路含有二极管或三极管等有源器件，并且能够让它们工作在特性曲线的非线性区域时，电路就会工作在非线性状态下，其输出电流或者输出电压的时域波形就会出现非线性失真而有了新的频率成分，电路就具备了频率变换的作用。譬如，处于正向导通区域的晶体二极管伏安特性是各阶导数都存在的指数函数关系：$i\approx I_s e^{\frac{qu}{kT}}$，因而可以用幂级数 $i=a_0+a_1u+a_2u^2+a_3u^3+\cdots$ 来展开分析，假设 u 的动态范围比较小，则可忽略高次项而近似取至该式的二次项，即流过二极管的电流可用式(5.10)近似表示

$$i\approx a_0+a_1u+a_2u^2 \tag{5.10}$$

式中，a_0、a_1 和 a_2 是与伏安特性曲线有关的系数。a_0 为 Q 点对应的静态值，a_1 是

线性项系数，a_2 为非线性二次项系数。假设二极管端电压 $u=U_m\cos\omega t$，则二极管电流的展开式为

$$\begin{aligned} i &= a_0 + a_1U_m\cos\omega t + a_2U_m^2\cos^2\omega t \\ &= \left(a_0 + \frac{1}{2}a_2U_m^2\right) + a_1U_m\cos\omega t + \frac{1}{2}a_2U_m^2\cos2\omega t \\ &= I_0 + I_{1m}\cos\omega t + I_{2m}\cos2\omega t \end{aligned} \tag{5.11}$$

式中，I_0 为直流分量，I_{1m}和 I_{2m}分别为基波和二次谐波的振幅。由此可见：

(1) 二极管的非线性特性使其电流中出现了新的频率分量，实现了频率变换。

(2) 新的频率分量中，直流分量 I_0 较起始电流 a_0 有一个增量，它与特性曲线的偶次项系数 a_2 以及交流电压振幅 U_m 的平方有关。基波分量由奇次项产生，二次谐波分量由二次以上偶次项产生。因此，非线性器件的电压和电流之间的关系可以用图 5.12 表示。

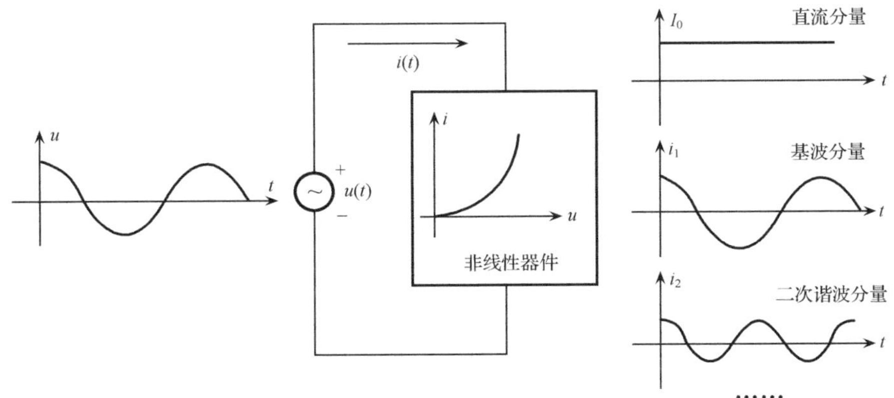

图 5.12　非线性器件的压流关系

(3) 如果在非线性电路输出端接入滤波电路，将电流中有用的频率分量提取出来，不需要的分量滤除掉，即可实现频率变换。譬如，只取直流分量就是整流电路，取其二次谐波分量就变成了二倍频电路。

若像图 5.13 那样给二极管施加两个不同频幅的正弦信号，即 V_D 端电压为

$$u = u_1 + u_2 = U_{\Omega m}\cos\Omega t + U_{cm}\cos\omega_c t$$

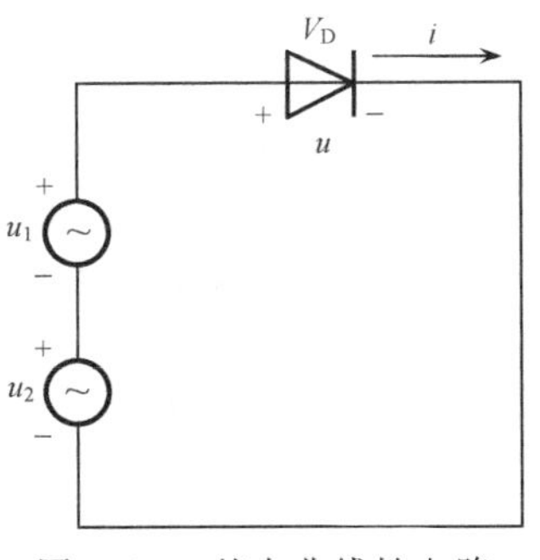

图 5.13　基本非线性电路

将其代入式(5.1)，则电流的幂级数展开式为

$$i = a_0 + a_1(U_{\Omega m}\cos\Omega t + U_{cm}\cos\omega_c t) + a_2(U_{\Omega m}\cos\Omega t + U_{cm}\cos\omega_c t)^2$$

$$= \left(a_0 + \frac{a_2}{2}U_{\Omega m}^2 + \frac{a_2}{2}U_{cm}^2\right) + a_1(U_{\Omega m}\cos\Omega t + U_{cm}\cos\omega_c t)$$
$$+ \frac{a_2}{2}(U_{\Omega m}^2\cos 2\Omega t + U_{cm}^2\cos 2\omega_c t)$$
$$+ a_2 U_{\Omega m} U_{cm}[\cos(\omega_c + \Omega)t + \cos(\omega_c - \Omega)t] \tag{5.12}$$

由式(5.12)可见，当两个不同频幅的交流信号电压作用于非线性元件时，流过该元件的电流中不仅含有直流、基波和二次谐波等分量，而且还包含了两输入信号间的和频 $\omega_c+\Omega$、差频 $\omega_c-\Omega$(即上、下边频)等组合频率分量。非线性器件的这种特性说明其具备相乘器功能，也说明由这种器件构成的非线性电路与选频电路(如滤波器或 LC 谐振回路)相结合，就可以组成实现线性频谱搬移的调幅电路以及振幅检波电路等。

2. 集成模拟乘法器

若载波电压 $u_c=U_{cm}\cos\omega_c t$，调制信号电压 $u_\Omega=U_{\Omega m}\cos\Omega t$，则两者经相乘后表达如下：

$$A_M u_\Omega u_c = A_M U_{\Omega m} U_{cm}\cos\Omega t\cos\omega_c t$$
$$= \frac{1}{2}A_M U_{\Omega m} U_{cm}\cos[(\omega_c + \Omega)t + (\omega_c - \Omega)t] \tag{5.13}$$

式(5.13)说明，除了图 5.12 示意的非线性电路具有相乘器功能以外，集成模拟乘法器是一种性能更加理想的电路。伴随着半导体集成工艺的不断发展和技术性能的不断提高，模拟乘法器芯片如 MC1496/1596、BG314 加外围元件所构成的完整线性频谱搬移电路已经得到了广泛的应用。模拟乘法器芯片是在加有恒流源电路的差分对管放大电路基础之上发展起来的，这里将着重介绍这类芯片的内部组成、功能及应用。

图 5.14(a)示意了变跨导式(又称双平衡式)模拟乘法器芯片MC1496/1596的内部电路，它由两对差分放大器加恒流源等电路组成。其中，恒流源电路的主要任务是保证差分对管放大器集电极电流的稳定性，而完成乘法器功能的基本电路是 V_{T1} 和 V_{T2} 以及 V_{T3} 和 V_{T4} 等组成的差分对管放大器。MC1596 芯片的外围管脚图以及用它来构成模拟乘法器电路必配元件的连接情况由图 5.14(b)示意。

作为集成模拟乘法器内部基础电路的单差分对管放大器如图 5.15 所示，它由两只性能完全相同的晶体管以恒流源偏置方式构成。即 V_{T1}、V_{T2} 构成单差分对管放大器，而 V_{T3} 为 V_{T1}、V_{T2} 两管的恒流源。当所有管子的电流放大系数 $\alpha\approx1$ 时，流过 R_E 的电流为

$$I_0 \approx \frac{V_{EE}}{R_E} \tag{5.14}$$

由图 5.15(b)可见，$u_x=0$ 时(即直流状态下)

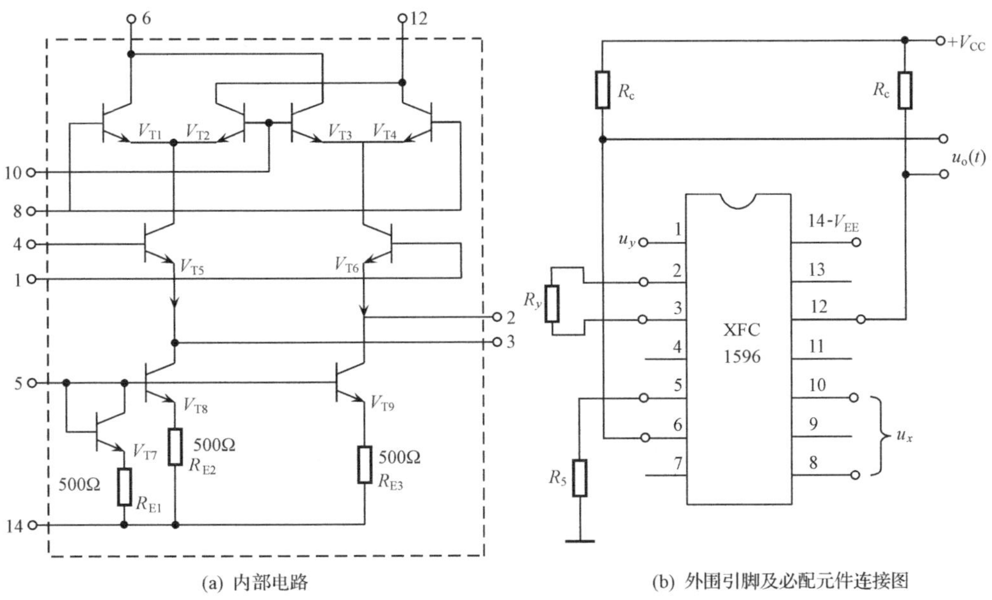

(a) 内部电路　　(b) 外围引脚及必配元件连接图

图 5.14　MC1496/1596 内部与外围电路图

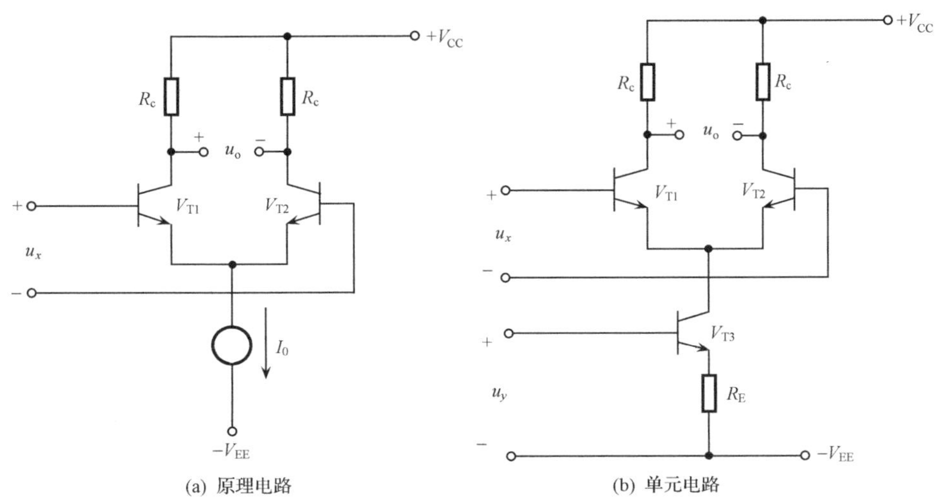

(a) 原理电路　　(b) 单元电路

图 5.15　单差分对管放大电路

$$I_{C1Q} = I_{C2Q} = \frac{I_0}{2} = I_{CQ} \tag{5.15}$$

并且,汇入恒流源的电流为

$$I_0 \approx i_{c1} + i_{c2}$$

整理上式可得

$$I_0 \approx i_{c1}\left(1+\frac{i_{c2}}{i_{c1}}\right) \tag{5.16}$$

因此，工作在正向导通区的两管发射极电流可下式表示：

$$i_{e1} \approx i_{c1} = I_s e^{\frac{u_{BE1}}{U_T}} \tag{5.17}$$

$$i_{e2} \approx i_{c2} = I_s e^{\frac{u_{BE2}}{U_T}} \tag{5.18}$$

式(5.17)和式(5.18)中，I_s 为晶体管饱和电流；而 U_T 为温度电压的当量值(常温 $T=300\text{K}$ 时，$U_T \approx 26\text{mV}$)。

将式(5.17)和式(5.18)代入式(5.16)可得

$$i_{c1} = I_0\left(1+\frac{i_{c2}}{i_{c1}}\right)^{-1} = I_0\left(1+e^{\frac{u_{BE2}-u_{BE1}}{U_T}}\right)^{-1}$$

又由图 5.15(a)可见，$u_x = u_{BE1} - u_{BE2}$，所以，代入上式可得

$$i_{c1} = I_0\left(1+e^{\frac{u_x}{U_T}}\right)^{-1} \tag{5.19}$$

如果用双曲正切函数 $\text{th}(x)=\frac{e^x - e^{-x}}{e^x + e^{-x}}$ 来表示式(5.19)，则可以获得

$$i_{c1} = \frac{I_0}{2}\left(1+\text{th}\,\frac{u_x}{2U_T}\right) \tag{5.20}$$

同理

$$i_{c2} = \frac{I_0}{2}\left(1-\text{th}\,\frac{u_x}{2U_T}\right) \tag{5.21}$$

如图 5.15(b)所示，若恒流源电路是受另一输入电压 u_y 控制的受控恒流源，则有下式成立：

$$I_0 = \frac{V_{EE}+u_y}{R_E}$$

将该式代入式(5.20)和式(5.21)分别可得

$$i_{c1} = \frac{V_{EE}+u_y}{2R_E}\left(1+\text{th}\,\frac{u_x}{2U_T}\right) = I_{CQ} + \Delta i_{c1} = I_{CQ} + \Delta i_c$$

$$i_{c2} = \frac{V_{EE}+u_y}{2R_E}\left(1-\text{th}\,\frac{u_x}{2U_T}\right) = I_{CQ} + \Delta i_{c2} = I_{CQ} - \Delta i_c$$

其中

$$\Delta i_{c1} = -\Delta i_{c2} = \Delta i_c = \frac{V_{EE}+u_y}{2R_E}\text{th}\,\frac{u_x}{2U_T}$$

单差分对管放大器的局部交流通路如图 5.16 所示，其双端输出交流电压

$$\begin{aligned} u_o &= i_{c2}R_c - i_{c1}R_c = -(i_{c1}-i_{c2})R_c \\ &= -(\Delta i_{c1} - \Delta i_{c2})R_c = -2\Delta i_c R_c = -\frac{V_{EE}+u_y}{R_E}R_c\,\text{th}\,\frac{u_x}{2U_T} \end{aligned} \tag{5.22}$$

若 $u_x = U_{1m}\cos\omega_1 t, u_y = U_{2m}\cos\omega_2 t$，则当 $U_{1m} \ll 2U_T = 52\text{mV}$ 时，根据双曲正切函数的性质，可有以下近似关系式：

$$\text{th}\frac{u_x}{2U_T} \approx \frac{u_x}{2U_T}$$

代入式(5.22)得放大器的双端输出电压

$$\begin{aligned} u_o &= -\frac{V_{EE}R_C}{2R_EU_T}u_x - \frac{R_C}{2R_EU_T}u_xu_y \\ &= A_{M1}u_x + A_{M2}u_xu_y \end{aligned} \tag{5.23}$$

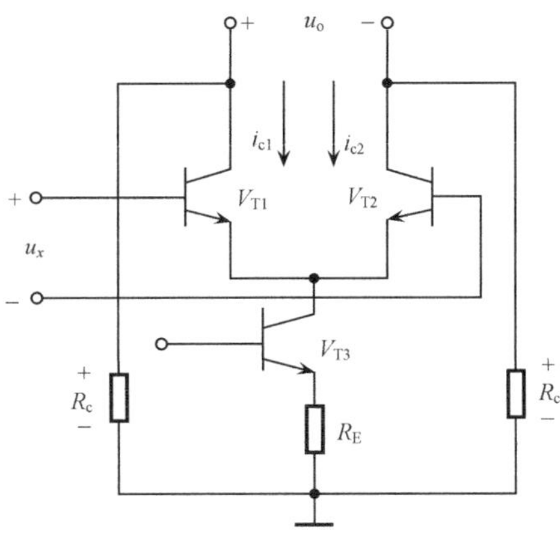

图 5.16　单差分对管放大器交流通路

显然，式(5.23)中的第 2 项是关于两输入信号的线性乘积项，它说明电路具有乘法器功能。而第 1 项却是 x 端输入信号的线性变换项，是差分对管放大电路产生的无用分量，它的存在，将使这种电路的乘法器性能受到负面影响。为此，产生了图 5.17 示意的能实现相乘功能，且性能更加完善的双差分对管放大器。其中，电阻 R_E 乃调节线性范围的电阻。不难证明，当满足 $U_{1m} \ll 2U_T = 52\text{mV}$ 的条件时，这种电路的双端输出电压表达式如下：

$$u_o = -\frac{2R_c}{R_E}u_y\frac{u_x}{2U_T} = A_Mu_xu_y \tag{5.24}$$

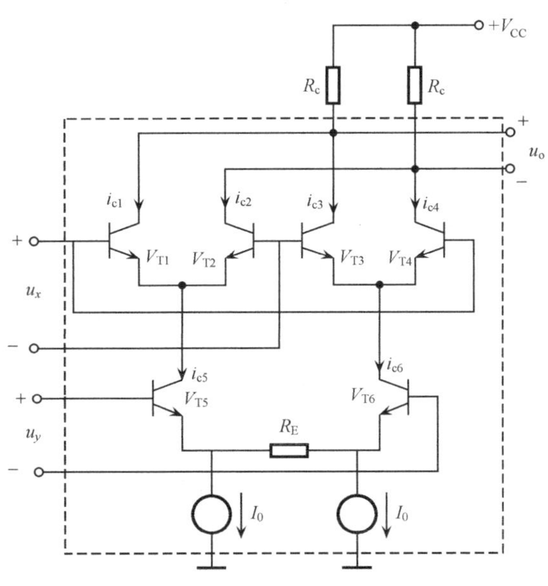

图 5.17　双差分对管放大器

至于式(5.24)的由来，这里就不再加以推导证明了。拿式(5.24)与式(5.23)

相比，明显少了 X 端输入信号的线性变换项，说明减少了无用的频率成分。

虽然单差分对管放大器或双差分对管放大器是集成模拟乘法器的基本电路，上面的数学推导固然证明它们的确具有相乘器功能，但它们还存在诸多缺陷，譬如，如果 u_x 的幅度较大，不满足 $U_{1m} \ll 2U_T$ 条件的话，输出信号的误差就比较大，就不再满足式(5.24)表示的那种线性乘积关系了，会因为非线性失真而产生许多无用分量。说明电路输入信号线性动态范围较小，需要扩展，为此，改进后的集成模拟乘法器电路应运而生。

双平衡式模拟乘法器芯片如 MC1496/1596 的内部电路参见图 5.14(a)，它是根据双差分对管放大器的基本原理制作而成的。由图 5.14(a)可见，第一对差分对管放大器由晶体管 V_{T1} 和 V_{T2} 组成，第二对由 V_{T3} 和 V_{T4} 组成。由图 5.14(a)还可见，V_{T1} 和 V_{T3} 的集电极交叉相连，V_{T2} 和 V_{T4} 的集电极交叉相连，V_{T2} 和 V_{T3} 的基极也是交叉相连的。这种交叉连接方式可使第一对差分放大器输入信号的极性刚好与第二对差分放大器输入信号的极性相反，即 $\Delta i_1 = -\Delta i_3$，$\Delta i_2 = -\Delta i_4$。另外，MC1496/1596 相乘器由晶体管 V_{T7}、V_{T8}、V_{T9} 以及电阻 R_{E1}、R_{E2}、R_{E3} 等组成多路恒流源电路。结合图 5.14(b)，R_5、V_{T7} 与 R_{E1} 为电流源的基准电路，V_{T8}、V_{T9} 分别为 V_{T5}、V_{T6} 提供恒定的电流 $I_0/2$。因 R_5 外接，因此可方便地通过调节该电阻达到调整 $I_0/2$ 的目的。另外，芯片 2、3 脚外接电阻 R_y 具有负反馈作用，它的接入可以扩大输入电压 u_y 的动态范围。图 5.14(b)中 R_c 为外接负载电阻。

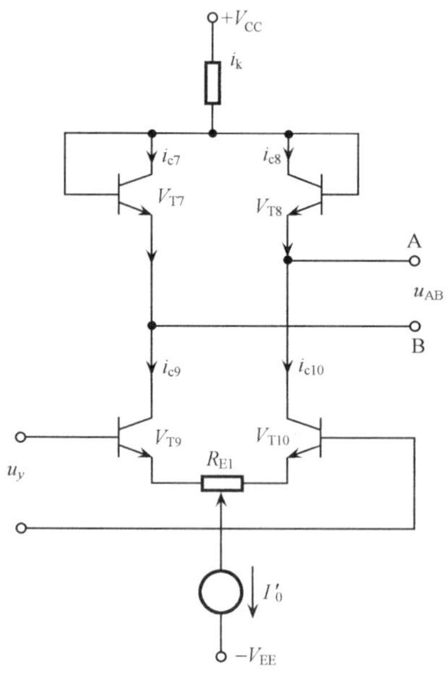

图 5.18　反双曲正切函数电路

同理，如果画出双平衡式模拟乘法器电路的交流通路，可仿照式(5.22)获得总输出电压 u_o 的表达式为

$$u_o = \frac{2u_y}{R_y} R_c \operatorname{th} \frac{u_x}{2U_T} \tag{5.25}$$

由式(5.25)可见，只有满足 $U_{1m} \ll 52\text{mV}$，才能使输出电压 $u_o = \dfrac{R_c}{R_y U_T} u_x u_y = A_M u_x u_y$（$A_M$ 为乘积系数）。因此，这类模拟乘法器电路的线性动态范围仍然受限。为了改善这一特性，模拟乘法器芯片 BG314 的内部增加了如图 5.18示意的反双曲正切函数电路（注：称修正电路。图 5.18 中的 AB 端与三差分对管模拟乘法器的 8，10 端对应连接），它的加入，使输出电压表达式可以由式(5.25)修正为下式：

$$u_o = -\frac{R_C}{R_E} u_y \text{th}\left(\text{arth}\,\frac{2u_x}{I_k R_{E1}}\right) = -\frac{4R_C}{R_E R_{E1} I_k} u_x u_y = -A_M u_x u_y \tag{5.26}$$

这样一来，就不必满足 $U_{1m} \ll 52\text{mV}$ 的苛刻条件了。目前，常用于线性频谱搬移的模拟芯片有 MC1496/1596，BG314，AD834 等。其中，MC1496 适用于频率较低的场合，一般工作在 1MHz 以下。MC1596 的工作频率却可以达几十兆赫兹。由于内部加入了成反正曲函数关系的修正电路，因此，BG314 的线性范围明显大于前两种芯片。这些模拟 IC 芯片的工作原理大同小异，指标略有差别。

综上所述，欲实现频谱的线性搬移，需使用具有相乘器功能的集成模拟乘法器电路或含有非线性元件的电路，另外，还必须加入具有滤波功能的带通滤波器或 LC 并联谐振回路等，以保证调幅电路输出较为纯净的调幅波。

5.2.2　低电平调幅电路

在无线电通信中，按照电路输出信号功率电平的高低，有高电平和低电平两大类调幅电路。低电平调幅先在发射机的末前级产生高频调幅信号，再经过线性高频功率放大器放大后达到所需要的发射功率，反应原理的框图如图 5.19 所示。

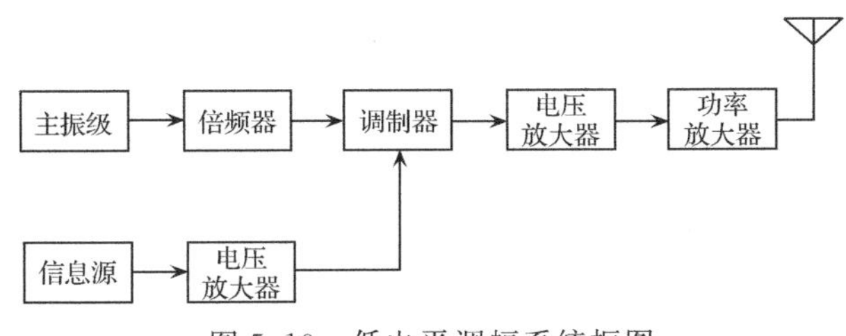

图 5.19　低电平调幅系统框图

低电平调幅的最大优点是：起调制作用的非线性器件工作在中、小信号状态，因此比较容易获得高度线性的调幅波。这种方式目前应用较为广泛，它可以用来产生 AM、DSB 和 SSB 等调幅信号。

低电平调幅可以采用二极管构成的平衡调制器和环形调制器等电路来实现。但是性能较完善且应用较多的是用集成模拟乘法器构成的调幅电路，下面分别加以介绍。

1. 二极管低电平调幅电路

前述，因二极管伏安特性的非线性，使它可以和无源元器件一起构成具有频率变换作用的非线性电路。而图 5.20(a)示意的是由两只二极管以及输入输出变压器 T_{r1} 和 T_{r2} 连接而成的二极管平衡调制器。

该电路元件挑选原则是：两只二极管应该具有完全相同的伏安特性，变压器 T_{r1} 的次级线圈以及 T_{r2} 的初级线圈中心抽头的上下绕组匝数要求完全相等。下面

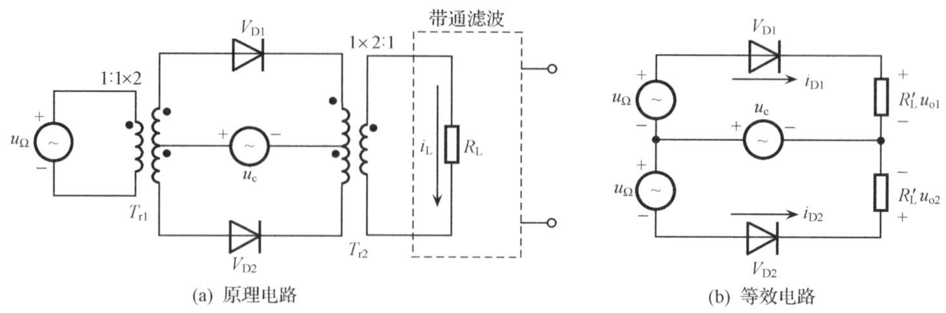

图 5.20　二极管平衡调制器

分析该电路是否具有调幅的功能。前面采用幂级数分析方法适合于小信号工作状态下的非线性电路,而大信号工作状态下则采用开关函数分析法来分析电路,这里着重介绍大信号的开关函数分析法。

假如电路输入的调制信号电压 $u_\Omega(t)=U_{\Omega m}\cos\Omega t$,而加在两抽头间的载波信号电压 $u_c(t)=U_{cm}\cos\omega_c t$,并且,假设 $U_{cm}\gg U_{\Omega m}$。则两只二极管将工作在由高频正弦载波控制的开关状态下。为了便于分析该电路输出信号电压中含有的频率成分以及该电路是否具有调幅功能,这里假设 V_{D1} 和 V_{D2} 处于正向偏置状态时的导通电阻 $r_{d1}=r_{d2}\approx0$(即管子正向导通时两个电极之间相当于短接);而反向偏置时的截止电阻趋于无穷大(即管子处于反偏状态时两个电极之间相当于断开);并且,先不考虑输出端带通滤波器的作用。这样一来,二极管平衡调制器的等效电路如图 5.20(b)所示,它由两个回路组成。根据回路电压定律,当作为控制信号的高频正弦载波为正半周(即 $u_c\geqslant0$)时,两只二极管均因偏置为正而处于短接状态。则此时两等效负载电阻 R_L' 上的输出电压分别近似为 $u_{o1}(t)=u_c+u_\Omega$,$u_{o2}(t)=u_c-u_\Omega$。当控制信号电压为负半周(即 $u_c<0$)时,两只二极管又同时处于截止断开状态,则两等效负载 R_L' 上的输出电压分别近似为 $u_{o1}(t)=0$;$u_{o2}(t)=0$。由此可见,因载波信号周而复始地变化,使两只二极管也随载波的周期变化时而短接时而又断开,因此,可如此人为地表示两等效负载 R_L' 上的电压:$u_{o1}(t)=(u_c+u_\Omega)k_1(\omega_c t)$,$u_{o2}(t)=(u_c-u_\Omega)k_1(\omega_c t)$。这样,输出变压器次级负载 R_L 上的总输出电压为

$$\begin{aligned}u_o &= (u_{o1}+u_{o2})k_1(\omega_c t)\\ &= (u_c+u_\Omega)k_1(\omega_c t)-(u_c-u_\Omega)k_1(\omega_c t)\\ &= 2u_\Omega k_1(\omega_c t)\end{aligned}\tag{5.27}$$

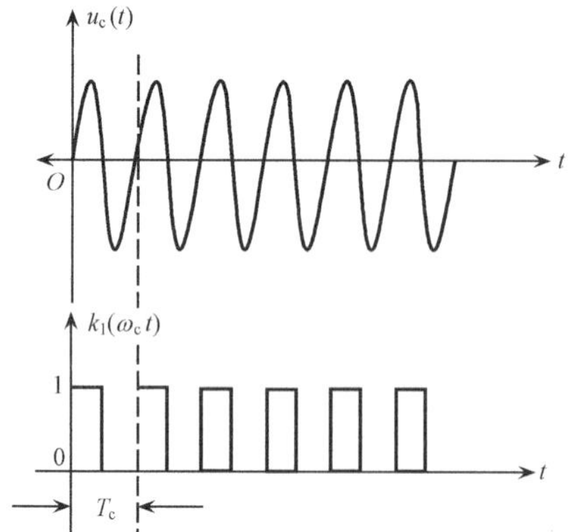

图 5.21　与载波对应的单向开关函数

其中,$k_1(\omega_c t)$是周期与载波一致的单向开关

函数，其表达式见下，而其图形见图 5.21。

$$k_1(\omega_c t) = \begin{cases} 1, & u_c \geqslant 0 \\ 0, & u_c < 0 \end{cases}$$

因开关函数是波形为单向方波的时间周期函数，因此可用傅里叶级数来展开为

$$k_1(\omega_c t) = \frac{1}{2} + \frac{2}{\pi}\cos\omega_c t - \frac{2}{3\pi}\cos 3\omega_c t + \frac{2}{5\pi}\cos 5\omega_c t + \cdots \tag{5.28}$$

所以，将 $u_\Omega = U_{\Omega m}\cos\Omega t$ 以及式(5.28)代入式(5.27)，并用三角函数公式展开加以整理后可得

$$\begin{aligned} u_o &= 2u_\Omega k_1(\omega_c t) \\ &= 2U_{\Omega m}\cos\Omega t\left(\frac{1}{2} + \frac{2}{\pi}\cos\omega_c t - \frac{2}{3\pi}\cos 3\omega_c t + \frac{2}{5\pi}\cos 5\omega_c t + \cdots\right) \\ &= U_{\Omega m}\cos\Omega t + \frac{4U_{\Omega m}}{\pi}\cos\Omega t\cos\omega_c t - \frac{4U_{\Omega m}}{3\pi}\cos\Omega t\cos 3\omega_c t + \cdots \\ &= U_{\Omega m}\cos\Omega t + \frac{2U_{\Omega m}}{\pi}[\cos(\omega_c + \Omega)t + \cos(\omega_c - \Omega)t] \\ &\quad - \frac{2U_{\Omega m}}{3\pi}[\cos(3\omega_c + \Omega)t + \cos(3\omega_c - \Omega)t] + \cdots \end{aligned} \tag{5.29}$$

根据式(5.29)绘制的输出电压频谱图见图 5.22，由该图可见，二极管平衡调制器的输出信号中包含了上边频 $\omega_c + \Omega$、下边频 $\omega_c - \Omega$ 等有用分量以及 $n\omega_c \pm \Omega$（n 为≥3 的奇整数）等无用组合频率分量。因此，如果在电路的输出端接入选频电路来滤除无用分量的话，则输出电压即为 DSB 调幅信号。这充分说明，该平衡调制器具有相乘器功能，能够实现 DSB 调幅。

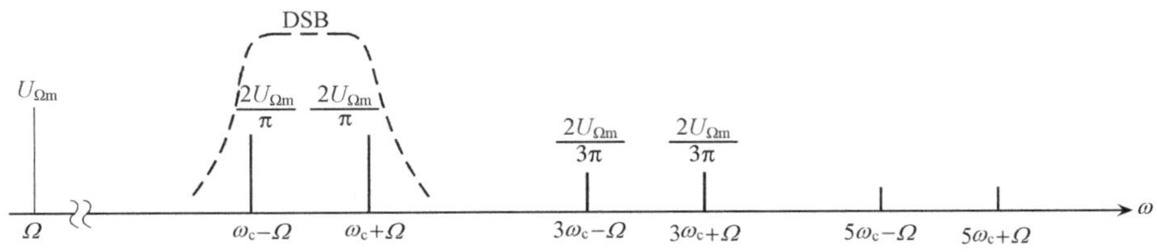

图 5.22　二极管平衡调制器输出电压频谱

图 5.23(a)示意的是由 4 只二极管和输入输出变压器组成的二极管环形调制器的原理电路（未画输出端的带通滤波器）。电路元件的挑选原则是：4 只二极管应具有完全相同的伏安特性，两变压器中心抽头上下绕组的匝数也应完全相等。若调制信号电压 $u_\Omega(t) = U_{\Omega m}\cos\Omega t$，而载波电压 $u_c(t) = U_{cm}\cos\omega_c t$，则应满足 $U_{cm} \gg U_{\Omega m}$ 的条件。这样一来，4 只二极管将工作在由高频载波控制的开关状态下。当 $u_c \geqslant 0$ 时，二极管 V_{D1} 和 V_{D2} 导通，而 V_{D3} 和 V_{D4} 却截止；当 $u_c < 0$ 时，V_{D1} 和 V_{D2} 截止，

而 V_{D3} 和 V_{D4} 却导通，即两对二极管将在载波的正负半周轮流导通与截止，因而该电路可以人为视作是由两个二极管平衡调制器级联而成的，它们的等效电路分别如图 5.23(b)和图 5.23(c)所示。因图 5.23(b)等效电路与图 5.20(b)完全相同，所以，$u_c \geqslant 0$时的输出电压由式(5.30)表示

$$u_o' = 2u_\Omega k_1(\omega_c t) \tag{5.30}$$

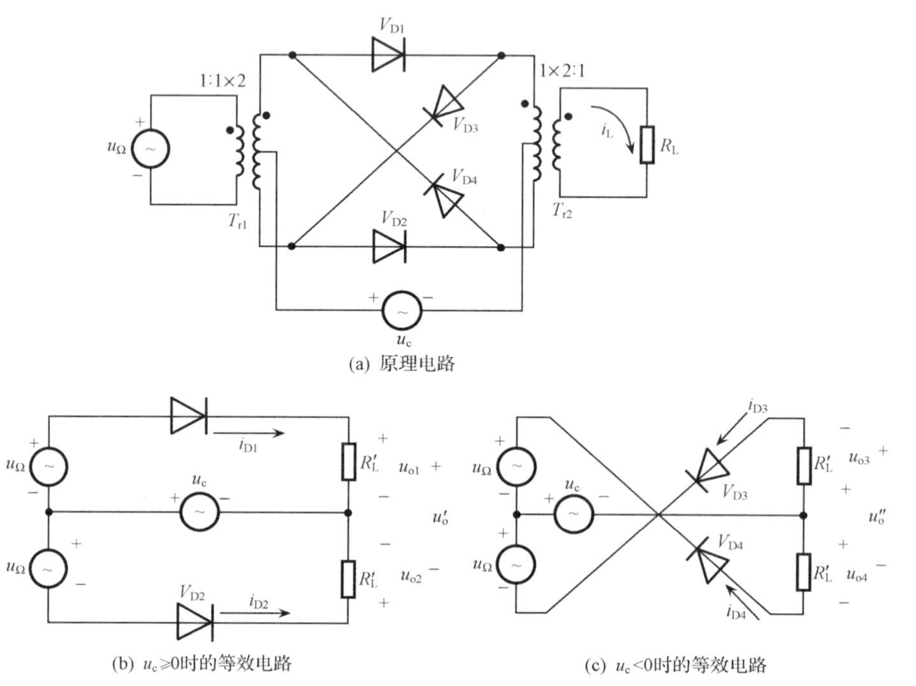

(a) 原理电路

(b) $u_c \geqslant 0$时的等效电路 (c) $u_c < 0$时的等效电路

图 5.23 二极管环形调制器

$u_c < 0$ 时的等效电路如图 5.23(c)所示，它也由两个回路组成。若 V_{D3} 和 V_{D4} 的正向导通电阻 $r_{d3} = r_{d4} \approx 0$，则根据回路电压定律，两等效负载 R_L' 上的电压分别近似为 $u_{o3}(t) = u_c - u_\Omega$，$u_{o4}(t) = -u_c - u_\Omega$。当控制信号电压 $u_c \geqslant 0$ 时，V_{D3} 和 V_{D4} 均又处于截止状态，两等效负载 R_L' 上的电压分别近似为 $u_{o3}(t) = 0$，$u_{o4}(t) = 0$。由此可见，因载波信号电压周而复始地变化，使 V_{D3} 和 V_{D4} 也随载波周期时而导通时而截止，因此，可以用下式人为地表示两等效负载 R_L' 上的输出电压 $u_{o3}(t) = (u_c - u_\Omega)k_2(\omega_c t)$，$u_{o4}(t) = (-u_c - u_\Omega)k_2(\omega_c t)$。其中，$k_2(\omega_c t) = -k_1(\omega_c t)$是周期与载波一致的反向开关函数。其傅里叶级数展开式如下：

$$k_2(\omega_c t) = \frac{1}{2} - \frac{2}{\pi}\cos\omega_c t + \frac{2}{3\pi}\cos 3\omega_c t - \frac{2}{5\pi}\cos 5\omega_c t + \cdots \tag{5.31}$$

由图 5.23(c)可见

$$u_o'' = (u_{o3} - u_{o4})k_2(\omega_c t) = 2u_\Omega k_2(\omega_c t) \tag{5.32}$$

这样，输出变压器耦合到次级负载 R_L 两端的总输出电压为

$$u_o = u_o' - u_o'' = 2u_\Omega[k_1(\omega_c t) - k_2(\omega_c t)] = 2u_\Omega k(\omega_c t) \tag{5.33}$$

式中，$k(\omega_c t)=k_1(\omega_c t)-k_2(\omega_c t)$ 称双向开关函数，其表达式及傅里叶级数展开式为

$$k(\omega_c t) = \begin{cases} +1, & u_c \geqslant 1 \\ -1, & u_c < 0 \end{cases} = \frac{4}{\pi}\cos\omega_c t - \frac{4}{3\pi}\cos 3\omega_c t + \frac{4}{5\pi}\cos 5\omega_c t + \cdots \tag{5.34}$$

所以，将 $u_\Omega = U_{\Omega m}\cos\Omega t$，$u_c = U_{cm}\cos\omega_c t$ 以及式(5.34)代入式(5.33)并用三角函数公式展开加以整理后可得

$$\begin{aligned} u_o &= 2u_\Omega k(\omega_c t) \\ &= 2U_{\Omega m}\cos\Omega t\left(\frac{4}{\pi}\cos\omega_c t - \frac{4}{3\pi}\cos 3\omega_c t + \frac{4}{5\pi}\cos 5\omega_c t + \cdots\right) \\ &= \frac{4U_{\Omega m}}{\pi}\cos\Omega t\cos\omega_c t - \frac{4U_{\Omega m}}{3\pi}\cos\Omega t\cos 3\omega_c t + \cdots \\ &= \frac{2U_{\Omega m}}{\pi}[\cos(\omega_c+\Omega)t + \cos(\omega_c-\Omega)t] \\ &\quad - \frac{2U_{\Omega m}}{3\pi}[\cos(3\omega_c+\Omega)t + \cos(3\omega_c-\Omega)t] + \cdots \end{aligned} \tag{5.35}$$

由式(5.35)可见，由于输出电压中含有上边频 $\omega_c+\Omega$、下边频 $\omega_c-\Omega$ 以及无关的组合频率分量 $n\omega_c \pm \Omega$。并且有用的 $\omega_c \pm \Omega$ 分量的振幅较平衡调制器的增大了一倍。因此，如果该二极管调幅电路的输出端接有带通滤波器的话，就可获得比较理想的 DSB 信号。这充分说明；该平衡调制器具有相乘器功能，能够实现 DSB 调幅。

4 只二极管构成的桥式调幅电路如图 5.24(a)所示(未画输出端的带通滤波器)。由于 4 只管子按桥式结构连接，载波和调制信号电压分别被接到桥式电路的两个对角线端点上，所以输入输出变压器不需要中心抽头。如果 $U_{cm} \gg U_{\Omega m}$，则 4 只二极管将受大信号 u_c 的控制而工作在开关状态下。当 $u_c \geqslant 0$ 时，它们全部因处

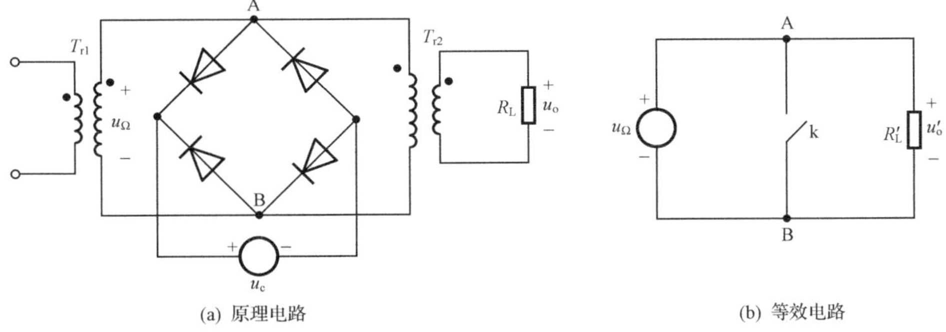

(a) 原理电路 (b) 等效电路

图 5.24 二极管桥式调幅电路

反偏状态而同时截止，当 $u_c<0$ 时，它们又同时导通，因此，4 只二极管可以人为视作如图 5.24(b)中示意的电子开关 k。$u_c\geqslant 0$ 时，k 打开；$u_c<0$ 时，k 合上，即随着载波电压周而复始地时而打开，时而又合上。因此，由图 5.24(b)可得输出电压表达式

$$
\begin{aligned}
u_o' &= \begin{cases} u_\Omega, & u_c \geqslant 0 \\ 0, & u_c < 0 \end{cases} = u_\Omega k_1(\omega_c t) \\
&= U_{\Omega m}\cos\Omega t\left(\frac{1}{2}+\frac{2}{\pi}\cos\omega_c t-\frac{2}{3\pi}\cos 3\omega_c t+\frac{2}{5\pi}\cos 5\omega_c t+\cdots\right) \\
&= \frac{1}{2}U_{\Omega m}\cos\Omega t+\frac{2U_{\Omega m}}{\pi}\cos\Omega t\cos\omega_c t-\frac{2U_{\Omega m}}{3\pi}\cos\Omega t\cos 3\omega_c t+\cdots \\
&= \frac{1}{2}U_{\Omega m}\cos\Omega t+\frac{U_{\Omega m}}{\pi}[\cos(\omega_c+\Omega)t+\cos(\omega_c-\Omega)t] \\
&\quad -\frac{U_{\Omega m}}{3\pi}[\cos(3\omega_c+\Omega)t+\cos(3\omega_c-\Omega)t]+\cdots
\end{aligned} \tag{5.36}
$$

由式(5.36)可见，u_o' 乃至输出电压 u_o 中含有上、下边频以及其他无用组合频率分量，因此，如果在该电路的输出端接入选频电路来滤除无用分量，则输出电压即为 DSB 信号，充分说明该电路亦具有相乘器功能，能够实现 DSB 调幅。

2. 模拟乘法器构成的低电平调幅电路

1) 双边带调幅电路

前面已知，将低频调制信号电压先与直流电压相叠加，再与高频载波信号相乘后滤除无用的频率分量，就可以实现普通双边带(AM)调幅。那就是说，如果在图 5.10(a)示意的 AM 调制器组成模型的基础上，在输出端再接上带通滤波器，就可构成一个比较完整的 AM 调幅电路。图 5.25 就是基于模拟乘法器芯片 BG314 的 AM 原理电路。其中，载波电压 u_c 被加至芯片 4 脚的 x 输入端，8 脚外接输入馈通电压调零电路(见图 5.27 示意的完整平衡调幅电路)，12 脚接外加可调直流

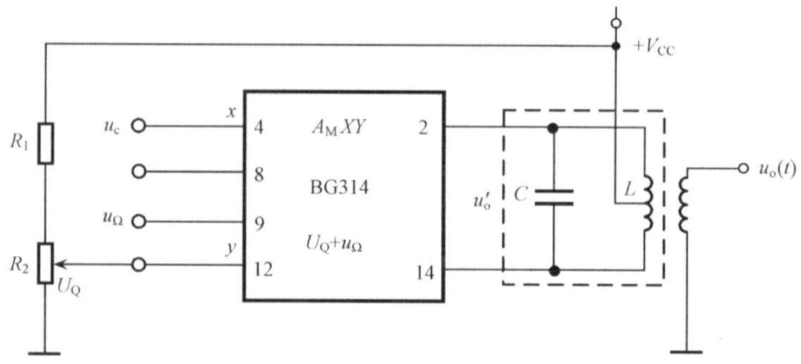

图 5.25　用 BG314 搭建的 AM 原理电路

电压 U_Q(R_1 和 R_2 从 U_{cc} 处分压获得)，调制电压 u_Ω 被加在9脚，相当于9脚-12脚之间的输入电压为 $u_y=U_Q+u_\Omega(t)$。即y端输入电压为

$$u_y(t)=U_Q+U_{\Omega m}\cos\Omega t=U_Q\left(1+\frac{U_{\Omega m}}{U_Q}\cos\Omega t\right)=U_Q(1+m_a\cos\Omega t) \tag{5.37}$$

x 端输入的是载波电压，即

$$u_x(t)=u_c(t)=U_{cm}\cos\omega_c t \tag{5.38}$$

因BG314的输出与输入电压关系为 $u'_o=A_M u_x u_y$，因此，乘法器输出电压表达式为

$$\begin{aligned}u'_o(t)&=kU_Q(1+m_a\cos\Omega t)U_{cm}\cos\omega_c t\\&=kU_QU_{cm}\cos\omega_c t+\frac{m_a kU_QU_{cm}}{2}[\cos(\omega_c+\Omega)t+\cos(\omega_c-\Omega)t]\end{aligned} \tag{5.39}$$

式中，$m_a=\dfrac{U_{\Omega m}}{U_Q}$ 为调幅系数，调整直流偏压 U_Q 的大小，就可改变调幅系数。

由式(5.39)可见，$u'_o(t)$ 中包含有三个频率分量：载频 ω_c、上边频 $\omega_c+\Omega$ 分量和下边频 $\omega_c-\Omega$ 分量。因为实际的模拟乘法器电路或多或少会存在一定的非线性因数，不能以无选择性的纯电阻作为负载。所以在其输出端接有一中心频率为 f_C，带宽 $BW\geqslant 2F$(多音调制信号时 $BW\geqslant 2F_{max}$)的 LC 并联谐振回路作为乘法器的负载。这样可以滤除因非线性而产生的高次谐波分量，使输出调幅波更加纯净。

产生抑制载波双边带调幅信号的电路，常被称为平衡调幅电路。如果在图5.10(b)所示意的DSB调制器组成模型的基础上，在输出端再并接一个带通滤波器，就可以构成一个完整的平衡调幅电路。

设输入调制信号 $u_x=u_\Omega(t)=U_{\Omega m}\cos\Omega t$，载波信号 $u_y=u_c(t)=U_{cm}\cos\omega_c t$，则芯片2-14端子之间的输出信号电压为

$$\begin{aligned}u'_o(t)&=ku_\Omega(t)u_c(t)=kU_{\Omega m}\cos\Omega t U_{cm}\cos\omega_c t\\&=\frac{1}{2}kU_{\Omega m}U_{cm}[\cos(\omega_c+\Omega)t+\cos(\omega_c-\Omega)t]\end{aligned} \tag{5.40}$$

由式(5.40)可见，$u'_o(t)$ 中只含有频率为 $\omega_c+\Omega$ 和 $\omega_c-\Omega$ 的上下边频信号。因此，理想乘法器本身就是一个理想的平衡调制器。

图5.26是利用模拟集成乘法器芯片BG314搭建的DSB原理电路。芯片的8脚和12脚，须接入馈通电压调零电路(见图5.27)，以便精确地调零，否则在平衡调幅器的输出端就会出现很大的载波分量泄漏(简称载漏)电压。

用变跨导模拟集成芯片MC1596构成的某双边带调幅电路如图5.27所示。

在该电路中，接于 $+12V(V_{CC})$ 电源的电阻 R_{10}，R_{11}(即图5.15中的外围电阻 R_c)用来分压，以便为乘法器内部晶体管 $V_{T1}\sim V_{T4}$ 提供静态基极偏置电压。电位器 R_W 和 R_6、R_8 以及 R_4、R_5 等电阻构成了调零电路，调节 R_W 使电路对称，可以达

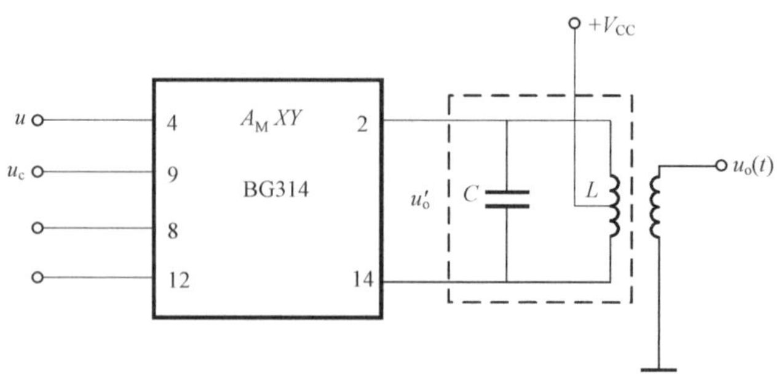

图 5.26　用 BG314 搭建的 DSB 原理电路

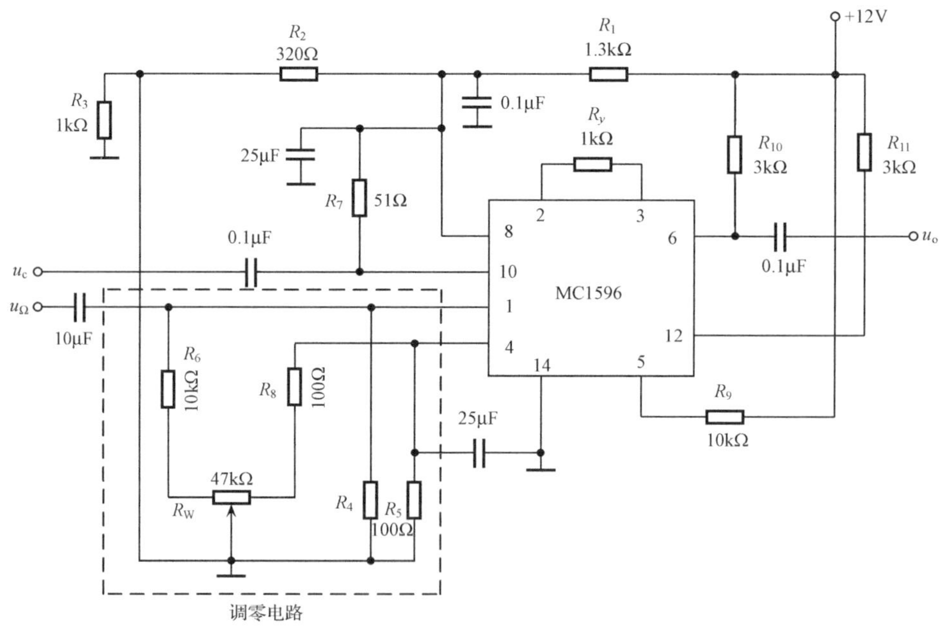

图 5.27　用 MC1596 搭建的 DSB 调幅电路

到抑制无用载频分量输出幅度的目的。而接于芯片 2-3 端的电阻乃外接负反馈电阻 R_y，它的接入可以扩充 $u_\Omega(t)$的线性动态范围。

作为输入的载波信号电压 u_c 通过容量为 0.1μF 的高频耦合电容及分压电阻 R_7 加到相乘器的 8 脚和 10 脚，作为另一输入的低频调制电压 $u_\Omega(t)$则通过 10μF 的低频耦合电容等加至芯片的 1 脚和 4 脚，从 6 脚输出的调幅信号则由 0.1μF 电容耦合至下级电路。

为了尽量抑制载波分量，使输出为真正意义下的 DSB 调幅信号，电路应该做到：当 $u_\Omega(t)=0$(即 1 端短路)，而只有载波 u_c 输入时，调节 R_W 使相乘器输出电压等于零。事实上，由于模拟乘法器电路不可能完全对称，故调节 R_W 无法使输出电压完全为零，只能要求输出电压中含有的载频分量最小（毫伏数量级）。如果输出电压中含有的载频分量过大，则说明抑制载波分量的能力差，电路性能较差。

在该电路中，低频输入信号电压 $u_\Omega(t)$ 的幅度不能过大，否则会因其最大值受 $\frac{I_0}{2}$ 与 R_Y 的乘积的限制而使输出信号电压失真严重。

实际应用中，常使载波信号振幅 $U_{cm}\geqslant 260\text{mV}$，这样做的好处在于可使双差分对管在 u_c 的作用下周期地工作在开关状态下，输出电压由式(5.41)决定

$$u_o=-\frac{2R_c}{R_Y}u_\Omega(t)u_c(t)\approx A_M u_\Omega(t)k(\omega_c t) \tag{5.41}$$

式中，$k(\omega_c t)$ 为受载波电压控制的双向开关函数。其傅里叶级数展开式见式(5.34)。将 $u_\Omega(t)=U_{\Omega m}\cos\Omega t$ 以及式(5.34)代入式(5.40)并用三角函数公式展开相关项后可得

$$\begin{aligned}u_o&\approx A_M U_{\Omega m}\cos\Omega t\left(\frac{4}{\pi}\cos\omega_c t-\frac{4}{3\pi}\cos 3\omega_c t+\cdots\right)\\&\approx\frac{4A_M U_{\Omega m}}{\pi}\cos\Omega t\cos\omega_c t-\frac{4A_M U_{\Omega m}}{3\pi}\cos\Omega t\cos 3\omega_c t+\cdots\\&\approx\frac{2A_M U_{\Omega m}}{\pi}[\cos(\omega_c+\Omega)t+\cos(\omega_c+\Omega)t]\\&\quad\times-\frac{2A_M U_{\Omega m}}{3\pi}U_{\Omega m}[\cos(3\omega_c+\Omega)t+\cos(3\omega_c+\Omega)t]+\cdots\end{aligned} \tag{5.42}$$

式(5.42)说明，因 $u_o(t)$ 中含有关于两输入信号的和频、差频分量 $\omega_c\pm\Omega$ 以及无关的组合频率分量 $n\omega_c\pm\Omega$，因此，如果在该电路输出端接入具有带通特性的选频电路，即可获得抑制载波的双边带信号。

如果调节 R_W 使相乘器输出的载波电压不为零，可以使 1、4 端直流电位不相等，相当于在输入端加了一个固定的直流电压 U_Q，使双差分对管放大器电路不再对称，载波不能相互抵消而产生了普通双边带信号，即这种情况输出的是普通双边带调幅波。

例 5.3　已知调制信号 $u_\Omega(t)$ 的频率取值域为(300，4000)Hz，载频为 560kHz。现采用 MC1496 进行普通双边带调幅，载波和调制信号分别从 X、Y 通道输入。

(1) 若 X 通道输入的是小幅度载波信号，则输出 $u_o(t)=A_M u_x u_y$。

(2) 若 X 通道输入的是振幅很大的载波信号(即 $U_{cm}\geqslant 260\text{mV}$)，则由式(5.41)得输出 $u_o(t)=A_M u_y k(\omega_c t)$。

试分析这两种情况下输出信号的频谱。

解　由于是 AM 调幅，故应在 $u_\Omega(t)$ 上叠加一直流电压作为 Y 端输入，即 $u_y(t)=U_Q+u_\Omega(t)$。显然，为使调制指数 $m_a\leqslant 1$，U_Q 应不小于 $u_\Omega(t)$ 的最大振幅，

令 $u_x(t)=\cos\omega_c t$，则：

(1) 当 $u_x(t)$是小幅度载波信号时，输出信号为

$$u_o(t)=A_M u_x u_y=A_M[U_Q+u_\Omega(t)]\cos\omega_c t=A_M U_Q\cos\omega_c t+A_M u_\Omega(t)\cos\omega_c t$$

其中，第 1 项是载频分量，第 2 项是 DSB 信号(即上边带加下边带分量)。因此，其对应的频谱如图 5.28 所示。

(2) 当 $u_x(t)$的振幅 $U_{cm}\geqslant 260\text{mV}$ 时，它将使乘法器工作在受载波控制的开关状态下，这时，输出信号电压由下式表述：

$$\begin{aligned}u_o(t)&=A_M u_x u_y=A_M[U_Q+u_\Omega(t)]k(\omega_c t)\\&=A_M[U_Q+u_\Omega(t)]\left(\frac{4}{\pi}\cos\omega_c t-\frac{4}{3\pi}\cos 3\omega_c t+\cdots\right)\\&=A_M U_Q\left(\frac{4}{\pi}\cos\omega_c t-\frac{4}{3\pi}\cos 3\omega_c t+\cdots\right)+A_M u_\Omega(t)\left(\frac{4}{\pi}\cos\omega_c t-\frac{4}{3\pi}\cos 3\omega_c t+\cdots\right)\end{aligned}$$

解析该式可见，这时的输出电压中含有 nf_c 及 $nf_c\pm(300,4000)\text{Hz}(n=1,3,5\cdots)$等组合频率分量。频谱图如图 5.28 (b)所示，显然这里面含有普通调幅信号的频谱。由于 $f_c=560\text{kHz}$，$F_{max}=4\text{kHz}$，$f_c\gg F_{max}$，所以用带通滤波器很容易取出其中的 AM 信号频谱而滤除 f_c 的三次及其以上奇次谐波周围的无用频谱。从上面的分析可知，虽然两种情况下的输出频谱不同，但经过带通滤波后的频谱就一样了。但是，有些情况下就很难甚至不可能完全滤除无用的频率分量。例如在此例中，如果 $u_o(t)$的频谱为 $\omega_c\pm n(\Omega_{min},\Omega_{max})$，$n=1, 2, \cdots$就是这样的。读者可自行分析这种情况。

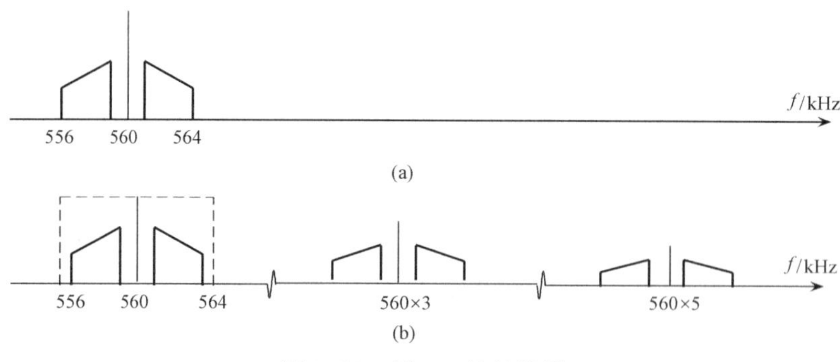

图 5.28 例 5.3 的结果图

2) 单边带调幅电路

SSB 信号可以用滤波法或移相法来产生。只要将图 5.26 或图 5.27 所示电路输出端的 *LC* 并联谐振回路，换成通频带范围更窄的边带滤波器，就能够从 DSB 信号中提取出一个边带(上边带或下边带)，获得 SSB 调幅信号。这就是滤波法产生 SSB 信号的基本道理，其框图和对应的频谱见图 5.29(a)。

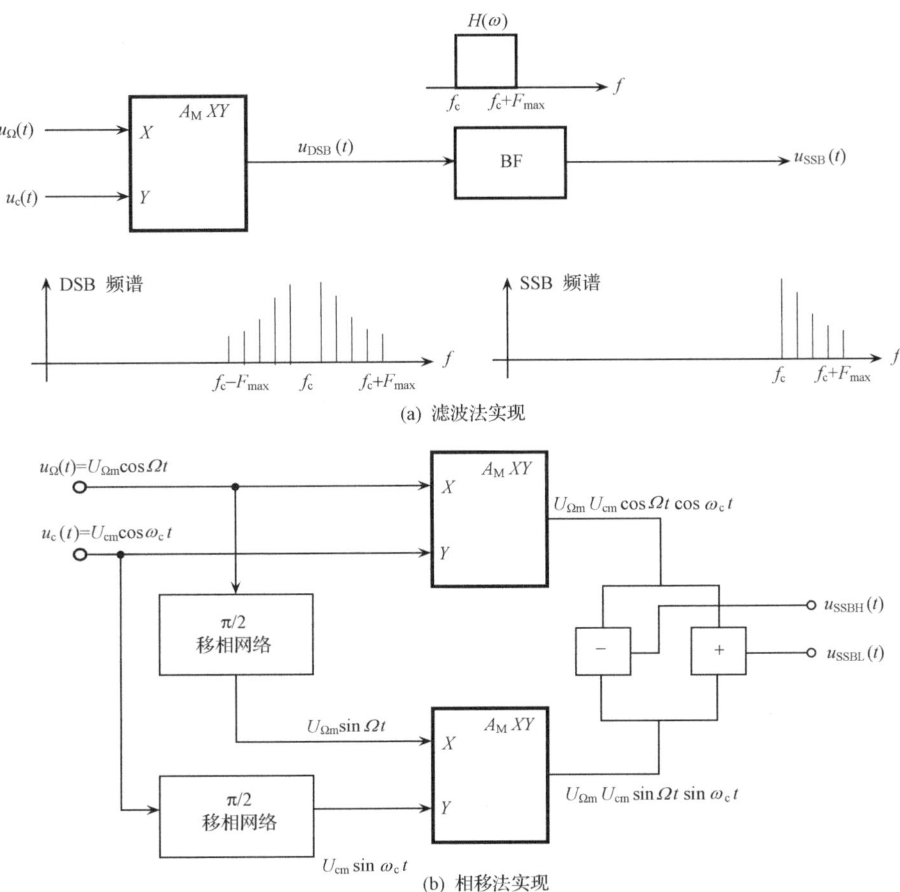

图 5.29　单边带信号的产生

然而，由于在双边带调幅信号中，上、下边带分量间的频率间隔一般为 $2F_{min}$（对应的频率一般约为几百赫），欲滤除一个边带而完全保留另外一个边带，就要求边带滤波器具有接近矩形的滤波特性，如图 5.29(a)中 $H(\omega)$所示。又因为，一般 $f_c \gg F_{max}$，所以边带滤波器的相对带宽很小，使这种滤波器的制作具有一定难度。这充分说明，当调制信号的下限频率 F_{min} 较低，尤其是 $F_{min}\approx 0$ 时，用滤波法产生 SSB 信号比较困难。

由于单音上边带调制信号可以表示如式(5.43)

$$\begin{aligned} u_{SSBhH}(t) &= kU_{\Omega m}U_{cm}\cos(\omega_c+\Omega)t \\ &= kU_{\Omega m}U_{cm}\cos\Omega t\cos\omega_c t - kU_{\Omega m}U_{cm}\sin\Omega t\sin\omega_c t \end{aligned} \tag{5.43}$$

同理，单音下边带调制信号也可以表示如式(5.44)

$$u_{SSBL}(t) = kU_{\Omega m}U_{cm}\cos(\omega_c-\Omega)t$$

$$= kU_{\Omega m}U_{cm}\cos\Omega t\cos\omega_c t + kU_{\Omega m}U_{cm}\sin\Omega t\sin\omega_c t \tag{5.44}$$

式(5.43)和式(5.44)说明,SSB 信号可视作两 DSB 信号之和(相加/相减),各自的调制信号和载频信号从相位上来讲,分别相差 90°。因此,解决滤波法存在问题的办法之一是采用图 5.29(b)所示的移相法来获得 SSB 信号。这种方法是利用移相器将无用的边带分量加以抵消来获得 SSB 信号的,也就不再需要制作大衰减的边带滤波器。

应该指出,移相法也有缺陷,那就是它要求移相网络对 $u_\Omega(t)$ 中的所有频率分量都能够准确地移相 90°,这在实际中很难做到。由于滤波器的性能稳定可靠,因此,采用滤波法提取单边带信号仍是目前的主要方法。并且,当调制信号的下限频率 F_{min} 接近于零,高频段带通滤波器难以制作时,可以考虑采用图 5.30 示意的多次滤波法来获得 SSB 信号,由于该方式可以在低频段的载频 f_{c1}(它略大于 F_{max} 即

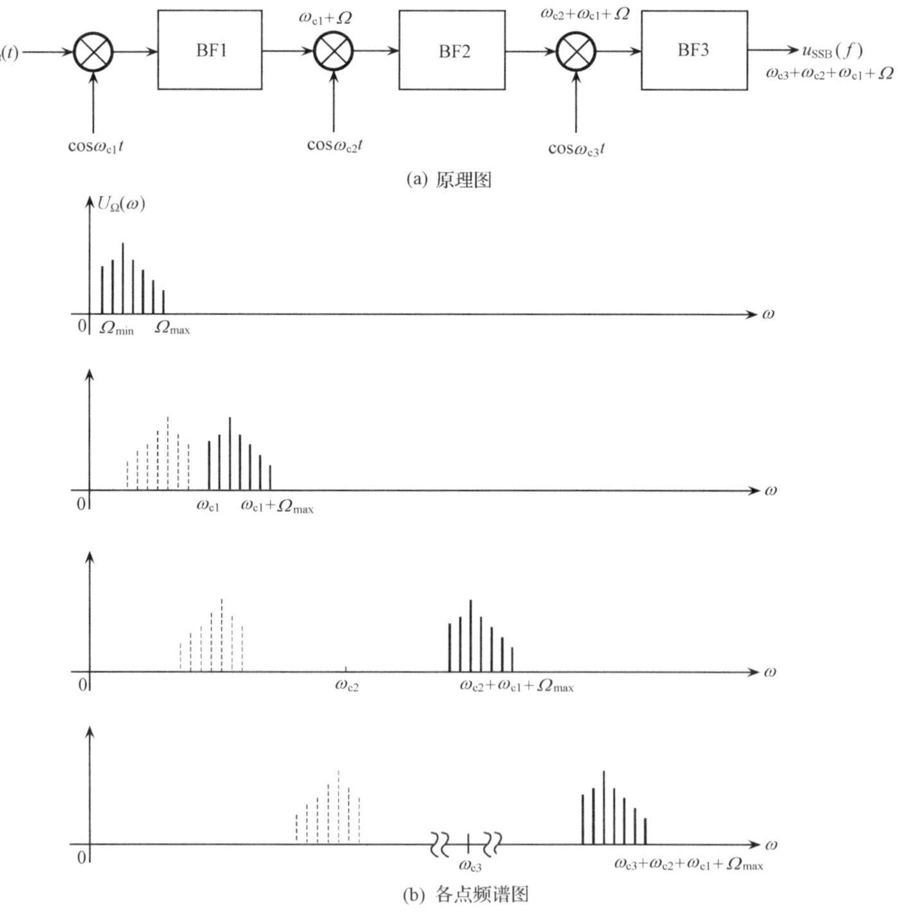

图 5.30 多次滤波法获得 SSB 信号

可)附近进行第 1 次边带滤波,因此,这种方式降低了边带滤波器的制作难度。移相法一般用在性能要求不高的小型发射机上。

5.2.3　高电平调幅电路

高电平调幅的原理框图如图 5.31 所示。为了在发射机输出级获得较大的输出功率和较高的调制效率,高电平调幅电路几乎都是用调制信号去控制高频谐振功率放大器的输出功率来实现调幅的。也就是说,它直接利用功放管的乙类或丙类非线性工作状态,来实现频谱的线性搬移的。这种调幅电路只能用来产生普通双边带调幅波,其突出优点是整机效率高,适用于大型通信或广播设备的普通调幅发射机。根据调制信号所加电极的不同,分基极调幅和集电极调幅等高电平调幅电路。

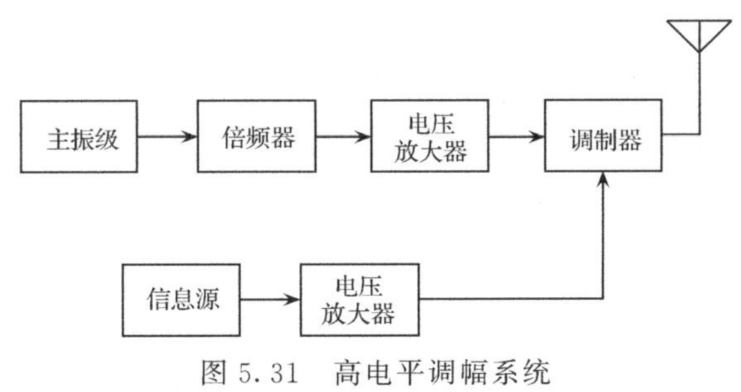

图 5.31　高电平调幅系统

图 5.32 示意的是高电平基极调幅器的原理电路,在此电路中,载波电压 $u_c(t)$ 和低频调制信号 $u_\Omega(t)$ 分别被高频变压器 T_{r1} 及低频变压器 T_{r2} 耦合到了晶体管的基极。C_2 为高频旁路电容,用来为高频电流提供通路,但它对低频调制信号呈现

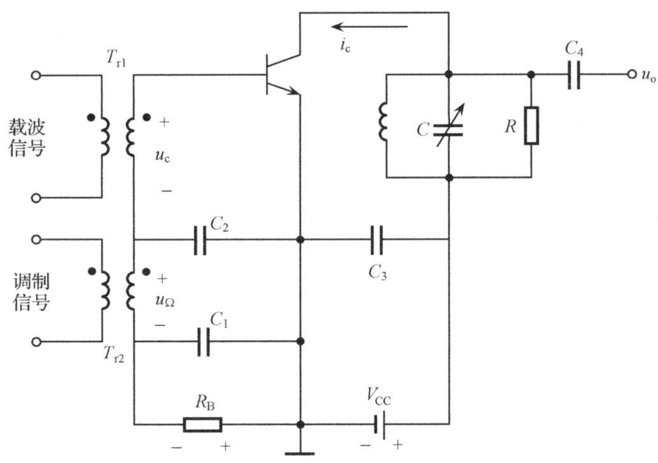

图 5.32　基极调幅电路

的容抗却很大。C_1 为低频旁路电容，用来为低频电流提供通路。在输出端，C 和 L 以及外接电阻 R 共同组成了通频带范围较宽的 LC 并联谐振回路，用来滤除集电极电流中无用的谐波分量，以便电路能够在功率放大高频正弦载波的同时，使其振幅按低频调制信号的规律变化，达到调幅的目的。C_3 为高频旁路电容，用来为高频已调信号电流提供通路。C_4 为耦合电容，负责将电路产生的 AM 调幅信号耦合给下一级电路。

若载波信号为 $u_c(t)=U_{cm}\cos\omega_c t$，调制信号为 $u_\Omega(t)=U_{\Omega m}\cos\Omega t$，则晶体管 BE 间电压 $u_{BE}=(V_{BB}+U_{\Omega m}\cos\Omega t)+U_{cm}\cos\omega_c t=V_{BB}(t)+U_{cm}\cos\omega_c t$。根据 $u_{BE}(t)$ 的波形，可以对应折线化后的晶体管转移特性曲线逐点描迹地绘制 $i_c(t)$ 波形，详见图 5.33。由于基极工作点电压 $V_{BB}(t)$ 随调制信号变化，导致 i_c 的振幅也随着调制信号而起伏（即为振幅随调制信号变化的余弦脉冲）。因此，如果带宽受限的集电极谐振回路被调谐在 f_c 上，则 i_c 所含基波电流（振幅随 $u_\Omega(t)$ 变化的余弦信号）在负载上建立的输出电压即为 AM 调幅信号。并且，欲减小调制失真并增强调制效率，应使这种调幅电路在调制信号动态范围内始终工作在丙类功率放大器的欠压状态下。所以，基极调幅电路的缺点是能量转换效率比较低。

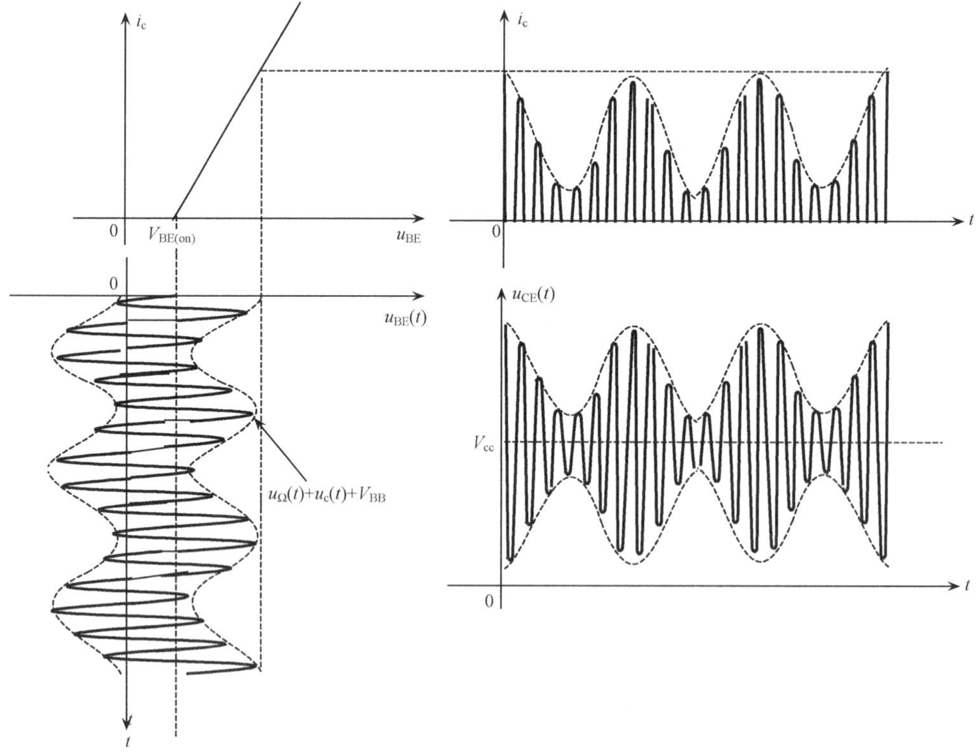

图 5.33　基极调幅各点波形图

图 5.34 示意的是集电极调幅电路，与基极调幅电路不同的是，调制信号通过低频变压器 T_{r2} 被加至晶体管的集电极，这样，因晶体管 CE 间的工作点电压 $V_{CC}(t)=V_{CC}+U_{\Omega m}\cos\Omega t$，它将随调制信号电压起伏，导致集电极电流为振幅随 $u_{\Omega}(t)$ 而缓变的余弦脉冲。因此，电路在放大高频正弦载波功率的同时，能够使载波的振幅也随低频调制信号而起伏，实现了调幅。并且，欲减小调制失真并增强调制效率，应使集电极调幅电路在调制信号动态范围内始终工作在丙类功率放大器的过压状态下。所以，集电极调幅电路的能量转换效率较高，适用于较大发射功率的调幅发射机。

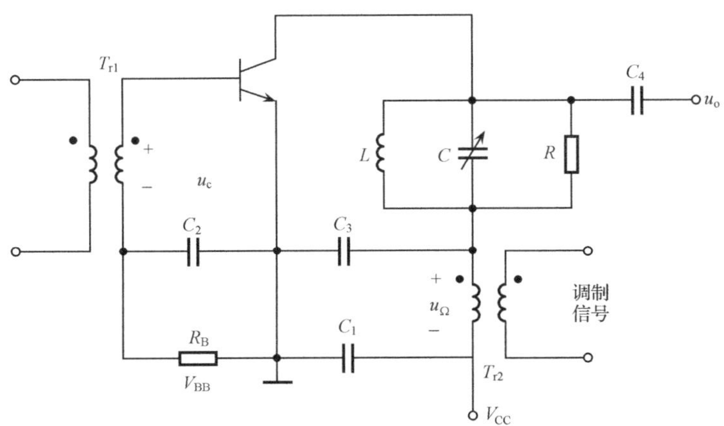

图 5.34 集电极调幅电路

5.2.4 调幅电路设计

1. 调幅电路的原理框图

由于调幅电路属线性频谱搬移电路，故无论产生哪一种调幅信号，都要像图 5.35那样用到乘法器和滤波器电路。因乘法器是含有非线性器件的电路，所以，典型相乘器电路有二极管 DBM 电路(平衡调制器 / 环形调制器)、模拟集成芯片如 MC1496/1596 加外围元件构成的电路以及三极管调幅电路等。

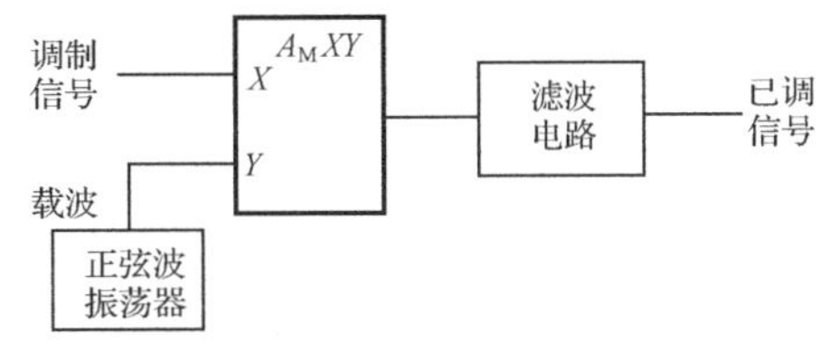

图 5.35 调幅电路原理框图

由前面的分析已知，当输入为调制信号和载波信号时，乘法器电路的输出信号中除了有用的上下边带分量以外，还含有许多无用组合频率分量，需要用带通滤波器来滤除这些无用的组合频率以及边带分量。

2. 电路设计要点

1）载波频率的选择

由于调幅是将调制信号的频谱线性地搬移到载波频率附近，因此，载频应根据实际需要来选择。那就是说，实际中往往要求将消息信号频谱搬移到中波或短波或超短波频段范围之内，以便通过这些波段传送信号，这就意味着待定载波频率属于这些频段。

另外，为了减小相对误差$\left(\delta=1-\cos\frac{\pi}{n}=\frac{1}{2}\left(\frac{\pi}{n}\right)^2\right)$，载波频率 f_c 和调制信号频率 F 之间应满足以下关系：

$$f_c = nF\text{（}n\text{ 为整正数）}$$

并且，实践经验表明，欲相对误差 $\delta<0.01$，则 $n>23$；欲 $\delta<0.001$，则 $n>71$。

2）核心电路——乘法器的设计要点

乘法器电路中一般含有二极管／三极管／模拟乘法器芯片等器件。如果基于 IC 芯片设计制作乘法器电路，因生产厂家一般会给出完整的芯片外围电路结构图以及相关元件的参数，设计者只需要按厂家的要求搭建电路，具体的元件参数值等可根据实际要求通过实验或者仿真来确定。由此可见，模拟乘法器芯片加外接元件构成的调幅电路是简单可行的。而用作模拟乘法器的集成芯片除了前述的 MC1496/1596 或 BG314 外，常用来构成线性频谱搬移电路的芯片还有 AD834 等。

高电平调幅电路基于高频谐振功率放大器，在其基础之上增加了低频调制信号的输入端置。因最终输出的是普通双边带调幅波，所以应设法增加输出端 LC 回路的通频带范围。另外，调制信号和载波信号宜采用变压器耦合的方式输入，输出也宜使用变压器耦合方式送至负载电路。当然，因这种电路除了完成调幅任务之外，还能够对信号实现功率放大，因此，电路设计时还需要满足高频谐振功率放大器的各项性能指标要求以及工作状态的要求等。

着手用二极管来构成相乘器时，为了使电路非线性作用产生的无用分量被尽量地平衡掉，就要保证所有二极管具有完全相同的伏安特性并满足 $U_{cm}\gg U_{\Omega m}$ 的条件。由于互感变压器具备阻抗变换作用和交流电压的耦合作用，采用变压器分别将调制信号和载波送入这类电路较为合理。这就意味着，应该合理地设置变压器初、次级的圈数，使两输入信号该大的振幅足够，该小的振幅微弱，致使二极管周而复始地随着强载波信号而变化，工作在开关状态下，成为能够产生上下边带等组合频率分量的非线性电路。

设计乘法器电路时除了注意以上问题外，还应注意下列各点：

(1) 保证输入输出端置的阻抗匹配。

如果设计时不考虑输入输出端置的匹配问题,将会产生反射波而致使乘积型电路的平衡性遭到破坏,增加不必要的辐射。因此,在可能出现不匹配的进出端口处,插入专门用来减小辐射的器件(如垫枕等),以降低不必要的辐射。

(2) 选择特性一致且性能优异的高频二极管。

虽然工作在开关状态下的二极管最好选择正向导通电阻为零,反向截止电阻为无穷大的二极管。但是,如此理想的二极管是不可能存在的。因此,实际中通过让所有二极管的正向特性达到一致来接近理想开关特性(正向电压低且PN结极间电容小的二极管比较容易达此效果)。而NEC公司生产的模块电路ND487C1-3R(用4只肖特基势垒二极管按环形结构搭成)这方面性能较好,可用它来作为二极管环形调制器中的非线性器件。

(3) 耦合信号电压用的变压器。

变压器宜使用环状磁铁芯或电视机中使用的UHF磁铁芯。前者是用直径为26mm的聚氨酯线在环状磁铁上绕制成图5.23或图5.24中的变压器T_{r1}和T_{r2},确保信号电压的耦合以及阻抗的变换等。

3) 滤波电路设计注意

调幅电路一般使用带通滤波器,其作用是从相乘器输出中取出有用的双边带或单边带分量,滤除因器件非线性作用所产生的无用组合频率分量或者多余的边带分量,确保输出信号的纯净。在图5.25或图5.26等调幅电路中用到的LC并联谐振回路是最简单的带通滤波器。其缺点是滚降系数较大,通频带范围窄,且选频性能也较理想特性相差甚远。我们在第3章还介绍过L/T/π形滤波网络,它们同时具备阻抗变换和滤波的作用,如果使用这类滤波器,则负载电路的接入对调幅电路的影响相对比较小且滤波效果也比较好。另外,如果用石英谐振器(JT)来设计带通滤波器的话,则会因为JT可以等效为高Q值电感而使它与电容搭成的LC滤波网络的特性更加接近理想带通特性。这类滤波器可用于滤波法产生SSB信号等对滤波器性能要求较高的系统。

5.3 调幅波的解调

5.3.1 检波器的基本介绍

接收机从收到的高频已调信号中还原消息信号(调制信号)的过程称解调。因调幅波的解调实质上是将寄载在高频已调波振幅上的消息信号还原出来。因而又被称作振幅检波,而实现这种功能的装置称振幅检波器,简称检波器。

振幅检波的方法有包络检波和同步检波两大类,包络检波器比较适合用来解调普通双边带调幅信号;而同步检波器既可以用来解调普通双边带调幅信号,也可以用来解调抑制载波的双边带及单边带调幅信号。由于同步检波电路比较复杂、成本高,主要用来解调 DSB 和 SSB 信号。

从频谱关系上看,检波器输入的是高频载波及边带分量,而输出的却是低频调制信号分量,因此检波过程也是一种频率变换过程,必须利用非线性元件等构成的具有相乘器功能的电路来实现检波。一般来讲,检波电路输出的有用成分应该是频率变换后的低频分量。

正常情况下,对检波器的技术指标有如下要求:

(1) 检波效率(又称电压传输系数)k_d 要高。检波效率是指检波器输出的低频电压振幅与输入的高频已调信号 u_i(含有调制分量)包络振幅之比,即

$$k_d = \frac{U_{om}}{m_a U_{im}} \leqslant 1$$

在相同的输入电压下,k_d 如果越高,则输出电压就越大,说明检波器对调幅波的解调能力越高。通常,二极管检波器的电压传输系数 $k_d<1$。

(2) 检波电路的输入电阻 R_i 要大。从检波器输入端看进去的等效电阻即为输入电阻 R_i,因检波电路通常作为中放级的负载,因此其输入电阻 R_i 越大,对前级电路的影响就越小。

(3) 检波失真要小。如果接收机中检波器解调输出的调制信号波形与发端消息信号波形不一致,就意味着有了失真。输出波形的失真程度和失真的产生原因,将随输入信号的大小和检波器工作状态的不同而有所不同,应当尽量避免或减少检波失真。

除了上述主要性能指标以外,还要求检波器的滤波性能要好,以便使无用的高频分量尽量不随同低频分量进入后级电路。

5.3.2 二极管包络检波电路

二极管包络检波器的原理电路如图 5.36 所示。在该电路中,V_D 为检波二极管,R 是检波器的直流负载电阻,电容器 C 起高频旁路作用,R 和 C 实际上组成了低通滤波电路。该电路既可用于小信号检波又可用于大信号检波。如果输入信号幅度大于 0.5V,则它将工作在大信号包络检波状态。大信号包络检波分峰值包络检波和平均值包络检波两类,由于前者电路简单,性能良好而获得广泛地应用,并且适用于普通调幅信号的解调。为此,下面主要介绍这种大信号峰值包络检波器的工作原理。

1. 工作原理

在图 5.36 所示电路中,来自中放的普通双边带调幅电压通过互感变压器耦合

到本级，即电路输入的是 AM 调幅波。电路中，R 为检波器的直流负载电阻，其数值较大，当低频电流流过 R 时将获得低频电压；C 为滤波电容，对无用高频信号起旁路作用，以使高频信号电压全部降在二极管上，提高检波效率。

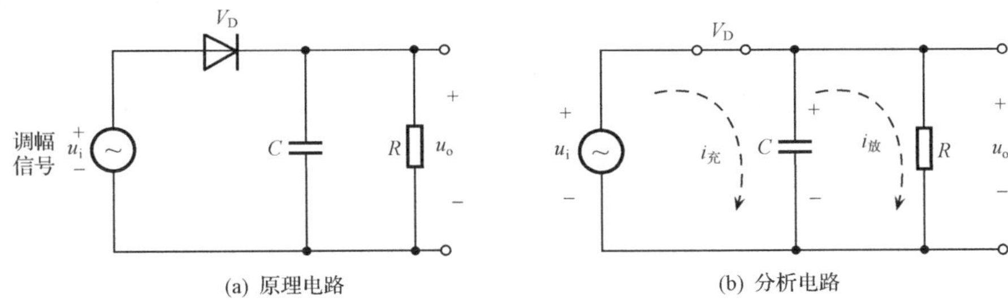

图 5.36　二极管峰值包络检波器

大信号检波与小信号检波工作原理的区别在于检波二极管所处状态有所不同。小信号检波时，二极管 V_D 在偏置电压作用下始终处于导通状态。而大信号检波时，利用二极管加正向电压（$u_i \geqslant 0$ 时）会导通，加反向电压（$u_i < 0$ 时）会截止的非线性特性来实现频率变换。这种情况下，由于输入信号幅度一般较大，可以使二极管工作在受 u_i 控制的开关状态下，因此，其等效电路如图 5.36(b)所示。工作在开关状态下的二极管特性曲线可以用分段的折线特性来近似，这使得输出检波电流与输入高频信号电压的振幅成线性关系，所以这种检波方式属于线性检波。当然，线性检波是指用检波电流代表的检波特性是线性的，但实际检波仍然利用二极管截止与导通的非线性伏安特性来完成。下面就对照图 5.37 来说明这种检波原理。

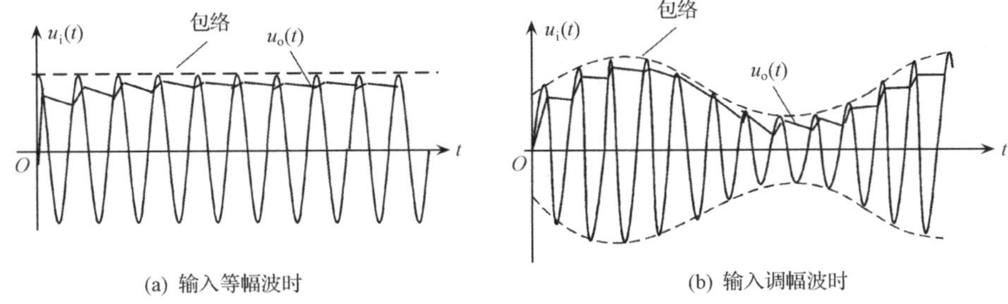

图 5.37　两种情况下检波器的波形

先假设输入的高频信号电压 $u_i = U_{im}\cos\omega_c t$（等幅正弦波），当它被加至电路时，最初，因电容上的电压 u_C 为零，故 u_i 被直接加在二极管 V_D 两端。当 $u_i \geqslant 0$（正半周）时，V_D 导通并对电容 C 充电。充电速度取决于充电时间常数 $r_d C$（r_d 为二极管的正向导通电阻）。由于 r_d 很小，i_d 很大，所以电压 u_C 就会因充电很快而迅速地接近输入信号的峰值。

电容上的电压建立起来以后，通过信号源反向地加至二极管 V_D，使 $u_D=u_i-u_o$，这时 V_D 的导通与否由电容端电压 u_C 与输入信号电压 u_i 共同决定。一旦输入信号电压减小至 $u_i<u_C$，V_D 就会截止。电容 C 上储存的电荷就要通过电阻 R 放电，放电速度取决于电路的时间常数 RC。由于 $R\gg r_d$，所以放电时间常数较充电时间常数大，形成快充慢放。由于 $u_i=U_{im}\cos\omega_c t$ 会每隔一个周期重复变化一次，导致电容时而被充电，时而又放电，因而输出电压 $u_o=u_C=u_i-u_D$ 随时间的变化图形为图 5.37(a)所示的锯齿波状波形。该波形的变化规律非常接近输入高频正弦波的包络(即 u_i 的振幅 U_{im})。

如果检波电路的输入信号电压是普通调幅波，即 $u_i=u_{AM}(t)=U_{cm}(1+m_a\cos\Omega t)\cos\omega_c t$。则当 $u_{AM}\geqslant 0$(正半周)时，V_D 导通并对电容 C 充电。由于充电时间常数中的 r_d 很小，所以 u_C 会迅速地接近输入信号的峰值。

同样，u_C 建立起来后，通过信号源反向地加至 V_D，使 $u_D=u_{AM}-u_o$，这时 V_D 的导通与否由电容端电压 u_C 与输入信号电压 u_i 共同决定。一旦输入信号电压减小至 $u_{AM}<u_C$，V_D 就会截止。电容 C 上储存的电荷通过电阻 R 缓慢地放电，形成快充慢放。当调幅信号电压变换至下一个周期时，只要电压超过 u_o，V_D 又导通，C 又充电，这样周而复始地变化，使电容电压(即输出电压 u_o)重现了输入调幅信号包络的形状，完成了峰值包络检波。

以上分析是粗略的，只是简单地证明了该包络检波器可以完成 AM 调幅波的解调任务。下面对照图 5.38 用折线分析法来对电路进行较为详尽地分析，从而进一步证明该电路确实能够实现对普通调幅波的解调，并由此而得知流过检波管的电流成分等。折线化后的检波管伏安特性如图 5.38 所示，其中 $U_{BE(on)}$ 为转折电压，它将管子的工作区分成了导通区和截止区。另外，原理电路图中的电容 C 对高频电流的旁路作用，使 $u_D\approx u_i$。这样一来，如果输入信号电压为等幅高频余弦波，则当 $u_i\geqslant U_{BE(on)}$ 时，检波管导通，电流 i_D 将随 u_i 线性变化。

当 $u_i<U_{BE(on)}$ 时，管子截止，$i_c\approx 0$。因此，流过检波管的电流 i_D 的波形见图 5.38(a)，它为周期余弦脉冲，可以用傅里叶级数展开为

$$i_D=I_0+I_{1m}\cos\omega_c t+I_{2m}\cos 2\omega_c t+I_{3m}\cos 3\omega_c t \tag{5.45}$$

式(5.45)说明，当输入为高频等幅正弦波时，流过 V_D 的电流中含有直流分量、基波分量以及二次谐波等高频分量，因此，只要低通滤波电路的元件 R 和 C 等选择合适，就能滤除高频分量，使输出电压 $u_o=I_0\cdot R=U_o\approx U_{cm}$(即近似等于输入信号的包络)。

同理，当输入为 AM 调幅波时，由图 5.38(b)可见，检波电流 i_D 波形呈调幅余弦脉冲状(即 i_D 振幅输入信号包络形状相对应)。若用傅里叶级数展开分析可见，它含有三种频率成分：直流、低频调制信号(与输入包络变化规律近似)、高频载波的基波或谐波或组合频率分量。致使输出电压 u_o 中既含有低频信号，又含有直流

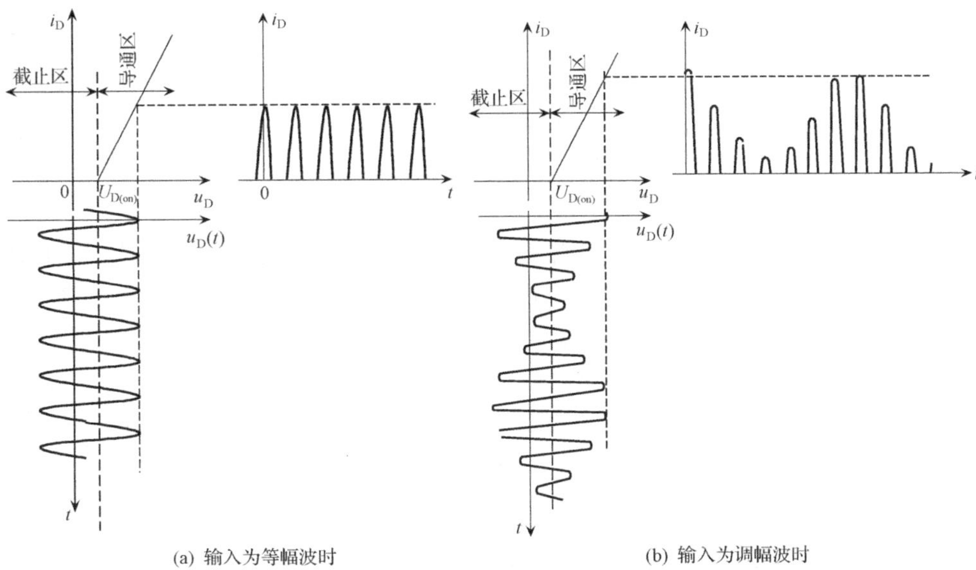

图 5.38　检波器的压流波形图

分量(它可以反映接收信号的强弱),同时还含有与载波有关的高频分量。由于电容 C 上的波动电压略小于载波电压的峰值,只要设法把波动电压的高频成分滤除掉,就可获得有用的检波输出电压。因此,适当地选择 RC 时间常数,使 $RC \gg T_c = 2\pi/\omega_c$,可提高输出低频分量、抑制高频分量,可认为电容 C 上的电压将按调幅波的包络规律起伏。充分说明该二极管电路具有解调 AM 调幅波,复原调制信号的功能。

2. 主要性能指标

二极管大信号包络检波器有电压传输系数、输入电阻和失真等三个主要性能指标,下面分别讨论之。

1) 电压传输系数 k_d

由图 5.38 可见,当 $u_i = U_{im}\cos\omega_c t$ 时,检波器输出电压 $u_o = U_o$ 接近于输入电压的振幅 U_{cm}。因此,这种检波方式的电压传输系数可达 0.9 以上。k_d 是不随信号电压而变化的一个常数,其大小由二极管的内阻 r_d 和直流负载电阻 R 等决定。R 值越大,则 K_d 越高,但电阻值要受其他因素的制约。

2) 输入电阻 R_i

电路理论表明,对于串联型检波电路(指输入信号、检波二极管和负载三者成串联关系)而言,在大信号检波时,因负载电阻 $R \gg r_d$(二极管正向导通电阻),所以检波器的输入电阻 $R_i \approx \frac{1}{2}R$。因此,R 越大,则检波器输入电阻就越大,前级电路的负担就越轻。

3）检波失真

检波器输出电压波形与输入信号包络之间，最好只有时间上的延迟或幅度上的线性比例变化，而不能出现非线性或线性失真。但是，当某些条件无法满足时，会导致以下失真：

① 惰性失真。

如上所述，要想提高检波效率或具有良好的滤波效果，应该选取比较大的 RC 值。但是，如果 RC 时间常数过大，则电容 C 的放电速度就比较慢，致使在输入信号包络的下降时期，检波管始终处于截止状态，导致输出电压无法跟随输入信号包络的变化，而是按电容 C 的放电规律变化，与输入无关，如图 5.39 中 $t_1 \sim t_2$ 期间波形所示。只有当输入信号振幅重新超过输出电压时（如 $t_1 > t_2$ 时），电路才恢复正常。这种失真称为“惰性失真”（有时也叫“对角切割失真”或“放电失真”）。

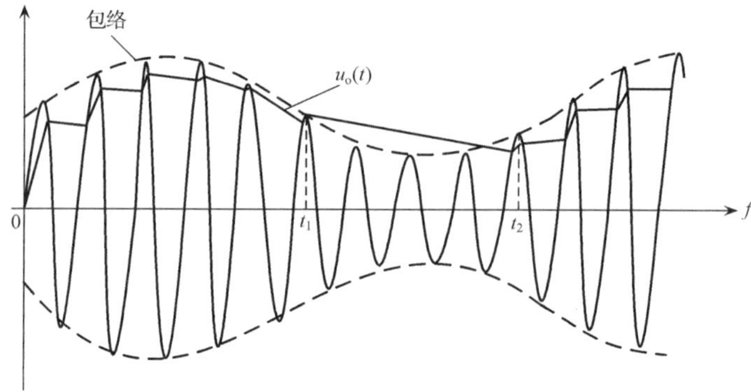

图 5.39　惰性失真示意

为了防止产生惰性失真，在任何一个高频 AM 调幅信号的周期内，必须在输入信号包络下降较快的时期内，保证电容 C 通过电阻 R 放电的速度大于包络的下降速度。如果对电路作进一步的定量分析可以发现，为了确保在调制信号的角频率达到最大角频率 Ω_{max}（调制信号频率高意味着包络变化速度快）时也不产生惰性失真，必须满足以下条件：

$$RC \leqslant \frac{\sqrt{1-m_a^2}}{m_a \Omega_{max}} \tag{5.46}$$

式(5.46)表明，m_a 和 Ω_{max} 数值如果越大，容许的 RC 值就越小。否则就越容易引起惰性失真。但是，从提高检波器的电压传输系数和高频滤波能力来看，RC 值又应尽可能地大，所以，其最小值当满足以下条件：

$$RC \geqslant \frac{5 \sim 10}{\omega_c} \quad （经验公式） \tag{5.47}$$

式(5.47)其实是一个源于实践的经验公式。而综合式(5.46)和式(5.47)，可得不至于产生惰性失真的 RC 可供选用数值范围为

$$\frac{5\sim10}{\omega_c}\leqslant RC\leqslant\frac{\sqrt{1-m_a^2}}{\Omega_{max}m_a} \tag{5.48}$$

② 负峰切割失真。

为了只将检波器输出的有用低频信号传送给负载 R_L，需在电路中接入一个大容量隔直耦合电容 C_C，如图 5.40 所示。由该电路图见，因电容 C 对高频的旁路作用以及 C_C 的隔直通低频交流作用，所以，理想情况下，图中二极管的负载电阻 $Z(j\omega)$ 随检波电流中频率成分而如此变化。

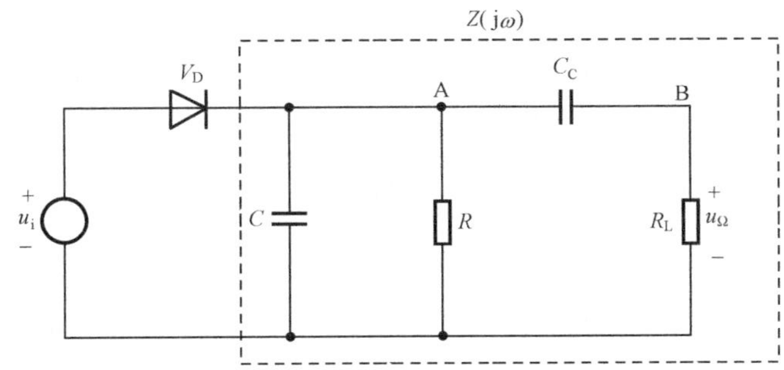

图 5.40　有载二极管峰值包络检波器

直流负载电阻

$$Z(0)=R \tag{5.49a}$$

低频交流负载电阻

$$Z(\Omega)=R_\Omega=\frac{RR_L}{R+R_L} \tag{5.49b}$$

高频交流负载电阻

$$Z(\omega_c)\approx0\ (\text{电容 }C\text{ 对高频的旁路作用}) \tag{5.49c}$$

正是由于交直流负载电阻的不等，才会引起输出低频交流电压的底部可能被切割，从而产生所谓负峰切割失真，现分析如下：

假设检波器输入电压 $u_i=u_{AM}(t)=U_{cm}(1+m_a\cos\Omega t)\cos\omega_c t$，二极管导通电压可以忽略，电压传输系数 $k_d\approx1$。则图 5.40 电路 A 点对地电压 $u_A=U_{cm}(1+m_a\cos\Omega t)$；B 点对地电压 $u_\Omega=m_aU_{cm}\cos\Omega t$。由于隔直电容很大，因此在 C_C 两端建立电压 $u_C=U_{cm}$，且它在包络一个周期内维持不变。u_C 在 V_D 截止期间将在电阻 R 上建立分压 u_R，其值为

$$u_R=u_C\frac{R}{R+R_L}=U_{cm}\frac{R}{R+R_L} \tag{5.50}$$

电压 u_R 对二极管 V_D 来讲是一静态反向偏压，可用 U_R 表示。在输入调幅信

号振幅最小值附近，若电压数值小于 U_R，则该期间内 V_D 截止，使电容 C 只放电不充电。由于 $C_C \gg C$，且在包络一个周期内 U_C 保持不变，这使 C 放电后，u_R 被维持在 U_R 上，造成输出电压波形的底部如同被切割，如图 5.41 所示。

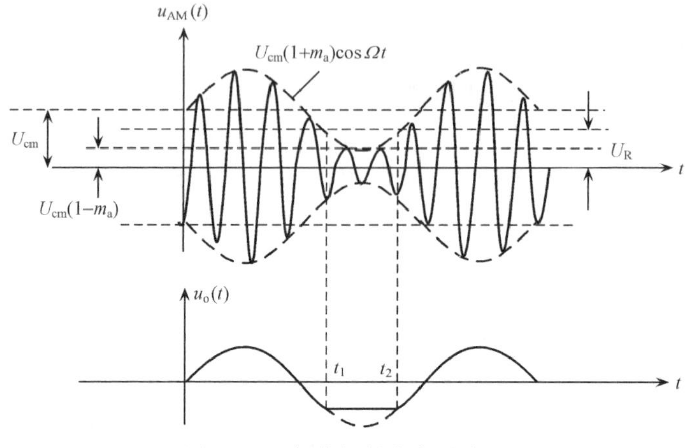

图 5.41　负峰切割失真示意图

由上述分析可见，欲避免产生负峰切割失真，必须让输入调幅波最小振幅值满足条件

$$U_{cm}(1-m_a) \geqslant u_R = U_{cm}\frac{R}{R+R_L} \tag{5.51}$$

而由式(5.51)推导可得

$$m_a \leqslant \frac{r_{i2}}{R+r_{i2}} = \frac{R_\Omega}{R_L} \tag{5.52}$$

式(5.52)说明，调幅系数 m_a 一定时，如果低频交流负载电阻 R_Ω 越接近直流电阻 R，则出现负峰切割失真的可能性就越小。R_Ω 的表达式见式(5.49b)，由该式知，欲加大 R_Ω，需提升负载 R_L。提升的办法有很多，譬如：①在检波电路与下级放大器之间接入射极跟随器，使前后级电路相互隔离以减轻后级电路的影响。②可以将直流负载电阻 R 一分为二后再与下级电路级联，如图 5.42 所示，这样也可以减小交、直流负载的差别，减小产生负峰切割失真的几率。

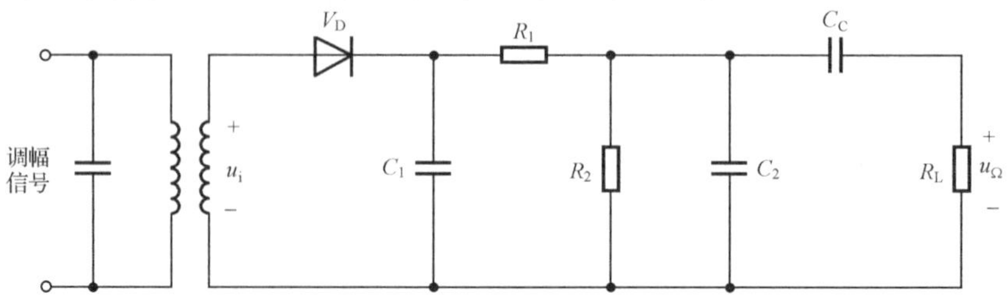

图 5.42　可减小负峰切割失真的二极管包络检波器

在图5.42所示电路中，交直流负载电阻分别为

$$Z(0)=R=R_1+R_2 \tag{5.53}$$

$$Z(\Omega)=R_\Omega=R_1+\frac{R_2R_L}{R_2+R_L} \tag{5.54}$$

由式(5.54)可见，当R一定时，R_1越大，则交、直流负载的差别就越小，负峰切割失真也就越不容易产生。但是，因R_1、R_2的分压作用，通常会使有用的低频输出电压也有所减小，因此通常取$R_1=(0.1\sim0.2)R_2$(经验关系式)。

另外，为了进一步滤除无用的高频分量，通常还可以在R_2上再并接一个高频旁路电容C_2(见图5.42)。

③ 频率失真。

除上述的非线性失真外，还要考虑电容C对调制信号上限频率Ω_{max}，以及电容C_C对下限频率Ω_{min}的影响，必须保证$R\gg\frac{1}{\Omega_{max}C}$和$R_L\ll\frac{1}{\Omega_{min}C_C}$，才能避免检波器的频率失真。

例5.4　已知AM调幅波载频$f_c=465\text{kHz}$，调制信号频率范围为0.3～3.4kHz，$m_a=0.3$，$R_L=10\text{k}\Omega$，试确定图5.42所示二极管峰值包络检波器有关元器件的参数。

解　各元件参数选择一般按以下步骤进行。

(1) 选择检波二极管。

因为电路属于峰值包络检波器，所以目前阶段一般选用正向电阻小、反向电阻大、结电容很小而开关速度却很快的肖特基开关二极管。

(2) RC时间常数应同时满足无惰性失真和频率失真的条件：

① 电容$C_1=C_2=C$应该对载频及其谐波分量近似短路(旁路作用)，故应有$\frac{1}{\omega_cC}\ll R$，即$RC\gg\frac{1}{\omega_c}$，通常取$RC\geqslant\frac{5\sim10}{\omega_c}$(经验公式)。

② 将已知条件代入避免惰性失真条件$RC\leqslant\frac{\sqrt{1-m_a^2}}{m_a\Omega_{max}}$可得

$$(1.7\sim3.4)\times10^{-6}\leqslant RC\leqslant0.15\times10^{-3}$$

(3) 应满足无底部切割失真条件。

设$\frac{R_1}{R_2}=0.2$，则$R_1=\frac{R}{6}$，$R_2=\frac{5R}{6}$。为避免底部切割失真，应有$m_a\leqslant\frac{R_\Omega}{R_L}$，其中，$R_\Omega=R_1+\frac{R_2R_L}{R_2+R_L}$。代入已知条件可得$R\leqslant63\text{k}\Omega$。因为检波器的输入电阻$R_i$不应太小，而$R_i\approx\frac{R}{2}$，所以$R$不能太小。取$R=6\text{k}\Omega$，另取$C=0.01\mu\text{F}$，这样，$RC=0.06\times10^{-3}$，满足上一步对时间常数的要求。因此，$R_1=1\text{k}\Omega$，$R_2=5\text{k}\Omega$。

(4) C_C 的取值应使低频信号能有效地耦合到负载电阻 R_L 上，即满足 $\frac{1}{\Omega_{min}C_C} \ll R_L$ 或 $C_C \gg \frac{1}{R_L\Omega_{min}}$，取 $C_C=47\mu F$。

5.3.3 同步检波器

上述二极管峰值包络检波器只能用来解调包络随调制信号线性变化的普通AM调幅波，而不能用来解调抑制载波的双边带DSB及单边带SSB信号，这是因为这类调幅信号的包络无法直接反映调制信号变化规律的缘故。要解调这两种信号，必须采用同步检波法。

实现同步检波的方法有两种，一种是用模拟乘法器构成的乘积型同步检波电路；另一种是由二极管构成的叠加型同步检波电路。不管是哪一种，都必须为检波电路提供一个与发载波同频同相(即同步)的本地相干载波信号 $u_r(t)$。本地相干载波与调幅波相乘，就能产生新的频率成分，而这些分量中将含有低频调制信号分量以及其他一些组合频率分量。再经过低通滤波器就可以重建调制信号。这种检波方式用来解调抑制载波的双边带或单边带调幅信号最为合适。当然，它也可以用来解调普通双边带调幅信号，这时相干载波的作用是加强输入信号中的载波分量。

1. 乘积型同步检波电路的结构与解调原理

1) 普通调幅波的解调电路

利用乘法器构成的普通AM调幅波的同步检波器原理框图如图5.43所示。图中，调幅信号电压 $u_{AM}(t)$ 被加至乘法器的 X 输入端，而经限幅放大后的信号可作为同步参考电压(即本地载波信号) $u_r(t)$，被加至乘法器的 Y 输入端。

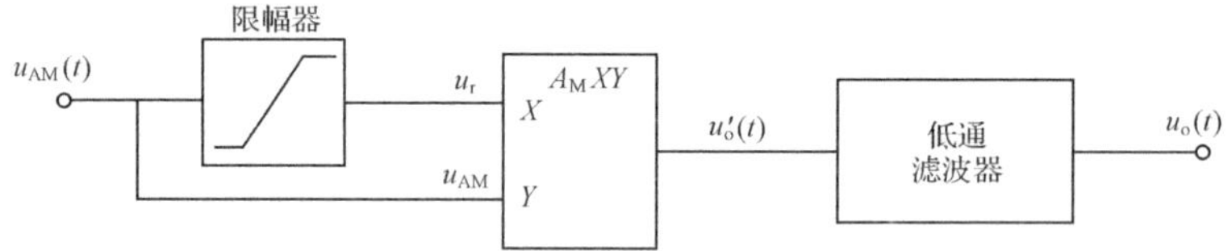

图 5.43　乘积型AM检波原理电路

设输入调幅电压：$u_{AM}(t)=U_{cm}(1+m_a\cos\Omega t)\cos\omega_c t$，则其经限幅器后的输出电压可以表示为 $u_r(t)=U_{rm}\cos(\omega_c t+\varphi)$，可见，它是一个等幅正弦波。其中 φ 是限幅器引起的相移，显然 φ 越小越好，最好等于0，以使输入到乘法器的两个信号同频同相，满足同步检波的要求。这时，乘法器输出电压为

$$\begin{aligned}u_o'(t) &= A_M u_{AM}(t)u_r(t)\\ &= A_M U_{cm}U_{rm}(1+m_a\cos\Omega t)\cos^2\omega_c t\\ &= A_M U_{cm}U_{rm}(1+m_a\cos\Omega t)(\frac{1}{2}+\frac{1}{2}\cos 2\omega_c t)\end{aligned}$$

$$
\begin{aligned}
&=\frac{1}{2}A_{\mathrm{M}}U_{\mathrm{cm}}U_{\mathrm{rm}}+\frac{1}{2}A_{\mathrm{M}}U_{\mathrm{cm}}U_{\mathrm{rm}}m_{\mathrm{a}}\cos\Omega t+\frac{1}{2}A_{\mathrm{M}}U_{\mathrm{cm}}U_{\mathrm{rm}}\cos2\omega_{\mathrm{c}}t \\
&\quad+\frac{1}{4}A_{\mathrm{M}}U_{\mathrm{cm}}U_{\mathrm{rm}}m_{\mathrm{a}}\cos(2\omega_{\mathrm{c}}+\Omega)t+\frac{1}{4}A_{\mathrm{M}}U_{\mathrm{cm}}U_{\mathrm{rm}}m_{\mathrm{a}}\cos(2\omega_{\mathrm{c}}-\Omega)t
\end{aligned}
\tag{5.55}
$$

由式(5.55)可见，该信号经低通滤波器后，即可获得低频调制信号 $u_{\mathrm{o}}=U_{\Omega\mathrm{m}}\cos\Omega t$(保留上式中的第 2 项，去除其他项)。因输出信号幅度 $U_{\Omega\mathrm{m}}=\frac{1}{2}km_{\mathrm{a}}U_{\mathrm{cm}}U_{\mathrm{rm}}$ 正比于调幅波的包络变化幅度 $m_{\mathrm{a}}U_{\mathrm{cm}}$，因此，该检波方式线性良好，不会引起包络失真。并且，即使输入电压 $u_{\mathrm{AM}}(t)$ 小到几十毫伏的数量级时，也不至于产生失真。这就大大降低了对中放增益的要求。从式(5.55)还可看到，因 $u_{\mathrm{o}}'(t)$ 中没有载频分量，因而不会造成检波级的中频辐射，提高了中频放大器的工作稳定性。因此，用乘法器构成的同步检波电路现已经得到广泛地应用。

另外，从图 5.44 示意的乘积型 AM 检波器的各点时域波形及其频谱图也可

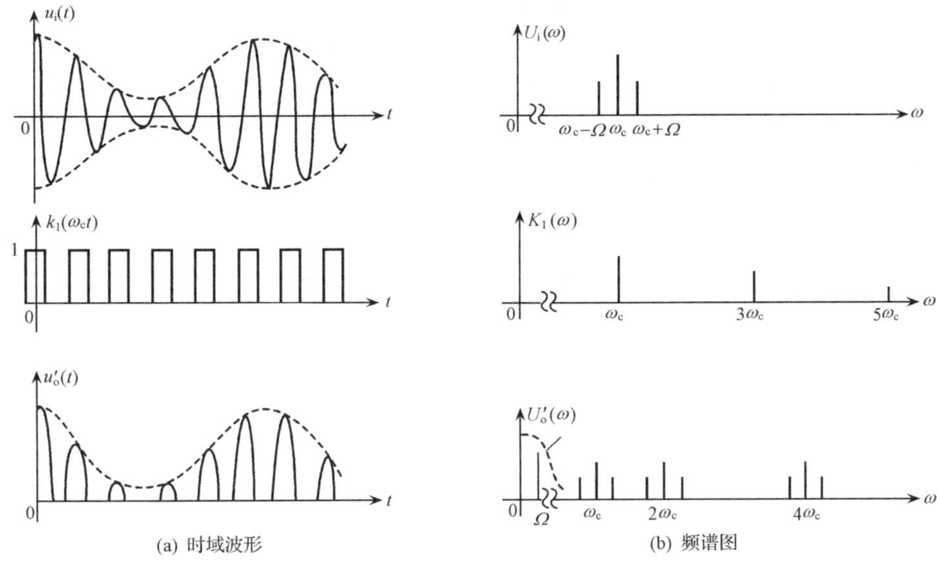

图 5.44　乘积型检波器的波形及频谱图

以佐证该法解调调幅波的可行性。

2) DSB 或 SSB 信号的解调

解调 DSB 或 SSB 信号的乘积型同步检波器原理框图见图 5.45。要求图中的本地载波 $u_{\mathrm{r}}(t)$ 的频率与相位必须与输入调幅波中的载波同步(同频同相)，而这种

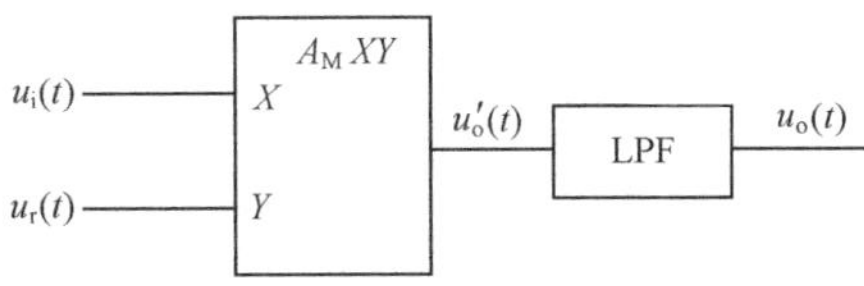

图 5.45　乘积型 DSB 检波原理框图

同步载波要用专门的载波提取电路来获得。

设单音 DSB：$u_{DSB}(t)=m_a U_{cm}\cos\Omega t\cos\omega_c t$；同步载波：$u_r(t)=U_{rm}\cos\omega_c t$；则相乘器输出电压为

$$\begin{aligned} u_o'(t) &= A_M u_{DSB}(t) u_r(t) = A_M m_a U_{cm} U_{rm} \cos\Omega t \cos^2\omega_c t \\ &= \frac{1}{2} A_M m_a U_{cm} U_{rm} \cos\Omega t + \frac{1}{2} A_M m_a U_{cm} U_{rm} \cos\Omega t \cos 2\omega_c t \end{aligned} \tag{5.56}$$

由式(5.56)可见，相乘器输出再经低通滤除高频分量(第 2 项)后，即可获得有用的低频调制信号(第 1 项)。

同理，该原理电路也可以实现单边带信号的解调，请读者自行推导证明。

利用模拟乘法器构成的检波器对双边带或单边带信号进行解调的优点是检波线性好，即使是输入信号很小，检波失真也会很小。同时，模拟乘法器对本地载波信号的幅度大小也无严格要求，即使相干载波幅度较小，同样也能够实现线性检波。

由模拟集成芯片 MC1496 及外围元件构成的同步检波电路如图 5.46 所示，在该电路中，高频调幅信号电压 u_i 和本地载波信号电压 u_r 分别通过两个 0.1μF 耦合电容加至芯片的输入端置 10 脚和 1 脚，芯片 12 脚输出的乘积项再经输出端的 RC π 形低通滤波器滤除无用高频分量后，将重建低频调制信号通过 1μF 的电容耦合给下级电路。外围元件还包括了高频旁路电容、增加线性动态范围的负反馈电阻、直流偏置电阻以及分压电阻等。

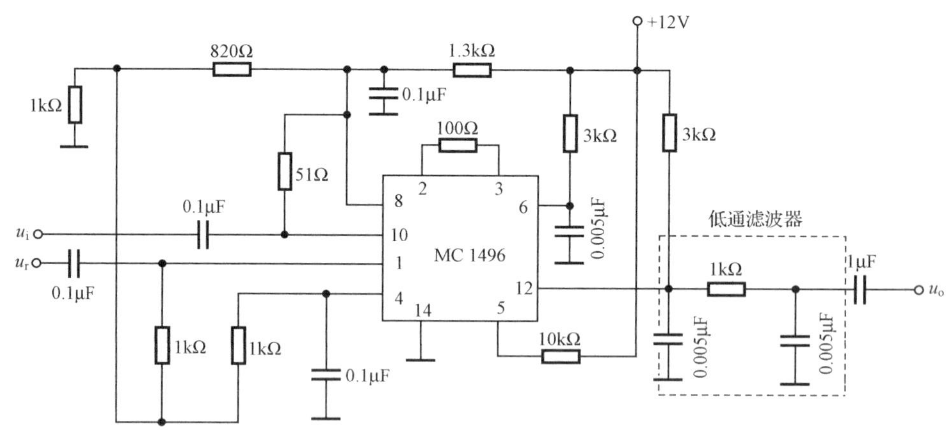

图 5.46　用 MC1496 搭建的同步检波器

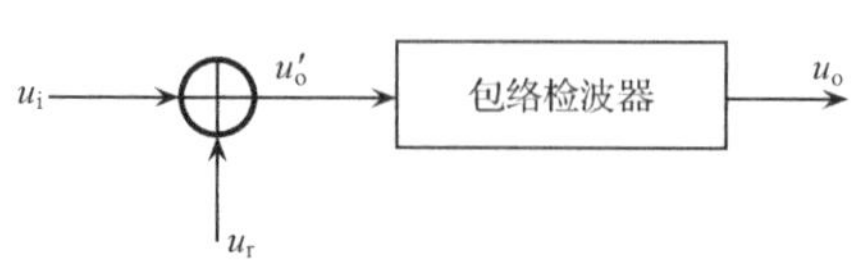

图 5.47　叠加型同步检波原理框图

2. 叠加型同步检波电路的解调原理

抑制载波的 DSB 或 SSB 信号除了可以采用上述乘积型同步检波电路解调外，还可用图 5.47 示意的叠加型同步检波器来解调。假设该电路输入为 $u_i(t)=U_{im}\cos\Omega t\cos\omega_c t$（单音 DSB 信号）；$u_r(t)=U_{rm}\cos\omega_c t$（本地相干载波），则相加器输出信号

$$u_o'(t)=U_{im}\cos\Omega t\cos\omega_c t+U_{rm}\cos\omega_c t=U_{rm}\left(1+\frac{U_{im}}{U_{rm}}\cos\Omega t\right)\cos\omega_c t$$
$$=U_{rm}(1+m_a\cos\Omega t)\cos\omega_c t \tag{5.57}$$

由式(5.57)可见，只要 $m_a=\dfrac{U_{im}}{U_{rm}}\leqslant 1$，则相加器输出的就是无过调失真的 AM 调幅波，再用后面的包络检波器就能实现最终的解调。

5.3.4 振幅检波电路设计

1. 检波原理描述

前面已知，振幅检波电路也属线性频谱搬移电路，故此，除了使用二极管包络检波器来解调 AM 调幅波外，可用图 5.45 示意的乘积型同步检波器或图 5.47 示意的叠加型同步检波器来解调调幅波。所以，振幅检波电路的基础电路有二极管包络检波器、乘法器以及滤波器等。而用于检波器的模拟集成芯片有 MC1496/1596，BG314，AD834 等。

振幅检波器的任务是检测出频率相对载波频率更低的调制信号（消息信号），滤除无用的高频信号。因此，要用到的滤波器自然是低通滤波器。

2. 电路设计要点

在设计大信号条件下工作的二极管峰值包络检波器时，欲避免发生惰性失真和负峰切割失真，一般以图 5.40 作为设计蓝本。而元件的选择原则大致如下：

检波管最好采用正向导通电阻和结电容都比较小的二极管，这样，才有利于实现有效的频率变换，也有利于将低频电压有效地传送给负载。目前，符合这些要求的管子是肖特基二极管（简称 SBD），SBD 的特点是工作速率高，反向电压和正向电压都很低，无论是大信号应用还是小信号应用的性能都比早先用过的硅管和锗管都好。滤波电容 C_1 和 C_2 以及耦合电容 C_C 的选择要考虑减小频率失真等问题；电阻 R_1 和 R_2 的大小要合适，既要避免惰性失真，又要将检出的低频电压尽量送给负载电路。另外，R_1 和 C_1、C_2 实质上组成了的低通滤波电路，参数选择要符合低通截止频率的要求。欲确保信号的振幅大小及阻抗匹配等因素，来自中放的调幅信号一般由互感变压器耦合过来。

设计同步检波器的关键技术之一是本地同步载波的获得。可以证明，若接收端的本地载波与发载波不相同步，则这类检波器的输出波形就会失真。而本地同步载波的获得方式有多种，通信领域中常采用锁相环法。接收端有了本地相干载波，就可以利用乘法器和低通滤波器实现对调幅波的解调，或者将抑制载波的调幅

波与本地载波相加，将其变换成 AM 调幅波后再用包络检波器实现解调。乘积型同步检波器同样可以使用模拟乘法器芯片如 MC1496/1596 或 BG314、AD834 等作为相乘器的基本器件。

5.4 混频电路

5.4.1 混频原理

1. 混频器的作用

在接收机前置放大器中，电压增益、工作频带以及选择性等重要性能参数的选择往往是相互矛盾而又无法兼顾的。故而接收机要从天线感应到的众多干扰和信号中，筛选出有用信号并加以高增益放大，存在着很多困难。另外，还很容易在整个接收频段内，造成性能不均匀、工作不稳定等现象。因此，通常在接收机前端接入一种线性频谱搬移电路，它能够将收到的已调信号中心载频转换成另一固定载频(称作“中频”)。并且，要求这种电路在频率变换过程中，不改变原来的调制类型(如调幅或调频等)和调制参数(如调制频率或调制指数等)。这种电路就是所谓混频器或变频器。由于中频频率是固定的，因而设计和制作对电压增益和选择性要求都颇高的中频放大器变得比较容易了。再者，由于高放级、变频级和中放级的工作频率各不相同，因此放大电路不易自激，相互影响有所减弱，且解调器的设计制作也变得相对容易些。使整机工作更加稳定、性能更加完善。

2. 混频器的组成

既然混频过程也是一种频谱的线性搬移过程，这种变换能够在保持信号频谱形状及包络变化规律于不变的前提下，将输入已调波中心载频由原来的 f_s 变成固定中频 f_i。因此，可以用与振幅调制与解调类似的方法来实现混频。

由本章 5.1 节已知，如果两个不同频率的正弦波作用到非线性器件，则流经该器件的电流中就会含有很多组合频率分量。同样，如果这两信号作为模拟乘法器输入信号的话，则其输出电压中也会含有许多组合频率分量。再用带通滤波器来选出其中的中频分量，即可实现所谓混频。因此，完整的混频电路中，除了必须含有非线性器件或模拟乘法器以及带通滤波器等外，还必须有一个能够提供参考信号 $u_L(t)=U_{Lm}\cos\omega_L t$ 的振荡器(称本地振荡器，简称本振)。而 $f_L=\frac{\omega_L}{2\pi}$ 称本振频率(注：$f_L\neq f_s$)。图 5.48 示意了混频器的组成及其频谱图。

假设输入信号为单音调幅波：$u_s=u_{AM}(t)=U_{sm}(1+m_a\cos\Omega t)\cos\omega_s t$，则混频后的中频信号应该是

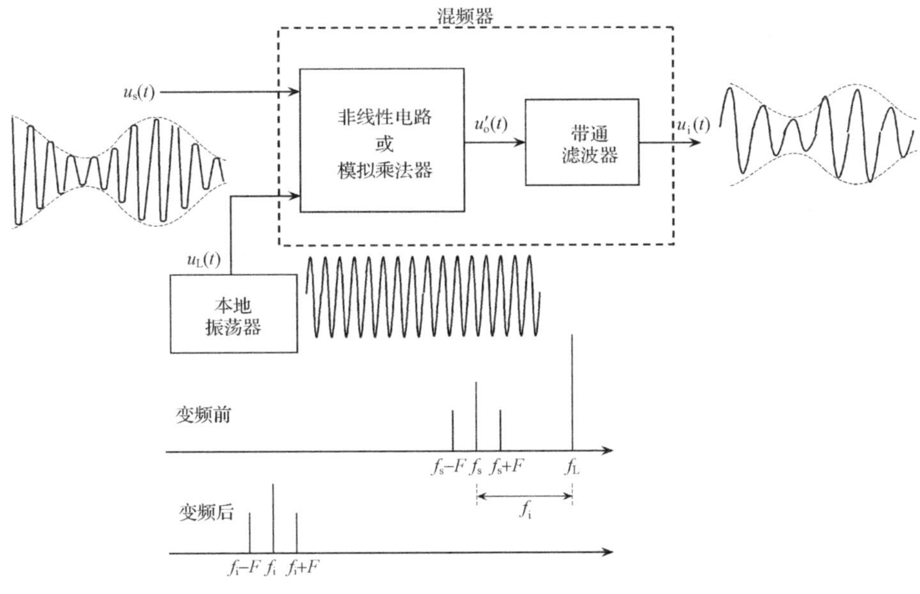

图 5.48　变频原理示意图

$$u_i(t)=U_{im}(1+m_a\cos\Omega t)\cos(\omega_L-\omega_s)t=U_{im}(1+m_a\cos\Omega t)\cos\omega_i t \tag{5.58}$$

或

$$u_i(t)=U_{im}(1+m_a\cos\Omega t)\cos(\omega_L+\omega_s)t=U_{im}(1+m_a\cos\Omega t)\cos\omega_i t \tag{5.59}$$

由式(5.58)和式(5.59)可见，混频器的输出仍然是单音 AM 调幅波(维持了原来调制信号的变化规律)，只是原来的载频 f_s 被变成了中频 $f_i=f_L-f_s$ 或 $f_i=f_L+f_s$。并且，如果中频 $f_i>f_s$，则式(5.58)或式(5.59)属于上混频信号；若中频 $f_i<f_s$，则它们属于下混频信号。

另外，根据混频电路所用非线性器件的不同，混频器有二极管混频器、晶体管混频器、场效应管混频器和集成混频器等。

3. 混频器的主要性能指标

1) 混频增益 A_u

混频增益是指混频器输出的中频电压振幅与输入高频电压振幅之比，即

$$A_u=\frac{U_i}{U_s} \tag{5.60}$$

并且，接收机灵敏度一般与混频增益成正比。

2) 噪声系数 F

噪声系数 F 被定义为混频器输入信噪比与其输出信噪比之比，即

$$F=\frac{S_i/N_i}{S_s/N_s} \tag{5.61}$$

由于混频器一般位于接收机的前端,其噪声大小将直接影响整机性能,因此要求混频器的噪声系数要尽量地小。

3）选择性

混频器的输出端一般接有中频谐振回路或滤波电路,以保证其输出中只有中频信号。但是,各种原因会使实际输出电压中混杂有很多种干扰。为了抑制这些干扰,要求中频回路具有良好的选择性,即中频回路的矩形系数应尽量接近于1。

4）失真与干扰

因为,混频器的失真除了频率失真和非线性失真之外,还有各种非线性干扰。因此要求混频器件最好工作在其特性曲线的平方项区域,使之既能完成频率变换,又能防止失真,同时又可以抑制各种干扰。

5.4.2　二极管混频电路

本章5.2节介绍过的二极管平衡调幅器及环形调幅器是典型的线性频谱搬移电路,而同样具有线性频谱搬移功能的电路还有二极管混频器,其原理电路如图5.49(a)所示。

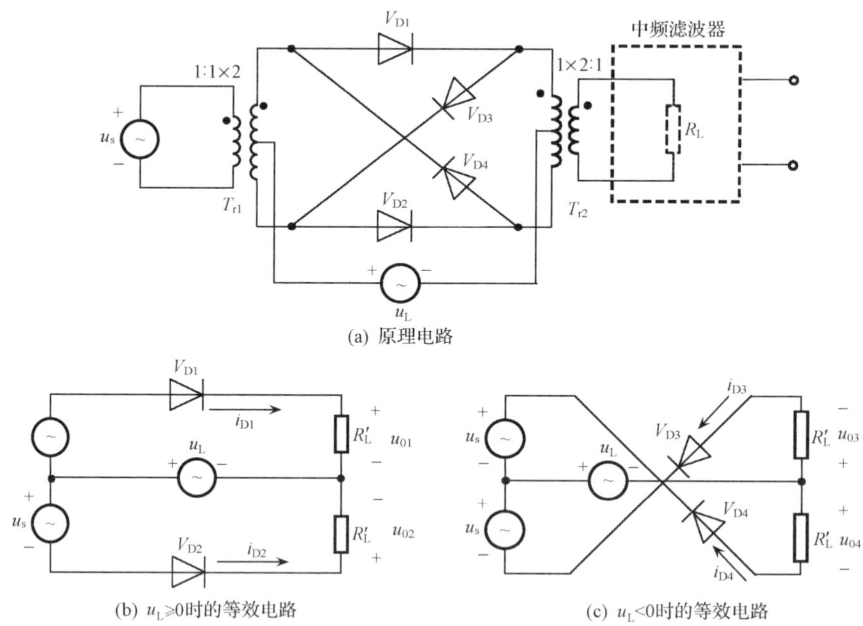

图5.49　二极管环形混频器

这里,假定4只二极管具有完全相同的伏安特性,且都是理想的(即它们的正向导通电阻 $r_d \approx 0$,而反向电阻趋于无穷大)。并且,假设输入的高频已调信号 $u_s(t)$ 振幅很小,本振电压 $u_L(t)$ 却很大,即 $U_{Lm} \gg U_{sm}$。这样,这些二极管将在大信号本振电压控制下，工作在开关状态下。因此，本振电压对于二极管的控制作用可以用以下开关函数来表示：

$$k_1(\omega_L t) = \begin{cases} 1, & U_{Lm}\cos\omega_L t \geqslant 0 \\ 0, & U_{Lm}\cos\omega_L t < 0 \end{cases} \tag{5.62}$$

由式(5.62)可见，$k_1(t)$是幅度为1，频率为ω_L的单向对称方波，可以用傅里叶级数展开为

$$k_1(\omega_L t) = \frac{1}{2} + \frac{2}{\pi}\cos\omega_L t - \frac{2}{3\pi}\cos 3\omega_L t + \cdots \tag{5.63}$$

为了简化分析，在图5.49(a)中，设输入输出变压器T_{r1}和T_{r2}的匝比均为1∶1，本振电压$u_L(t)$被接至T_{r1}和T_{r2}中心抽头上，且假设两变压器中心抽头上下绕组的圈数完全相同。下面分两种情况进行近似分析。

当本振电压$u_L \geqslant 0$(即正半周)时，二极管V_{D1}和V_{D2}导通，V_{D3}和V_{D4}截止，等效电路如图5.49(b)所示，它由两个回路所组成。根据回路方程并忽略R_L'上电压的反作用力，则两等效负载R_L'上的电压分别为

$$u_{o1} \approx (u_L + u_s)k_1(\omega_L t)$$

$$u_{o2} \approx (u_L - u_s)k_1(\omega_L t)$$

因此，这时输出变压器的次级输出电压为

$$u_o' = u_{o1} - u_{o2} \approx 2u_s k_1(\omega_L t) \tag{5.64}$$

当本振电压$u_L < 0$(即负半周)时，二极管V_{D1}和V_{D2}截止，V_{D3}和V_{D4}导通，等效电路如图5.49(c)所示，它也由两个回路所组成。根据回路方程并忽略R_L'上电压的反作用力，则两等效负载R_L'上的电压分别为

$$u_{o3} \approx (u_L + u_s)k_2(\omega_L t)$$

$$u_{o4} \approx (u_L - u_s)k_2(\omega_L t)$$

因此，这时输出变压器次级负载R_L上获得的输出电压为

$$u_o'' = u_{o3} - u_{o4} \approx 2u_s k_2(\omega_L t) \tag{5.65}$$

式中，$k_2(\omega_L t)$是本振电压$u_L(t)$负半周对应的开关函数，它与$k_1(\omega_L t)$的波形完全相同，只是在时间上相差半个周期或者相位上差π而已。其傅里叶级数展开式见式(5.31)。

因此，这时输出变压器次级负载R_L上获得的输出电压为

$$u_o = u_o' - u_o'' \approx 2u_s k(\omega_L t) \tag{5.66}$$

式中，$k(\omega_L t) = k_1(\omega_L t) - k_2(\omega_L t)$为双向开关函数，其傅里叶展开式为

$$k(\omega_L t) = \frac{4}{\pi}\cos\omega_L t + \frac{4}{3\pi}\cos 3\omega_L t + \cdots \tag{5.67}$$

将$u_s(t) = U_{sm}\cos\omega_s t$以及式(5.67)代入式(5.66)可得

$$u_o = 2u_s\left(\frac{4}{\pi}\cos\omega_L t - \frac{4}{3\pi}\cos 3\omega_L t + \cdots\right)$$

$$= \frac{4}{\pi} U_{sm} \cos\Omega t [\cos(\omega_L + \omega_s)t + \cos(\omega_L - \omega_s)t]$$

$$+ \frac{4}{3\pi} a U_{sm} \cos\Omega t [\cos(3\omega_L + \omega_s)t + \cos(3\omega_L - \omega_s)t] + \cdots \quad (5.68)$$

从中可见，u_o 中只含有$[(2n-1)\omega_L \pm \omega_s]$等频率分量，其中 $n=1,2,3\cdots$。显然，混频器的无用分量大大减少，会大大减少由组合频率引起的混频干扰(概念见 5.4.4 节)。

由以上分析可见，欲实现混频，必须使用具有频谱搬移作用的非线性电路。而利用二极管开关特性实现的大信号混频，输出中含有的无用高频分量少，并且这些无用高频分量的频率均远离有用信号的频率，比较容易用滤波器滤除，从而提高了混频电路的性能。

5.4.3 三极管混频电路

1. 基本电路

与二极管混频器相比，晶体三极管混频电路可以具有一定的混频电压增益，因此，除了在超短波段会因三极管噪声较大而使用二极管混频器外，在较低频段一般可以使用三极管混频电路。晶体三极管混频器与二极管混频器的结构及分析方法肯定不同，下面首先引出其基本电路，然后在此基础上对其进行近似地分析。

鉴于电路组态和本振电压的注入方式不同，晶体三极管混频器交流通路有如图 5.50 所示的四种基本形式。其中，图 5.50(a)为基极输入，发射极注入(即信号

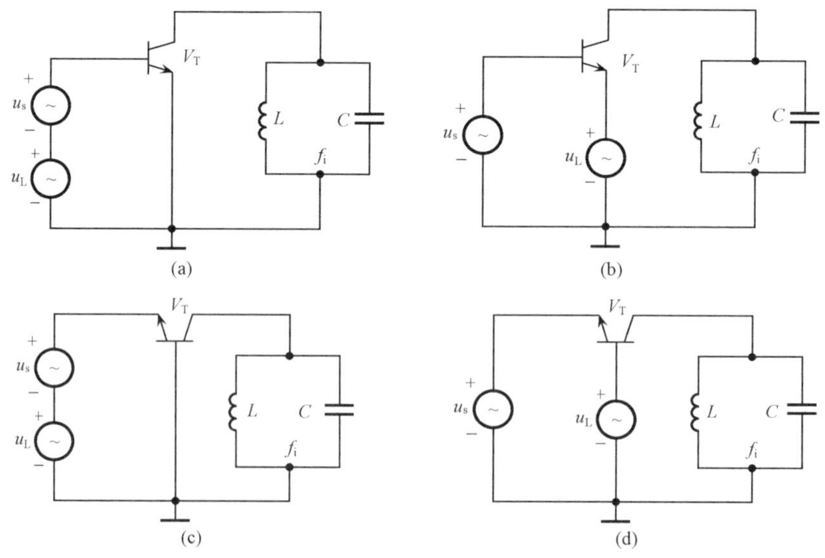

图 5.50　三极管混频器的基本形式

电压 u_s 由基极输入，本振电压 u_L 由发射极注入)；图 5.50(b)为基极输入，基极注入；图 5.50(c)为发射极输入，基极注入；图 5.50(d)为发射极输入，发射极注入。

由图 5.50 可见，在这些交流通路中，无论本振电压如何注入，u_s 和 u_L 都被加在了晶体管的基极或者发射极，相当于是利用晶体管发射结(PN 结)的非线性特性来实现混频的，输出端的调谐于中频 f_i 的 LC 回路用来选择中频信号，滤除其他无用的组合频率分量。

2. 三极管混频电路的工作原理

图 5.51 示意的是晶体三极管混频器的原理电路，其交流通路参见图 5.50(a)。这种非线性电路一般采用时变参量分析法(近似分析法)来分析，以便推导出其混频跨导表达式等。

由图 5.51 可见，$u_{BE}=u_s+u_L+V_{BB}=u_s+V_{BB}(t)$，其中 $u_L(t)=U_{Lm}\cos\omega_L t$。因 U_{Lm} 比接收信号 $u_s(t)$ 大得多，因而晶体管 V_T 的基极偏置电压 $V_{BB}(t)=V_{BB}+u_L(t)$ 将随着时间，随着 $u_L(t)$ 而变化，V_T 工作点乃至其跨导函数 $g(t)$(转移特性曲线上不同工作点对应的斜率)也跟随 $u_L(t)$ 变化而成为时变参量

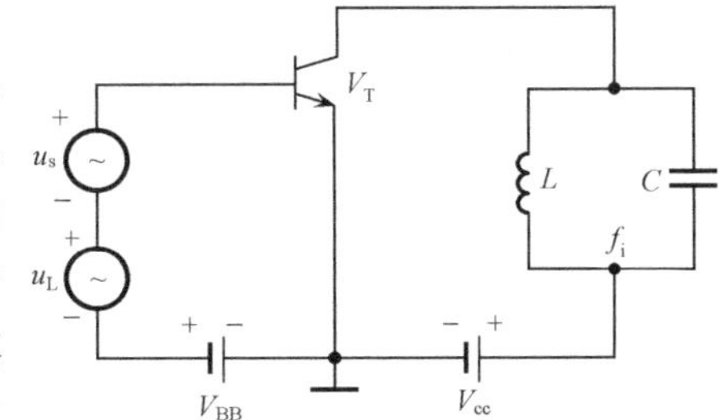

图 5.51　晶体管混频器原理电路

$$g(t)=\left.\frac{\partial i_c}{\partial u_{BE}}\right|_{u_{BE}=U_{BB}(t)}$$

对于不同工作点下的输入信号 $u_s(t)$，可采用微变等效电路进行分析，把晶体管集电极电流表示为 $i_c=g(t)u_s(t)$。由该式可见，若晶体管跨导函数 $g(t)$随本振电压 $u_L(t)$作线性变化，则 $g(t)$与 $u_L(t)$成正比，使 i_c 正比于 $u_L(t)$与 $u_s(t)$的乘积，从而实现两信号的相乘，得到混频所需要的差频或者和频分量。

但是，通常 $g(t)$与本振电压难以保持线性关系，所以，如果本振电压 $u_L(t)$ 为单频正弦信号，则时变参数 $g(t)$必为周期非正弦信号，如图 5.52 所示，可用傅里叶级数分解为

$$g(t)=g_0+g_1(t)+g_2(t)+g_3(t)+\cdots \tag{5.69}$$

式中，$g_{L1}(t)=g_{L1}\cos\omega_L t$ 是基波分量。这时，i_c 中肯定含有以下项：

$$\begin{aligned}i_{c1}&=g_1(t)u_s(t)=g_1\cos\omega_L tU_{sm}\cos\omega_s t\\&=\frac{1}{2}g_1U_{sm}[\cos(\omega_L-\omega_s)t+\cos(\omega_L+\omega_s)t]\end{aligned} \tag{5.70}$$

式中，下变频所对应的中频电流应为 $i_i=\frac{1}{2}g_1U_{sm}\cos(\omega_L-\omega_s)t$。而该中频电流的

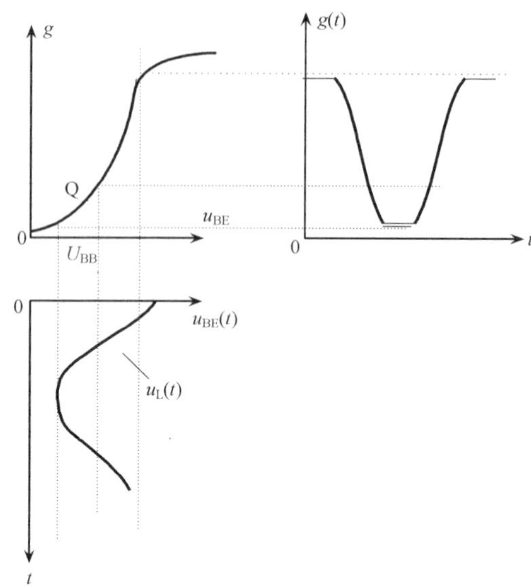

图 5.52　晶体管跨导随基-射极电压变化的示意图

振幅为 $I_i=\frac{1}{2}g_1U_{sm}$。该式表明，输出中频电流振幅与输入高频信号 $u_s(t)$ 的振幅 U_{sm} 成正比。如果 $u_s(t)$ 是振幅随时间变化的调幅波，则中频电流的振幅也随之变化。混频的结果，只是改变了信号的中心载频，其包络变化规律维持不变。令 $g=\frac{I_i}{U_{sm}}=\frac{1}{2}g_1$，则 g 为混频跨导。并且，g 越大，则混频器输出的中频电压 U_{im} 就越大，混频增益也就越高。

由以上分析可见，混频器完全可以看作晶体管跨导值随着本振瞬时值而变化的小信号调谐放大器，只是输出与输入的信号频率有所不同而已。

应该指出，本振电压 $u_L(t)$ 的振幅越大，混频跨导 g 也就越大。但是，若 $u_L(t)$ 过大，将使 $u_L(t)$ 与 g 之间的非线性关系更加显著，即式(5.69)中的 $g_2(t)$，$g_3(t)$…将增大，致使集电极电流 i_c 中的 $2\omega_L\pm\omega_s$，$3\omega_L\pm\omega_s$ 等无用组合频率分量增加，混频干扰就会增加。因此，本振电压 $u_L(t)$ 大小的选择，对混频器性能指标影响很大。同时，静态工作点的高低也会影响混频器的质量指标。前人的经验告诉我们，混频晶体管的静态工作点电流选 1mA 左右，小功率高频管的本振电压有效值取 100mV 左右，就可在无用分量很小的情况下获得较高的混频增益。

某晶体管中波调幅收音机的混频电路如图 5.53 所示。在该电路中，天线感应到的信号经 22pF 电容耦合到 L_1C_{A1} 等构成的输入谐振回路，经筛选得到的高频已调信号由互感变压器耦合至变频管 V_T 的基极。而由共基组态变压器耦合振荡器产生的本振信号经 2200pF 电容加到变频管发射极。因此，图 5.53 所示电路是一个共射组态、基极输入和发射极注入的变频电路。由图 5.53 可见，因混频和本振共用一个晶体管，所以它被称作自激式变频电路。正是由于这种电路用同一只晶体管来实现两种功能，因此，其最大缺陷是无法确保振荡和混频都处于最佳工作状态，并且该电路混频增益小、振荡频率稳定性较差，故多用于成本要求低廉的便携式收音机中。

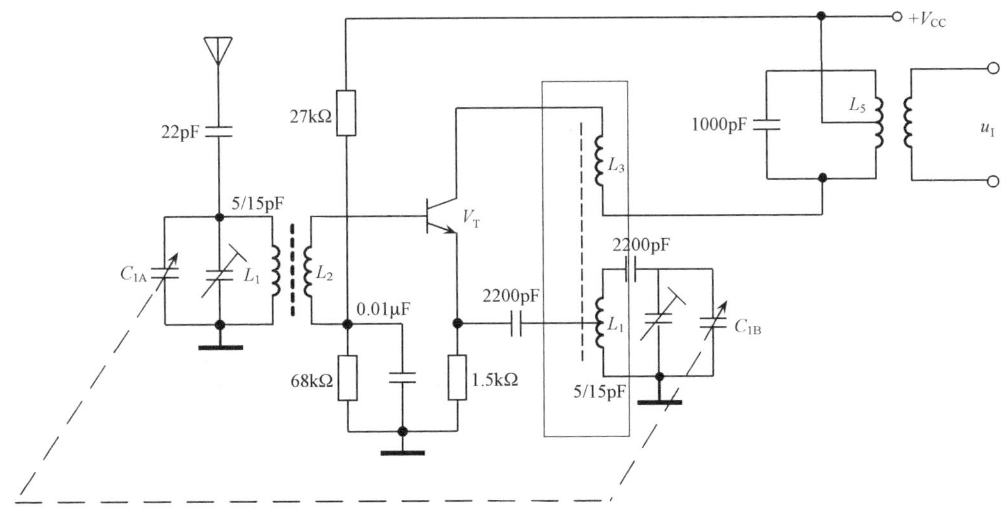

图 5.53　自激式晶体管混频器

在他激式混频器电路中，用了两只晶体管，它们将分别承担混频和本机振荡的任务。这样两只管子均可工作在最佳状态，可以获得最大混频增益。在图 5.54 所示的发射极注入式混频电路中，由 V_{T2} 等元器件构成的本振信号经本振输出变压器耦合到混频管 V_{T1} 发射极，而由天线接收到的高频已调信号被加至 V_{T1} 基极；两信号在 V_{T1} 中实现频率变换后，再由中周变压器初级回路选出中频信号(465kHz)后送到中放级进行放大。在该电路中，本地振荡器是一个电感三点式振荡器，其中 22pF 电容与 5/20pF 的微调电容串联后与双联的第二联电容 C_{1B} 并联作为谐振回路的电容。变压器的 1、4 端间电感为谐振回路电感，它们将共同决定本振频率 f_L。2.2kΩ 电阻对高次谐波起衰减作用，以减小高频谐波辐射的影响。

此电路的本振电压和信号电压分别由 V_{T1} 的发射极和基极注入，使信号回路与本振回路耦合较弱，这样可以减少频率牵引现象的发生。所谓频率牵引是指本振频率受输入信号频率牵引，出现本振频率 ω_L 趋于信号频率 ω_c 的现象，这样会导致电路无法输出中频电压，破坏电路的正常工作。同时，本振电路属共基组态，输入阻抗较小。

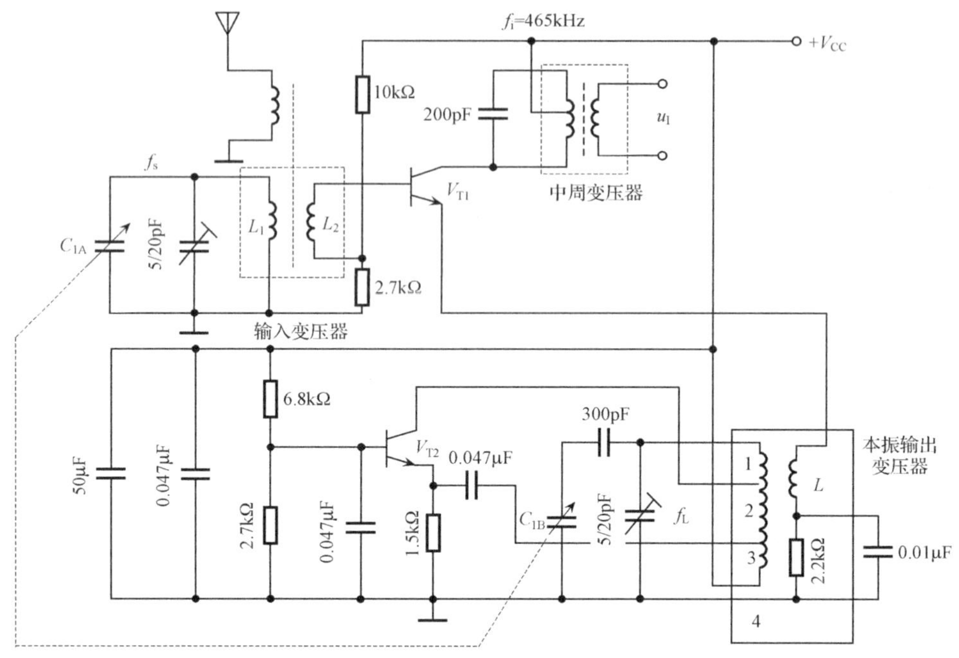

图 5.54 他激式晶体管混频器

5.4.4 乘积型混频器

乘积型混频器由模拟乘法器和带通滤波器组成，其实现模型如图 5.55 所示。设输入信号为普通调幅波，即 $u_{AM}(t)=U_{sm}(1+m_a\cos\Omega t)\cos\omega_s t$。

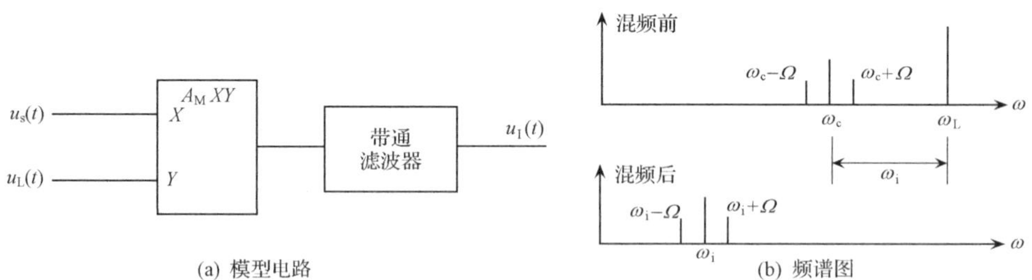

图 5.55 乘积型混频原理

设乘法器的增益系数为 k，其输出电压为

$$
\begin{aligned}
u_o(t) &= k u_L(t) u_{AM}(t) \\
&= \frac{k}{2} U_{sm} U_{Lm}(1+m_a\cos\Omega t)[\cos(\omega_L-\omega_s)t+\cos(\omega_L+\omega_s)t]
\end{aligned} \tag{5.71}
$$

若带通滤波器调谐于差频 $\omega_L-\omega_s$，且满足 $BW\geqslant 2\Omega$ 的带宽，则滤除和频等无用频

率分量后，输出的差频电压可写为 $u_i(t)=U_{im}(1+m_a\cos\Omega t)\cos\omega_i t$。式(5.71)中 U_{im} 与 $\frac{1}{2}A_M U_{sm} U_{Lm}$ 及带通滤波器传输特性有关。

由于乘积型混频器中乘法器输出的无用频率分量相对来讲较少，因而对滤波器的滚降特性要求也就不是很高。同时说明这种混频电路因组合频率分量产生的各种干扰也较少。另外，这种混频器还具有体积小、调整容易、稳定性和可靠性都较高等优点。

图 5.56 是用集成模拟乘法器 MC1596 搭建的用于实际的某混频电路。图中，振幅为 20mV 左右的信号电压 u_s 以及振幅为 100mV 左右的本振电压 u_L 分别从芯片的 1 端和 8 端送入。而 6 端送出的输出电压为 u_L 和 u_s 的乘积，经输出端的 π 形 LC 滤波器选频后，就可得到中频信号 u_i。滤波器的中心频率为 9MHz，其 3dB 带宽为 450kHz。当输入端不接调谐回路时，为宽频带应用，可输入 HF 或 VHF 频段的信号。例如输入信号的频率为 200MHz，这时混频增益约为 9dB，灵敏度为 14μV。当输入端接有阻抗匹配的调谐回路时，就能够获得更高的混频增益。

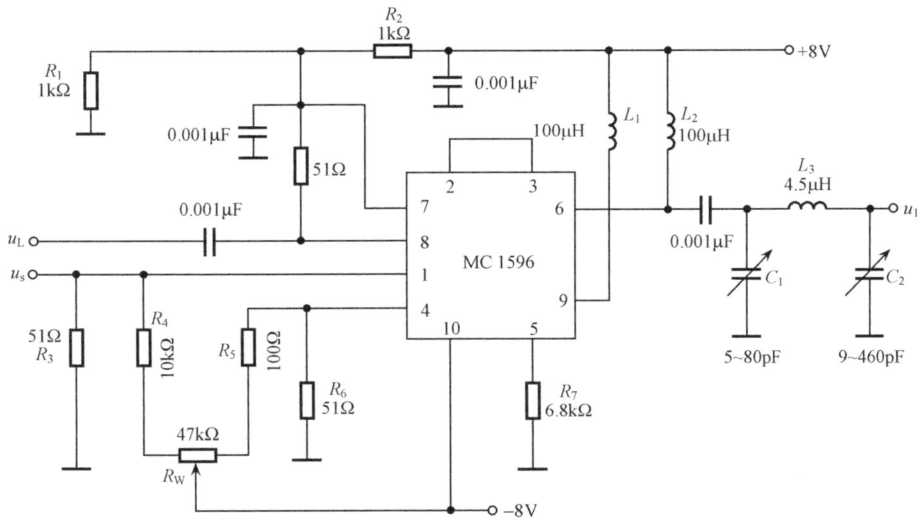

图 5.56 用 MC1596 搭建的乘积型混频器

5.4.5 混频干扰

外来信号加干扰以及混频器件本身的非线性作用，使电路输出中增加了许多新的组合频率分量。如果这些分量的频率与中频一致或者近似等于中频的话，则将与有用信号一起通过中频回路或滤波器而进入中频放大器和解调器，并在输出级引起啸叫、干扰或串音，影响有用信号的质量。那么，混频干扰究竟有哪些呢？下面分别加以介绍。

1. 外来有用信号和本振信号之间的组合频率干扰

混频过程中产生的组合频率成分，可以用式(5.72)来表示

$$|\pm pf_L \pm qf_s| \approx f_i \tag{5.72}$$

式中的 p 和 q 为任意正整数，分别代表本振频率和信号频率的谐波次数。这些组合分量中，只有与 $p=q=1$ 对应的频率为 f_L-f_s 分量是有用中频信号分量。由于混频电路输出端一般接有一个谐振频率为中频 f_i、通频带为 BW 的谐振回路或滤波器，因此，只要组合频率为 f_k 的干扰一旦满足 $f_k=\pm pf_L\pm qf_s\approx f_i$ 的条件，它就会通过中频放大器，在接收机的输出级形成干扰啸叫。譬如，若用收音机接收 $f_s=931$kHz 广播电台信号，中频 $f_i=465$kHz，本振频率 $f_L=931+465=1396$(kHz)。这时，混频过程中产生的诸多组合频率中的 $2f_s-f_L=466$kHz 分量就因很接近中频 f_i 而落在中频回路的工作频带之内，使中频谐振回路无法滤除该分量；从而在检波电路与465kHz 的有用中频信号产生差拍检波，形成 $466-465=1$(kHz)的低频啸叫声。

通常，$f_L\gg f_s$，且频率均为正值，这时组合频率可以表示成

$$pf_L - qf_s \approx f_i$$
$$qf_s - pf_L \approx f_i$$

将关系 $f_i=f_L-f_s$ 代入上式，就可以得到 $f_s\approx\frac{p-1}{q-p}f_i$ 和 $f_s\approx\frac{p+1}{q-p}f_i$。合并二式，可写成

$$f_s \approx \frac{p\pm 1}{q-p}f_i \tag{5.73}$$

式(5.73)说明，只要输入信号频率 f_s 满足该式算出的数值并落在混频器工作频段内，就会产生相应的干扰和啸叫。

2. 由外来干扰和本振频率产生的副波道干扰

若接收到的有用信号频率为 f_s，本振频率为 f_L，混频器输出中频 $f_i=f_L-f_s$，假设接收机输入回路和高频放大器的选择性能不佳而混入了频率为 f_n 的干扰，则干扰频率与本振频率的谐波相混频，也会形成接近于中频的组合频率干扰而产生干扰啸叫。

假设干扰与本振信号形成的组合频率满足以下关系式：

$$|\pm pf_L \pm qf_n| \approx f_i \tag{5.74}$$

式中，p 为本振信号的谐波次数($p=0,1,2,3\cdots$)；而 q 为干扰信号的谐波次数($q=0,1,2,3\cdots$)。则它就会通过中放级以及解调器，从而形成干扰啸叫。这样一来，接收信号除了被称作主频道的有用信号外，还有频率为 f_n 的寄生副波道干扰。这类干扰又分中频干扰、镜像干扰和组合副波道干扰等。

通常，$f_n \gg f_i$，且频率不可能为负值，式(5.73)可以写成 $pf_L - qf_n \approx f_i$ 或 $qf_n - pf_L \approx f_i$，即

$$f_n \approx \frac{1}{q}(pf_L \pm f_i) \tag{5.75}$$

1）中频干扰

如果 $p=0, q=1$，则由式(5.75)可知 $f_n \approx f_i$，这种外来频率近似等于中频的干扰将直接进入中放级而形成强烈干扰。要想扼制这种负面影响较大的中频干扰，应该提高混频器前级电路的选择性或者在前级电路中接入中频陷波支路(譬如中频串联谐振回路)。

2）镜像干扰

若 $p=1, q=1$，则由式(5.75)可知 $f_n \approx f_L + f_i = f_s + 2f_i$。因 f_n 与 f_s 镜像对称于 $f=f_i$ 的直线，故此情况下，f_n 为 f_s 的镜像频率，对应的干扰就是镜像干扰。一旦镜像干扰进入混频器，就会和本振信号相混频输出一中频干扰信号，与有用的中频信号在检波过程中产生差拍后形成低频啸叫声，或者会听到干扰源的低频调制信号声。欲抑制镜像干扰，须提高前级电路的选择性或提高中频频率，让 $f_n = f_s + 2f_i$ 距离 f_s 遥远些，便用滤波器给予滤除。

3）组合副波道干扰

若 $p>1, q>1$(如 $f_n - 2f_L = \pm f_i$)，则频率为 f_n 的干扰就可能与本振谐波相混合而形成对有用信号不利的组合副波道干扰。由于 $2f_n - 2f_L = 2f_n - 2(f_s + f_i) = \pm f_i$，使得两种频率的信号可能产生组合波道干扰，它们是

$$f_{n1} = f_C + \frac{1}{2}f_i, f_{n2} = f_C + \frac{3}{2}f_i$$

由于 f_{n1} 距离有用信号频率 f_s 很近，不易滤除，因而其危害较大。并且，也只能靠提高前级电路的选择性来抑制这类干扰。

例 5.5　假设某超外差收音机的中频 $f_i=465$kHz，分析以下产生干扰的原因。

(1) 在收听 $f_s=702$kHz 电台节目时，还可听到 $f_{n1}=1632$kHz 强电台的声音。

(2) 在收听 $f_{s2}=1632$kHz 电台节目时，还可听到 $f_{n2}=816$kHz 强电台的声音。

解　(1) 因为 $f_{n1}=f_{s1}+2f_i=702+2\times465=1632$(kHz)，显然产生的是镜像干扰。

(2) 因为 f_{n2} 的二次谐波恰好等于信号频率 f_{s2}，使 $f_L - 2f_{n2} = f_i$，因此在输出端就能听到干扰台 f_{n2} 的声音，存在副波道干扰。

3. 交调干扰和互调干扰

这两类干扰分别是干扰对有用信号的调制或者是由两个干扰信号相互调制所产生的(器件的非线性特性所引起)，它们的产生均与本振电压无关。其中，干扰信号对有用信号的调制称交调干扰。两个干扰信号之间的相互调制称为互调干扰。

减小交调干扰和互调干扰的办法有三个：一是提高混频级前级电路的选择性；二是适当调整混频级的工作状态，以使晶体管转移特性的应用区域不出现高于二次项的非线性部分，即使之工作于平方律区域，从而减少可能产生的组合频率成分；三是具体混频电路可考虑使用抗干扰能力较强的二极管平衡混频器或环形混频器。

本章小结

调幅是以消息信号去改变高频载波的振幅，将消息信号寄载于载波振幅上的过程。振幅解调是从已调信号中还原消息信号的过程。混频则是把已调波载频变成另一载频的过程。因调幅器、检波器以及混频器都能将输入信号频谱线性搬移到指定频率点，因而相乘器加滤波器是它们共同的电路模型。其中，相乘器的主要任务是将输入信号频谱搬移到参考信号频率两侧，滤波器主要滤除非线性器件产生的无用分量。调幅电路输入调制信号，参考信号为高频载波，使用以载频为中心频率的带通滤波器，输出高频已调波；检波电路输入高频已调波，参考信号是与发射波同步的本地载波，使用上限频率等于 F_{max} 的低通滤波器，输出低频信号；混频电路输入已调信号，参考信号是本振信号，使用以中频为中心频率的带通滤波器，输出中频已调波。

基本调幅类型有：AM 调幅、DSB 调幅、SSB 调幅等。频域上，AM 频谱含载频、上边带和下边带分量。时域上，AM 波包络直接反映调制信号的变化规律。DSB 信号频谱中只有上边带和下边带分量。其包络已无法反映调制信号的波形形状。SSB 信号频谱仅有上边带或下边带分量，已调波包络也无法反映调制信号的变化规律。获得 SSB 信号的办法有滤波法和移相法。

调幅电路有低电平和高电平两种，低电平调幅主要用来实现双边带和单边带调幅，被广泛应用的有二极管环形调幅器和变跨导集成芯片构成的模拟调幅电路。AM 高电平调幅电路通常基于丙类谐振功率放大器实现。

调幅部分的知识结构框图如图 5.57 所示。

二极管包络检波器和同步检波器是振幅检波电路的两大基本类型。前者用来解调包络能直接反映调制信号变化规律的 AM 信号。后者主要用来解调不含载波的 SSB 和 DSB 信号，为了获得良好的检波效果，要求本地载波严格与发射端载波同步，故其较包络检波电路更为复杂。

检波部分的主要知识结构框图如图 5.58 所示。

混频器是超外差式接收机的重要部件，目前广泛应用于高质量通信和其他电子设备中的混频器有二极管环形混频电路和模拟集成芯片组装的混频电路。而在简易接收机中，还常采用简单的晶体管混频电路。二极管混频器具有电路简单、噪声小，混频增益小的特点，适用于微波频段的混频。双差分对混频器易于集成化，

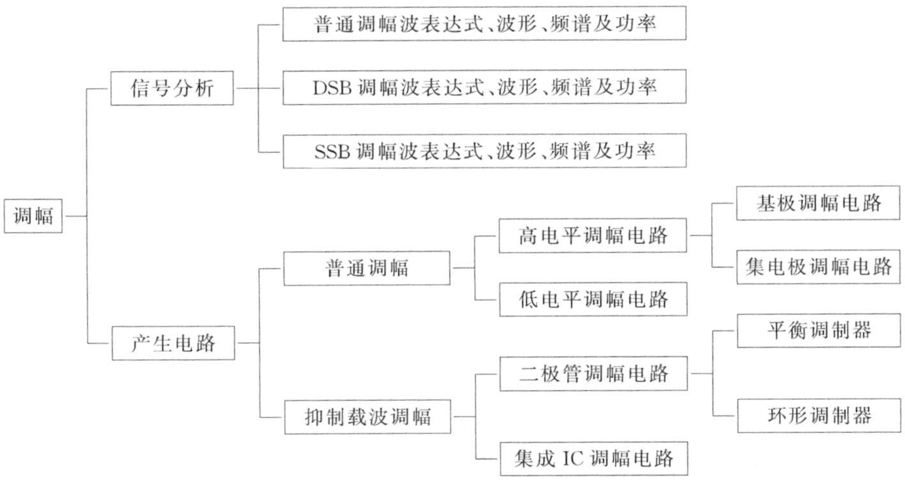

调幅
信号分析
普通调幅波表达式、波形、频谱及功率
DSB 调幅波表达式、波形、频谱及功率
SSB 调幅波表达式、波形、频谱及功率
产生电路
普通调幅
高电平调幅电路
基极调幅电路
集电极调幅电路
低电平调幅电路
抑制载波调幅
二极管调幅电路
平衡调制器
环形调制器
集成 IC 调幅电路

图 5.57

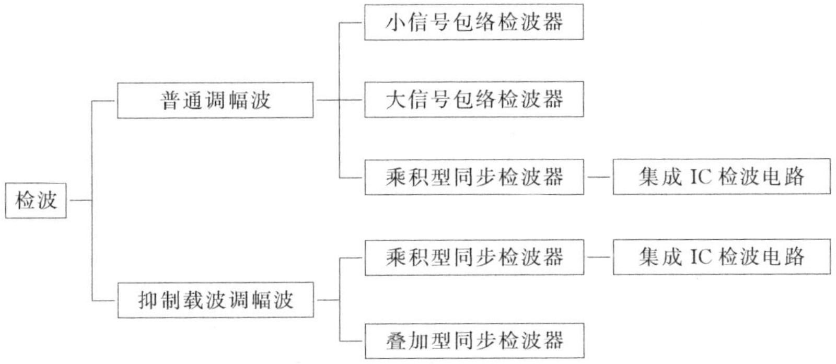

检波
普通调幅波
小信号包络检波器
大信号包络检波器
乘积型同步检波器
集成 IC 检波电路
抑制载波调幅波
乘积型同步检波器
集成 IC 检波电路
叠加型同步检波器

图 5.58

有混频增益，但噪声较大。另外，混频干扰是混频电路存在的重要问题，实际中要注意采取必要的措施，选择合适的电路和工作状态，尽量减小混频干扰。混频部分的主要知识结构框图如图 5.59 所示。

混频
信号分析
输入 / 输出时域波形及频谱
混频干扰及其分类
混频电路
晶体三极管混频器
二极管环形混频器
集成 IC 混频器

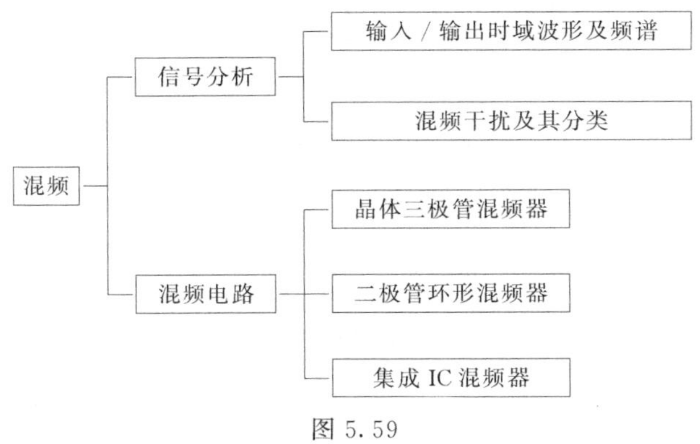

图 5.59

附录 线性频谱搬移电路的 Matlab 分析源代码

1. 理想乘法器频率变换作用的仿真(输入输出时域波形及频率成分的仿真)

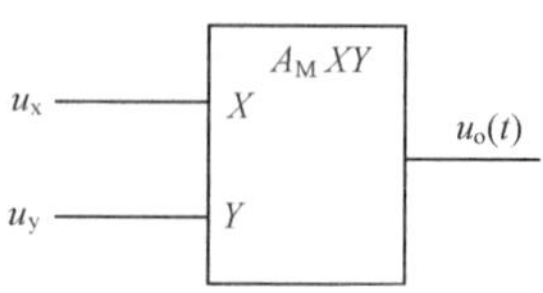


```
A_M = 4;
ts = 0.5;
df = 1.0;
fs = 1/ts;  % 采样频率
n2 = 50/ts;
n1 = fs/df;
N = 2^(max(nextpow2(n1),nextpow2(n2)));  % 当序列是 2 的幂次时,FFT 算法高效

df = fs/N;  % 设置分辨率
t = 0 : 0.01 : 50;t1 = 0 : ts : 50;
u_x = cos(2/5 * pi * t);
subplot(3,2,1);
plot(t,u_x,'k');  % 绘制输入信号
title('\rm u_{x}(t) ');
u_x1 = cos(2/5 * pi * t1);      % 对输入信号进行抽样
U_X1 = fft(u_x1,N); % 使用 FFT,计算离散傅里叶变换
U_X1 = U_X1/fs;
f = [0 : df : df * (N-1)]-fs/2; % 调整频率坐标
subplot(3,2,2);
plot(f,fftshift(abs(U_X1)),'k');
axis([-fs/2-0.5,fs/2 + 0.5,0,8 * pi + 0.5]);
title('\rm U_{X}(f) ');

u_y = cos(1/2 * pi * t);
subplot(3,2,3);
plot(t,u_y,'k');  % 绘制输入信号
title('\rm u_{y}(t) ');
u_y1 = cos(1/2 * pi * t1);      % 对输入信号进行抽样
U_Y1 = fft(u_y1,N); % 使用 FFT,计算离散傅里叶变换
U_Y1 = U_Y1/fs;
f = [0 : df : df * (N-1)]-fs/2; % 调整频率坐标
```

```
subplot(3,2,4);
plot(f,fftshift(abs(U_Y1)),'k');
axis([-fs/2-0.5,fs/2 + 0.5,0,8 * pi + 0.5]);
title('\rm U_{Y}(f) ');

u_o = A_M * u_x. * u_y;
subplot(3,2,5);
plot(t,u_o,'k');   % 绘制输出信号
title('\rm u_{o}(t) ');
xlabel('t');
u_o1 = A_M * u_x1. * u_y1;      % 对输出信号进行抽样
U_O1 = fft(u_o1,N); % 使用 FFT,计算离散傅里叶变换
U_O1 = U_O1/fs;
f = [0 : df : df * (N-1)]-fs/2; % 调整频率坐标
subplot(3,2,6);
plot(f,fftshift(abs(U_O1)),'k');
axis([-fs/2-0.5,fs/2 + 0.5,0,8 * pi + 0.5]);
title('\rm U_{O}(f) ');
xlabel('f');
```

仿真输出结果如下：

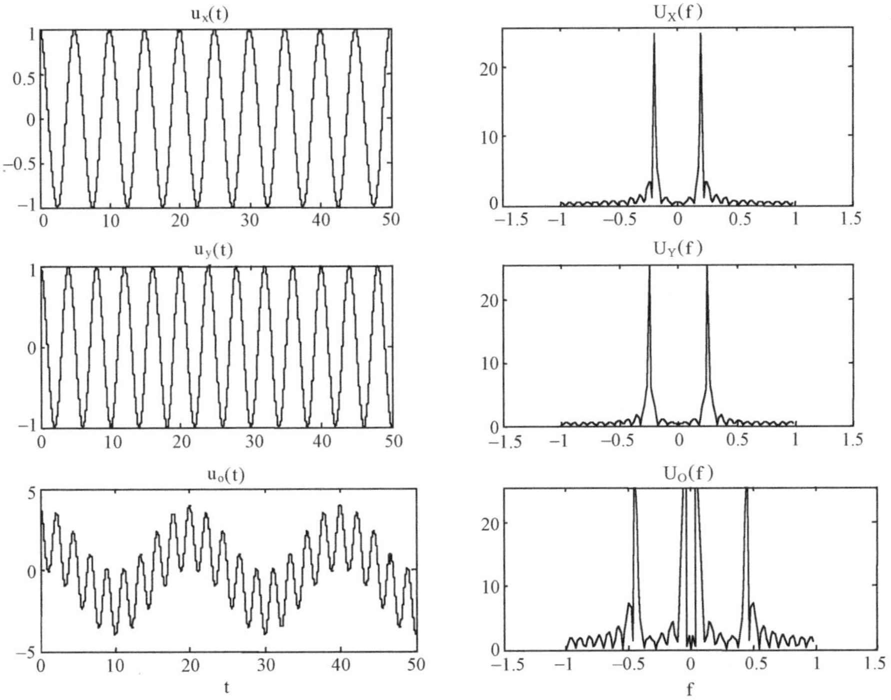

2. 调幅电路组成及各点波形的仿真

(1) 滤波法产生,原理图如下:

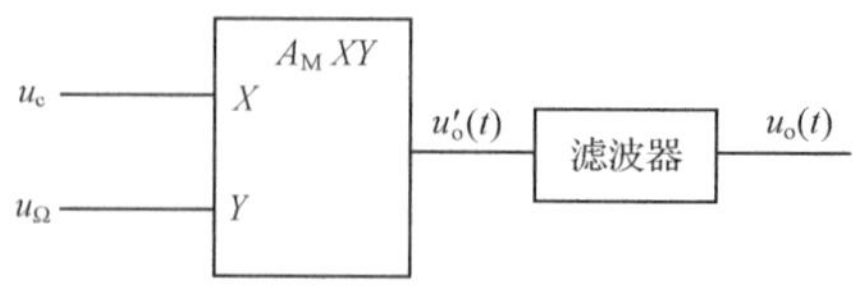


```
clear;clc;
A_M = 4;
fs = 80000;t = 0 : 1/fs : 0.01;
u_omega = cos(2 * pi * 500 * t);
u_c = cos(2 * pi * 4000 * t);
u_o = A_M * u_omega. * u_c;
[b,a] = ellip(4,0.1,40,[4000,5000] * 2/fs);
[H,w] = freqz(b,a,512);
u_o1 = filter(b,a,u_o);
U_OMEGA = fft(u_omega,1024);
U_C = fft(u_c,1024);
U_O = fft(u_o,1024);
U_O1 = fft(u_o1,1024);
figure(1)
w1 = (0 : 511)/512 * (fs/2)/1000;
t1 = t * 1e3;
subplot(421);plot(t1,u_omega,'k');title('低频调制信号 u_{\omega}(t)');grid;axis
([0 8 -1.2 1.2]);
subplot(423);plot(t1,u_c,'k');title('高频载波信号 u_{c}(t)');grid;axis([0 8 -1.2
1.2]);
subplot(425);plot(t1,u_o,'k');title('已调信号 u_{o}(t)');grid;axis([0 8 -5 5]);
subplot(427);plot(t1,u_o1,'k');title('已调信号 u_{o}(t)滤波后所得 SSB 信号');
xlabel('t(ms)');grid;axis([0 8 -4.2 4.2]);
subplot(422);plot(w1,abs([U_OMEGA(1 : 512)']),'k');grid;axis([0 8 -0.5 400]);set
(gca,'XTick',[0 : 0.5 : 8]);
title('低频调制信号 u_{\omega}(t)频谱');
subplot(424);plot(w1,abs([U_C(1 : 512)']),'k');grid;axis([0 8 -0.5 400]);set(gca,
'XTick',[0 : 0.5 : 8]);
title('高频调制信号 u_{\omega}(t)频谱');
subplot(426);plot(w1,abs([U_O(1 : 512)']),'k');grid;axis([0 8 -0.5 800]);set(gca,
'XTick',[0 : 0.5 : 8]);
title('已调信号 u_{o}(t)频谱');
subplot(428);plot(w1,abs([U_O1(1 : 512)']),'k');grid;axis([0 8 -0.5 800]);set
```

```
(gca,'XTick',[0:0.5:8]);
title('SSB 信号频谱');xlabel('f(kHz)');
figure(2)
plot(w*fs/(2*pi)/1000,abs(H),'k');axis([3,6,-0.5,1.5]);grid;
title('设计的上边带滤波器幅频响应');xlabel('f(kHz)');
```

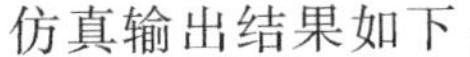

仿真输出结果如下：

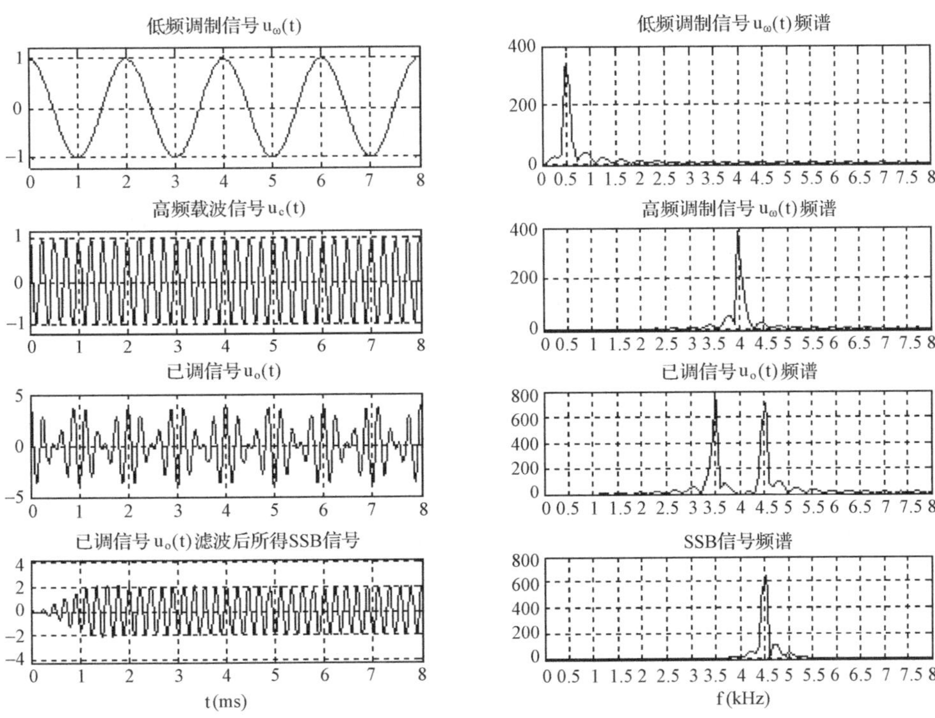

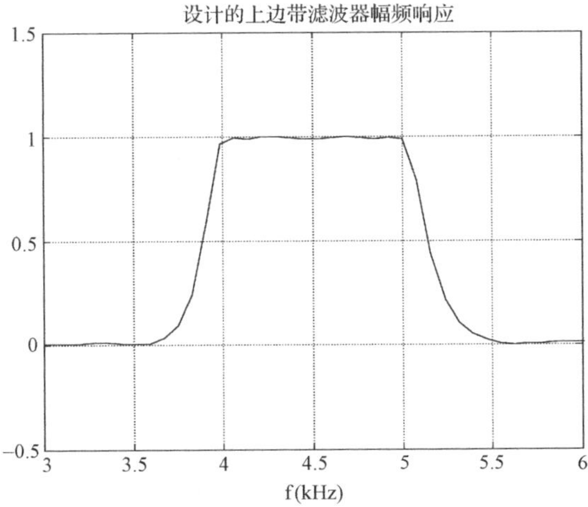

(2) 相移法产生单音 SSB 信号的各点波形图。

```
clear;clc;
fs = 80000;t = 0 : 1/fs : 0.01;U_cm = 4;
u_omega = cos(2 * pi * 500 * t);
u_omega1 = cos(2 * pi * 500 * t + pi/2);
u_c = U_cm * cos(2 * pi * 4000 * t);
u_c1 = U_cm * cos(2 * pi * 4000 * t + pi/2);
u1 = u_omega. * u_c;
u2 = u_omega1. * u_c1;
u_ssb = u1-u2;
t1 = t * 1e3;
subplot(511);plot(t1,u_omega,'k');title('低频调制信号 u_{\omega}(t)');xlabel('t
(ms)');grid;axis([0 8 -1.2 1.2]);
subplot(512);plot(t1,u_c,'k');title('高频载波信号 u_{c}(t)');xlabel('t(ms)');
grid;axis([0 8 -5 5]);
subplot(513);plot(t1,u1,'k');title('u_{1}(t)');xlabel('t(ms)');grid;axis([0 8 -5
5]);
subplot(514);plot(t1,u2,'k');title('u_{2}(t)');xlabel('t(ms)');grid;axis([0 8 -5
5]);
subplot(515);plot(t1,u_ssb,'k');title('u_{SSB}(t)');xlabel('t(ms)');grid;axis([0
8 -5 5]);
```

仿真输出结果如下：

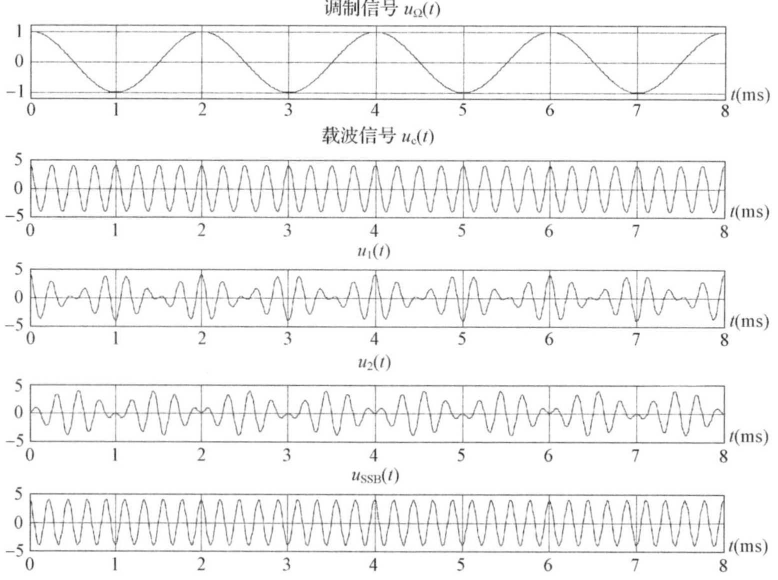

3. 乘积型混频器各点时域波形及频率成分分析（原理图如下）

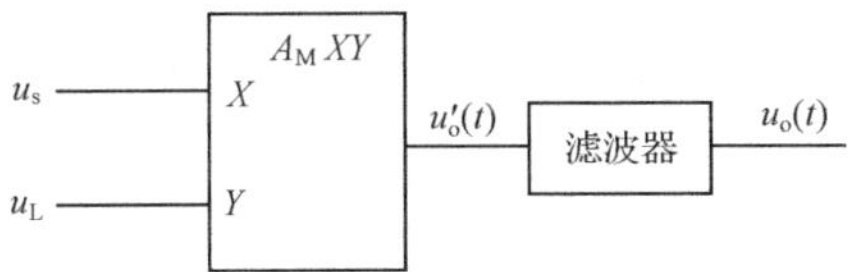


```
clear;clc;
A_M = 1e-4;U_sm = 0.01;ma = 0.05;OMEGA = 6 * pi * 1e2;omega_s = 2 * pi * 1e6;
U_Lm = 1;omega_L = 9.2e6;
ts = 1.25e-8;
df = 0.00025;
fs  =  1/ts;   % 采样频率
N  =  2048;   % 当序列是 2 的幂次时,FFT 算法高效
df  =  fs/N;   % 设置分辨率
t = 0 : 1e-8 : 6e-6;t1 = 0 : 1/fs : 6e-6;
u_s = U_sm * (1 + ma * cos(OMEGA * t)). * cos(omega_s * t);
u_s1 = U_sm * (1 + ma * cos(OMEGA * t1)). * cos(omega_s * t1);
u_L = U_Lm * cos(omega_L * t);
u_L1 = U_Lm * cos(omega_L * t1);
u_o = A_M * u_s. * u_L;
u_o1 = A_M * u_s1. * u_L1;
u_o2 = A_M * U_sm * U_Lm * (1 + ma * cos(OMEGA * t)). * cos((omega_L-omega_s) * t)/2;
u_o21 = A_M * U_sm * U_Lm * (1 + ma * cos(OMEGA * t1)). * cos((omega_L-omega_s) * t1)/2;
U_S = fft(u_s1,N)/fs;
U_L = fft(u_L1,N)/fs;
U_O = fft(u_o1,N)/fs;
U_O2 = fft(u_o21,N)/fs;
f = [0 : df : df * (2048-1)]-fs/2; % 调整频率坐标
subplot(421);plot(t * 1e6,u_s,'k');title('u_{s}(t)');grid;
subplot(423);plot(t * 1e6,u_L,'k');title('u_{L}(t)');grid;
subplot(425);plot(t * 1e6,u_o,'k');title('混频信号 u_{o}(t)');grid;
subplot(427);plot(t * 1e6,u_o2,'k');title('u_{o}(t)滤波后所得差频信号');xlabel
('t({\mu}s)');grid;
subplot(422);plot(f * 1e-6,fftshift(abs(U_S)),'k');grid;title('u_{s}(t)频谱');
axis([-10 10 0 4e-8]);
subplot(424);plot(f * 1e-6,fftshift(abs(U_L)),'k');grid;axis([-10 10 0 3e-6]);title
('u_{L}(t)频谱');
subplot(426);plot(f * 1e-6,fftshift(abs(U_O)),'k');grid;axis([-10 10 0 2e-12]);
```

```
title('u_{0}(t)频谱');
subplot(428);plot(f*1e-6,fftshift(abs(U_02)),'k');grid;xlabel('f({MHz})');axis
([-10 10 0 2e-12]);title('差频信号频谱');
```

仿真输出结果如下：

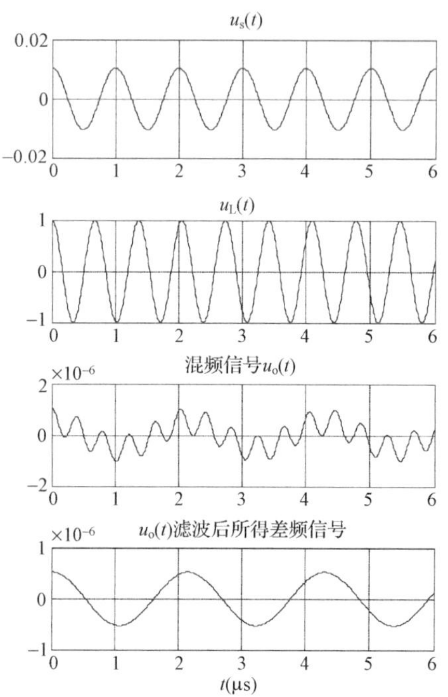

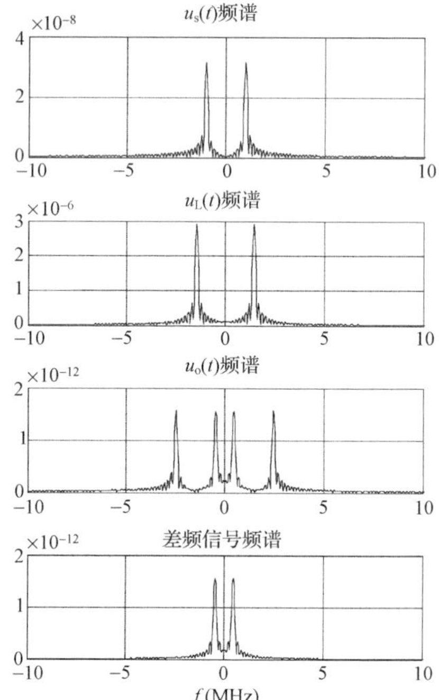

习　题

5.1 已知普通双边带(AM)调幅信号电压 $u(t)=5[1+0.5\cos(2\pi\times10^3t)]\cos(2\pi\times10^6t)$，试画出其时域波形图以及频谱图，并求其带宽 BW。

5.2 已知调幅波表达式 $u(t)=3\cos(2\pi\times10^5t)+\frac{1}{3}\cos[2\pi(10^5+2\times10^3)t]+\frac{1}{3}\cos[2\pi(10^5-2\times10^3)t]$，试求其调幅系数及带宽，画出该调幅波的时域波形和频谱图。

5.3 已知调制信号 $u_\Omega(t)=[\frac{1}{2}\cos(2\pi\times500t)+\frac{1}{3}\cos(2\pi\times300t)]$，载波 $u_c(t)=5\cos(2\pi\times5\times10^3t)$，且假设比例常数 $k_a=1$。试写出普通双边带调幅波的表达式，画出频谱图，并求其带宽 BW。

5.4 题 5.4 图的(a)和(b)分别示意的是调制信号和载波的频谱图，试分别画出普通双边带(AM)调幅波、抑制载波的双边带(DSB)调幅波以及上边带(SSB)调幅波的频谱图。

5.5 已知调幅波表达式 $u(t)=[10+5\cos(2\pi\times500t)]\cos(2\pi\times10^5t)$，假设比例常数 $k_a=1$。试求该调幅波的载波振幅 U_{cm}、调制信号频率 F、调幅系数 m_a 和带宽 BW。

5.6 已知调幅波表达式 $u(t)=2[1+\frac{1}{2}\cos(2\pi\times50t)]\cos(2\pi\times10^3t)$，试画出其波形和频谱图，

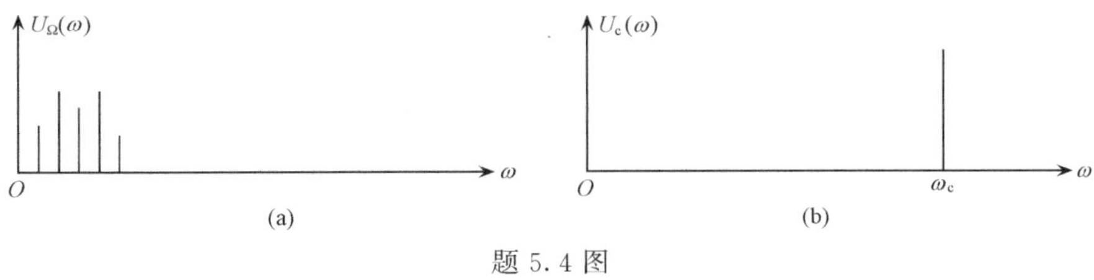

题 5.4 图

求出频带宽度。若已知 $R_L=1\Omega$，试求载波功率、边频功率、调幅波在调制信号一周期内平均总功率。

5.7　假设调制信号电压 $u_\Omega(t)=U_{\Omega m}\cos\Omega t$，载波 $u_c(t)=U_{cm}\cos\omega_c t$，试分别画出：①两者的叠加波时域波形；②普通双边带调幅波时域波形；③抑制载波的双边带调幅波的时域波形。

5.8　已知 AM 调幅波的频谱如题 5.8 图所示，试写出信号的时域数学表达式。

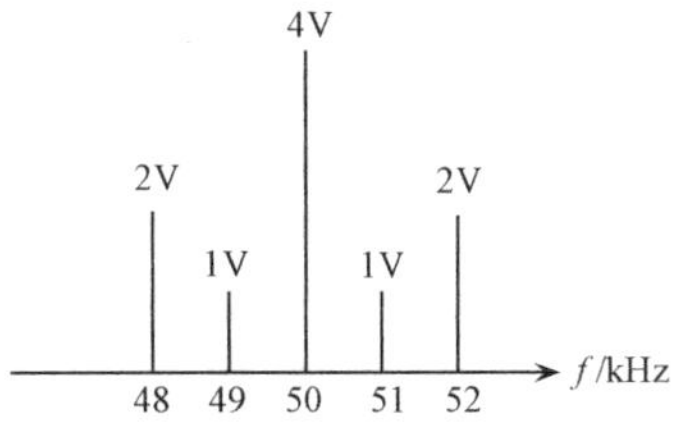

题 5.8 图

5.9　试分别画出下列电压表达式对应的时域波形和频谱图，并说明它们分别是哪一种调幅信号（假设 $\omega_c=5\Omega$）？

（1）$u(t)=(1+\cos\Omega t)\cos\omega_c t$；

（2）$u(t)=\cos\Omega t\cos\omega_c t$；

（3）$u(t)=\cos(\omega_c+\Omega)t$。

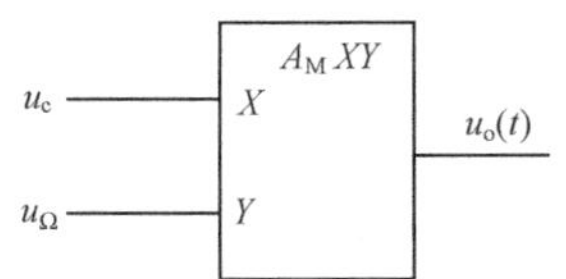

题 5.10 图

5.10　已知题 5.10 图示意的模拟乘法器的乘积系数 $A_M=0.1$（1/V），载波 $u_c(t)=4\cos(2\pi\times5\times10^6t)$，调制信号 $u_\Omega(t)=2\cos(2\pi\times3.4\times10^3t)+\cos(2\pi\times300t)$，试画出输出调幅波的频谱图，并求其频带宽度。

5.11　二极管平衡相乘器如题 5.11 图(a)和(b)所示，其中 $u_c=U_{cm}\cos\omega_c t$ 为大信号，$u_\Omega=U_{\Omega m}\cos\Omega t$ 为小信号（即 $U_{cm}>U_{\Omega m}$），使两只性能完全相同的二极管工作在受 u_c 控制的开关状态下（注：假设两只二极管导通时的正向导通电阻 $r_d\approx0$，截止时的反向电阻趋于无穷大）。

（1）试写出两电路输出电压 u_o 的表达式；

（2）问它们能否实现调幅？

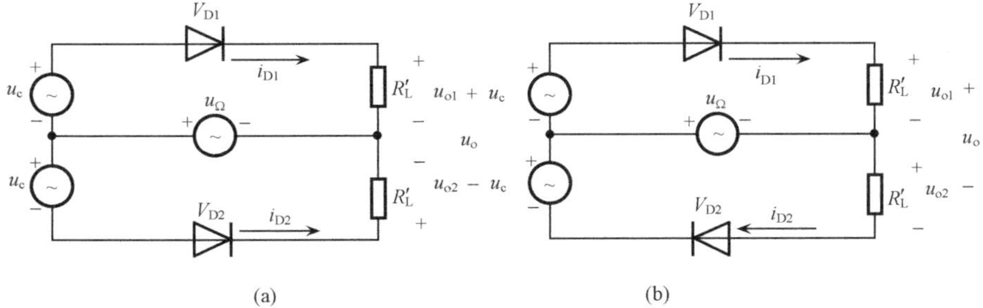

题 5.11 图

5.12 二极管环形相乘器如题 5.12 图所示，其中 $u_c = U_{\Omega m}\cos\omega_c t$ 为大信号，$u_\Omega = U_{\Omega m}\cos\Omega t$ 为小信号(即 $U_{cm} > U_{\Omega m}$)，使四只性能完全相同的二极管工作在受 u_c 控制的开关状态下，试写出输出电压 u_o 的表达式并分析其含有的频率成分(注：假设四只二极管导通时的正向导通电阻 $r_d \approx 0$，截止时的反向电阻趋于无穷大)。

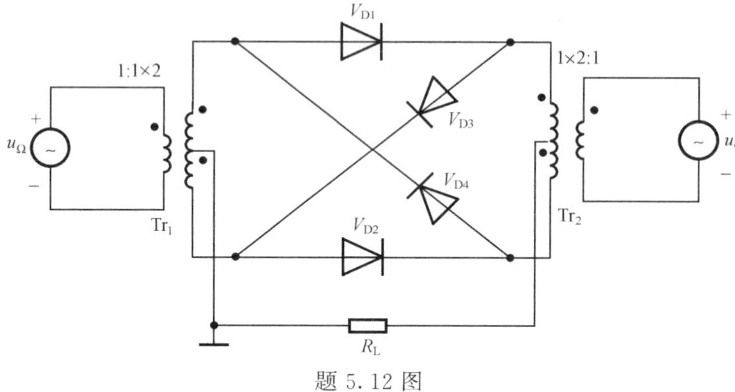

题 5.12 图

5.13 二极管构成的电路如题 5.13 图(a)和(b)所示，其中 $u_c = U_{\Omega m}\cos\omega_c t$ 为大信号，$u_\Omega = U_{\Omega m}\cos\Omega t$ 为小信号(即 $U_{cm} > U_{\Omega m}$)，使两只性能完全相同的二极管工作在受 u_c 控制的开关状态下，试分析两电路输出电压中的频谱成分，说明它们是否具有相乘功能(注：假设几只二极管导通时的正向导通电阻 $r_d \approx 0$，截止时的反向电阻趋于无穷大)。

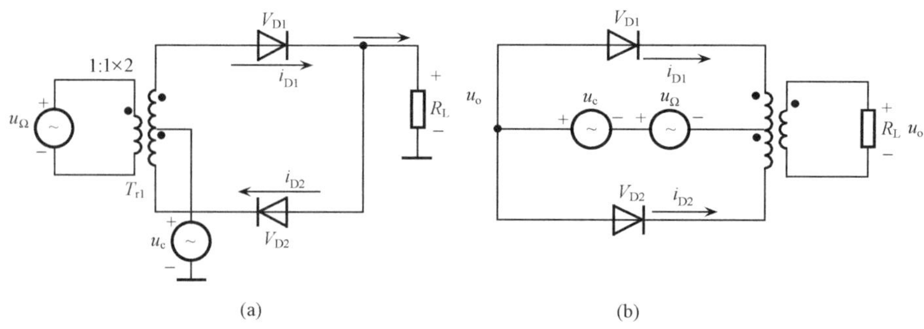

题 5.13 图

5.14 题 5.14 图所示原理框图中，已知 $f_{c1} = 50\text{kHz}$，$f_{c2} = 20\text{MHz}$，调制信号 $u_\Omega(t)$ 频谱如图所示，其频率取值范围为(F_{min}，F_{max})，试画图说明其频谱搬移过程，并说明总输出信号 $u_o(t)$ 是哪种调幅信号。

5.15 已知理想模拟相乘器中的乘积系数 $A_M = 0.1(1/\text{V})$，若两输入信号分别为 $u_x = 3\cos\omega_c t$，$u_y = [1 + \frac{2}{3}\cos\Omega_1 t + \frac{1}{2}\cos\Omega_2 t]\cos\omega_c t$。试写出相乘器输出电压表达式，说明如果该相乘器后面再接一低通滤波器，问它将实现何种功能？

5.16 二极管峰值包络检波电路如题 5.16 图所示，已知输入调幅波的中心载频 $f_c = 465\text{kHz}$，

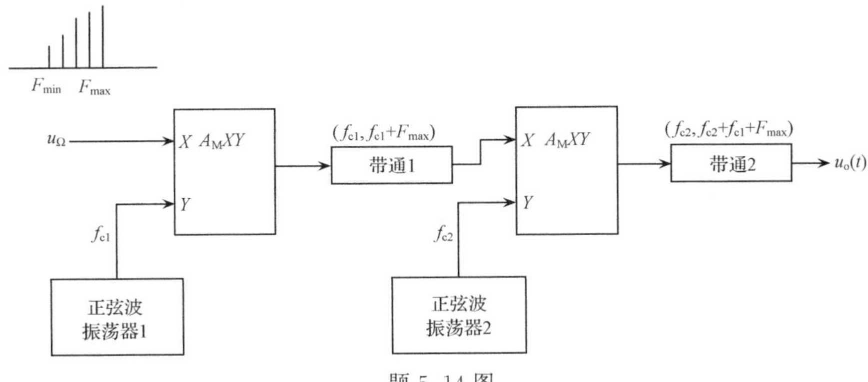

题 5.14 图

单音调制信号频率 $F=4\text{kHz}$，调幅系数 $m_a=\frac{1}{3}$，直流负载电阻 $R=5\text{k}\Omega$，试决定滤波电容 C 的大小，并求出检波器的输入电阻 R_i。

5.17　二极管峰值包络检波电路如题 5.17 图所示，已知输入调幅信号电压为 $u_i(t)=[2\cos(2\pi\times465\times10^3t)+0.4\cos(2\pi\times469\times10^3t)+0.4\cos(2\pi\times461\times10^3t)]$。

(1) 试问该电路会不会产生惰性失真和负峰切割失真?

(2) 如果检波效率 $k_d\approx1$，试按对应关系画出 A、B、C 各点电压的时域波形，并标出电压的大小。

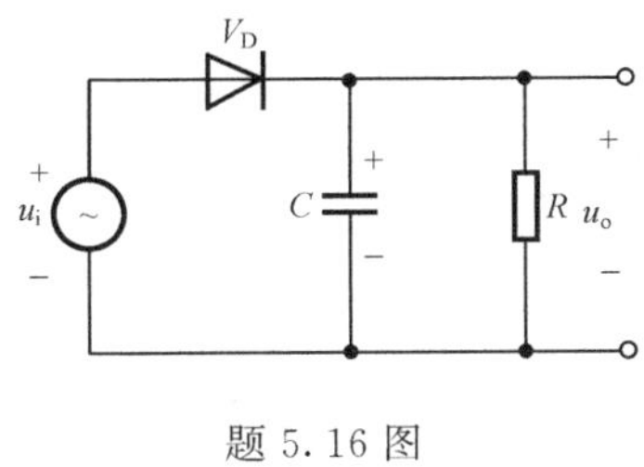

题 5.16 图

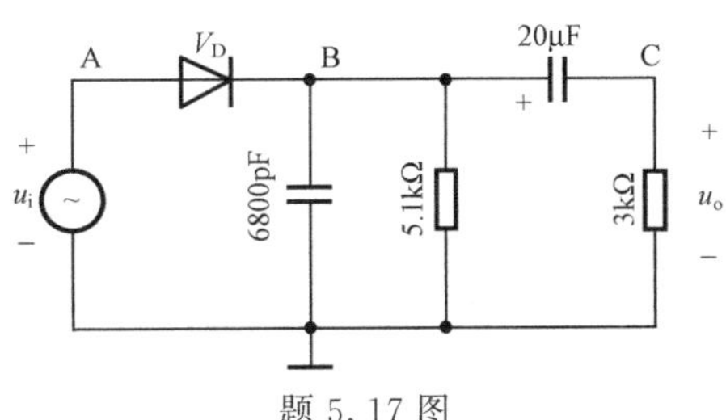

题 5.17 图

5.18　二极管峰值包络检波电路如题 5.18 图所示，已知调制信号频率 $F=300\sim3400\text{Hz}$，载波频率 $f_c=10\text{MHz}$，最大调幅系数 $m_{amax}=0.8$，要求电路不产生惰性失真和负峰切割失真，试求满足上述要求的 C 和 R_L 的值。

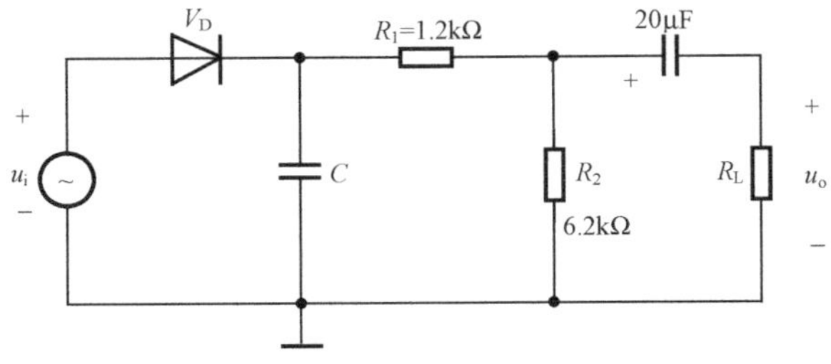

题 5.18 图

5.19 已知某理想模拟乘法器的乘积系数 $A_M=0.1$ (1/V)，如果输入信号 $u_X=3\cos(2\pi\times1.5\times10^6t)$，$u_Y=\left[\cos(2\pi\times100t)+\frac{2}{3}\cos(2\pi\times1000t)+\frac{1}{2}\cos(2\pi\times2000t)\right]\cos(2\pi\times10^6t)$，试画出 u_Y 及输出电压 u_0 的频谱图。

5.20 假设混频电路的输入信号 $u_s(t)=U_{sm}[1+k_au_\Omega(t)]\cos\omega_ct$，本振信号 $u_L(t)=U_{Lm}\cos\omega_ct$，输出端的带通滤波器调谐在 $\omega_i=\omega_L-\omega_c$ 上，试写出混频输出中频电压 $u_I(t)$的表达式。

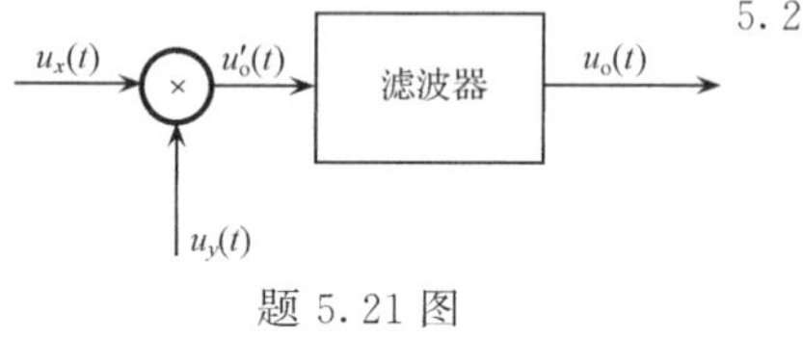

题 5.21 图

5.21 电路模型如题 5.21 图所示，其中，u_x 为输入信号，u_y 为参考信号，假设相乘特性和滤波特性都是理想的，且相乘系数 $A_M=1$。

(1) 如果输入信号 $u_x=U_{\Omega m}\cos\Omega t$，参考信号 $u_y=U_{cm}\cos\omega_ct$，试写出 $u_o(t)$的表达式并说明电路功能，并说明滤波器的类型。

(2) 如果输入信号 $u_x=U_{sm}\cos\Omega t\cos\omega_ct$，参考信号 $u_y=U_{rm}\cos\omega_ct$，试写出$u_o(t)$的表达式并说明电路功能，并说明滤波器的类型。

(3) 如果输入信号 $u_x=U_{sm}\cos\Omega t\cos\omega_ct$，参考信号 $u_y=U_{Lm}\cos\omega_Lt$，试写出 $u_o(t)$的表达式并说明电路功能，并说明滤波器的类型。

5.22 晶体三极管混频电路如题 5.22 图所示，已知中频 $f_I=465\text{kHz}$，输入信号 $u_s(t)=10\left[1+\frac{1}{2}\cos(2\pi\times10^3t)\right]\cos(2\pi\times10^6t)\text{mV}$。试画出 A、B、C 三点对地电压波形并指出其特点，并说明 L_1C_1、L_2C_2、L_3C_3 三个 LC 回路调谐在什么频率上。

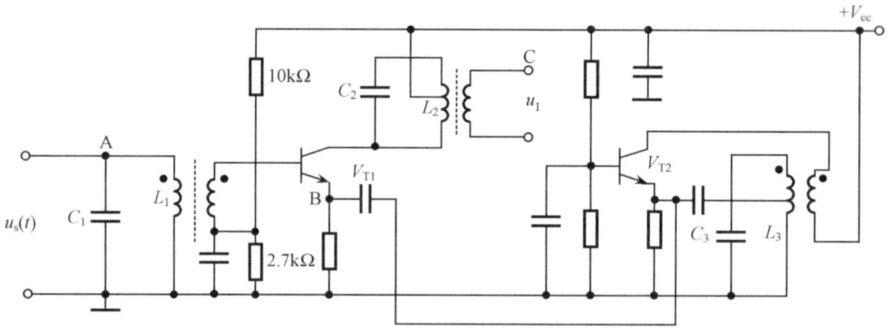

题 5.22 图

第 6 章　角度调制与解调电路

角度调制是用调制信号来控制高频信号的频率或相位的偏移，即调频或调相。两种方法的调制结果是类似的，最终都将体现为高频信号获得了附加相位，这就是角度调制概念的由来。角度调制是频率的非线性搬移过程，一般而言，角度调制电路就是电路特性受调制信号控制的电路而已，电路特性变化的结果体现为频率或相位的偏移。然而角度解调电路则显得较为复杂。

6.1　调角波的概念

6.1.1　调角信号的由来

第 5 章讨论的调幅波从工作频率上讲是高频的，但调幅波的有用之处却是它所携带的低频信息。调幅波的振幅受到低频信号的调制，或者说低频信息蕴含在变化的调幅波振幅中。这是一种巧妙的信息传送方式，能有效地利用高频频段来传送低频信息。沿着同一思路，我们可以引入调角波的概念。

对于没有受到调制的高频余弦信号 $u(t)=U_m\cos(\omega_c t)$ 而言，相位 $\omega_c t$ 随着时间的变化以固定的比例 ω_c 匀速地增长，而信号本身是以固定的周期 $\frac{2\pi}{\omega_c}$ 在 $-U_m$ 与 U_m 之间作周而复始的变化。可以想象，如果相位或频率受到调制，最终的结果将是相位不再随时间的变化而匀速增长，而信号本身在 $-U_m$ 与 U_m 之间的变化周期也不再是恒定的。在这种情况下，受到调制的等幅高频信号应一般性地表达为

$$u(t)=U_m\cos[\varphi(t)] \tag{6.1}$$

式中，相位随时间的变化关系 $\varphi(t)$ 与未调制前相比应该是比较复杂的，而角频率也不应简单地理解为相位增长与时间变化之间的比例系数。不过，这时的角频率仍应反映相位变化的快慢，应理解为相位的一阶导数，并不是常数，故称为瞬时角频率 $\omega(t)$，它满足

$$\omega(t)=\frac{d\varphi(t)}{dt} \tag{6.2}$$

反之，有

$$\varphi(t)=\int_0^t \omega(t)dt+\varphi_0 \tag{6.3}$$

相应地，$\varphi(t)$ 可称为瞬时相位。而调角波的形式即为 $u(t)=U_m\cos[\varphi(t)]$，其

特点是瞬时角频率 $\omega(t)$ 或瞬时相位 $\varphi(t)$ 受到调制，因而可相应地称为调频波(FM)或调相波(PM)。无论是调频波还是调相波，其存在的价值在于它们携带了低频信息，具体表现在瞬时角频率 $\omega(t)$ 或瞬时相位 $\varphi(t)$ 的变化情况应与低频调制信号 $u_\Omega(t)$ 的变化情况一致。换句话说，$\omega(t)$ 或 $\varphi(t)$ 是缓变的，但 $\omega(t)$ 或 $\varphi(t)$ 都不是信号，而只是调角信号 $u(t)=U_m\cos[\varphi(t)]$ 的特征性变量，调角信号本身则是快变的，或者说是高频的。另外，在解调电路中，输出信号的变化又受到 $\omega(t)$ 或 $\varphi(t)$ 的控制，能够反映 $\omega(t)$ 或 $\varphi(t)$ 的变化情况，进而与原来的低频调制信号的变化情况一致，也就恢复了低频信号。这一过程即是解调电路对调频波或调相波的解调。

6.1.2 调角波的数学表示

1. 调频信号

对于调频波而言，调制的对象是瞬时角频率，低频调制信号 $u_\Omega(t)$ 的作用是产生瞬时角频率 $\omega(t)$ 相对于未调时角频率 ω_c(称为载波角频率)的偏移，而这种瞬时角频率偏移的大小与调制信号的大小有关。在理想情况下，两者为正比关系(线性调频)

$$\omega(t)-\omega_c=\Delta\omega(t)=k_f u_\Omega(t) \tag{6.4}$$

式中，比例系数 k_f 称为调频灵敏度，其单位为 rad/s · V，由调频电路决定。因而

$$\omega(t)=\omega_c+\Delta\omega(t)=\omega_c+k_f u_\Omega(t) \tag{6.5}$$

式(6.5)说明调频波的瞬时角频率的变化形式与低频调制信号的变化形式相同，或者说低频信息体现在高频调频波的瞬时角频率的变化上。将式(6.5)代入式(6.3)，得到

$$\varphi(t)=(\omega_c t+\varphi_0)+k_f\int_0^t u_\Omega(t)\mathrm{d}t=(\omega_c t+\varphi_0)+\Delta\varphi(t) \tag{6.6}$$

式中 $\Delta\varphi(t)=k_f\int_0^t u_\Omega(t)\mathrm{d}t$，是由于调频而产生的瞬时相位偏移。它的存在表明了调频时虽然调制的对象是瞬时角频率，但实际上也会对瞬时相位造成影响，引起相位的偏移。这是因为瞬时角频率和瞬时相位有着密切的联系。

调频信号 $u_{FM}(t)$ 的表达式由 $\varphi(t)$ 的形式决定(为表达方便，取 $\varphi_0=0$)，则有

$$u_{FM}(t)=U_m\cos\left[\omega_c t+k_f\int_0^t u_\Omega(t)\mathrm{d}t\right] \tag{6.7}$$

对于单音调制(即调制信号为简谐信号)的情况，设 $u_\Omega(t)=U_{\Omega m}\cos(\Omega t)$，则有

$$\omega(t)=\omega_c+k_f U_{\Omega m}\cos(\Omega t)=\omega_c+\Delta\omega_m\cos(\Omega t) \tag{6.8}$$

$$\varphi(t)=\omega_c t+\frac{k_f U_{\Omega m}}{\Omega}\sin(\Omega t)=\omega_c t+m_f\sin(\Omega t) \tag{6.9}$$

$$u_{FM}(t)=U_m\cos[\omega_c t+m_f\sin(\Omega t)] \tag{6.10}$$

式中

$$\Delta\omega_m = k_f U_{\Omega m} \tag{6.11}$$

为最大角频率偏移。它表明,角频率偏移的最大值由调制信号的最大值(即调制信号的振幅)决定,正如瞬时角频率偏移由调制信号的瞬时值决定。而

$$m_f = \frac{\Delta\omega_m}{\Omega} \tag{6.12}$$

为最大相位偏移(又称为调频指数)。显然,最大角频率偏移 $\Delta\omega_m$ 增大,最大相位偏移 m_f 也会变大。但为什么调制信号的频率变大时,最大相位偏移 m_f 会减小呢?这是因为,瞬时相位偏移是瞬时角频率偏移的积分,当瞬时角频率偏移作简谐波动(这种波动的角频率就是调制信号频率)时,瞬时相位偏移也同样作简谐波动。而瞬时角频率偏移在其正半周内的积分正好就是相位偏移的最大值。如果调制信号的频率变大,则瞬时角频率波动的正半周时间变短,积分后得到的最大相位偏移减小。

当调制信号为 $u_\Omega(t)=U_{\Omega m}\cos(\Omega t)$ 时,调频信号的各个变化量的波形如图 6.1 所示。从中可以看到,调频波的瞬时角频率的波动情况与低频调制信号的波动情况一致,但瞬时相位偏移的波动情况与调制信号的波动情况不完全一致(在本例中,它们只是有相位差而已)。由于瞬时角频率的大小体现了相位变化的快慢,因此瞬时角频率较大时,调频信号波动加快,表现为调频波的波形变得更加密集,反之亦然。

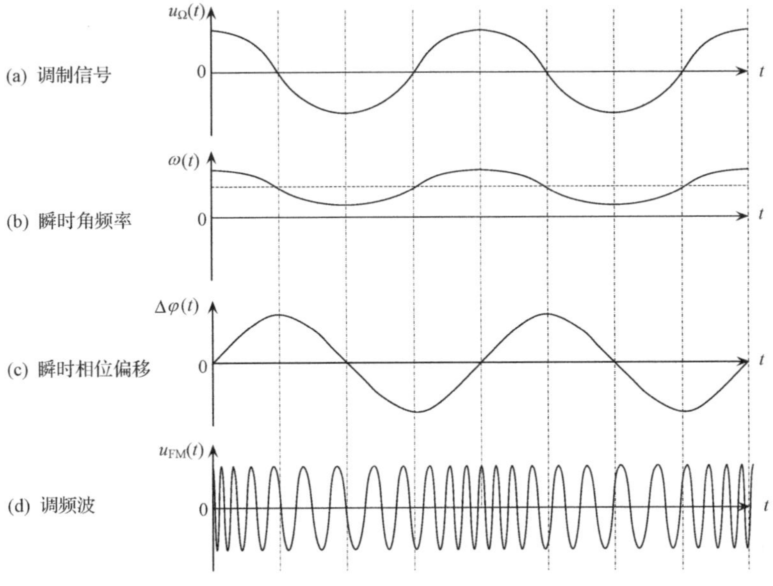

图 6.1　调频波相关变化量波形

调角波与普通调幅波的比较：

对于普通调幅波，其幅度随时间波动而载波频率不变；对于调角波，其幅度始终不变，但载波的频率随时间是变化的。普通调幅波 $u(t)=U_{cm}(1+m_a\cos\Omega t)\cos(\omega_c t)$ 由缓变因子 $U_{cm}(1+m_a\cos\Omega t)$ 与快变因子 $\cos(\omega_c t)$ 相乘而得，通过三角函数的积化和差，简谐变化量 $\cos(\Omega t)$ 与 $\cos(\omega_c t)$ 相乘后仍然得到两个简谐变化量 $\cos(\omega_c-\Omega)t$ 与 $\cos(\omega_c+\Omega)t$，因此普通调幅波的频谱相对简单。然而，对于调角波由于其相位变为 $\varphi(t)=\omega_c t+m_f\sin(\Omega t)$，$\cos\varphi(t)$ 的频谱将变得非常复杂。

2. 调相信号

调相信号中，调制的对象是瞬时相位，低频调制信号 $u_\Omega(t)$ 的作用是产生瞬时相位 $\varphi(t)$ 相对于未调时相位 $\omega_c t$ 的偏移（或称附加相移），这种瞬时相位偏移的大小与调制信号的大小有关。在理想情况下，两者为正比关系（线性调相）

$$\varphi(t)-\omega_c t=\Delta\varphi(t)=k_p u_\Omega(t) \tag{6.13}$$

式中，比例系数 k_p 称为调相灵敏度，其单位为 rad/V，由调相电路决定。因而

$$\varphi(t)=\omega_c t+\Delta\varphi(t)=\omega_c t+k_p u_\Omega(t) \tag{6.14}$$

式(6.14)说明，低频信息通过对高频调频波的瞬时附加相移的影响而被高频调频波所携带。将式(6.14)代入式(6.2)，得到

$$\omega(t)=\omega_c+\Delta\omega(t)=\omega_c+k_p\frac{\mathrm{d}u_\Omega(t)}{\mathrm{d}t} \tag{6.15}$$

式中 $\Delta\omega(t)=k_p\dfrac{\mathrm{d}u_\Omega(t)}{\mathrm{d}t}$，是由于调相而产生的瞬时角频率偏移，它的存在表明，调相时虽然调制的对象是瞬时相位，但实际上也会对瞬时角频率的值造成影响，引起角频率的偏移。这是因为瞬时角频率和瞬时相位有着密切的联系。

调相信号 $u_{PM}(t)$ 的表达式由 $\varphi(t)$ 的形式决定

$$u_{PM}(t)=U_m\cos[\omega_c t+k_p u_\Omega(t)] \tag{6.16}$$

对于单音调制的情况，设 $u_\Omega(t)=U_{\Omega m}\cos(\Omega t)$，则有

$$\varphi(t)=\omega_c t+k_p U_{\Omega m}\cos(\Omega t)=\omega_c t+m_p\cos(\Omega t) \tag{6.17}$$

$$\omega(t)=\omega_c-m_p\Omega\sin(\Omega t)=\omega_c t-\Delta\omega_m\sin(\Omega t) \tag{6.18}$$

$$u_{PM}(t)=U_m\cos[\omega_c t+m_p\cos(\Omega t)] \tag{6.19}$$

以上表示式中

$$m_p=k_p U_{\Omega m} \tag{6.20}$$

是最大相位偏移（又称调相指数）。上式表明，相位偏移的最大值由调制信号的最大值（即调制信号的振幅）决定，正如瞬时相位偏移由调制信号的瞬时值决定。而最大角频率偏移满足

$$\Delta\omega_m=m_p\Omega \tag{6.21}$$

式(6.21)与调频时的最大相位偏移和最大角频率偏移的关系式(6.12)是一致的。

当调制信号为 $u_{\Omega}(t)=U_{\Omega m}\cos(\Omega t)$时,调相信号的各个变化量的波形如图 6.2 所示。需要注意的是,调相波波形的疏密情况仍然由瞬时角频率的大小决定。

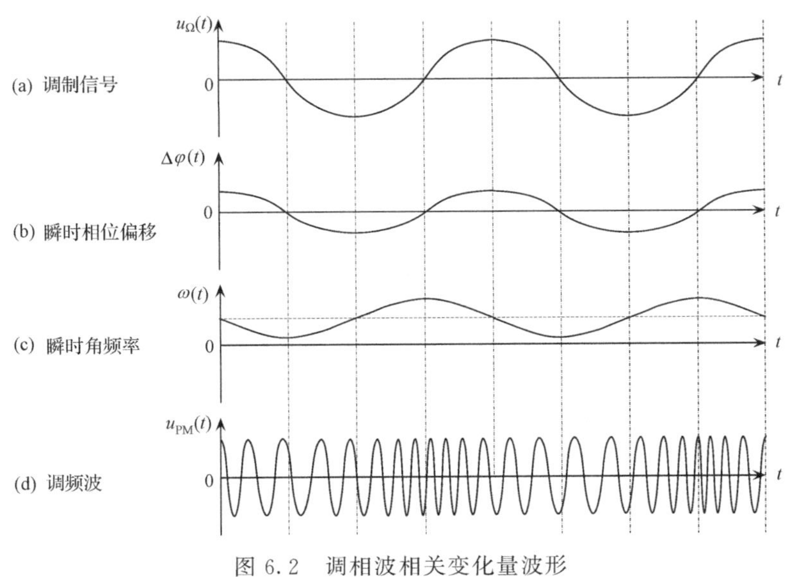

图 6.2　调相波相关变化量波形

调频波与调相波的比较:

调频波与调相波都是高频等幅波动,对它们而言,无论角频率还是相位都与简谐波动的角频率和相位不同,都存在着角频率偏移和相位偏移,偏移量的大小又与低频调制信号有关。调频波与调相波的区别在于,调频波的瞬时角频率偏移与调制信号成简单正比关系,而调相波的瞬时相位偏移与调制信号成简单正比关系,比例系数由各自调制电路的调制灵敏度决定。瞬时量的递推顺序如下:

调频波 $u_{\Omega}(t)\Rightarrow\omega(t)=\omega_c+k_f u_{\Omega}(t)\Rightarrow\varphi(t)=\int_0^t\omega(t)\mathrm{d}t\Rightarrow u(t)=U_m\cos[\varphi(t)]$

调相波 $$u_{\Omega}(t)\Rightarrow\varphi(t)=\omega_c t+k_p u_{\Omega}(t)\begin{cases}\Rightarrow\omega(t)=\dfrac{\mathrm{d}\varphi(t)}{\mathrm{d}t}\\ \Rightarrow u(t)=U_m\cos[\varphi(t)]\end{cases}$$

相应地,最大值之间的递推关系如下:

调频波 $$U_{\Omega m}\Rightarrow\Delta\omega_m=k_f U_{\Omega m}\Rightarrow m_f=\frac{\Delta\omega_m}{\Omega}$$

调相波 $$U_{\Omega m}\Rightarrow m_p=k_p U_{\Omega m}\Rightarrow\Delta\omega_m=m_p\Omega$$

调频时,最大角频率偏移与调制信号角频率无关;调相时,最大相位偏移与调制信号角频率无关。

6.1.3 调角波的频谱与带宽

1. 调角波的频谱

由于调频波与调相波具有相似的信号形式，它们的频谱是类似的。下面以调频波为例进行讨论。

$$\begin{aligned} u_{FM}(t) &= U_m\cos[\omega_c t + m_f\sin(\Omega t)] \\ &= U_m[\cos(\omega_c t)\cos(m_f\sin(\Omega t)) - \sin(\omega_c t)\sin(m_f\sin(\Omega t))] \end{aligned} \tag{6.22}$$

式中的 $\cos(m_f\sin(\Omega t))$ 与 $\sin(m_f\sin(\Omega t))$ 均可展开为傅里叶级数(其角频率成分都是 Ω 的整数倍)，代入式(6.22)中与 $\cos(\omega_c t)$ 或 $\sin(\omega_c t)$ 相乘后就得到一系列频率为 $\omega_c \pm n\Omega(n=0,1,2,\cdots)$ 的简谐波成分。即

$$\begin{aligned} u_{FM}(t) = U_m[&J_0(m_f)\cos(\omega_c t) && \text{载频} \\ &+ J_1(m_f)\cos(\omega_c+\Omega)t - J_1(m_f)\cos(\omega_c-\Omega)t && \text{第一对边频} \\ &+ J_2(m_f)\cos(\omega_c+2\Omega)t + J_2(m_f)\cos(\omega_c-2\Omega)t && \text{第二对边频} \\ &+ J_3(m_f)\cos(\omega_c+3\Omega)t - J_3(m_f)\cos(\omega_c-3\Omega)t && \text{第三对边频} \\ &+ J_4(m_f)\cos(\omega_c+4\Omega)t + J_4(m_f)\cos(\omega_c-4\Omega)t && \text{第四对边频} \\ &+ \cdots] \end{aligned} \tag{6.23}$$

式中，$J_n(m_f)(n=0,1,2,\cdots)$ 是以 m_f 为宗数的 n 阶第一类贝塞尔函数，其具体形式在此不做详述。不过从应用的角度看，$J_n(m_f)$ 可以视为一个函数族，m_f 是自变量，n 只不过是函数族中不同函数的标记而已。$J_n(m_f)$ 的值既与调频指数 m_f 有关，也与区别不同贝塞尔函数的 n 值有关，而 n 实际上也正是边频对的编号。取 $U_m=1$，针对不同的调频指数 m_f 取值，作出相应的频谱，如图 6.3 所示。

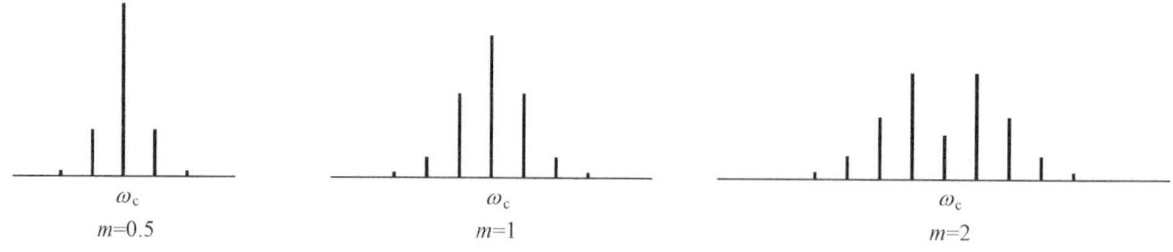

图 6.3　m 取不同值时调角波的频谱

第 n 对边频 $\omega_c \pm n\Omega$ 的谱线高度为 $|J_n(m_f)|$。可以看到，即使对于单音调制，调频后 $u_{FM}(t)=U_m\cos[\omega_c t+m_f\sin(\Omega t)]$ 的谱线结构也是足够复杂的，除载频外还存在着无限多对边频。第 n 对边频 $\omega_c \pm n\Omega$ 的谱线高度为 $|J_n(m_f)|$。而调幅时如果采用单音调制，只会产生一对边频，这一对频率就是参与调幅过程的两个信号频率的和频与差频，因而实现了对于调制信号频谱的不失真搬移。调频波的频谱则不具备这一特性，它在 ω_c 的两侧以 Ω 为间距分布着无限多的边频。调频指数 m_f

越大，振幅较大的边频个数越多。因此调频(以及调相)过程是非线性频率变换过程。

2. 调角波的频带宽度

既然调角波的边频分量是无限多的，其频谱就是无限宽的。但实际上如果将第 n 对边频和距离 ω_c 更远的边频全部丢掉，将剩下的边频分量与载波叠加，其结果与原来的调角波相比是有失真的，失真的大小与所丢掉的边频的总能量有关。如果这些丢掉的边频振幅都很小，则它们的总能量就很小，丢掉它们后调角信号的失真也会很小，这样一来，剩下的频率成分就形成了调角波的有效带宽。一般认为，调角波的有效带宽 BW_{CR} 为 $n \leqslant m+1$ 以内的频率成分占据的带宽，故

$$BW_{CR} = 2(m+1)\Omega = 2(\Delta\omega_m + \Omega) \tag{6.24}$$

式中，m 是调角波的最大相位偏移，也就是 m_f(调频指数)或 m_p(调相指数)，统称调制指数。$\Delta\omega_m$ 是最大角频率偏移。与普通调幅波的带宽 2Ω 相比，调角波的带宽要宽一些，而且调制的程度越深(体现在调制指数 m 或最大频偏 $\Delta\omega_m$ 变大)，则有效带宽越宽。不过，当 $m \ll 1$(工程上取 $m < \pi/12\text{rad}$)时，$BW_{CR} \approx 2\Omega$，相当于普通调幅波的带宽，即边频只有一对，这种情况称为窄带调角；而在 $m \gg 1$ 时，$BW_{CR} \approx 2m\Omega$，此时为宽带调角。

窄带调角波与调幅波的比较：

如上所述，对于窄带调角波，除载频外需要考虑的边频只有一对，其频谱结构与普通调幅波相同。但为何一个成为调角波，另一个却是普通调幅波呢？

设调制信号为 $u_\Omega(t) = U_{\Omega m}\cos(\Omega t)$，若进行调相，则有

$$\begin{aligned} u_{PM}(t) &= U_m \cos[\omega_c t + m_p \cos(\Omega t)] \\ &= U_m[\cos(\omega_c t)\cos(m_p\cos(\Omega t)) - \sin(\omega_c t)\sin(m_p\cos(\Omega t))] \end{aligned}$$

对于窄带调相($m_p < \pi/12\text{rad}$)，有

$$\cos(m_p\cos(\Omega t)) \approx 1, \sin(m_p\cos(\Omega t)) \approx m_p\cos(\Omega t)$$

因而窄带调相信号可简化为

$$\begin{aligned} u_{PM}(t) &= U_m[\cos(\omega_c t) - m_p\cos(\Omega t)\sin(\omega_c t)] \\ &= U_m\cos(\omega_c t) + U_m m_p\cos(\Omega t)\cos\left(\omega_c t + \frac{\pi}{2}\right) \end{aligned} \tag{6.25}$$

从频域的角度看，上式说明窄带调相信号确实由 ω_c 和 $\omega_c \pm \Omega$ 三个成分组成。另外，式(6.25)又可直观地表达为图 6.4 所示的相图。第二项 $U_m m_p\cos(\Omega t)\cos\left(\omega_c t + \frac{\pi}{2}\right)$所对应的相量$\overrightarrow{AB}$为振幅缓慢变化的相量，与第一项 $U_m\cos(\omega_c t)$所对应的相量$\overrightarrow{OA}$之间相互垂直。两者迭加得

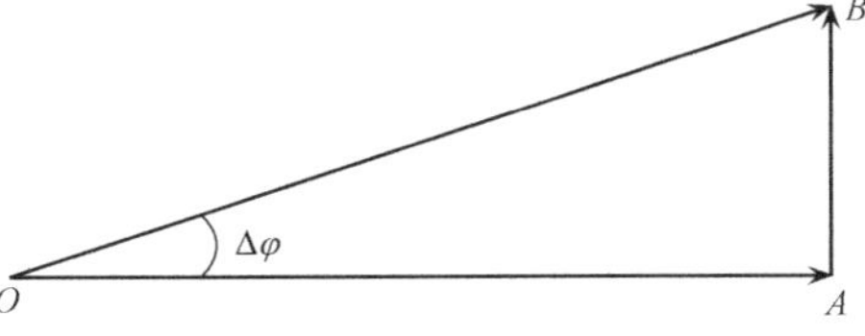

图 6.4　窄带调相信号的相图

到调相波 $u_{PM}(t)$ 所对应的相量 $\overrightarrow{OB}$。其振幅为

$$|\overrightarrow{OB}|=|\overrightarrow{OA}|\sqrt{1+\frac{|\overrightarrow{AB}|^2}{|\overrightarrow{OA}|^2}}=U_m\sqrt{1+[m_p\cos(\Omega t)]^2}\approx U_m\left[1+\frac{1}{2}(m_p\cos(\Omega t))^2\right]$$

上式说明，叠加后信号振幅的变化是 $m_p\cos(\Omega t)$ 的二阶小量，或者说振幅基本上是不变的。而 $\overrightarrow{OB}$ 相对于 $\overrightarrow{OA}$ 的相位偏移（即在 $\omega_c t$ 的基础上的相位偏移）为

$$\Delta\varphi(t)=\arctan[m_p\cos(\Omega t)]\approx m_p\cos(\Omega t)$$

所以此信号是振幅不变的调相信号。

用同样的调制信号，如果进行普通调幅，则有

$$u_{AM}(t)=U_m[1+m_a\cos(\Omega t)]\cos(\omega_c t)=U_m\cos(\omega_c t)+U_m m_a\cos(\Omega t)\cos(\omega_c t)$$

从频域的角度看，上式说明调幅信号也由 ω_c 和 $\omega_c\pm\Omega$ 三个成分组成。另外，上式同样可直观地表达为相图，如图 6.5 所示。第二项 $U_m m_p\cos(\Omega t)\cos(\omega_c t)$ 所对应的相量 $\overrightarrow{AB}$ 为振幅缓慢变化的相量，与第一项 $U_m\cos(\omega_c t)$ 所对应的相量 $\overrightarrow{OA}$ 同在一条直线上。两者叠加后 $\overrightarrow{OB}$ 的振幅为 $U_m[1+m_a\cos(\Omega t)]$，其变化形式与调制信号相同；与此同时，叠加后并不产生相位的偏移。

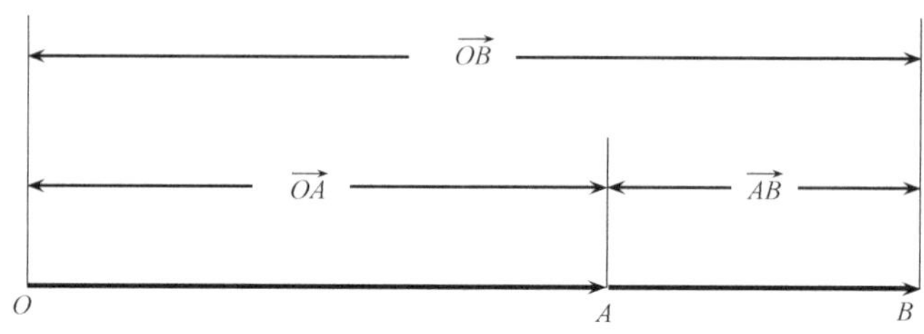

图 6.5　调幅信号的相图

总之，正是由于参与叠加的 ω_c 和 $\omega_c\pm\Omega$ 三个成分相位关系的不同，导致了叠加后可以得到调相波、调频波、调幅波等不同的信号形式。

3. 调角信号涉及的频率概念辨析

以角频率为 Ω 的调制信号对载波角频率为 ω_c 的高频信号进行调频，调制后瞬时角频率的最大偏移 $\Delta\omega_m$ 由调制信号的振幅决定，与 Ω 无关；瞬时角频率在 $\omega_c-\Delta\omega_m$ 和 $\omega_c+\Delta\omega_m$ 之间波动，这种波动仍有角频率，这个角频率就是 Ω。瞬时角频率变化区间的长度为 $2\Delta\omega_m$，但这并不是由分立谱线形成的有效带宽，后者为 $2(\Delta\omega_m+\Omega)$。

以角频率为 Ω 的调制信号对载波角频率为 ω_c 的高频信号进行调相，调制后瞬时相位的最大偏移 m_p 由调制信号的振幅决定，与 Ω 无关；但瞬时角频率的最大偏移 $\Delta\omega_m=m_p\Omega$ 与 Ω 有关，而且瞬时角频率在 $\omega_c-\Delta\omega_m$ 和 $\omega_c+\Delta\omega_m$ 之间波动，这种波动仍有角频率，这个角频率就是 Ω。瞬时角频率的变化区间长度为 $2\Delta\omega_m$，但这

并不是由分立谱线形成的有效带宽，后者为 $2(\Delta\omega_m+\Omega)=2(m_p+1)\Omega$。

以上角频率均存在相应的频率，分别记为

$$F=\frac{\Omega}{2\pi},\quad f_c=\frac{\omega_c}{2\pi},\quad \Delta f_m=\frac{\Delta\omega_m}{2\pi}$$

4. 调频制、调相制和调幅制的比较

研究表明，无论采用调幅还是调频或调相，调制指数 m 越大，则调制后信号的信噪比越大，抗干扰能力越强。由此可知，对调幅波而言，由于其调幅指数 m_a 不能大于 1，调幅波的信噪比当然就较低，抗干扰性能不高；而调频波和调相波的调制指数 m_f、m_p 的取值则不受限制，其抗干扰能力也相应地得以提高。不过，虽然调频波或调相波具有较高的抗干扰能力，但是它们却占用了较宽的频带，这是为改进抗干扰性能而付出的代价。

那么，同是调角波，采用调频波还是调相波更为可取呢？对此分析如下：

对于实际的调频系统或调相系统，其调制信号的频率和振幅都有一定的限制范围，最大角频率和最大振幅分别记为 Ω_{max} 和 $U_{\Omega mmax}$。考虑这种信号在最不利的情况下所可能占据的最大带宽，在调频时最大带宽是 $2(k_f U_{\Omega mmax}+\Omega_{max})$，在调相时最大带宽是 $2(k_p U_{\Omega mmax}+1)\Omega_{max}$，两种调制方式下的最大带宽可以统一地写为 $2(m_0+1)\Omega_{max}$ 的形式，式中的 m_0 在调频时应为 $\frac{k_f U_{\Omega mmax}}{\Omega_{max}}$，在调相时应为 $k_p U_{\Omega mmax}$。如果两种情况的 m_0 相同（此时应有 $\frac{k_f}{\Omega_{max}}=k_p$），则得到的调角波的最大带宽相同，或者说两种调制方式占据的频带资源是一样的。现在进一步比较一下两种调制方式的信噪比。当调制信号的角频率正好为 Ω_{max}，同时振幅正好为 $U_{\Omega mmax}$ 时，两种调制方式所得到的调制指数都是 m_0，这时两种调制方式所具有的信噪比是一样的。但实际上调制信号的角频率和振幅都有其取值范围（$\Omega\leqslant\Omega_{max}$，$U_{\Omega m}\leqslant U_{\Omega mmax}$），如果进行调频，则调频指数为 $\frac{k_f U_{\Omega m}}{\Omega}=\frac{U_{\Omega m}}{U_{\Omega mmax}}\frac{\Omega_{max}}{\Omega}\frac{k_f U_{\Omega mmax}}{\Omega_{max}}=\frac{U_{\Omega m}}{U_{\Omega mmax}}\frac{\Omega_{max}}{\Omega}m_0$；如果进行调相，则调相指数为 $k_p U_{\Omega m}=\frac{U_{\Omega m}}{U_{\Omega mmax}}k_p U_{\Omega mmax}=\frac{U_{\Omega m}}{U_{\Omega mmax}}m_0$。由此可见，一般而言两个调制指数是不同的，或者说两种调制方式所具有的信噪比不同。

总结以上分析过程，可以得到以下结论：

调制指数 m 越大，则调制后信号的信噪比越大，抗干扰能力越强。调频波和调相波的调制指数 m_f、m_p 的取值可以有较大的取值，因而抗干扰能力较强。当调制信号的频率和振幅都固定下来的时候，可以进行调频，也可以进行调相，只要调制指数相同，则已调波的带宽就是一样的，两种情况的抗干扰性能也相同。然而，当调制信号的频率和振幅在一定范围内变化时，可以在两种调制方式占据相同频带资源的前提下比较它们的信噪比，也就是使调频时和调相时的最大带宽取为相同值 $2(m_0+1)\Omega_{max}$。当调制信号的频率和振幅并未取最大值时，两种调制方式的调制指数有一定差别，采用调频方式得到的调频指数 m_f 高于采用调相方式得到的调相指数 m_p。也就是说，如果调制后信号频谱的最大扩展情况相同，则一般来说调频更有利于获得较高的信噪比。同是调角波，采用调频比调相更为可取。由于这个原因，在模拟通信系统中，通过信道传送的信号常常是调频波。

6.2 调频电路

6.2.1 调频电路的主要性能指标

1. 调频特性

调频电路的功能是使高频信号的频率受到低频信号的影响或调制，从而产生瞬时频偏。在理想情况下，瞬时频偏应与调制信号成正比，这时调频特性为线性的。但实际电路的调频特性总是有一定的非线性失真的，对此应尽量设法减小。

2. 最大线性频偏

虽然实际电路的调频特性从整体上看是非线性的，但当调制信号较小时，它仍可以近似地视为线性的。调频特性线性部分所能实现的最大频偏称为最大线性频偏。

3. 调频灵敏度

调频特性线性部分的斜率称为调频灵敏度。

6.2.2 直接调频电路

利用 *LC* 振荡器可以产生高频信号，*LC* 振荡器的振荡频率大致等于 *LC* 谐振回路的谐振频率，由谐振回路电抗元件的参数决定。如果某个电抗元件的参数发生变化，则振荡器的振荡频率会相应地有所变化；而如果电抗元件参数的变化又是受低频信号控制的，则最终的效果将是低频信号的变化控制了振荡器振荡频率的变化，因而输出信号就是调频波。这种调频方法称为直接调频。换句话说，所谓直接调频，指的就是在振荡器中直接调频；所谓直接调频电路，也就只是一种频率可控的振荡器而已。

1. 变容二极管

如上所述，直接调频电路中需要一个比较特殊的电抗元件，这种电抗元件的元件参数会受到外加电压的影响，称为可变电抗元件(可变电容或可变电感)，是非线性元件。这种用于实现直接调频的可变电抗元件种类很多，目前使用得最多的是变容二极管。

与普通二极管尽量减少结电容的制造要求不同，变容二极管在制造时将获得相对来说比较大的结电容，以突出二极管的电容效应。而且变容二极管一般工作在反偏状态下，这就保证了变容二极管只能等效为电容。再考虑到二极管结电容与结电压有关的特点，所以变容二极管在反偏工作时应视为电压控制可变电容。变容二极管的电路符号及其反偏时的等效电容见图 6.6。

图 6.6　变容二极管的电路符号及其高频等效电容

根据二极管理论，二极管结电容 C_j 与外加电压 u 之间具有如下关系：

$$C_j = \frac{C_{j0}}{\left(1 - \frac{u}{U_B}\right)^{\gamma}} \tag{6.26}$$

式中，U_B 是 PN 结的内建电压；C_{j0} 是无外加电压时的结电容；γ 是依赖于 PN 结的工艺结构的一个无量纲参数，称为变容指数，其值在 1/3 到 6 之间。考虑到变容二极管正常工作时处于反偏状态，并且所加电压一般为静态偏压 U_Q 与调制信号 $u_\Omega(t)$ 之和，所以一般有

$$u = -[U_Q + u_\Omega(t)]$$

上式代入式(6.26)中，C_j 的形式可转化为

$$C_j = \frac{C_{jQ}}{(1+x)^{\gamma}} \tag{6.27}$$

式中，$C_{jQ} = \frac{C_{j0}}{\left(1+\frac{U_Q}{U_B}\right)^{\gamma}}$ 是施加反向静态偏压 U_Q 时所获得的结电容，称为静态结电容；$x = \frac{u_\Omega(t)}{U_B + U_Q}$ 是归一化的调制电压。

2. 变容二极管直接调频电路原理分析

为了达到直接调频的目的，在 LC 振荡器的谐振回路中引入了变容二极管这种可变电抗元件，调制信号通过影响变容二极管的结电容进而影响到了谐振回路的谐振频率。与一般振荡器的谐振回路不同，直接调频电路的谐振回路要能正常

工作,必须对变容二极管采用控制电路施加静态偏压和调制电压。考虑了控制电路后,谐振回路的典型结构如图 6.7(a)所示。图中 C_1 和 C_2 的取值应满足低频开路、高频短路的要求;L_1 的取值应满足低频短路、高频开路的要求,或者说 L_1 是高频扼流圈。考虑到这些电容和电感的频率特性后,直流和低频信号的通路如图 6.7(b)所示,高频通路如图 6.7(c)所示。从直流和低频通路图 6.7(b)可以看到,变容二极管的外加电压正是 $-[U_Q+u_\Omega(t)]$,这说明变容二极管获得了适当的反向静态偏压,同时调制信号也能够有效地加入;而高频通路图 6.7(c)显示的是高频谐振回路,它是由 L 和 C_j 构成的并联谐振回路。

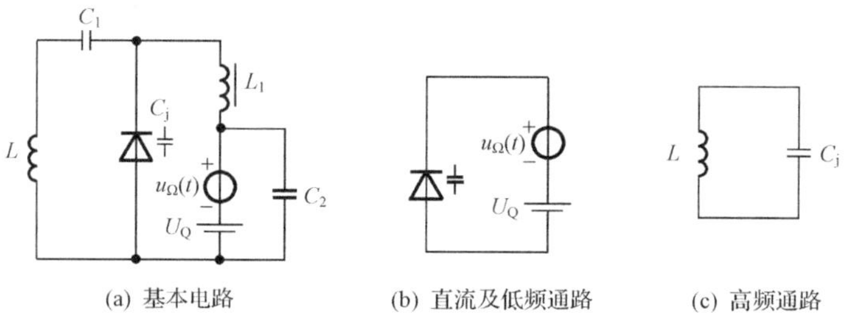

图 6.7　含变容二极管的谐振电路

如果振荡器的谐振回路具有图 6.7(c)的形式(即 L 和 C_j 并联),则振荡角频率可近似写为

$$\omega(t)=\frac{1}{\sqrt{LC_j}} \tag{6.28}$$

将式(6.27)代入式(6.28),得到

$$\omega(t)=\omega_c(1+x)^{\frac{\gamma}{2}} \tag{6.29}$$

式中,ω_c 是施加静态偏压时的振荡角频率,即未受调制时的振荡角频率,也就是载波角频率。其大小为

$$\omega_c=\frac{1}{\sqrt{LC_{jQ}}}$$

在式(6.29)中,若变容指数$\gamma=2$,则有

$$\omega(t)=\omega_c(1+x)=\omega_c\left[1+\frac{u_\Omega(t)}{U_B+U_Q}\right]$$

在这种情况下,瞬时角频率偏移 $\omega(t)-\omega_c$ 与调制信号 $u_\Omega(t)$成正比,为线性调频。反之,当变容指数 $\gamma\neq2$ 时,调频特性为非线性的。但在调制信号 $u_\Omega(t)$较小时,仍然可以得到近似为线性的调频特性。显然,变容指数 γ 越接近于 2,近似为线性调频的区间越宽。

由于调制信号 $u_\Omega(t)$较小时,$(1+x)^{\frac{\gamma}{2}}\approx1+\frac{\gamma}{2}x$,所以有

$$\omega(t) \approx \omega_c\left(1+\frac{\gamma}{2}x\right)=\omega_c\left[1+\frac{\gamma}{2}\frac{u_\Omega(t)}{U_B+U_Q}\right]=\omega_c+\frac{\gamma}{2}\frac{\omega_c}{U_B+U_Q}u_\Omega(t) \tag{6.30}$$

式(6.30)描述了变容指数γ为任意值时，小信号调制下的线性调制关系。从中可知，调频灵敏度为

$$k_f=\omega_c\frac{\gamma}{2}\frac{1}{U_B+U_Q} \tag{6.31}$$

最大角频率偏移为

$$\Delta\omega_m=\omega_c\frac{\gamma}{2}\frac{U_{\Omega m}}{U_B+U_Q} \tag{6.32}$$

由式(6.32)可见，对于直接调频电路而言，因调制而产生的最大角频偏与载波角频率成正比。这一点与间接调频电路是不同的。

在实际电路中，谐振回路通常并不是只由 L 和 C_j 构成，或者说 C_j 在谐振回路中是部分接入的，如图 6.8 所示。在这种情况下，施加到变容二极管的调制电压对整个谐振回路的影响会减小，因而调频灵敏度将降低，但非线性失真及频率不稳定性也会有所削弱。

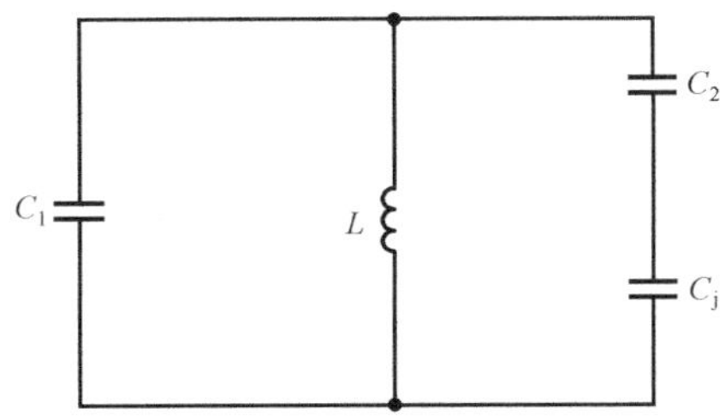

图 6.8　变容二极管部分接入谐振回路

式(6.31)显示，变容二极管直接调频电路的调频灵敏度的符号是正的，这一点可以定性地分析如下：

调制信号 $u_\Omega(t)\uparrow\rightarrow$变容二极管结电容 $C_j\downarrow\rightarrow LC_j$ 谐振回路的谐振角频率 $\omega_0\uparrow\rightarrow$振荡器的振荡角频率$\omega(t)\approx\omega_0\uparrow$。

3. 电路实例

图 6.9(a)是变容二极管部分接入回路的直接调频电路，图 6.9(b)是其高频交流通路，可以看出，这是一个电容三点式振荡器。

变容二极管调频电路的电路简单，工作频率较高，能够得到比较大的最大线性频偏。但其载频即是施加静态偏压时的振荡频率，容易受到外界因素的影响而发生漂移，因而中心频率的稳定性不高。

图 6.10(a)是变容二极管晶体振荡器直接调频电路，图 6.10(b)是其高频交流通路，它是一个电容三点式振荡器，同时又是一个并联型晶体振荡器。

由于晶体振荡器的振荡频率不容易受外界影响，所以晶体振荡器调频电路的载频稳定性较高，但调频灵敏度也因此比较小。

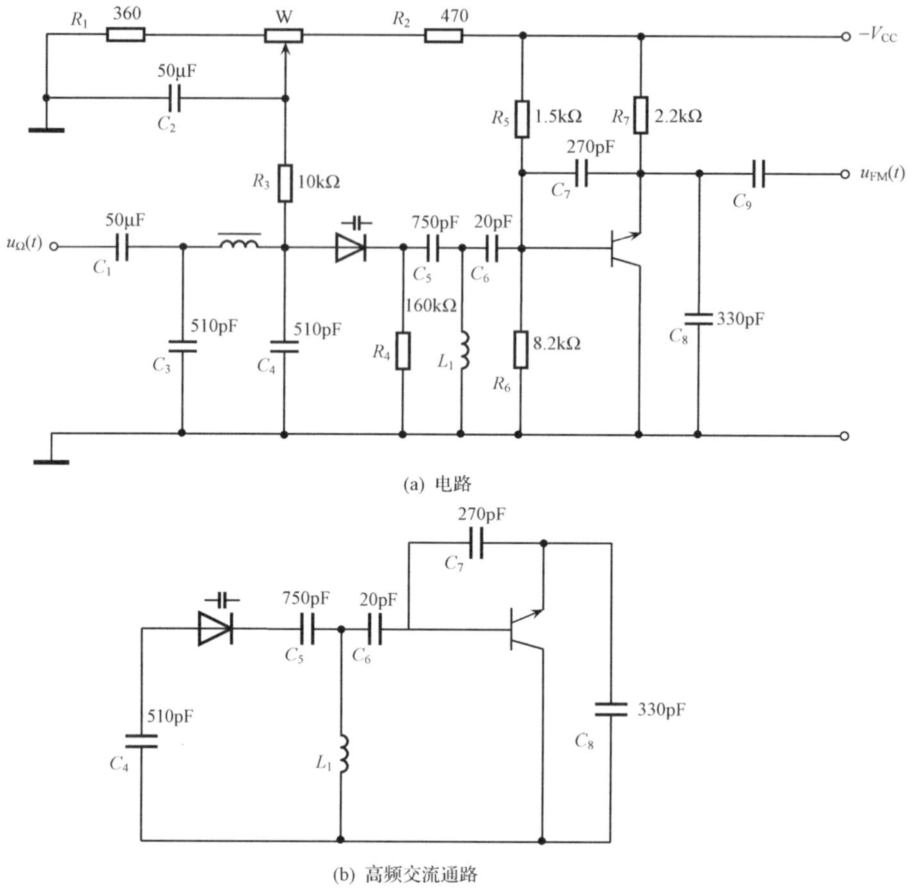

图 6.9　变容二极管部分接入回路的直接调频电路

6.2.3　间接调频电路

1. 间接调频原理

考虑以下调制过程：先对调制信号 $u_\Omega(t)$ 进行积分，得到低频信号 $u'_\Omega(t)=k_1\int_0^t u_\Omega(t)\mathrm{d}t$，再利用 $u'_\Omega(t)$ 对高频载波 $U_\mathrm{m}\cos(\omega_\mathrm{c}t)$ 进行调相，最后得到的输出电压 $u_\mathrm{o}(t)=U_\mathrm{m}\cos[\omega_\mathrm{c}t+k_\mathrm{p}u'_\Omega(t)]=U_\mathrm{m}\cos\left[\omega_\mathrm{c}t+k_\mathrm{p}k_1\int_0^t u_\Omega(t)\mathrm{d}t\right]$。$u_\mathrm{o}(t)$ 相对于 $u'_\Omega(t)$ 是调相波，但 $u_\mathrm{o}(t)$ 相对于 $u_\Omega(t)$ 却是调频波。这是因为用 $u_\Omega(t)$ 调频，调频波的标准形式为 $U_\mathrm{m}\cos\left[\omega_\mathrm{c}t+k_\mathrm{f}\int_0^t u_\Omega(t)\mathrm{d}t\right]$，与 $u_\mathrm{o}(t)$ 一致。由此可见，调频电路可以由积分电路和调相电路构成，这种调频电路称为间接调频电路，其组成框图如图 6.11 所示。

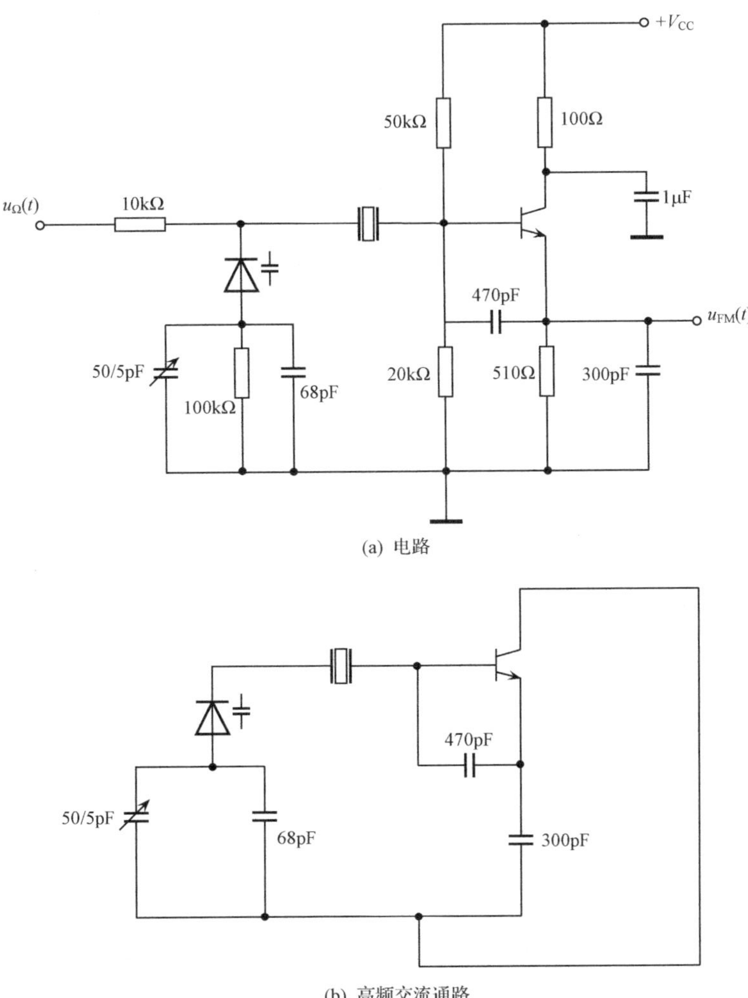

图 6.10　变容二极管晶体振荡器直接调频电路

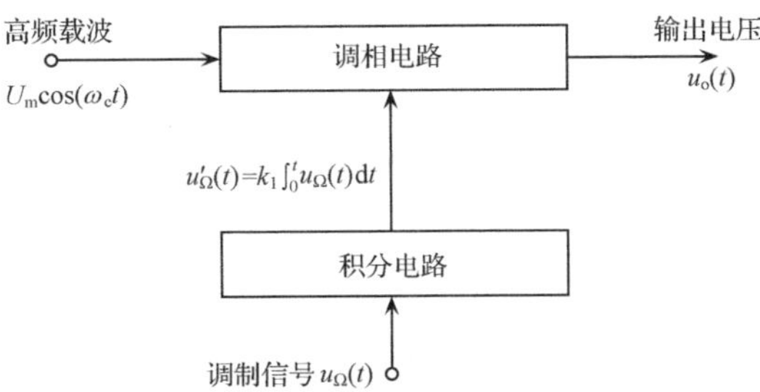

图 6.11　间接调频电路的原理框图

$$k_f = k_1 k_p \tag{6.33}$$

间接调频电路的调频灵敏度 k_f 为积分器的积分系数 k_1（其单位是1/s）与间接调频电路的调相灵敏度 k_p 之积。

无论将输出电压 $u_o(t)$ 视为调相波还是调频波，其最大角频偏的大小是一样的。如果将 $u_o(t)$ 视为调相波，则其调制信号 $u'_\Omega(t)$ 的振幅 $U'_{\Omega m}=\dfrac{k_1 U_{\Omega m}}{\Omega}$，最大角频偏表示为 $\Delta\omega_m = k_p U'_{\Omega m}\Omega$；而将 $u_o(t)$ 视为调频波时，其调制信号 $u_\Omega(t)$ 的振幅为 $U_{\Omega m}$，最大角频偏表示为

$$\Delta\omega_m = k_f U_{\Omega m} = k_1 k_p U_{\Omega m} \tag{6.34}$$

同样，无论将输出电压 $u_o(t)$ 视为调相波还是调频波，其最大相位偏移（即调制指数）的大小是一样的。将 $u_o(t)$ 视为调相波时，调相指数表示为 $m_p = k_p U'_{\Omega m}$；而将 $u_o(t)$ 视为调频波时，调频指数为 $m_f = \dfrac{k_1 k_p U_{\Omega m}}{\Omega}$。

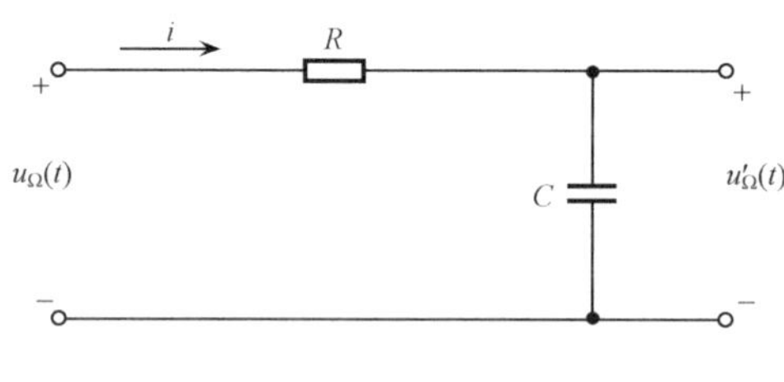

图 6.12　简单 RC 积分电路

间接调频并不在振荡器中实现调频，而是另外由振荡器产生高频载波，因而容易采取措施稳定中心频率，但间接调频一般不易获得较大的频偏。

实现间接调频所需的积分电路可以采用图 6.12 所示的简单 RC 积分电路。与 R 相比，C 的容抗应足够小，即 $RC\Omega \gg 1$，使输入电压 $u_\Omega(t)$ 的绝大部分加在 R 上，于是 $u_\Omega(t) \approx Ri$，而 $u'_\Omega(t) = \dfrac{1}{C}\int i\mathrm{d}t \approx \dfrac{1}{RC}\int u_\Omega(t)\mathrm{d}t$。此电路的输出电压 $u'_\Omega(t)$ 的大小虽然远小于输入电压 $u_\Omega(t)$ 的大小，但两者之间确实近似存在着积分关系。此积分器的积分系数为

$$k_1 = \frac{1}{RC} \tag{6.35}$$

下面着重讨论调相电路的实现方法。

2. 矢量合成法调相电路

当调制信号为 $u_\Omega(t) = U_{\Omega m}\cos(\Omega t)$ 时，窄带调相信号的简化表示式为式(6.25)，再次写出如下：

$$\begin{aligned} u_{PM}(t) &= U_m[\cos(\omega_c t) - m_p\cos(\Omega t)\sin(\omega_c t)] \\ &= U_m\cos(\omega_c t) + U_m m_p\cos(\Omega t)\cos\left(\omega_c t + \frac{\pi}{2}\right) \end{aligned} \tag{6.36}$$

由式(6.36)可见，窄带调相信号可以通过对调制信号 $u_\Omega(t) = U_{\Omega m}\cos(\Omega t)$ 与高频载波 $U_m\cos(\omega_c t)$ 的适当运算而实现。用单元电路达成相应的运算，就得到窄带调

相电路，如图 6.13 所示。这种窄带调相电路称为矢量合成法调相电路。

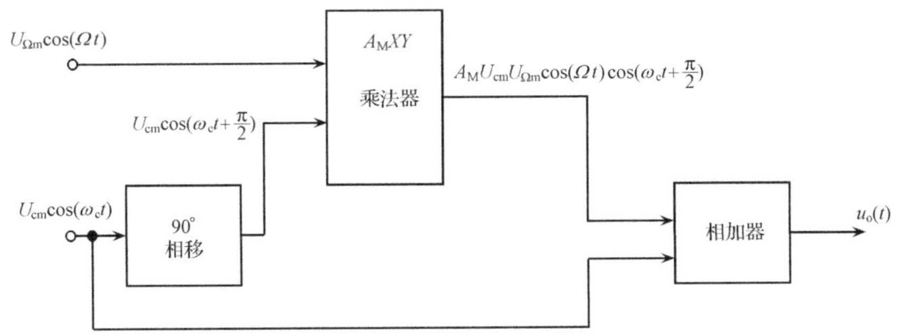

图 6.13　矢量合成法调相电路框图

3. 可变相移法调相原理

根据线性系统理论，一般而言，当角频率固定为 ω_c 的高频输入信号 $X(t)=X_m\cos(\omega_c t)$ 作用在图 6.14 所示传输函数为 $H(j\omega_c)=|H(j\omega_c)|e^{j\phi_H(\omega_c)}$ 的线性网络上，则高频输出信号的形式应为 $Y(t)=Y_m\cos(\omega_c t+\Delta\phi)$，而且输出信号振幅 Y_m 与输入信号振幅 X_m 之比正是传输函数的模 $|H(j\omega_c)|$，输出信号与输入信号的相位差 $\Delta\phi$ 正是传输函数的相角 $\phi_H(\omega_c)$，即

$$Y_m = |H(j\omega_c)|X_m \tag{6.37}$$

$$\Delta\phi = \phi_H(\omega_c) \tag{6.38}$$

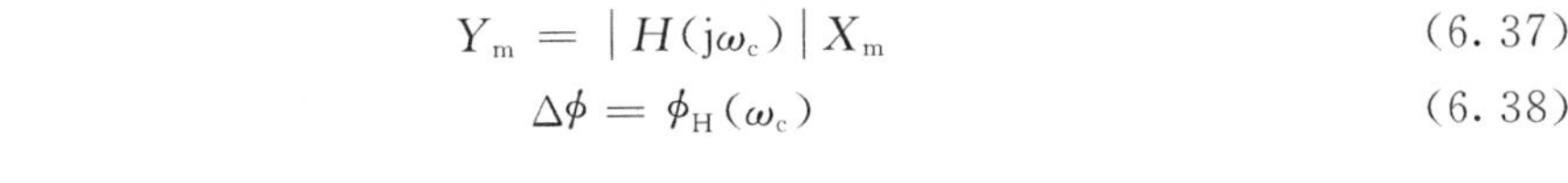

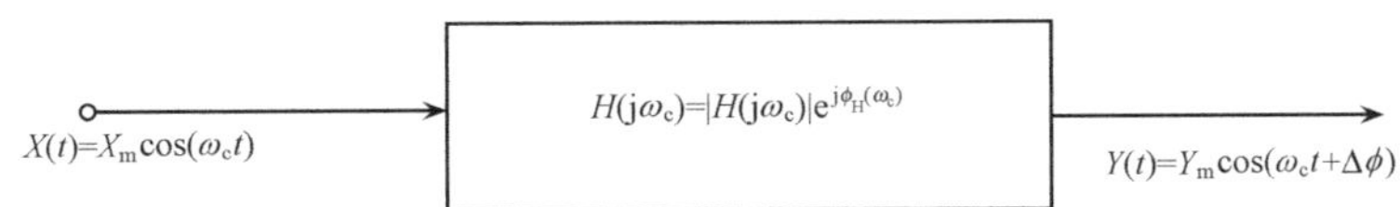

图 6.14　信号通过线性系统后的变化

如果网络中存在可变电抗元件，由于它的电抗元件参数受到低频调制信号的控制，因而低频调制信号控制了网络的传输函数 $H(j\omega_c)=|H(j\omega_c)|e^{j\phi_H(\omega_c)}$ 的变化，最终将使高频输出信号振幅 Y_m 和相位 $(\omega_c t+\Delta\phi)$ 都受到低频调制信号的控制，成为调相-调幅波。这一过程涉及的控制关系为

$$u_\Omega(t)\Rightarrow\text{网络中可变电抗元件}\Rightarrow\text{网络传输函数 }H(j\omega_c)\begin{cases}\Rightarrow|H(j\omega_c)|\Rightarrow\text{输出信号振幅}\\ \Rightarrow\phi_H(\omega_c)\Rightarrow\text{输出信号的相位}\end{cases}$$

注意，通常将传输函数抽象地写为 $H(j\omega_c)$ 的形式，但这一形式并没有直接体现可变电抗元件参数对传输函数 $H(j\omega_c)$ 的影响。读者应该了解，将传输函数写成 $H(j\omega_c)$，其中的 ω_c 为固定的载波角频率，而真正可以改变的可变电抗元件参数却没有直接出现在这个抽象式中。

如果选择适当的网络元件参数，并对调制信号的变化范围作出一定限制，可以

使网络传输函数的模$|H(j\omega_c)|$基本不变,于是输出信号的振幅基本上不随调制信号的变化而变化,输出信号就成为调相波。此网络就成为调相电路,称为可变相移法调相电路,又称可控相移网络。

4. 变容二极管调相电路

从以上分析可知,一个好的可变相移法调相电路,应具有以下特点:当受调制信号控制的可控元件参数变化时,网络传输函数的模$|H(j\omega_c)|$基本不变,而传输函数的相角(或称网络的附加相移)$\phi_H(\omega_c)$却会产生比较大的变化。

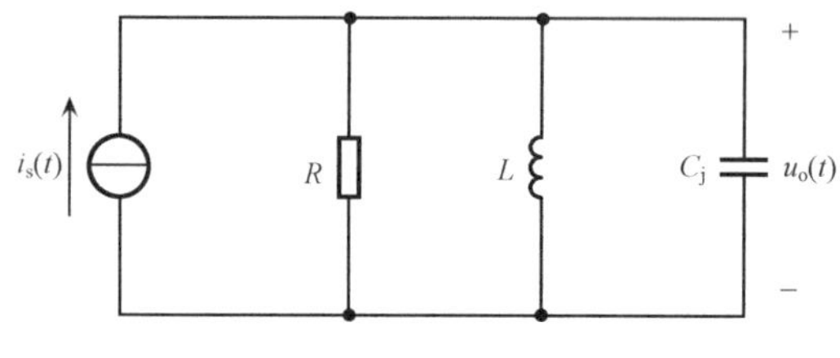

图 6.15 变容二极管调相电路

RLC 并联谐振回路是一个线性网络,当它的激励信号是载波电流时,传输函数 $H(j\omega_c)$ 就是阻抗 $Z(j\omega_c)$。如果将其中的并联电容取为变容二极管(如图 6.15 所示),并且适当选取元件参数,此网络就成为可变相移法调相电路,具体分析如下:

谐振回路的幅频特性和相频特性分别为

$$|Z(j\omega_c)| = \frac{R_e}{\sqrt{1+\left[2Q_e\dfrac{(\omega_c-\omega_0)}{\omega_c}\right]^2}} \approx R_e\left\{1-\frac{1}{2}\left[2Q_e\frac{(\omega_c-\omega_0)}{\omega_c}\right]^2\right\} \tag{6.39}$$

$$\phi_z(\omega_c) = -\arctan\left[2Q_e\frac{(\omega_c-\omega_0)}{\omega_c}\right] \approx -2Q_e\frac{(\omega_c-\omega_0)}{\omega_c} \tag{6.40}$$

在当前讨论的问题中,ω_c 为固定的载波角频率,式(6.39)与式(6.40)中的自变量为 ω_0,相应的函数变化曲线如图 6.16 所示。未加调制信号时,变容二极管的

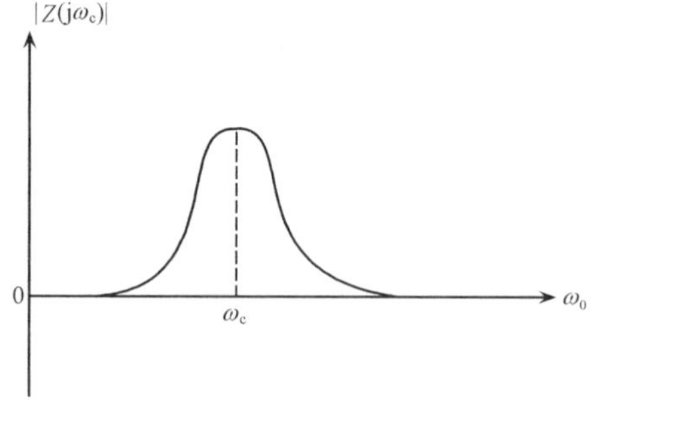

(a) 阻抗的大小随谐振角频率的变化曲线

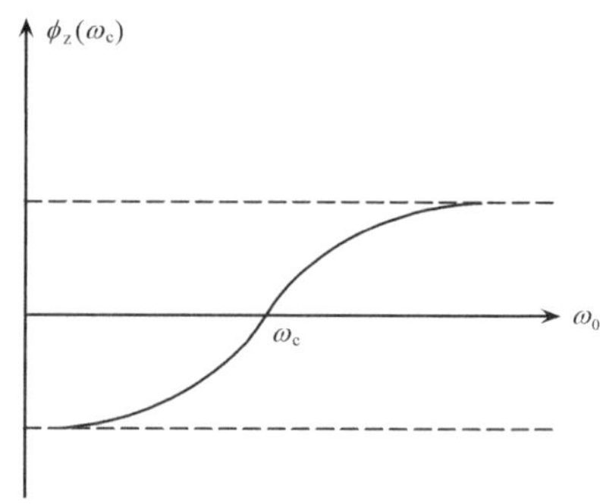

(b) 阻抗角随谐振角频率的变化曲线

图 6.16 在输入信号频率不变时谐振回路特性随谐振角频率的变化规律

静态结电容记为 C_{jQ}，与之相应的谐振角频率为

$$\omega_{0Q}=\frac{1}{\sqrt{LC_{jQ}}} \tag{6.41}$$

调节相关的元件参数，可以使未加调制信号时的谐振角频率 $\omega_{0Q}=\omega_c$，这时回路处于谐振状态，$\frac{(\omega_c-\omega_0)}{\omega_c}=0$，阻抗的模 $|Z(j\omega_c)|$ 达到最大值 R_e，同时阻抗角 $\phi_z(\omega_c)$ 为 0。加调制信号之后，C_j 随调制信号的变化而变化，导致谐振角频率 ω_0 的变化，进而使 $|Z(j\omega_c)|$ 变小，$\phi_z(\omega_c)$ 也不等于 0。

当 $\frac{(\omega_c-\omega_0)}{\omega_c}$ 较小时，$|Z(j\omega_c)|$ 的变化是 $\frac{(\omega_c-\omega_0)}{\omega_c}$ 的二阶小量，而 $\phi_z(\omega_c)$ 的变化是 $\frac{(\omega_c-\omega_0)}{\omega_c}$ 的一阶小量。换句话说，在调制信号的作用下，阻抗的模 $|Z(j\omega_c)|$ 变化很小，因而输出信号的振幅基本上不随调制信号的变化而变化，输出为调相波。所以此电路是可变相移法调相电路，它又称为变容二极管调相电路。

下面计算变容二极管调相电路的调相灵敏度和调相指数。

根据式(6.27)，变容二极管的结电容为 $C_j=\frac{C_{jQ}}{(1+x)^{\gamma}}$，$L$ 和 C_j 构成的谐振回路的谐振角频率为 $\omega_0=\frac{1}{\sqrt{LC_j}}=\omega_{0Q}(1+x)^{\frac{\gamma}{2}}$，式中 ω_{0Q} 为未加调制信号时的谐振角频率，其表达式为式(6.41)。由于 $\omega_{0Q}=\omega_c$，故有

$$\omega_0=\omega_c(1+x)^{\frac{\gamma}{2}}\approx\omega_c\left(1+\frac{\gamma}{2}x\right) \tag{6.42}$$

代入式(6.40)，就得到

$$\phi_z(\omega_c)\approx-2Q_e\frac{(\omega_c-\omega_0)}{\omega_c}\approx\gamma Q_e x=\gamma Q_e\frac{u_\Omega(t)}{U_B+U_Q} \tag{6.43}$$

由式(6.43)可知，变容二极管调相电路的调相灵敏度为

$$k_p=\gamma Q_e\frac{1}{U_B+U_Q} \tag{6.44}$$

最大相位偏移(即调相指数)为

$$m_p=\gamma Q_e\frac{U_{\Omega m}}{U_B+U_Q} \tag{6.45}$$

注意，式(6.45)中的调制信号振幅 $U_{\Omega m}$ 是指调相电路输入信号的振幅，对于间接调频电路而言，这是积分后的信号振幅，而不是原始的输入信号振幅。

为实现近似线性的调相特性，需要对 m_p 规定一个最大限定值 m_{pmax}，称为相位偏移限定值，m_{pmax} 通常取为 30°(即 $\frac{\pi}{6}$ rad)。可见变容二极管调相电路的调制程度是不高的。这样一来，对变容二极管调相电路本身输入信号振幅 $U_{\Omega m}$ 的大小也就

构成了限制，即 $nQ_e\frac{U_{\Omega m}}{U_B+U_Q}<\frac{\pi}{6}$。

式(6.44)显示，变容二极管调相电路的调相灵敏度的符号是正的，这一点可以定性地分析如下：

调制信号 $u_\Omega(t)\uparrow\rightarrow$变容二极管结电容 $C_j\downarrow\rightarrow LC_j$ 谐振回路的谐振角频率 $\omega_0\uparrow\rightarrow$谐振回路的相移 $\phi_z(\omega_c)\uparrow$。

5. 变容二极管间接调频电路

采用图 6.12 所示的简单 RC 积分电路(积分系数为 $k_1=\frac{1}{RC}$)与变容二极管调相电路构成间接调频电路(称为变容二极管间接调频电路)。如果将积分前的调制信号振幅记为 $U_{\Omega m}$，根据式(6.34)，最大角频偏可表示为

$$\Delta\omega_m=k_1k_pU_{\Omega m}=\frac{1}{RC}\gamma Q_e\frac{U_{\Omega m}}{U_B+U_Q}\tag{6.46}$$

显然，变容二极管间接调频电路的最大角频偏 $\Delta\omega_m$ 与载波角频率 ω_c 没有关系。然而，如果采用变容二极管直接调频电路，根据式(6.32)，最大角频偏为

$$\Delta\omega_m=\omega_c\frac{\gamma}{2}\frac{U_{\Omega m}}{U_B+U_Q}$$

即直接调频电路的最大角频偏 $\Delta\omega_m$ 与载波角频率 ω_c 成正比。

由于在简单 RC 积分电路中，与 R 相比，电容 C 的容抗应足够小，即 $RC\Omega\gg1$，所以 $\frac{1}{RC}\ll\Omega$，而 $\Omega\ll\omega_c$，由此可见，在相同的调制信号作用下，变容二极管间接调频所得到的最大角频偏远小于变容二极管直接调频的情况。换句话说，间接调频的调频灵敏度远小于直接调频的情况。

根据调频波的 m_f 与 $\Delta\omega_m$ 的关系，变容二极管间接调频电路的最大相位偏移(即调频指数)为

$$m_f=\frac{\Delta\omega_m}{\Omega}=\frac{1}{RC}\gamma Q_e\frac{U_{\Omega m}}{U_B+U_Q}\frac{1}{\Omega}$$

另外，变容二极管调相电路中，考虑到式(6.45)：$m_p=nQ_e\frac{U_{\Omega m}}{U_B+U_Q}$ 中，$U_{\Omega m}$ 是积分后的信号振幅，它实际上是 $U'_{\Omega m}=\frac{k_1U_{\Omega m}}{\Omega}$，因而调相电路的调相指数 m_p 应写为

$$m_p=nQ_e\frac{U'_{\Omega m}}{U_B+U_Q}=k_1\gamma Q_e\frac{U_{\Omega m}}{U_B+U_Q}\frac{1}{\Omega}=\frac{1}{RC}\gamma Q_e\frac{U_{\Omega m}}{U_B+U_Q}\frac{1}{\Omega}$$

可以看到，无论输出电压 $u_o(t)$ 看成调频波还是调相波，整个电路的最大相位偏移是一样的，它可以记为 m_f，也可以记为 m_p。为了实现线性调相，调相电路的

最大相位偏移 m_p 会受到限制：$m_p=\gamma Q_e \frac{U'_{\Omega m}}{U_B+U_Q}=\frac{1}{RC}\gamma Q_e \frac{U_{\Omega m}}{U_B+U_Q}\frac{1}{\Omega}<\frac{\pi}{6}$，而这一限制实际上也可以理解为对整个间接调频电路的最大相位偏移 m_f 的限制，由此得到对于间接调频电路最大角频偏 $\Delta\omega_m$ 或调制信号振幅 $U_{\Omega m}$ 的限制：$\Delta\omega_m=\frac{1}{RC}\gamma Q_e \frac{U_{\Omega m}}{U_B+U_Q}=k_f U_{\Omega m}<\frac{\pi}{6}\Omega$，即 $\frac{k_f U_{\Omega m}}{\Omega}=\frac{\Delta\omega_m}{\Omega}<\frac{\pi}{6}$。这说明，虽然间接调频时 $\Delta\omega_m$ 的表达式中的 $U_{\Omega m}$ 是一个独立变量，但由于线性调相的限制，导致 $U_{\Omega m}$ 的取值有一个上限，这个上限与调制信号角频率 Ω 有关。Ω 越大，能够实现线性调制的 $U_{\Omega m}$ 取值上限就越大，最大角频偏 $\Delta\omega_m$ 的取值上限也就越大。

现在反过来讨论一下输入调制信号自身的特点。由于低频信号源在不同角频率处所能达到的最大振幅是不同的，再加上低频放大器幅频特性的影响，因而经低频放大后，调制信号能达到的最大振幅 $U_{\Omega mmax}$ 关于调制信号角频率 Ω 有一个分布特性（即 $U_{\Omega mmax}\sim\Omega$ 分布），称为调频电路的极限输入分布曲线，如图 6.17 所示。再来考虑线性调相的限制 $k_f \frac{U_{\Omega m}}{\Omega}<\frac{\pi}{6}$，它也可以写成 $k_f \frac{U_{\Omega mmax}}{\Omega}<\frac{\pi}{6}$。

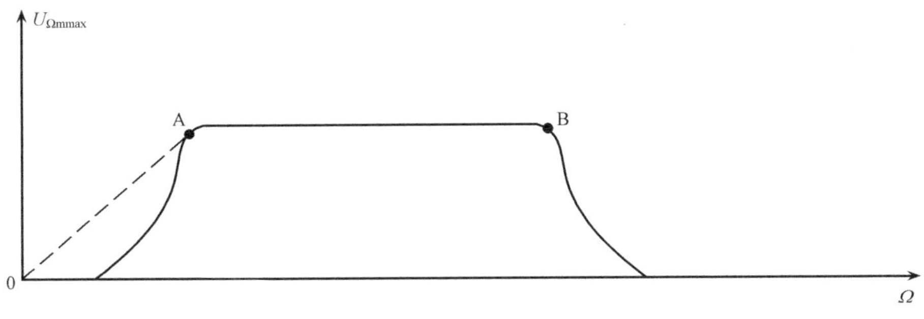

图 6.17　调频电路的极限输入分布曲线

对于极限输入分布曲线上的每一点，其纵坐标与横坐标之比 $\frac{U_{\Omega mmax}}{\Omega}$ 都要满足以上要求。然而在极限输入分布曲线上，很容易找到 $\frac{U_{\Omega mmax}}{\Omega}$ 最大的一点，即图 6.17 中的 A 点。只要在 A 点满足 $k_f\left(\frac{U_{\Omega mmax}}{\Omega}\right)\Big|_{\Omega=\Omega_A}<\frac{\pi}{6}$，就能保证在其他调制信号角频率处的线性调相。由此可知，线性调相的要求最终转化为对调频灵敏度 k_f 大小的限制，即调频灵敏度的最大值为 $k_{fmax}<\frac{\pi}{6}\Big/\left(\frac{U_{\Omega mmax}}{\Omega}\right)\Big|_{\Omega=\Omega_A}$。另外，从图 6.17 中可见，A 点的角频率 Ω_A 大致就是调制信号能够有效输入的最小角频率。进一步假设在调制信号能够有效输入的最小角频率和最大角频率（Ω_B）之间，调制信号能达到的最大振幅 $U_{\Omega mmax}$ 基本不变，则在调频灵敏度 k_f 取为最大值 k_{fmax} 时，最大角

频偏 $\Delta\omega_m$ 最多可以达到 $k_{fmax}U_{\Omega mmax}\big|_{\Omega=\Omega_A}=\left(\frac{\pi}{6}\Big/\left(\frac{U_{\Omega mmax}}{\Omega}\right)\Big|_{\Omega=\Omega_A}\right)U_{\Omega mmax}\Big|_{\Omega=\Omega_A}=\Omega_A\cdot\frac{\pi}{6}$，由调制信号能够有效输入的最小角频率 Ω_A 决定。这一结论的推理过程，既考虑到了线性调相的限制，同时又顾及了调制信号自身的极限输入分布曲线的影响，与前面所说的"Ω 越大，$\Delta\omega_m$ 的取值上限也就越大"的说法是不矛盾的。因为"Ω 越大，$\Delta\omega_m$ 的取值上限也就越大"的说法并没有将输入调制信号自身极限分布曲线的影响考虑在内。

对比一下变容二极管直接调频电路。此时，$\omega(t)=\omega_c(1+x)^{\frac{\gamma}{2}}$，或近似地写为线性关系：$\omega(t)\approx\omega_c(1+\frac{n}{2}x)=\omega_c\left[1+\frac{\gamma}{2}\frac{u_\Omega(t)}{U_B+U_Q}\right]=\omega_c+\frac{\gamma}{2}\frac{\omega_c}{U_B+U_Q}u_\Omega(t)$。为实现线性调频，$x=\frac{u_\Omega(t)}{U_B+U_Q}$应该足够小，也就是说对$\frac{U_{\Omega m}}{U_B+U_Q}$应该设定一个最大限定值 ε。因而无论调制信号频率的高低，能够实现线性调频的 $U_{\Omega m}$ 取值上限是一样的，为$(U_B+U_Q)\varepsilon$，最大角频偏 $\Delta\omega_m$ 的取值上限也是一样的，为$\frac{\gamma\varepsilon}{2}\omega_c$。在此基础上，如果假设输入调制信号具有图 6.17 所示的极限输入分布曲线，则需要找到图中平缓段的 $U_{\Omega mmax}$，然后与$(U_B+U_Q)\varepsilon$ 做比较，两者中较小的那个值就是真正的 $U_{\Omega m}$ 取值上限，记为 $[U_{\Omega m}]_h$。与此对应地，最大角频偏 $\Delta\omega_m$ 的真正取值上限为 $\frac{\gamma}{2}\frac{\omega_c}{U_B+U_Q}[U_{\Omega m}]_h$。

图 6.18 是变容二极管间接调频电路的实际结构。输入载波信号经放大后，使并联谐振回路获得电流激励；C 对于高频是短路的，并且对于调制信号而言它的容

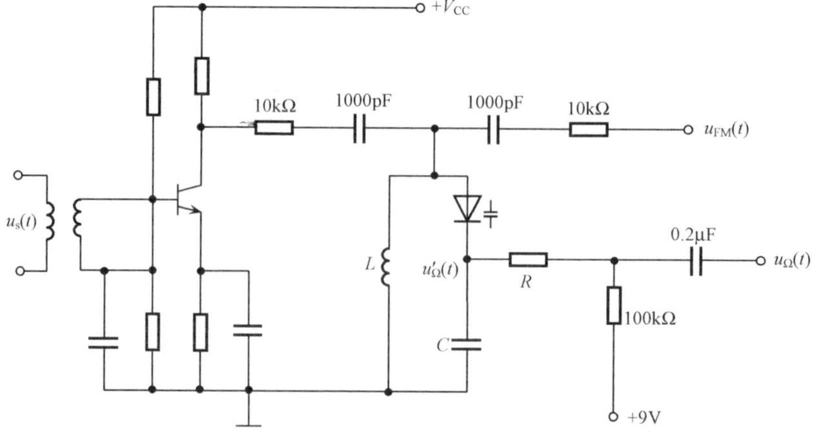

图 6.18 变容二极管间接调频电路

抗也足够小,因而 R 和 C 构成积分器。

6.2.4 扩展最大频偏的方法

实际调频设备中,常常使用倍频器和混频器来改变调频波的载频和最大频偏。

n 倍频器的作用是将瞬时角频率为 $\omega(t)$ 的输入信号转化为瞬时角频率为 $n\omega(t)$ 的输出信号。如果输入信号是瞬时角频率为 $\omega(t)=\omega_c+\Delta\omega_m\cos(\Omega t)$ 的调频信号,则输出信号就是瞬时角频率为 $n\omega(t)=n\omega_c+n\Delta\omega_m\cos(\Omega t)$ 的调频信号。也就是说,倍频器能够改变载波角频率和最大角频偏,使这两者同时增大到原值的 n 倍,但相对角频偏 $\dfrac{\Delta\omega_m}{\omega_c}$ 不变。而且倍频器不会影响调制信号的角频率 Ω,不会改变所携带的低频信息的性质。

当调频波通过本振角频率为 ω_L 的混频器时,输出信号将是瞬时角频率为 $\omega(t)=\omega_c-\omega_L+\Delta\omega_m\cos(\Omega t)$ 的调频波。也就是说,混频器能够改变载波角频率,但不会对最大角频偏产生影响。由此可见,混频后相对角频偏 $\dfrac{\Delta\omega_m}{\omega_c}$ 会增大。

一般而言,利用调频电路产生调频波后,可以先用倍频器扩展其最大角频偏,然后再用混频器将载波角频率降低到需要的数值。

对于直接调频电路而言,相对角频偏 $\dfrac{\Delta\omega_m}{\omega_c}$ 只与调频电路的元件选取有关(见式(6.32)),如果调频电路的载波角频率提高,就可直接提高 $\Delta\omega_m$,而无须再用倍频器。对于间接调频电路而言,角频偏 $\Delta\omega_m$ 只与调频电路的元件选取有关(见式(6.46)),调频时载波角频率的提高无助于提高 $\Delta\omega_m$,因而可以在调频时采用角频率较低的载波,以获得较大的相对角频偏,然后再利用倍频器,可提升 $\Delta\omega_m$。

以图 6.19 所示的调频设备框图为例,$f_{c1}=100\text{kHz}$,$\Delta f_{m1}=100\text{Hz}$。两次倍频

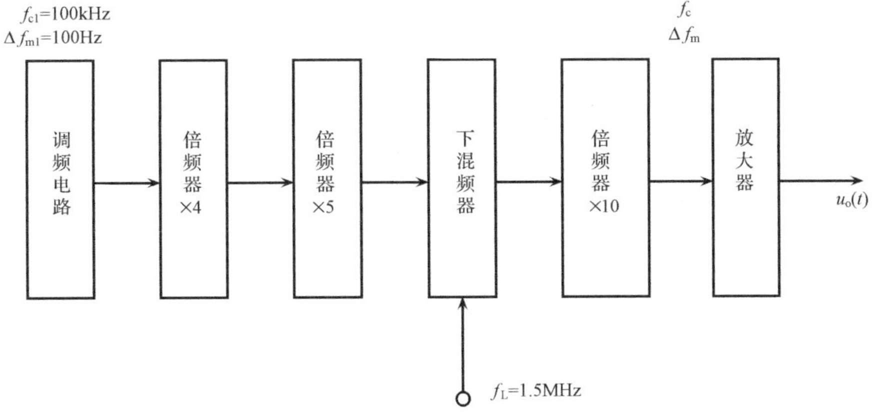

图 6.19 调频设备组成框图

后，中心频率为 2MHz，最大频偏为 2kHz；经下混频后，中心频率为 0.5MHz，最大频偏为 2kHz；再经倍频后，中心频率为 5MHz，最大频偏为 20kHz。而放大器的带宽如果足够宽的话，它不会改变调频信号的频率。

6.3 鉴频电路

6.3.1 鉴频电路的主要性能指标

调频波的解调过程称为频率解调或鉴频，其作用是利用调频波恢复原调制信号，具体地说，就是将调频波瞬时频率的变化转化为输出信号的变化，从而使输出信号的变化情况与原调制信号一致。鉴频电路的主要性能指标如下。

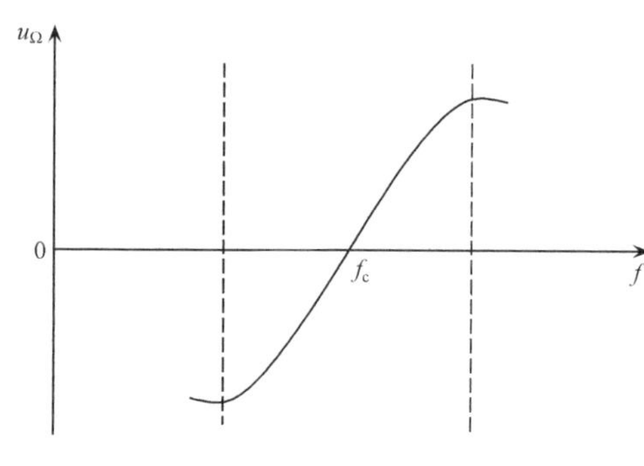

图 6.20 典型的鉴频特性曲线

1. 鉴频特性

鉴频电路的功能是使电路输出信号的变化受到调频波瞬时频率的控制。在理想情况下，输出信号 $u_o(t)$ 应与调频波的瞬时频偏 $\Delta f(t)$ 成正比，即鉴频特性为线性的。但实际电路的鉴频特性总是有一定的非线性失真的，对此应尽量设法减小。典型的鉴频特性如图 6.20 所示。

2. 线性范围

虽然实际电路的鉴频特性从整体上看是非线性的，不过如果将调频波的瞬时频偏限定在一定范围内，鉴频特性可以近似地视为线性的。鉴频特性线性部分的频率变化范围称为线性范围。

3. 鉴频灵敏度

鉴频特性线性部分的斜率称为调频灵敏度，又称鉴频跨导，记为 S_d，它表示单位频偏所产生的解调电压，S_d 的单位是 V/Hz。

6.3.2 斜率鉴频器

1. 斜率鉴频原理

本章 6.2.3 节中指出，如果角频率固定为 ω_c 的高频输入信号作用在线性网络

上,那么高频输出信号的振幅 Y_m 与输入信号振幅 X_m 之比正是传输函数的模 $|H(j\omega_c)|$。当高频输入信号为调频波时,如果满足一定的条件(在此不做具体讨论),也有类似结论:将振幅为 X_m、瞬时角频率为 $\omega(t)$ 的调频波作用在线性网络上,输出信号将是振幅为 $|H(j\omega(t))|X_m$ 的调频-调幅波。这种调频-调幅波的振幅 $|H(j\omega(t))|X_m$ 与瞬时角频率 $\omega(t)$ 有关,或者说振幅的变化反映了瞬时角频率的变化。线性网络起到了从频率到振幅的变换作用。如果对此调频-调幅波进行振幅检波,就恢复了原调制信号。显然,线性网络传输函数幅频特性 $|H(j\omega)|$ 的斜率越大,则调频-调幅波振幅的变化越剧烈,振幅检波输出就越大,所以这种方法称为斜率鉴频。斜率鉴频器的组成框图如图 6.21 所示。

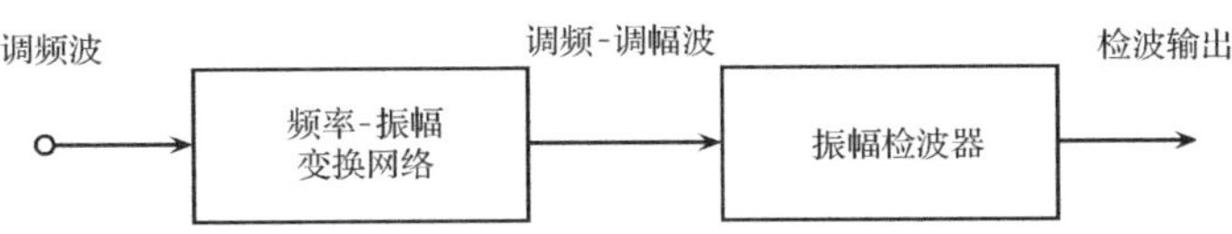

图 6.21　斜率鉴频器的组成框图

2. 失谐回路斜率鉴频器

如图 6.22(a)所示,单失谐回路斜率鉴频器由单失谐回路和二极管包络检波器(检波效率为 η_d)组成。所谓失谐回路即是工作在失谐状态下(谐振频率与工作频率不同)的谐振回路。在输入调频波的情况下,所谓失谐是指谐振回路与调频波的载波失谐,即 $\omega_0 \neq \omega_c$。当输入信号为等幅调频电流时,回路输出电压 $u'_o(t)$ 的振幅与回路阻抗的模 $|Z(j\omega(t))|$ 成正比,$u'_o(t)$ 检波后得到的鉴频器输出电压 $u_o(t)$ 与 $\eta_d|Z(j\omega(t))|$ 成正比。根据图 6.22(b)所示阻抗的幅频特性 $|Z(j\omega)|$,谐振时幅频特性的斜率为 0,这将导致调频波的角频率 $\omega(t)$ 变化时输出信号的振幅基本不变。因此回路应工作在失谐状态。

为了获得近似线性的鉴频特性,应该使载波角频率 ω_c 正好位于幅频特性曲线中倾斜部分(下降或上升部分)接近直线段的中点,即图 6.22(b)中的 A 点或 A′点。显然,如果 ω_c 位于 A 点,输入调频波的瞬时角频率 $\omega(t)$ 增加时,回路阻抗的模 $|Z(j\omega(t))|$ 会减小,回路输出电压 $u'_o(t)$ 的振幅跟着减小,导致包络检波后输出电压减小,因此鉴频灵敏度的符号为负;如果载波角频率位于 A′点,瞬时角频率 $\omega(t)$ 增加时回路输出电压振幅也将增加,从而使包络检波输出电压增加,因此鉴频灵敏度的符号为正。

实际上,单失谐回路幅频特性线性段的范围是比较小的。为了扩展鉴频特性的线性范围,实用的斜率鉴频器常常采用两个单失谐回路构成的平衡电路,如图 6.23(a)所示,称为双失谐回路斜率鉴频器。如图 6.23(b)所示,上下两个失谐回路的幅频特性曲线形状相同,但谐振角频率不同,分别记为 ω_{01} 和 ω_{02}。ω_{01} 和 ω_{02}

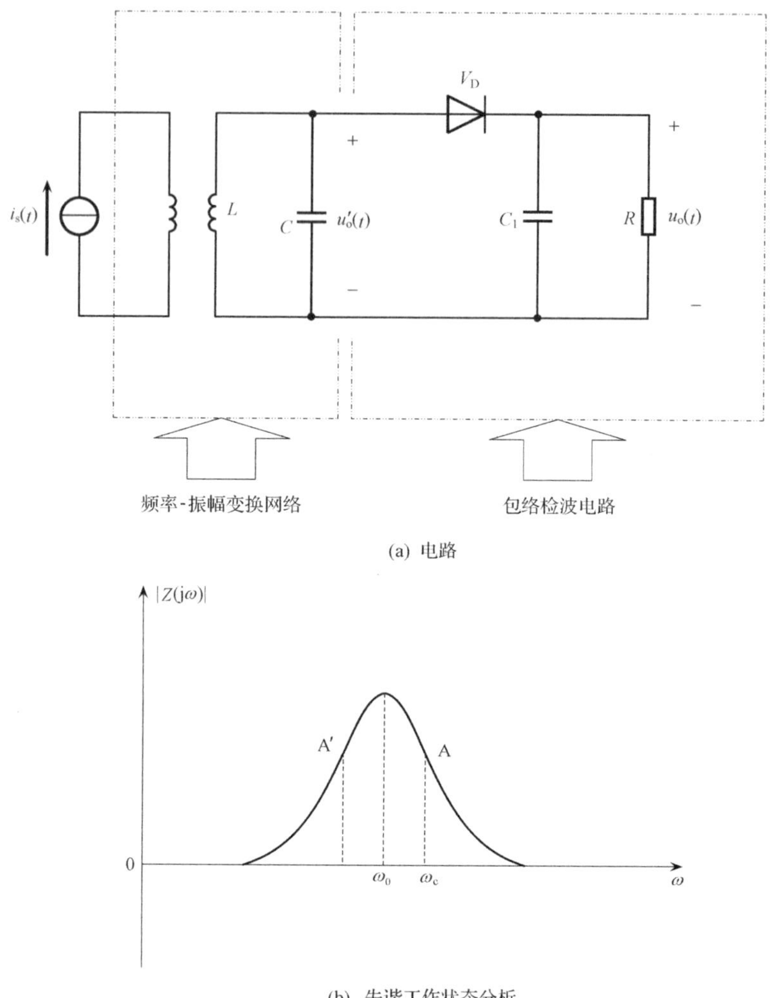

(a) 电路

(b) 失谐工作状态分析

图 6.22　单失谐回路斜率鉴频器的工作原理分析

都与载波角频率 ω_c 失谐，而且 ω_c 正是 ω_{01} 和 ω_{02} 的中点。上下包络检波电路则是完全一致的，检波效率相同，即 $\eta_{d1}=\eta_{d2}=\eta_d$。

上下两个谐振回路在相同的调频信号作用下，产生两个调频-调幅波：u_1 的振幅与 $|Z_1(j\omega(t))|$ 成正比，u_2 的振幅与 $|Z_2(j\omega(t))|$ 成正比。u_1 检波后得到的 u_{o1} 与 $\eta_d|Z_1(j\omega(t))|$ 成正比，u_2 检波后得到的 u_{o2} 与 $\eta_d|Z_2(j\omega(t))|$ 成正比。最后，鉴频器总的输出电压 $u_o=u_{o1}-u_{o2}$ 与 $\eta_d(|Z_1(j\omega(t))|-|Z_2(j\omega(t))|)$ 成正比。也就是说，鉴频输出电压取决于上下两个谐振回路幅频特性曲线的差，如图 6.23(c)所示。可以看到，由于上下两个回路的幅频特性相互补偿，双失谐回路斜率鉴频器的失真减小，线性范围与鉴频灵敏度提高。

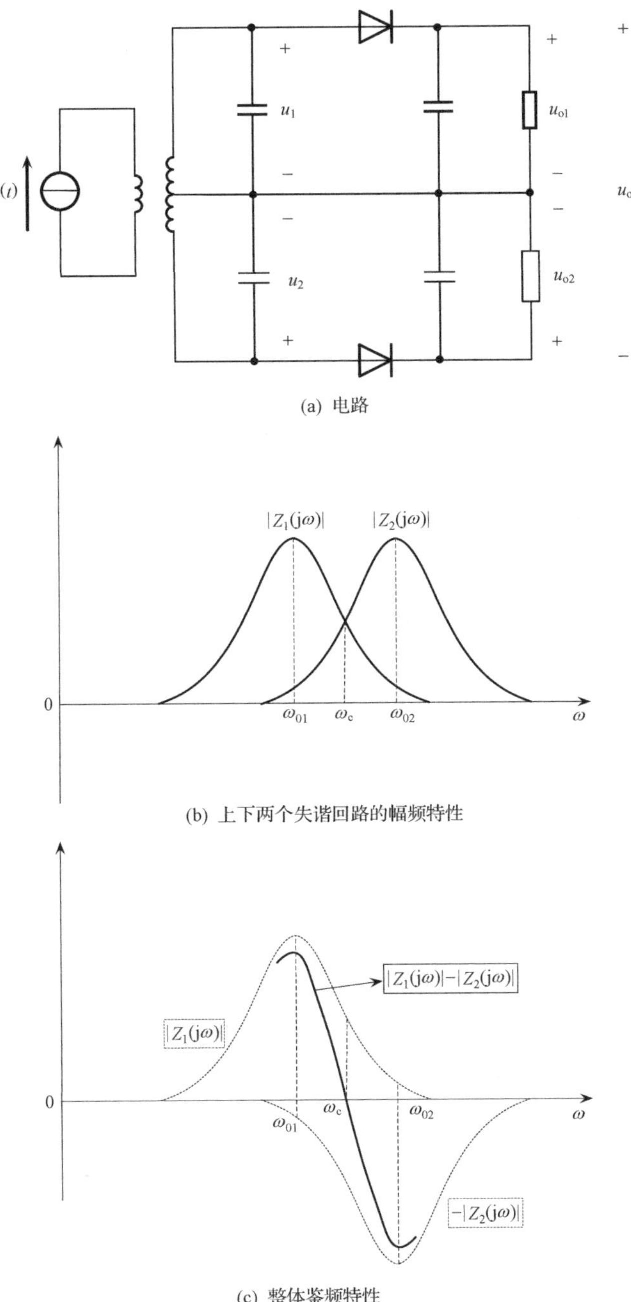

图 6.23　双失谐回路斜率鉴频器的工作原理分析

6.3.3 相位鉴频器

1. 相位鉴频器原理

如图 6.24 所示，在相位鉴频器中，先将输入调频波 $u_1(t)$ 通过传输函数为 $H(\mathrm{j}\omega)=|H(\mathrm{j}\omega)|\mathrm{e}^{\mathrm{j}\phi_H(\omega)}$ 的线性网络，产生与瞬时频率有关的附加相移(或称网络相移)$\Delta\phi=\phi_H(\omega(t))$(因而此网络称为频率-相位变换网络)，得到调频-调相波 $u_2(t)$；然后将 $u_2(t)$ 和 $u_1(t)$ 一起加到鉴相器，而鉴相器能够将 $u_2(t)$ 和 $u_1(t)$ 之间的相位差 $\Delta\phi=\phi_H(\omega(t))$ 的变化转化为输出电压 u_o 的变化。所以，最后的解调输出 u_o 的瞬时值取决于瞬时角频率 $\omega(t)$，也就实现了鉴频。

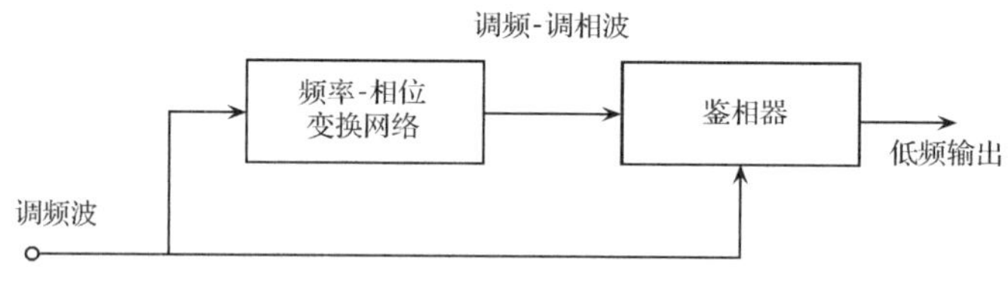

图 6.24 相位鉴频器结构框图

由于应用在相位鉴频器中的鉴相器有乘积型和叠加型之分，相应的相位鉴频器也有乘积型和叠加型之分。下面分别加以讨论。

2. 乘积型相位鉴频器

乘积型相位鉴频器由频率-相位变换网络和乘积型鉴相器构成。下面分别对这两部分进行分析。

1) 乘积型鉴相器

乘积型鉴相器的结构模型如图 6.25 所示，由模拟乘法器和低通滤波器构成。其中乘法器用于检出 $u_2(t)$ 和 $u_1(t)$ 之间的相位差 $\Delta\phi=\phi_H(\omega(t))$，将它转化为低频输出电压，而低通滤波器用来去除多余的高频成分。

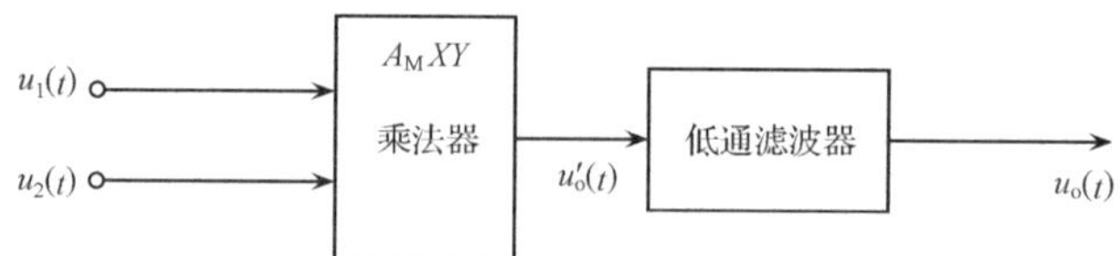

图 6.25 乘积型鉴相器的结构模型

设输入调频波为 $u_1(t)=U_{1m}\cos\left[\int_0^t\omega(t)\mathrm{d}t\right]$，经过频率-相位变换网络后得到的调频-调相波为 $u_2(t)=U_{2m}\cos\left[\int_0^t\omega(t)\mathrm{d}t+\phi_H(\omega(t))\right]$，其中，$\phi_H(\omega(t))$ 是通过

频率-相位变换网络而产生的有用相差(网络相移)。乘法器的输出为

$$
\begin{aligned}
u'_{o}(t) &= A_M U_{1m} U_{2m} \cos\left[\int_0^t \omega(t)\mathrm{d}t\right]\cos\left[\int_0^t \omega(t)\mathrm{d}t+\phi_H(\omega(t))\right] \\
&= \frac{1}{2}A_M U_{1m} U_{2m}\cos[\phi_H(\omega(t))]+\frac{1}{2}A_M U_{1m} U_{2m}\cos\left[2\int_0^t \omega(t)\mathrm{d}t+\phi_H(\omega(t))\right]
\end{aligned}
$$

经过低通滤波器后,高频项(第二项)被滤除,便得到仅与附加相移有关的低频信号

$$
u_o = \frac{1}{2}A_M U_{1m} U_{2m}\cos[\phi_H(\omega(t))] \tag{6.47}
$$

这就是乘积型鉴相器的输出。

2) 单谐振回路频相变换网络

假定频相变换网络的相频特性 $\phi_H(\omega)$(或称网络相移)在某个特定角频率 ω_Q 附近可表示为

$$
\phi_H(\omega) = \phi_H(\omega_Q+\Delta\omega) = \pm\frac{\pi}{2}+k\Delta\omega \tag{6.48}
$$

在具体电路中,第一项(即固定的相移)可能为 $+\frac{\pi}{2}$ 或 $-\frac{\pi}{2}$。将式(6.48)代入式(6.47),则整个乘积型相位鉴频器(即频率-相位变换网络连同乘积型鉴相器)的输出为

$$
u_o = \frac{1}{2}A_M U_{1m} U_{2m}\cos\left[\pm\frac{\pi}{2}+k\Delta\omega\right] = \mp\frac{1}{2}A_M U_{1m} U_{2m}\sin(k\Delta\omega) \tag{6.49}
$$

式(6.49)所示为正弦鉴频特性。当 $\Delta\omega$ 较小时,正弦鉴频特性可以近似为线性鉴频。所以式(6.48)的网络相频特性是可取的,是频相变换网络的设计目标。

图 6.26 所示单谐振回路频相变换网络就具有式(6.48)形式的相频特性。具体分析如下。

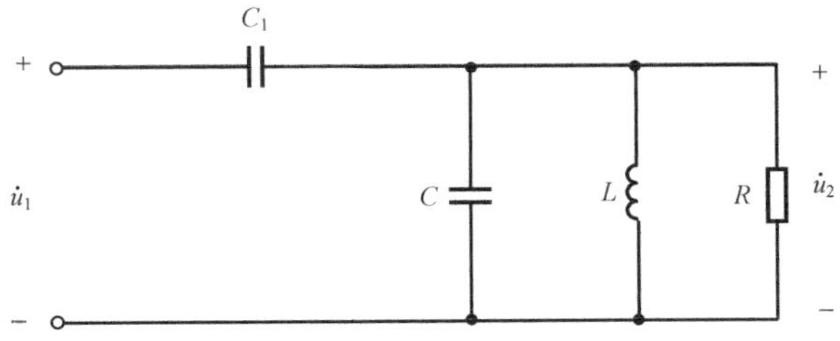

图 6.26　单谐振回路频相变换网络

此电路的电压传输函数为

$$
A_u(\mathrm{j}\omega) = \frac{\dot{U}_2}{\dot{U}_1} = \frac{1\Big/\left(\dfrac{1}{R}+\mathrm{j}\omega C+\dfrac{1}{\mathrm{j}\omega L}\right)}{\dfrac{1}{\mathrm{j}\omega C_1}+1\Big/\left(\dfrac{1}{R}+\mathrm{j}\omega C+\dfrac{1}{\mathrm{j}\omega L}\right)}
$$

$$= \frac{\mathrm{j}\omega C_1}{\frac{1}{R} + \mathrm{j}\left(\omega C_1 + \omega C - \frac{1}{\omega L}\right)} \tag{6.50}$$

令

$$\omega_0 = \frac{1}{\sqrt{L(C + C_1)}}, \quad Q_e = \frac{R}{\omega_0 L}$$

代入式(6.50),得到

$$A_u(\mathrm{j}\omega) = \frac{\mathrm{j}\omega C_1 R}{1 + \mathrm{j}Q_e\left(\frac{\omega}{\omega_0} - \frac{\omega_0}{\omega}\right)} \tag{6.51}$$

在 ω_0 附近,式(6.51)可简化为

$$A_u(\mathrm{j}\omega) = \frac{\mathrm{j}\omega_0 C_1 R}{1 + \mathrm{j}2Q_e \frac{\omega - \omega_0}{\omega_0}} \tag{6.52}$$

其幅频特性和相频特性分别为

$$|A_u(\mathrm{j}\omega)| = \frac{\omega_0 C_1 R}{\sqrt{1 + \left[2Q_e \frac{(\omega - \omega_0)}{\omega_0}\right]^2}} \tag{6.53}$$

$$\phi_z(\omega) = \frac{\pi}{2} - \arctan\left[2Q_e \frac{(\omega - \omega_0)}{\omega_0}\right] \approx \frac{\pi}{2} - 2Q_e \frac{(\omega - \omega_0)}{\omega_0} \tag{6.54}$$

式(6.54)说明,在谐振角频率 ω_0 附近,图 6.26 所示单谐振回路频相变换网络确实具有式(6.48)形式的相频特性。此频相变换网络对输入调频波 $u_1(t)$ 引入了这个相移后,就使输入调频波 $u_1(t)$ 转化为调频-调相波 $u_2(t)$。将 $u_2(t)$ 和 $u_1(t)$ 一起加到乘积型鉴相器,而鉴相器能够将 $u_2(t)$ 和 $u_1(t)$ 之间的相位差 $\Delta\phi = \phi_H(\omega(t))$ 的变化转化为输出电压 u_o 的变化。再根据式(6.47),可知乘积型鉴相器的输出(也就是整个乘积型相位鉴频器的输出)为

$$u_o = \frac{1}{2}A_M U_{1m} U_{2m} \cos[\phi_H(\omega(t))] = \frac{1}{2}A_M U_{1m} U_{2m} \sin\left[2Q_e \frac{(\omega - \omega_0)}{\omega_0}\right]$$

$$\approx A_M U_{1m} U_{2m} Q_e \frac{(\omega - \omega_0)}{\omega_0} \tag{6.55}$$

式(6.55)显示,如果采用单谐振回路频相变换网络+乘积型鉴相器构成乘积型相位鉴频器,则鉴频灵敏度的符号是正的。这是因为单谐振回路频相变换网络的相移表达式为式(6.54),代入式(6.47)后近似地得到系数为正的比例式。

3. 叠加型相位鉴频器

叠加型相位鉴频器由频率-相位变换网络和叠加型鉴相器构成。下面分别对这两部分进行分析。

1）叠加型鉴相器

叠加型鉴相器是将两个存在相位差的高频输入信号叠加后，再进行包络检波。由于叠加后的高频信号的大小与相位差有关，包络检波后的低频电压值也与相位差有关，即相位差的变化转化为输出电压的变化，从而实现了鉴相。为了获得较大的线性鉴相范围，通常采用叠加型平衡鉴相器，如图 6.27 所示。图 6.27 中，上下包络检波器的元件选取是一致的。

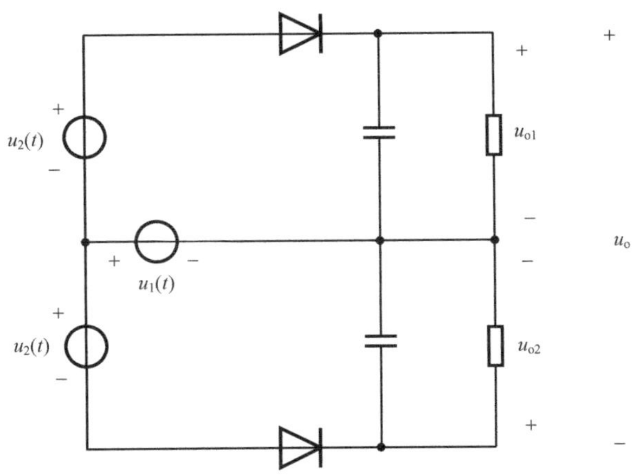

图 6.27　叠加型平衡鉴相器

设输入调频波为 $u_1(t)=U_{1m}\cos\left[\int_0^t\omega(t)\mathrm{d}t\right]$，经过频率 - 相位变换网络后得到的调频 - 调相波为 $u_2(t)=U_{2m}\cos\left[\int_0^t\omega(t)\mathrm{d}t+\phi_H(\omega(t))\right]$，并假设频相变换网络的相频特性 $\phi_H(\omega)$ 在某个特定角频率 ω_Q 附近可表示为类似式(6.48) 的形式

$$\phi_H(\omega)=\phi_H(\omega_Q+\Delta\omega)=\pm\frac{\pi}{2}+k\Delta\omega=\pm\frac{\pi}{2}+\theta \tag{6.56}$$

式中

$$\theta=k\Delta\omega$$

是网络相移 $\phi_H(\omega)$ 中与信号角频率有关的部分。

假设频相变换网络的固定相移为 $-\frac{\pi}{2}$，则有

$$\phi_H(\omega)=\phi_H(\omega_Q+\Delta\omega)=-\frac{\pi}{2}+k\Delta\omega=-\frac{\pi}{2}+\theta \tag{6.57}$$

下面以这种情况为例，讨论叠加型鉴相器的鉴相特性。

这时，加到上下两个包络检波电路的高频输入电压分别为

$$u_{s1}(t)=u_1(t)+u_2(t)=U_{1m}\cos\left[\int_0^t\omega(t)\mathrm{d}t\right]+U_{2m}\cos\left[\int_0^t\omega(t)\mathrm{d}t-\frac{\pi}{2}+\theta\right]$$

$$u_{s2}(t)=u_1(t)-u_2(t)=U_{1m}\cos\left[\int_0^t\omega(t)\mathrm{d}t\right]-U_{2m}\cos\left[\int_0^t\omega(t)\mathrm{d}t-\frac{\pi}{2}+\theta\right]$$

$u_{s1}(t)$和$u_{s2}(t)$是两个有一定相位差的同频高频信号$u_1(t)$,$u_2(t)$(或$-u_2(t)$)叠加的结果,可画出相应的相图,如图6.28所示。

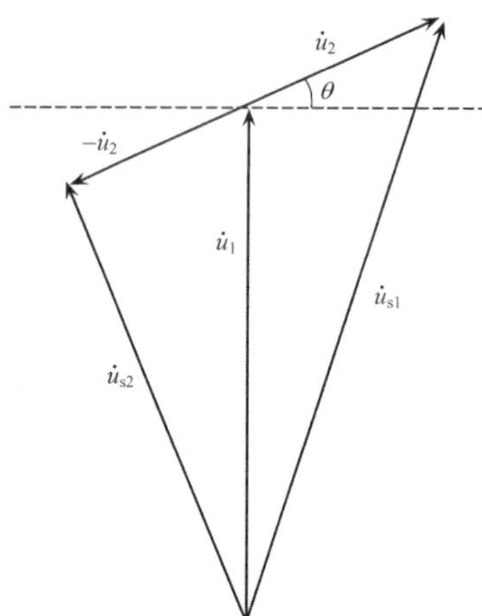

图6.28 叠加型相位鉴频器相图

由图6.28可知,$u_{s1}(t)$的振幅为

$$\begin{aligned}U_{s1m}&=\sqrt{(U_{1m}+U_{2m}\sin\theta)^2+(U_{2m}\cos\theta)^2}=\sqrt{U_{1m}^2+U_{2m}^2+2U_{1m}U_{2m}\sin\theta}\\&=\sqrt{U_{1m}^2+U_{2m}^2}\cdot\sqrt{1+\frac{2U_{1m}U_{2m}}{U_{1m}^2+U_{2m}^2}\sin\theta}\end{aligned}$$

当θ较小时,有

$$U_{s1m}\approx\sqrt{U_{1m}^2+U_{2m}^2}\left(1+\frac{U_{1m}U_{2m}}{U_{1m}^2+U_{2m}^2}\sin\theta\right)\approx\sqrt{U_{1m}^2+U_{2m}^2}\left(1+\frac{U_{1m}U_{2m}}{U_{1m}^2+U_{2m}^2}\theta\right)$$

与此类似,当θ较小时,有

$$U_{s2m}\approx\sqrt{U_{1m}^2+U_{2m}^2}\left(1-\frac{U_{1m}U_{2m}}{U_{1m}^2+U_{2m}^2}\sin\theta\right)\approx\sqrt{U_{1m}^2+U_{2m}^2}\left(1-\frac{U_{1m}U_{2m}}{U_{1m}^2+U_{2m}^2}\theta\right)$$

上下两个包络检波电路的高频输入电压$u_{s1}(t)$和$u_{s2}(t)$分别经包络检波后,得到$u_{o1}=\eta_d u_{s1m}$和$u_{o2}=\eta_d u_{s2m}$,而最终的鉴相输出可近似表示为(当θ较小时)

$$u_o=u_{o1}-u_{o2}=\eta_d(u_{s1m}-u_{s2m})=\eta_d\frac{2U_{1m}U_{2m}}{\sqrt{U_{1m}^2+U_{2m}^2}}\theta \tag{6.58}$$

总的来讲,叠加型鉴相器将θ的变化转化为输出电压的变化,而叠加型相位鉴频器作为一个整体,可以将调频波角频率的变化$\Delta\omega$转化为输出电压的变化。

以上讨论是在假设频相变换网络的固定相移为$-\frac{\pi}{2}$时得到的。当固定相移为

$+\frac{\pi}{2}$时，讨论过程是类似的，最终的鉴相输出可近似表示为（当 θ 较小时）

$$u_o = u_{o1} - u_{o2} = \eta_d(u_{s1m} - u_{s2m}) = -\eta_d \frac{2U_{1m}U_{2m}}{\sqrt{U_{1m}^2 + U_{2m}^2}}\theta \tag{6.59}$$

2）叠加型相位鉴频器实例

常用的叠加型相位鉴频器如图 6.29 所示。其中的频相变换网络采用了互感耦合双调谐回路，因此这种叠加型相位鉴频器又被称为互感耦合相位鉴频器。

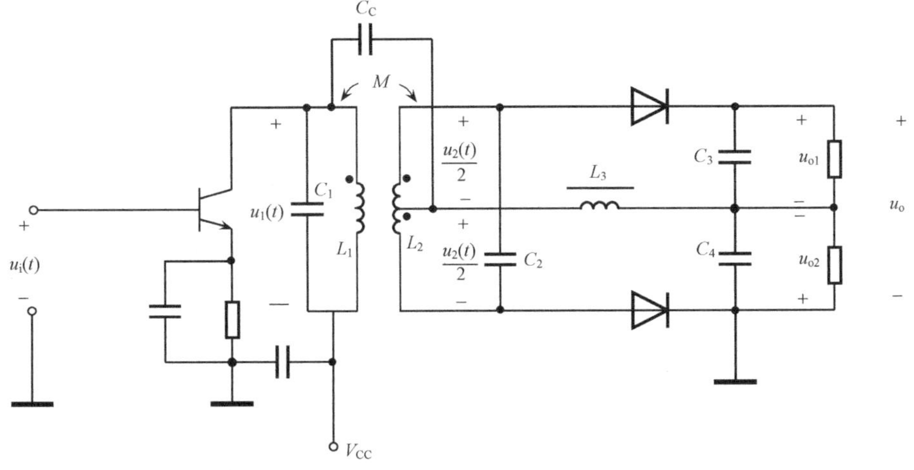

图 6.29　互感耦合叠加型相位鉴频器

图 6.29 中 C_C 为隔直流电容，L_3 为高频扼流圈，再考虑到 C_4 为高频滤波电容，因而初级线圈电压 $u_1(t)$通过 C_C 可以有效地加到 L_3 上，或者说 L_3 上的电压约为 $u_1(t)$。另一方面，初级线圈电压 $u_1(t)$又会通过互感耦合双调谐回路产生次级线圈电压$u_2(t)$。所以，两个二极管包络检波器获得的高频输入电压分别为

$$u_{s1}(t) = u_1(t) + \frac{1}{2}u_2(t)$$

$$u_{s1}(t) = u_1(t) - \frac{1}{2}u_2(t)$$

这种电压施加方式符合叠加型平衡鉴相器的要求。而且上下包络检波器的元件选取是一致的。如果进一步能够判定 $u_2(t)$和 $u_1(t)$之间的相位差具有式(6.56)的形式，那么整个电路作为一个整体，可以将调频波角频率的变化 $\Delta\omega$ 转化为输出电压的变化。为此，需要讨论互感耦合双调谐回路（见图 6.30）的传输特性。

初级和次级的电压可表示为

$$\dot{u}_1 = j\omega L_1\dot{i}_1 + j\omega M\dot{i}_2 + r_1\dot{i}_1 \tag{6.60}$$

$$\dot{u}_2 = j\omega L_2\dot{i}_2 + j\omega M\dot{i}_1 + r_2\dot{i}_2 \tag{6.61}$$

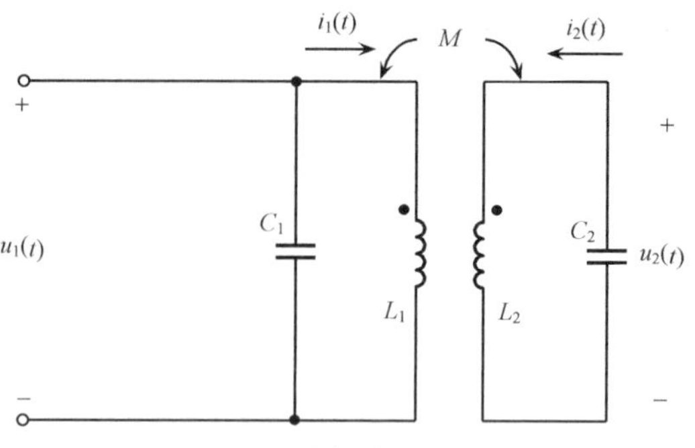

图 6.30 互感耦合双调谐回路

$$\dot{u}_2 = \frac{1}{\mathrm{j}\omega C_2}(-\dot{i}_2) \tag{6.62}$$

为简化分析，假设初级和次级之间为弱耦合，因而式(6.60)中第二项可以忽略。而这样一来，剩下的两项具有相同的电流 $\dot{i}_1$，两项的大小差别很大，所以最后一项也可以忽略了。于是式(6.60)可简化为

$$\dot{i}_1 = \frac{1}{\mathrm{j}\omega L_1}\dot{u}_1 \tag{6.63}$$

式(6.61)和式(6.62)联立，消去 $\dot{u}_2$，可得

$$(-\dot{i}_2) = \frac{\mathrm{j}\omega M}{r_2 + \mathrm{j}\left(\omega L_2 - \dfrac{1}{\omega C_2}\right)}\dot{i}_1 \tag{6.64}$$

式(6.63)代入式(6.64)，后者再代入式(6.62)，得到

$$A_{\mathrm{u}}(\mathrm{j}\omega) = \frac{\dot{u}_2}{\dot{u}_1} = \frac{-\mathrm{j}\dfrac{M}{\omega C_2 L_1}}{\left[r_2 + \mathrm{j}\left(\omega L_2 - \dfrac{1}{\omega C_2}\right)\right]} \tag{6.65}$$

若 $\omega = \omega_0 = \dfrac{1}{\sqrt{L_2 C_2}}, \phi_{\mathrm{A}}(\omega) = -\dfrac{\pi}{2}$；

若 $\omega > \omega_0 = \dfrac{1}{\sqrt{L_2 C_2}}, \phi_{\mathrm{A}}(\omega) < -\dfrac{\pi}{2}$；

若 $\omega < \omega_0 = \dfrac{1}{\sqrt{L_2 C_2}}, \phi_{\mathrm{A}}(\omega) > -\dfrac{\pi}{2}$。

当 $\Delta\omega = \omega - \omega_0$ 很小时，$\phi_{\mathrm{A}}(\omega)$的变化与 $\Delta\omega$ 之间可以近似为线性关系，可写成

$$\phi_{\mathrm{A}}(\omega) = \phi_{\mathrm{A}}(\omega_0 + \Delta\omega) = -\frac{\pi}{2} + k\Delta\omega$$

根据式(6.65)，式中比例系数 k 的符号应为负。由此可知，互感耦合双调谐回路次级电压 $u_2(t)$和初级电压 $u_1(t)$之间的相位差确实具有式(6.56)的形式，并且

其中的固定相移为 $-\frac{\pi}{2}$。也就是说，$u_2(t)$ 和 $u_1(t)$ 之间的相位差的具体形式为式(6.57)。这个相位差经过叠加型鉴相器鉴相，最终得到的输出电压的瞬时值由输入调频波的瞬时角频率决定。因而整个电路实现了鉴频的功能。

现在考虑另一种极端的情况，即初级和次级之间为紧耦合，且两线圈的损耗都很小的情况。这时 $u_2(t)$ 与 $u_1(t)$ 之比近似地就是次级与初级的线圈匝数比，因此 $u_2(t)$ 与 $u_1(t)$ 大致是同相的，或者说两者的相位差基本上固定为零。这说明在紧耦合时，互感耦合双调谐回路不会产生有用相差，相应地，互感耦合相位鉴频器也将失去鉴频的效能。

一般来说，互感耦合相位鉴频器的鉴频特性与耦合线圈的耦合系数、品质因数等参数有关。

6.3.4　限幅器

无论是调幅波还是调频波，在产生、传输和接收等环节上，都会不可避免地受到各种干扰，有些干扰会对已调波的振幅起作用，产生寄生调幅。而各种解调电路的输出总是与已调波的振幅有关。对于调频波而言，携带低频信息的物理量并不是振幅，因而可以先用限幅电路将振幅的变化消除掉，得到等幅的调频波后，再进行解调。这样一来，解调输出的变化就只是单纯地与瞬时频率的变化有关。当然，这种先限幅再解调的想法是不能应用在调幅波解调上的，因为调幅波正是靠着振幅的变化来反映低频信息，对调幅波限幅后，低频信息也就失去了载体。

由于限幅器会将大的峰值削掉，因而限幅处理是一个非线性过程，从中产生了大量的高次谐波分量。不过这些高次成分远离有用成分，能够被后接的带通滤波器滤除。

限幅器的传输特性如图 6.31 所示，其横轴 U_{sm} 为输入电压振幅，纵轴 U_{om} 为输出基波电压振幅。当 $U_{sm}<U_A$ 时，U_{om} 与 U_{sm} 之间大致为线性关系；当 $U_{sm}>U_A$ 时，U_{om} 基本上保持不变。U_A 称为门限电压，它实际上就是产生限幅作用所需的最小输入电压幅值。

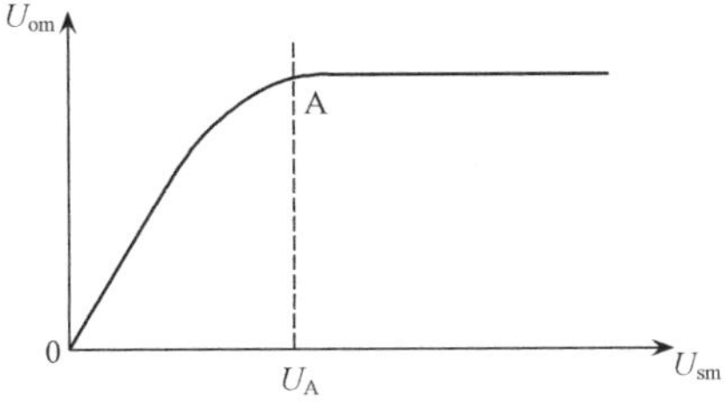

图 6.31　限幅器的传输特性

利用不同器件的非线性特性，就可以得到二极管限幅器、三极管限幅器、差分对限幅器等各种形式的限幅电路。下面对差分对限幅器做一个简单的说明。

差分对限幅器(见图 6.32(a))即是单端输入、单端输出的差分放大器，通过谐振回路取出基波电压作为输出。差分放大器的差模传输特性如图 6.32(b)所示。当 $|u_i|<26\text{mV}$ 时，传输特性的线性最好；而 $|u_i|>100\text{mV}$ 时，输出电流基本保持

恒定，即输出电流被限幅，电流峰值附近被削平，电流基波分量的大小也就基本上被限定了。因而滤波后得到等幅的输出电压。

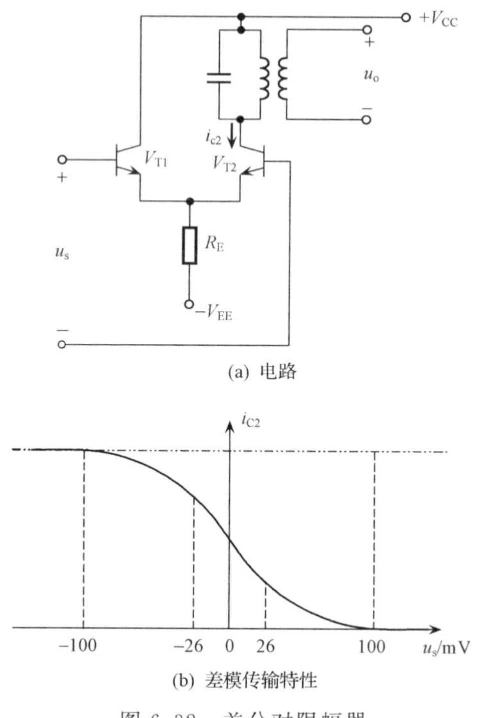

图 6.32　差分对限幅器

本 章 小 结

直接调频电路是振荡频率受调制信号控制的振荡器，其振荡频率就是谐振频率。对振荡器而言，无须考虑信号通过 LC 谐振回路的传输特性，只需考虑在调制信号的作用下元件参数的变化对谐振频率的影响。

间接调频电路由积分器和调相电路构成。对于变容二极管调相电路而言，它就是一个传输函数受到调制信号影响的网络（LC 谐振回路）。与直接调频电路相似，调制信号的影响直接体现为谐振频率的变化，但更重要的是谐振频率的变化将引起网络传输函数的变化，最终的结果是网络相移受到调制信号控制，使输出信号成为调相波。电路工作在谐振频率附近，实际情况是输入信号频率不变，谐振频率围绕着输入信号频率变化。

失谐回路斜率鉴频器由实现频幅变换的网络（LC 失谐回路）和包络检波器构成。其中的回路采用固定参数元件，但网络传输函数仍在变化，不过这种变化的原因是输入调频波的瞬时频率在变化。具体地说，当网络的幅频特性的斜率较大时，通过瞬时频率的变化可以使输出信号振幅有较大的变化，有利于通过包络检波获取较大的解调输出。为此，电路应工作在失谐状态。

乘积型相位检波器由频相变换网络和乘积型鉴相器构成；叠加型相位检波器由频相变换网络和叠加型鉴相器构成。频相变换网络的作用是使调频波得到一个与频率有关的附加相移，而出现在频相变换网络前后的两个高频信号一起进入鉴相器后，输出电压是由它们的相位差决定的。最终的结果是将调频波频率的变化转化为输出电压的变化，从而实现了鉴频。在这一过程中，相位差的变化必须有效地转化为输出电压的变化。对于鉴相器而言，这就要求它的两个输入量之间有$+\frac{\pi}{2}$或$-\frac{\pi}{2}$的固定相差。与此要求相对应，频相变换网络要能够产生这一固定相差。这就是用在乘积型鉴频检波器中的单谐振回路频相变换网络需要串联电容C_1的原因，也是叠加型相位鉴频器中互感耦合双调谐回路不能采用紧耦合线圈的原因。

附录　角度调制信号的 Matlab 分析源代码

1. 调频信号的有关仿真

设$u_\Omega(t)=2\cos(2\pi\times10^3t)$，载波$u_c(t)=5\cos(2\pi\times2\times10^4t)$，调频灵敏度$k_f=2\pi\times3\times10^3$。

程序如下(fm_11. m)：

```
clear;clc;
t = 0 : 0.000001 : 0.002;
U_OMEGA_m = 2;u_cm = 5;
OMEGA = 2 * pi * 1e3;omega_c = 2 * pi * 2 * 1e4;kf = 2 * pi * 3 * 1e3;
u_OMEGA_t = U_OMEGA_m * cos(OMEGA * t);
omega_t = omega_c + kf * u_OMEGA_t;
Delta_phi_t = kf * U_OMEGA_m/OMEGA * sin(OMEGA * t);
u_FM_t = u_cm * cos(omega_c * t + Delta_phi_t);
subplot(411)
plot(t,u_OMEGA_t)
axis([0,2e-3,-2,2]);
grid on;
xlabel('t')
title('u_{\Omega}(t)');
subplot(412)
plot(t,omega_t)
%axis([0,2e-3,0,9e7]);
```

```
grid on;
xlabel('t')
title('\omega(t)');
subplot(413)
plot(t,Delta_phi_t)
grid on;
xlabel('t')
title('\Delta\phi(t)');
subplot(414)
plot(t,u_FM_t)
grid on;
xlabel('t')
title('u_{FM}(t)');
```

仿真结果如下：

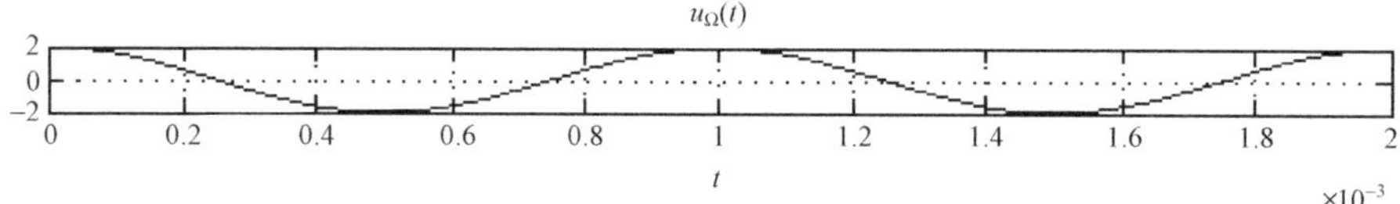

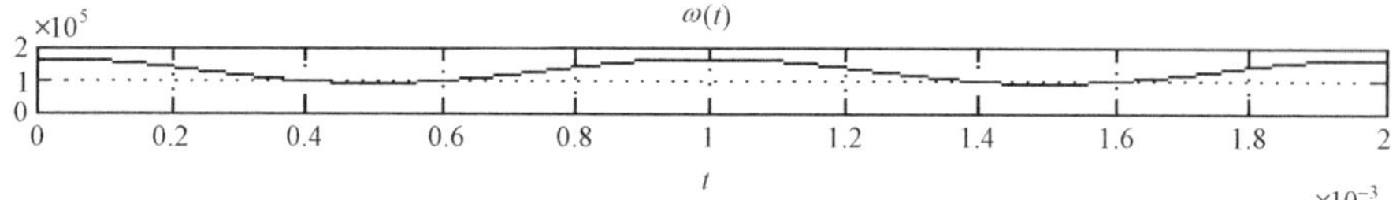

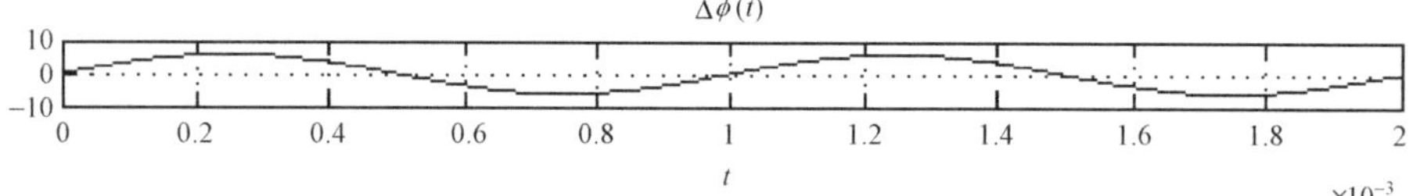

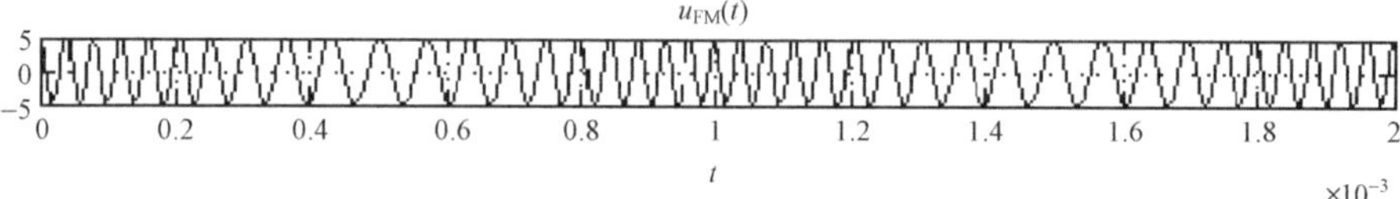

2. 调相信号的有关仿真

设 $u_\Omega(t)=2\cos(2\pi\times10^3t)$，载波 $u_c(t)=5\cos(2\pi\times2\times10^4t)$，调相灵敏度 $k_p=\pi$。程序如下：(pm_1. m)

```
clear;clc;
```

```
t = 0 : 0.000001 : 0.002;
U_OMEGA_m = 2;u_cm = 5;
OMEGA = 2 * pi * 1e3;omega_c = 2 * pi * 2 * 1e4;kp = pi;
u_OMEGA_t = U_OMEGA_m * cos(OMEGA * t);
Delta_phi_t = kp *  u_OMEGA_t;
omega_t = omega_c-kp *  U_OMEGA_m  * OMEGA  * sin(OMEGA * t);
u_PM_t = u_cm * cos(omega_c * t +  Delta_phi_t);
subplot(411)
plot(t,u_OMEGA_t)
axis([0,2e-3,-2,2]);
grid on;
xlabel('t')
title('u_{\Omega}(t)');
subplot(413)
plot(t,omega_t)
grid on;
xlabel('t')
title('\omega(t)');
subplot(412)
plot(t,Delta_phi_t)
grid on;
xlabel('t')
title('\Delta\phi(t)');
subplot(414)
plot(t,u_PM_t)
grid on;
xlabel('t')
title('u_{PM}(t)');
```

仿真结果如下：

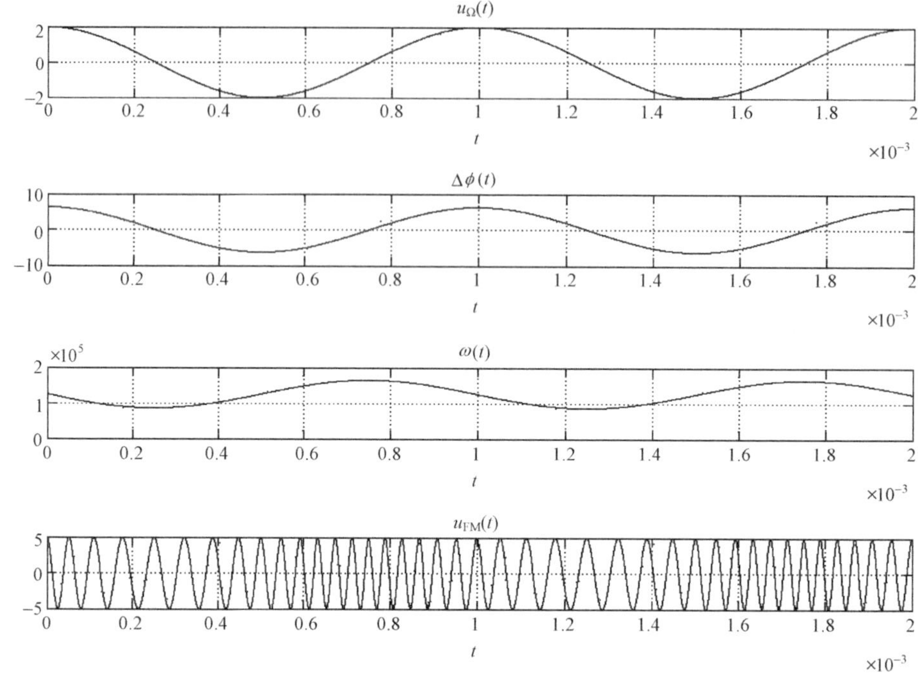

习　题

6.1　已知调角信号 $u(t)=5\cos(2\pi\times30\times10^6t+\cos2\pi\times2\times10^3t)$V，试求：

(1) 如果 $u(t)$ 是调频波，试写出载波频率 f_c、调制信号频率 F、调频指数 m_f、最大频偏 Δf_m。

(2) 如果 $u(t)$ 是调相波，试写出载波频率 f_c、调制信号频率 F、调相指数 m_p、最大频偏 Δf_m。

6.2　已知调频波为 $u_{FM}(t)=4\cos(2\pi\times10^7t+5\sin2\pi\times6\times10^2t)$V，调频灵敏度 $k_f=1.5\times10^3$ Hz/V，试写出调制信号的表达式。

6.3　设载波为 $10\cos(2\pi\times20\times10^6t)$V；调制信号的变化形式为 $\sin(2\pi\times2\times10^3t)$V。如果调频后的最大频偏为 10kHz，试写出调频波的表示式。

6.4　设载波为 $u_c(t)=U_{cm}\cos\omega_ct$，调制信号如题 6.4 图(a)和(b)所示。试分别针对这两种情况，画出以下波形示意图(坐标对齐)：(1)调频时的瞬时角频率偏移 $\Delta\omega(t)$，瞬时相位偏移 $\Delta\phi(t)$，调频信号 $u_{FM}(t)$；(2)调相时的瞬时角频率偏移 $\Delta\omega(t)$，瞬时相位偏移 $\Delta\phi(t)$，调相信号 $u_{PM}(t)$。

6.5　已知调频波 $u_{FM}(t)=8\cos(2\pi\times10^8t+10\cos2\pi\times50\times10^3t)$V，试问：

(1) 最大频偏及调频波带宽分别是多少？

(2) 若保持调制信号振幅不变，将调制信号频率提高一倍，最大频偏及调频波带宽将如何改变？

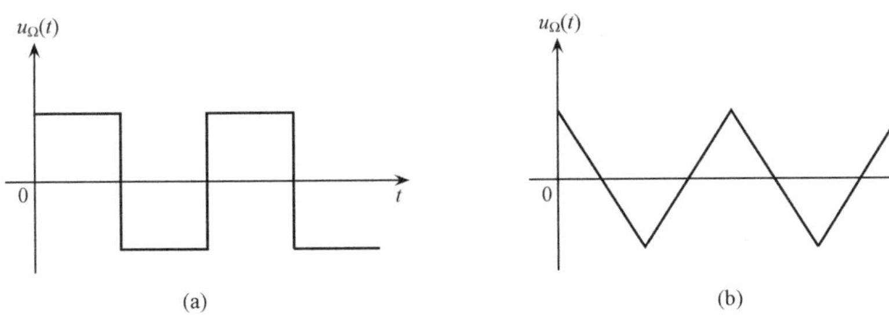

题 6.4 图

(3) 若保持调制信号频率不变,将调制信号振幅提高一倍,最大频偏及调频波带宽将如何改变?

(4) 若调制信号振幅和频率同时提高一倍,最大频偏及调频波带宽将如何改变?

6.6　如果一个调相波 $u_{PM}(t)$ 具有与题 6.5 同样的信号表达式,试问:

(1) 最大频偏及调相波带宽分别是多少?

(2) 若保持调制信号振幅不变,将调制信号频率提高一倍,最大频偏及调相波带宽将如何改变?

(3) 若保持调制信号频率不变,将调制信号振幅提高一倍,最大频偏及调相波带宽将如何改变?

(4) 若调制信号振幅和频率同时提高一倍,最大频偏及调相波带宽将如何改变?

6.7　如题 6.7 图所示,在反馈型振荡器中插入可控相移网络 $H_p(j\omega)$,构成直接调频电路。假设在某个角频率 ω_Q 附近,谐振放大器的传输函数为 $H_A(j\omega)=H_A[j(\omega_Q+\Delta\omega)]\approx H_{A0}e^{j\phi_A\Delta\omega}$,反馈网络的传输函数为 $H_F(j\omega)=F$,可控相移网络的传输函数为 $H_p(j\omega)=H_p[j(\omega_Q+\Delta\omega)]\approx H_{p0}e^{j\phi_p\Delta\omega}$,其中,$\phi_A(\Delta\omega)\approx-2Q_e\dfrac{\Delta\omega}{\omega_Q}$,$\phi_p(\Delta\omega)=Au_\Omega(t)$。请问:瞬时角频率 $\omega(t)$ 应如何表达?

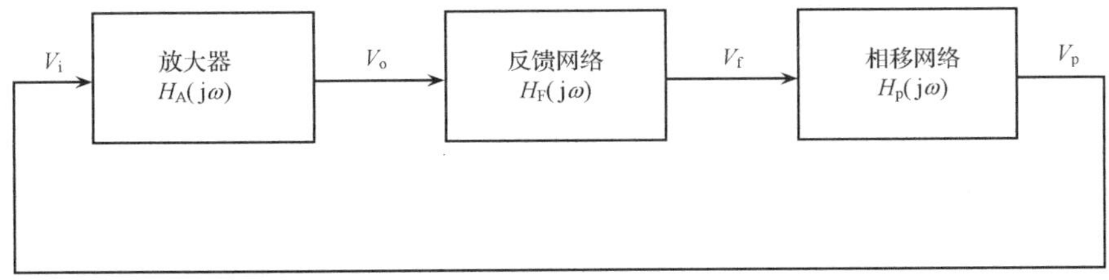

题 6.7 图

6.8　已知直接调频电路的谐振回路为 LC_j 回路。变容二极管的参数为:$U_B=0.6V$,$\gamma=2$,$C_{jQ}=15pF$;$L=20\mu H$;二极管上所加电压为$-[6+0.6\cos(2\pi\times10^3t)]V$。试求:调频波的载频 f_c 和最大频偏 Δf_m。

6.9　题 6.9 图所示为变容二极管直接调频电路,试画出其高频通路。

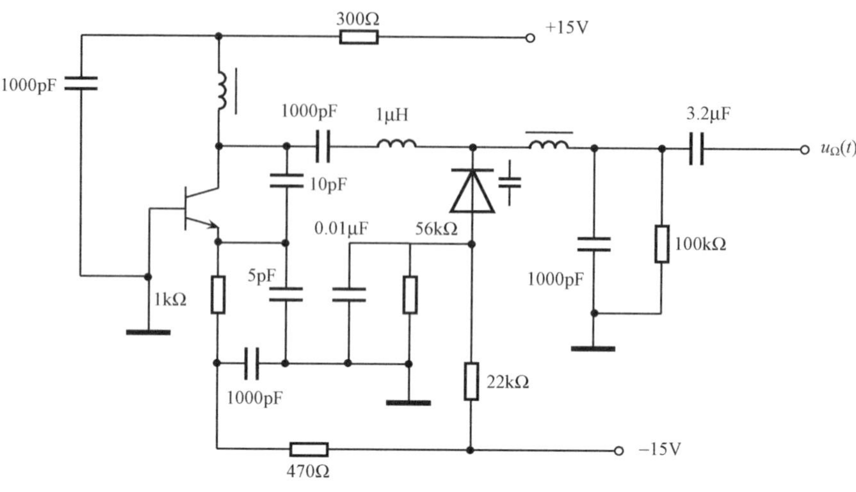

题 6.9 图

6.10　题 6.10 图所示为某调频电路的组成框图，调频器输出调频波的中心频率为 10MHz，调制频率为 5kHz，最大频偏为 3kHz。试求：(1) 该设备输出信号 $u_o(t)$ 的中心频率、最大频偏和调制频率；(2) 两个放大器的中心频率和通频带宽度。

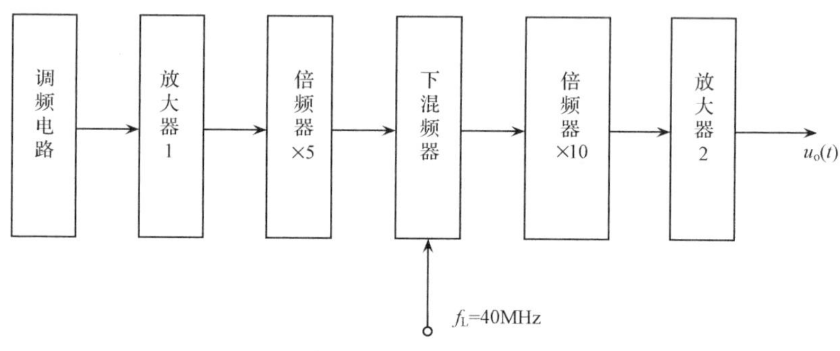

题 6.10 图

6.11　已知鉴频器的输入信号为 $u_{FM}(t)=6\cos(2\pi\times10^8t+5\sin2\pi\times2\times10^3t)$ V，鉴频灵敏度为 $S_d=30$mV/kHz。输入信号的最大频偏在线性鉴频范围内。试写出鉴频输出电压 $u_o(t)$ 的表达式。

6.12　用调制信号 $u_\Omega(t)=\cos(\Omega t)+\cos(2\Omega t)+\cos(3\Omega t)$ 进行调相，再对调制后得到的调相波进行鉴频，试写出：(1) 鉴频输出信号 $u'_o(t)$ 的变化形式；(2) 如果希望恢复原调制信号，鉴频电路的后面还应加上什么电路？

6.13　将调频波 $u_{FM}(t)=U_m\cos[\omega_c t+m_f\sin(\Omega t)]$ 加在题 6.13 图所示的 RC 高通滤波器上。如果在 $u_{FM}(t)$ 的瞬时角频率 $\omega(t)$ 满足：$RC\ll\frac{1}{\omega(t)}$，试求：(1) 输出电压 $u'_o(t)$ 的表达式，并

判断它是哪一类信号；(2) 如果要实现对 $u_{FM}(t)$ 的鉴频，还应该在高通滤波器的后面加上什么电路？

6.14　将调频波 $u_{FM}(t)=U_m\cos[\omega_c t+m_f\sin(\Omega t)]$ 加到某相位鉴频器上，相位鉴频器的组成框图如题 6.14 图所示。其中，单元电路 A 的传输函数在 ω_c 附近可以写为 $A(j\omega)=A_0e^{j\phi_A(\omega)}$，$\phi_A(\omega)=\frac{\pi}{2}+k_0(\omega-\omega_c)$。试问：(1) 单元电路 B 是什么电路？(2) $u_1(t)$ 和 $u_o(t)$ 各自具有什么样的表达式？

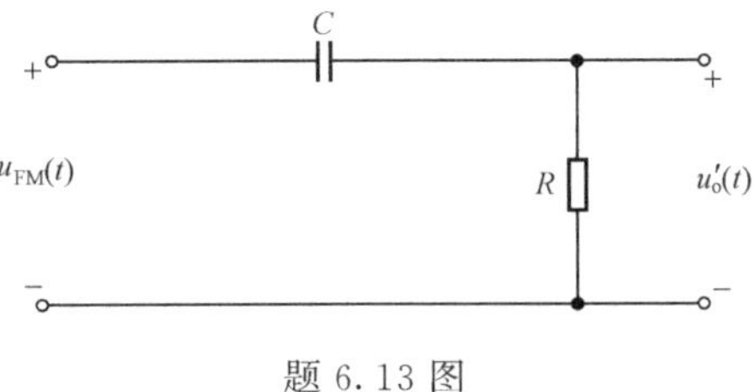

题 6.13 图

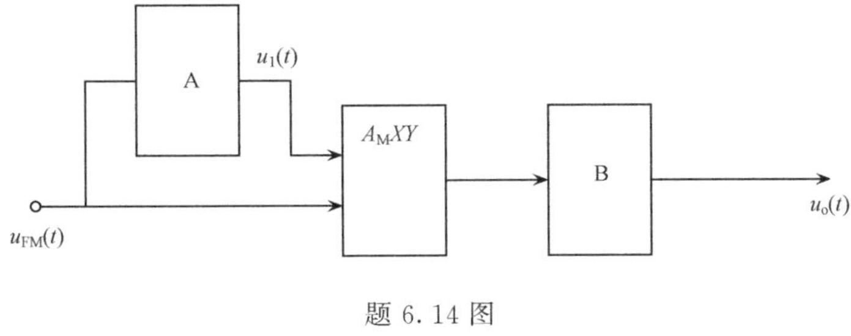

题 6.14 图

6.15　题 6.15 图所示的两个电路中，哪个能实现包络检波，哪个能实现鉴频？相应的回路参数应如何配置？

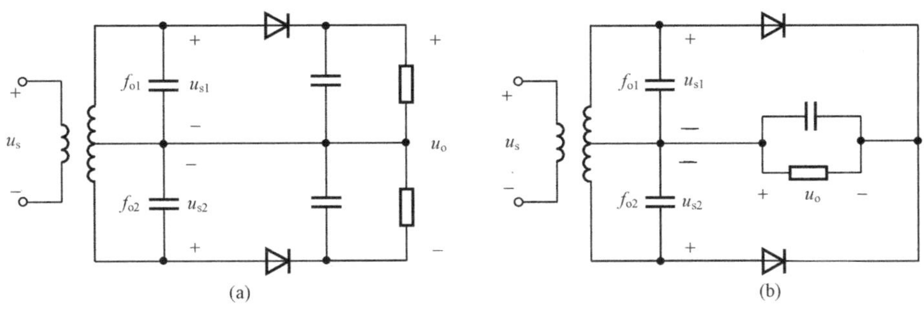

题 6.15 图

6.16　如果题 6.16 图所示的斜率鉴频器中发生以下变化，试分析电路还能不能实现鉴频，如果还能鉴频，进一步分析鉴频特性的变化。(1) 一个管子极性接反；(2) 两个管子的极性都接反；(3) 一个管子断开。

6.17　如果题 6.17 图所示的叠加型相位鉴频器中发生以下变化，试分析电路还能不能实现鉴频。(1) 一个管子极性接反；(2) 两个管子的极性都接反；(3) 一个管子断开。

V_{D1}
+
+
f_{o1}
u_{s1}
+
u_s
−
−
−
u_o
f_{o2}
u_{s2}
+
−
V_{D2}

题 6.16 图

C_C
M
V_{D1}
+
+
+
+
$u_2(t)$
2
C_3
u_{o1}
C_1
L_3
$u_1(t)$
L_2
u_o
+
$u_2(t)$
2
C_2
C_4
u_{o2}
$u_i(t)$
L_1
−
−
−
+
−
V_{D2}
V_{CC}

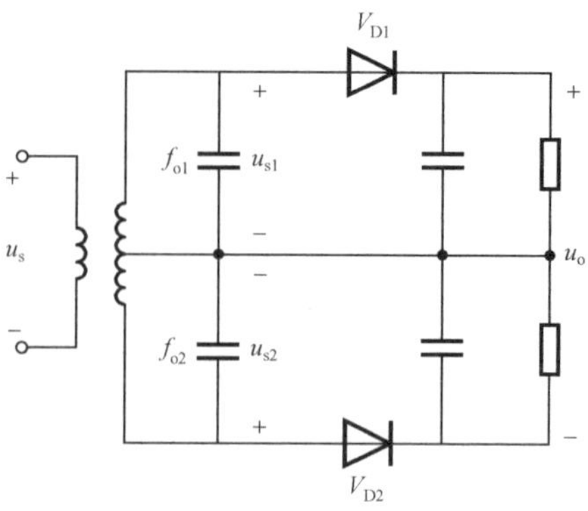

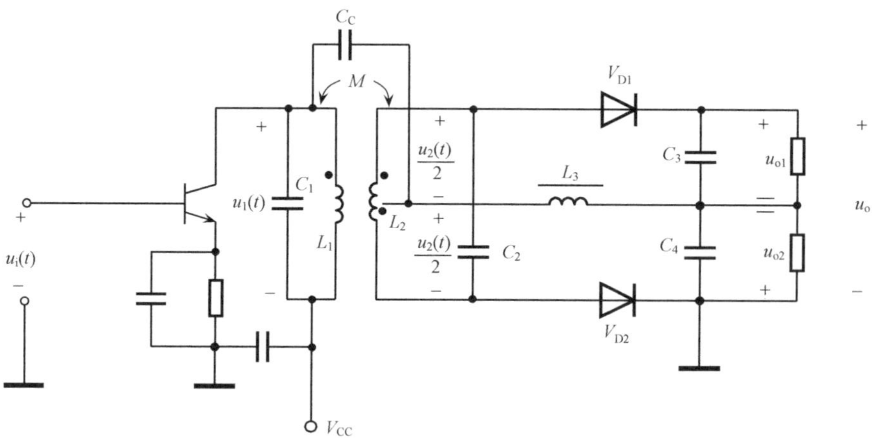

题 6.17 图

第 7 章　反馈控制电路

用放大电路、振荡电路、调制电路和解调电路等功能电路可以组成一个通信系统或其他的电子系统，但这样构成的系统其性能不一定完善。如在通信、导航、遥测遥控系统中，接收机所接收的信号可能会受到发射功率、接收距离、电波传播衰落等各种因素的影响而有较大的强弱起伏变化，信号最强时与最弱时可相差几十分贝，如果采用固定增益的放大器，信号强时会造成接收机饱和或阻塞，而信号太弱时又可能被丢失。因此，在通信和其他电子系统中广泛采用各种类型的反馈控制电路，以提高系统性能或实现某些特定的要求。在通信系统中，反馈控制电路是一种不可缺少的组成部分。本章介绍自动增益控制电路（Automatic Gain Control，AGC）、自动频率控制电路（Automatic Frequency Control，AFC）和自动相位控制（Automatic Phase Control，APC）电路这三种反馈控制电路的构成、基本工作原理和简单应用。

7.1　概　　述

反馈控制电路是通过负反馈方式进行控制的自动调节电路，根据控制对象参量的不同，反馈控制电路可分为三类：自动增益控制电路、自动频率控制电路和自动相位控制电路。

自动增益控制电路（AGC），又称自动电平控制电路，主要用于接收机中控制输出信号的幅度，以维持整机的输出恒定，几乎不随外来信号的强弱变化。

自动频率控制电路（AFC），它用来维持电子设备中工作频率的稳定。

自动相位控制电路（APC），又称为锁相环路（Phase Locked Loop，PLL），它用于锁定相位，能够实现许多功能，如构成频率合成器等，是应用最广的一种反馈控制电路。目前已制成通用的集成组件。

反馈控制电路的一般组成如图 7.1 所示，由比较器、控制信号发生器、可控器件和反馈网络四部分构成了一个负反馈闭合环路。比较器将信号 $r(t)$ 和反馈信号 $f(t)$ 进行比较，输出二者的差值即误差信号 $e(t)$，然后经过控制信号发生器送出控制信号 $c(t)$，对可控器件的某一特性进行控制。对于可控器件，或者是其输入输出特性受控制信号 $c(t)$ 的控制（如可控增益发大器），或者是在不加输入的情况下，本身输出信号的某一参量受控制信号 $c(t)$ 的控制（如压控振荡器）。而反馈网络从输出信号 $y(t)$ 中提取所需要进行比较的分量，即反馈信号 $f(t)$。

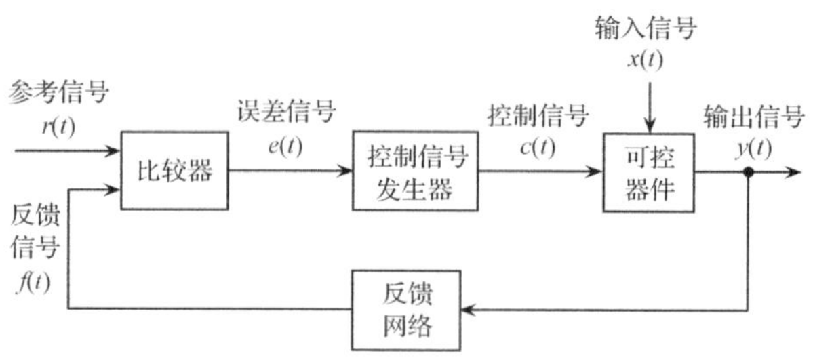

图 7.1　反馈控制系统的组成

需要注意的是，图 7.1 中各时域信号的量纲不一定是相同的。根据输入比较信号参量的不同，图中的比较器可以是电压比较器、频率比较器（鉴频器）或相位比较器（鉴相器）三种，所以对应的 $r(t)$ 和 $f(t)$ 可以是电压、频率或相位参量。可控器件的可控制特性一般是增益、频率，所以输出信号 $y(t)$ 的量纲是电压、频率或相位。

7.2　自动增益控制电路

自动增益控制电路是接收机中不可缺少的重要辅助电路之一，在发射机或其他电子设备中也有广泛应用，其作用是当输入信号电平变化时，用改变增益的方式使接收机输出电平基本不变，或仅在容许的较小范围内变化。

接收机的输出电平取决于输入信号电平及接收机的增益。受发射功率、接收距离、电波传播衰落等各种因素的影响，接收机所接收到的信号强弱变化范围很大，弱的可能仅几微伏，强的则可以达到几百毫伏。因此希望接收机的增益能随接收信号的强弱而变化，信号强时增益低，信号弱时增益高，从而稳定接收机的输出电平，这样就需要使用自动增益控制电路。

7.2.1　工作原理

1. 组成框图

自动增益控制电路的组成框图如图 7.2 所示。

在 AGC 电路中，比较参量是信号电平，所以采用电压比较器。反馈网络由振幅检波器、低通滤波器和直流放大器组成。

设输入信号振幅为 U_i，输出信号振幅为 U_o，可控增益放大器增益为 $A_K(u_c)$，它是控制电压 u_c 的函数，则有

$$U_o = A(u_c)U_i \tag{7.1}$$

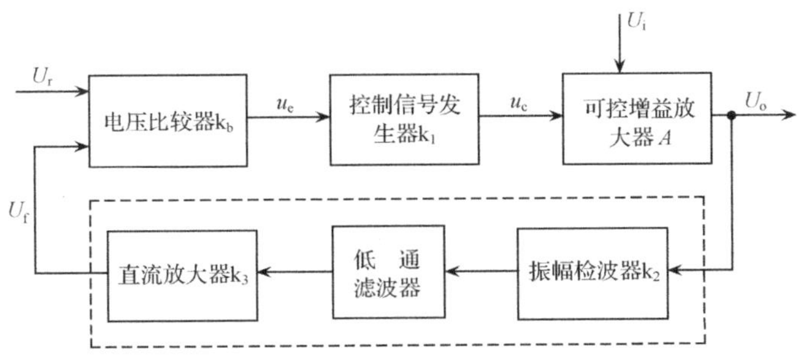

图 7.2　自动增益控制电路的组成框图

2. 比较过程

反馈网络通过振幅检波器测出输出信号的振幅电平。此信号经过低通滤波器滤除不需要的较高频率分量，取出与幅值相关的缓慢变化信号，经直流放大器适当放大后与恒定的参考电平 U_r 比较，产生一个误差电压 u_e，由控制信号发生器产生控制信号 u_c 去控制可控增益放大器的增益。控制信号发生器在这里可看成是一个比例环节，增益为 K_1。若输入电压 U_i 减小而使输出电压 U_o 减小时，环路产生的控制信号 u_c 将使增益 A 增大，从而使 U_o 趋于增大；若 U_i 增大而使 U_o 增大时，环路产生的控制信号 u_c 将使增益 A 减小，从而使 U_o 趋于减小。因此，无论何种情况，通过环路不断地循环反馈，都会使输出信号振幅 U_o 保持基本不变或仅在较小范围内变化。

3. 低通滤波器的作用

当输入信号为调幅信号时，其调制信号为低频信号，经过振幅检波器可将该调制信号检测出来。显然，自动增益控制电路不应该按该调制信号的幅值变化来控制增益 A_K，否则，调幅波的有用幅值变化将会被自动增益控制电路的控制作用所抵消，即当此调制信号幅度大时，可控增益放大器的增益减小；调制信号幅度较小时，可控增益放大器的增益增大，从而使放大器的输出保持基本不变，这种现象称为反调制。显然，反调制会使可控增益放大器输出的调幅信号的调制度下降。由于发射功率变化、距离远近变化和电波传播衰落等因素引起的信号强度的变化是比较缓慢的，反映其变化的信号应是缓慢变化信号，其频率应该比调制信号的频率低。所以环路低通滤波器的作用是将调制信号滤除，而保留缓慢变化信号送给电压比较器进行比较。因此，必须选择适当的环路频率响应特性，使电路对高于某一频率的调制信号的变化无响应，而仅对低于这一频率的缓慢变化才有控制作用。也就是说，环路截止频率必须低于调制信号的最低频率，才不会出现反调制。所以，环路带宽取决于低通滤波器的截止频率。

4. 控制过程

设理想的输出信号振幅为U_{o0}，与其相应的输入信号振幅为U_{i0}，可控增益放大器此时的增益为$A(0)$，即

$$U_{o0} = A(0)U_{i0} \tag{7.2}$$

显然，在理想的输出情况下，不需要环路产生对可控增益放大器增益的控制作用，所以此时的误差电压u_e为0，反馈电压U_f等于参考电压U_r。若低通滤波器对于直流信号的传递函数$H(s)=1$，则可写出U_r和U_{o0}、U_{i0}之间的关系

$$U_r = k_2k_3U_{o0} = k_2k_3A(0)U_{i0} \tag{7.3}$$

若由于某些原因，如当输入信号振幅$U_i \neq U_{i0}$时，造成可控增益放大器的输出电压振幅U_{o0}增大，从而使误差电压u_e增大，则可控增益放大器的增益A将随u_e变化而变化，使输出电压振幅向U_{o0}靠近，即环路将自动进行增益调节，设输出信号振幅U_o与控制电压u_c的关系为

$$U_o = U_{o0} + k_cu_c = U_{o0} + \Delta U_o$$

根据式(7.1)又有

$$U_o = A(u_c)U_i = [A(0) + k_gu_c]U_i$$

式中，$A(u_c)=A(0)+k_gu_c$，k_c，k_g均为常数，表示均为线性控制。

当环路经自身调节后达到新的平衡状态，这时的误差电压为

$$u_{e\infty} = k_b(U_r - k_2k_3U_{o\infty}) \tag{7.4}$$

又

$$U_{o\infty} = A(u_c)U_i = [A(0) + k_gk_1u_{e\infty}]U_i \tag{7.5}$$

式中，k_1，k_2，k_3均为常数。

从式(7.4)和式(7.5)可知，$u_{e\infty} \neq 0$，否则与式(7.3)比较，将有$U_1=U_{i0}$，与条件不符合。同时也说明$U_{o\infty} \neq U_{o0}$，即AGC电路是有误差的控制电路，环路通过自身的调节只能使输出电压振幅靠近原来的理想电压U_{o0}，而不会恢复到等于U_{o0}。这个结论对于其他两种反馈控制电路也是成立的。

7.2.2 自动增益控制电路

根据输入信号的类型、特点及对控制的要求，自动增益控制电路主要有简单AGC电路和延迟AGC电路两类。

1. 简单AGC电路

在简单AGC电路里，参考电平$U_r=0$。这样，无论输入信号振幅U_i大小如何，AGC的作用都会使增益A减小，从而使输出信号振幅U_o减小。图7.3为简单AGC的特性曲线。

简单 AGC 电路的优点是线路简单，在实用电路中不需要电压比较器；主要缺点是对微弱信号的接收很不利，因为只要有信号输入，AGC 立即就起作用，放大器的增益就会受到控制而减小，对微弱信号亦是如此，这必然使接收灵敏度降低。所以，简单 AGC 电路适用于输入信号振幅较大的场合。

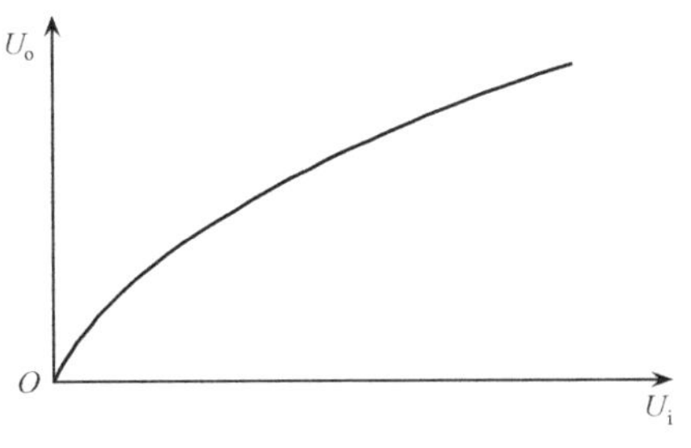

图 7.3 简单 AGC 特性曲线

图 7.4 是超外差式收音机的框图，采用简单 AGC 电路。

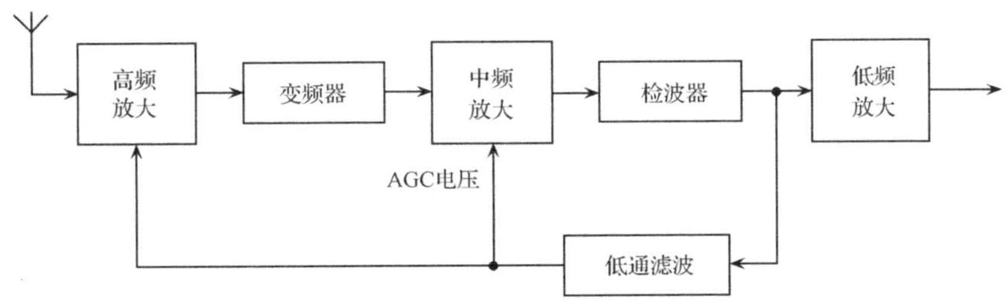

图 7.4 超外差式收音机的框图

天线收到的信号经高频放大、变频、中频放大后，进行检波，解调出音频信号。音频信号的大小将随输入信号强弱的变化而变化，此音频信号经过低通滤波器后，取出其平均值，称为 AGC 电压。输入信号强，AGC 电压大；输入信号弱，AGC 电压小，AGC 电压控制高放及中放增益：AGC 电压大，使增益低；AGC 电压小，使增益高，即可达到自动增益控制的目的。

图 7.5 是晶体管收音机中的简单 AGC 电路。R_2C_3 组成低通滤波器，从检波后的音频信号中取出缓变直流分量作为控制信号直接对晶体管进行增益控制。若音频信号中的直流分量增大，则 C_3 上的电位升高，晶体管基极电位升高，be 极静态电压减小，集电极平均电流减小，增益下降。调节可变电阻 R_2，可以使低通滤波器的截止频率低于解调后音频信号的最低频率，避免出现反调制。

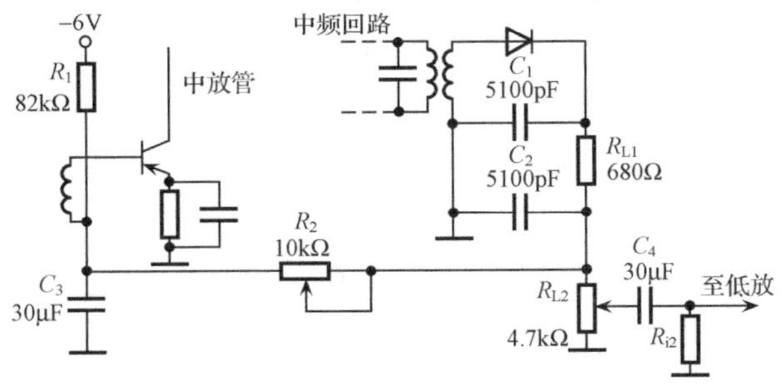

图 7.5 晶体管收音机中的简单 AGC 电路

2. 延迟 AGC 电路

简单 AGC 电路对接收弱信号不利，为了克服这一缺点，可采用延迟 AGC 电路。延迟 AGC 电路里有一个起控门限，即比较器的参考电平 U_r。由式(7.3)可知，它对应的输入信号振幅即为 U_{i0}，也就是图 7.6 中的 U_{imin}。

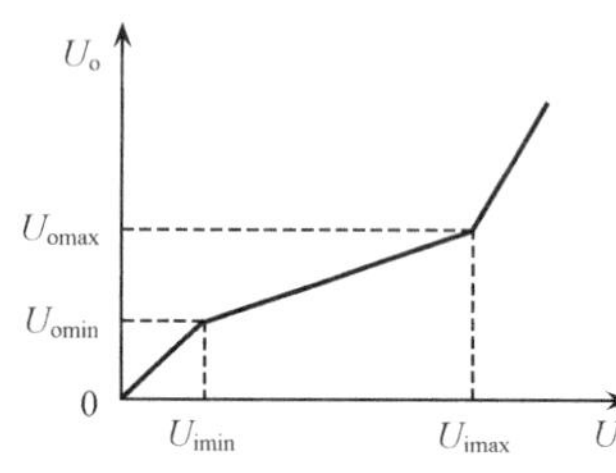

图 7.6　延迟 AGC 特性曲线

当输入信号 U_i 小于 U_{imin} 时，反馈环路断开，AGC 不起作用，放大器增益 A 不变，输出信号 U_o 与输入信号 U_i 成线性关系。当 U_i 大于 U_{imin} 后，反馈环路接通，AGC 电路开始产生误差信号和控制信号，使放大器增益 A 有所减小，保持输出信号 U_o 基本恒定或仅有微小变化。这种 AGC 电路由于需要延迟到 $U_i > U_{imin}$ 之后才开始控制作用，故称为延迟 AGC。当输入信号 U_i 大于 U_{imax} 后，AGC 作用消失。可见，U_{imin} 与 U_{imax} 区间即为所容许的输入信号的动态范围，U_{omin} 与 U_{omax} 区间即为对应的输出信号的动态范围。

图 7.7 是电视接收机的框图，具有较复杂的 AGC 电路。

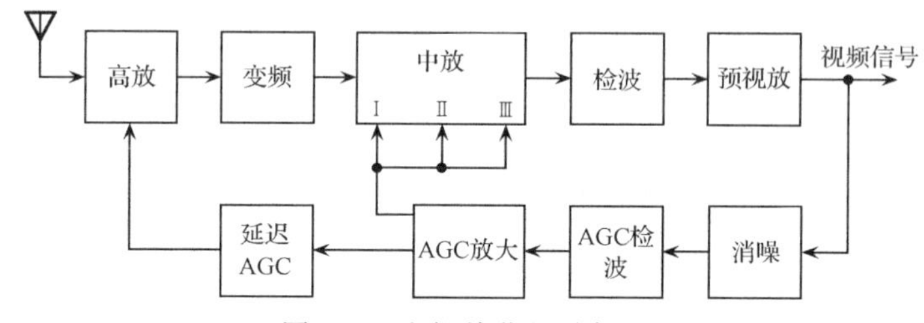

图 7.7　电视接收机的框图

电视天线收到的信号经高频放大、变频和中频放大后，进行检波，取出视频信号。预视放对视频信号放大，除送到下一级视频放大外，还送到 AGC 电路。去除干扰后，再经 AGC 检波和放大。AGC 检波的目的类似于超外差收音机中的 AGC 电压滤波器的作用，即取出信号平均值，作为 AGC 电压。AGC 电压除控制中放增益外，还经过延迟放大，去控制高放增益。为了使控制更合理，采用了两级延迟 AGC。当输入信号振幅 U_i 超过某一定值 U_{i1} 后，先对中放进行增益控制，而高放增益不变，这是第一级延迟。当 U_i 超过另一定值 U_{i2}(5mV)后，中放增益不再降低，而高放增益开始起控，这是第二级延迟。其增益随输入信号 U_i 变化的曲线如图 7.8 所示。

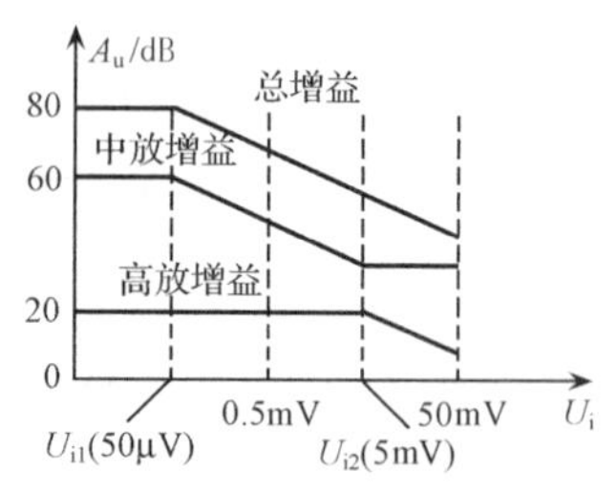

图 7.8　电视机两级延迟 AGC 特性

采用两级延迟 AGC 的原因在于当输入信号不是很大时，保持高放级处于最大增益可使高放级输出信噪比不致降低，有助于降低接收机的总噪声系数。

7.3　自动频率控制电路

在通信和各种电子设备中，频率是否稳定将直接影响系统的性能，常采用自动频率控制电路（简称 AFC 电路）来自动调节振荡器的振荡频率，使之稳定在某一预期的标准频率附近。例如，在调频发射机中，如果振荡频率漂移，则利用 AFC 反馈控制作用，可以减小频率的变化，提高频率稳定度。又如在超外差接收机中，依靠 AFC 系统的反馈调整作用，可以自动控制本振频率，使其与外来信号频率之差维持在接近于中频的数值。

7.3.1　工作原理

自动频率控制电路的组成框图如图 7.9 所示。AFC 电路由频率比较器、低通滤波器和可控频率器件组成。f_r 为标准频率，f_o 为输出信号频率。

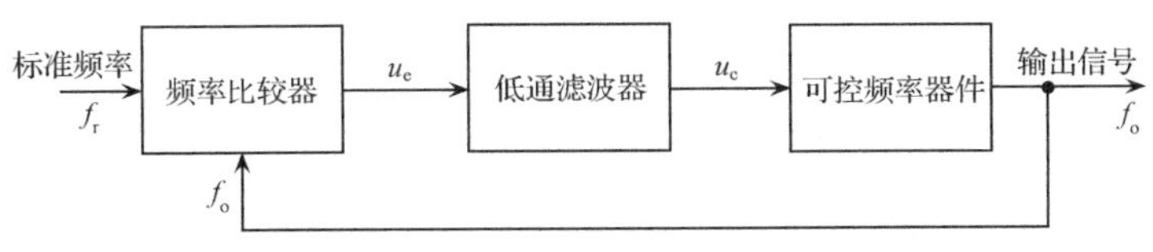

图 7.9　自动频率控制电路原理框图

AFC 电路的控制参量是频率，频率比较器一般是鉴频器，可控频率器件通常是压控振荡器（VCO）。

需要被稳定的压控振荡器的输出频率 f_o 与标准频率 f_r 在频率比较器中进行比较。当 $f_o=f_r$ 时，频率比较器无输出，压控振荡器不受影响；当 $f_o\neq f_r$ 时，频率比较器有误差电压输出，该电压大小与 $|f_o-f_r|$ 成正比。低通滤波器滤除交流成分，输出的直流控制电压 u_c 使压控振荡器的振荡频率 f_o 向接近于标准频率 f_r 的方向变化。频率比较、控制过程不断循环进行，直到使频率误差 $|f_o-f_r|$ 减小到某一最小值 Δf，自动频率微调过程停止，振荡器的振荡频率就稳定在 $f_o=f_r\pm\Delta f$ 的频率上，环路进入锁定状态。Δf 称为剩余频率误差，简称剩余频差。此时，压控振荡器就是在剩余频差 Δf 产生的控制电压作用下，保持振荡频率在 $f_r\pm\Delta f$ 上的。AFC 电路通过自身的调节，可以将原先因压控振荡器不稳定而引起的较大的起始频差减小到较小的剩余频差 Δf。由于自动频率微调过程是利用误差信号的反馈作用来控制压控振荡器的振荡频率的，而误差信号是频率比较器产生的，因而达到最后稳定状态，即锁定状态时，压控振荡器的输出频率 f_o 不能完全与标准频

率 f_r 相等,一定有剩余频差 Δf 存在,所以,AFC 电路是有频率误差的调节电路,这是 AFC 电路的固有缺点。剩余频差 Δf 当然越小越好。AFC 电路剩余频差 Δf 的大小取决于频率比较器和压控振荡器的特性,鉴频特性和压控振荡器的控制特性斜率值越大,环路锁定所需要的剩余频差也就越小。

7.3.2 AFC 电路的应用

AFC 电路的应用较广,择其主要应用举例如下。

1. 在调幅超外差接收机中用于稳定中频频率

超外差式接收机是利用混频器将不同载频的高频已调波信号先变成载频为固定中频的已调波信号,再进行中频放大和解调。其整机增益和选择性主要取决于中频放大器的性能,这就要求中频频率稳定,为此常采用 AFC 电路。

图 7.10 是调幅接收机中的 AFC 电路框图。

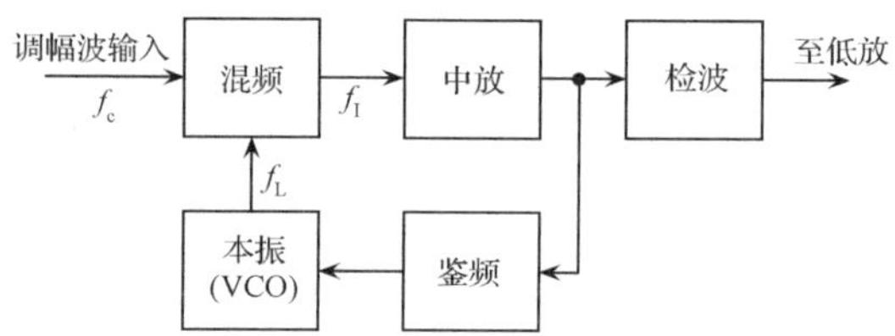

图 7.10　调幅接收机中的 AFC 电路框图

鉴频器的中心频率调整在接收机中频频率上。在正常工作情况下,接收的调幅信号载频为 f_c,相应的本振频率为 f_L,混频后输出中频频率为 $f_I=f_L-f_c$。如果由于某种原因,本振频率发生了一个正的偏移 Δf_L 而变成 $f_L+\Delta f_L$,则中频频率也会发生同样的偏移,混频后的中频频率将变成 $f_I+\Delta f_L$。此中频信号经中放后送给鉴频器,鉴频器将产生相应的误差电压,经低通滤波后控制压控振荡器产生的本振频率减小,从而使混频后的中频频率也减小,去接近 f_I。经过不断地循环反馈,系统达到新的稳定状态,实际中频频率与 f_I 的偏离值将远小于 Δf_L,从而实现了稳定中频的目的。当然,如果本振频率发生了一个负的 Δf_L 偏移,也能起到自动频率控制的作用。

2. 在调频接收机中提高解调质量

调频接收机中的鉴频器对输入信号有一个门限要求。当输入信噪比高于解调门限时,解调后的输出信噪比较大;但当输入信噪比一旦低于解调门限时,解调后的输出信噪比就将急剧恶化。鉴频器的前级一般是中频放大器,所以,为了使鉴频器的输入信噪比高于解调门限值,可提高中频放大器的信噪比,而提高中频放大器的信噪比可以采用压缩中放带宽的方法,因为压缩了中放的带宽,会使进入中放并送至鉴频器输入端的噪声功率随之减小,从而使信噪比提高。在调频接收机中采用 AFC 电路来压缩中放带宽,这种系统称为调频负反馈解调器。调频负反馈解调器的组成框图如图 7.11 所示。

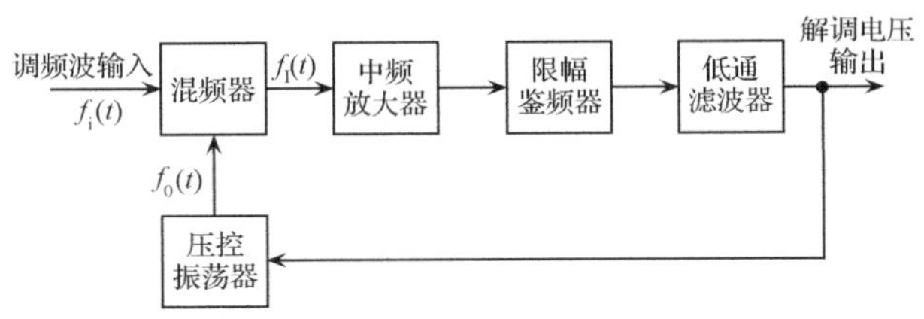

图 7.11　调频负反馈解调器的组成框图

与普通调频接收机的解调电路相比较,区别在于调频负反馈解调器把输出的解调电压又反馈给 VCO(相当于普通调频接收机中的本振),作为控制电压,使其振荡频率按调制信号规律变化。这时对混频器而言,相当于加了两个载波频率不同而调制信号相同的调频波。设输入调频波的瞬时频率为 $f_i(t)=f_C+\Delta f_{mC}\cos\Omega t$,在环路锁定时,VCO 产生的调频振荡的瞬时频率为 $f_0(t)=f_L+\Delta f_{mL}\cos\Omega t$,则混频器输出的中频瞬时频率 $f_I(t)=f_0(t)-f_i(t)=(f_L-f_C)-(\Delta f_{mC}-\Delta f_{mL})\cos\Omega t=f_I-\Delta f_{mI}\cos\Omega t$,式中,$f_I=f_L-f_C$,$\Delta f_{mI}=\Delta f_{mC}-\Delta f_{mL}$ 分别是中频信号的载波频率和最大频偏。可见,中频信号仍为不失真的调频波,只是最大频偏由 Δf_{mC} 减小到 Δf_{mI},压缩了中频信号的有效带宽,因此中频放大器的工作频带可以以此压缩后的中频频偏为准适当减小,从而减小了中频放大器的输出噪声,提高了解调后的输出信噪比。

调幅接收机中频稳定电路与调频负反馈电路虽然都是用 AFC 电路实现的,但两者的目的和参数选择是不一样的。前者的目的是尽量减小中频信号的频率偏移,理想情况是频率偏移为零。所以,稳态时频偏越小,则系统性能越好。后者的目的是适当减小输入信号的频偏,但并不希望它为零,因为如频偏为零,则调制信息就丢失了,只要中频频偏的大小所对应的中放带宽能使中放输出信噪比高于鉴频器解调门限或满足要求就可以了。在 AFC 低通滤波器截止频率的选择上,前者应使其带宽足够窄,从而使加在 VCO 上的控制电压仅仅是反映中频频率偏移的缓变电压;后者应使其带宽足够宽,以便不失真地让解调后的调制信号通过。通常将前者称为载波跟踪型,将后者称为调制跟踪型。

7.4　锁 相 环 路

AFC 电路是以消除频率误差为目的的反馈控制电路。由于它的基本原理是利用频率误差电压去消除频率误差，当电路达到平衡状态之后，必然有剩余频率误差存在，即频差不可能为零。这是一个不可克服的缺点。

锁相环电路(PLL)也是一种以消除频率误差为目的的反馈控制电路，但它的基本原理是利用相位误差电压去消除频率误差，所以当电路达到平衡状态之后，虽然有剩余相位误差存在，但频率误差可以降低到零，从而实现无频差的频率跟踪和相位跟踪。目前，锁相环路在滤波、调制与解调、信号检测、频率合成等方面得到了广泛应用，是通信系统中不可缺少的基本部件。

7.4.1 工作原理

锁相环路是由鉴相器、环路滤波器和压控振荡器组成的闭合环路，其基本组成框图如图 7.12 所示。被控参量是相位。

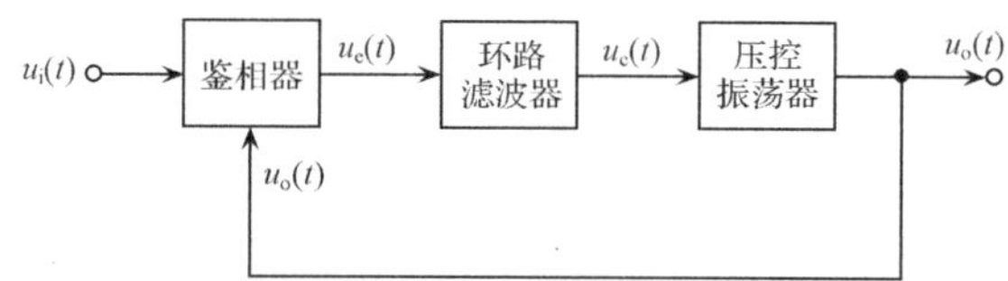

图 7.12 锁相环路的基本组成框图

鉴相器是一个相位比较器，检测出两个输入信号的相位误差，并输出相应的误差信号 $u_e(t)$。环路滤波器是一个低通滤波器，用来滤除误差信号中的高频分量及噪声，以保证环路所要求的性能，并提高环路的稳定性，然后输出控制电压 $u_c(t)$ 去控制压控振荡器，使振荡频率向输入信号的频率靠拢，直至两者的频率相同，使得 VCO 输出信号的相位保持某种特定的关系，达到相位锁定的目的。

用图 7.13 所示的旋转矢量进一步说明锁相环路利用相位误差信号实现无频差的频率跟踪原理。

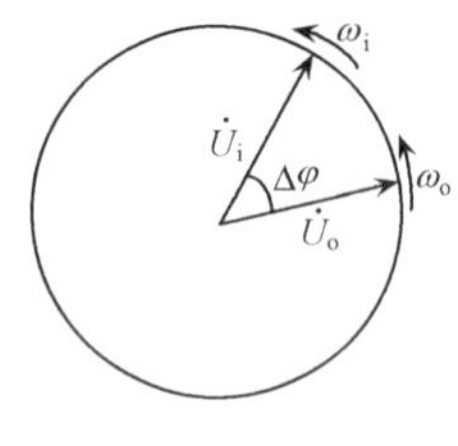

图 7.13 锁相环路的频率跟踪原理

设旋转矢量 $\dot{U}_i$ 和 $\dot{U}_o$ 分别表示鉴相器输入参考信号 $u_i(t)$ 和压控振荡器输出信号 $u_o(t)$，它们的瞬时角速度和瞬时相位分别为 $\omega_i(t)$、$\omega_o(t)$ 和 $\varphi_i(t)$、$\varphi_o(t)$。若 $\omega_i(t)$ 固定为 ω_i，而 $\omega_o(t)$ 与 ω_i 不相等，比如 $\omega_o(t)<\omega_i$，表示 $\dot{U}_o$ 比 $\dot{U}_i$ 旋转得慢一些，这时瞬时相位差 $\Delta\varphi(t)=[\varphi_i(t)-\varphi_o(t)]$ 将随时间增大，这种情况称为失锁。于是鉴相器将产生一个误差电压，经环路低通滤波器取出其中缓慢变化的直流电压 $u_c(t)$ 去控制调整 VCO 的振荡角频率，使其增大，从而使瞬时相位差减小。经过不断地循环反馈，$\dot{U}_o$ 矢量的旋转角速度逐渐加快，直到与 $\dot{U}_i$ 旋转角速度相同，实现 $\omega_o=\omega_i$，这时瞬时相位差 $\Delta\varphi$ 为恒值，鉴相器输出恒定的误差电压。此误差电压通过环路滤波器

后产生的控制电压使振荡器的振荡频率维持在 ω_i 上，这种情况称为环路锁定。

7.4.2　基本环路方程

锁相环基本环路方程是通过环路相位模型得到的，它从数学上描述了锁相环电路相位调节的动态过程，是分析和设计锁相环电路的基础。

为了建立锁相环电路的数学模型，先要建立鉴相器、环路滤波器和压控振荡器的数学模型。

1. 鉴相器(PD)

鉴相器是一个相位比较器，两个输入信号分别为环路的输入信号 $u_i(t)$ 和压控振荡器的输出信号 $u_o(t)$。它的作用是检测出两个输入信号之间的瞬时相位差，产生相应的误差信号 $u_e(t)$。

设 $u_i(t)$ 和 $u_o(t)$ 均为单频正弦波。一般情况下，这两个信号的频率是不同的。设 ω_{o0} 和 $\omega_{o0}t+\varphi_{o0}$ 分别是 VCO 未加控制电压时的中心振荡角频率和相位，φ_{o0} 是初相位。又 $\varphi_1(t)$ 和 $\varphi_2(t)$ 分别是 $u_i(t)$ 和 $u_o(t)$ 与未加控制电压时 VCO 输出信号的相位差，即

$$\begin{aligned}\varphi_1(t) &= \varphi_i(t) - (\omega_{o0}t + \varphi_{o0}) \\ \varphi_2(t) &= \varphi_o(t) - (\omega_{o0}t + \varphi_{o0})\end{aligned} \tag{7.6}$$

所以

$$\varphi_1(t) - \varphi_2(t) = \varphi_i(t) - \varphi_o(t) \tag{7.7}$$

若鉴相器采用模拟乘法器组成的乘积型鉴相器，根据鉴相特性和式(7.7)，其输出误差电压为

$$u_e(t) = k_b\sin[\varphi_1(t) - \varphi_2(t)] = k_b\sin\varphi_e(t) \tag{7.8}$$

式中，k_b 为鉴相器增益，是一常数。由式(7.8)可作出鉴相器的相位模型，如图 7.14所示。

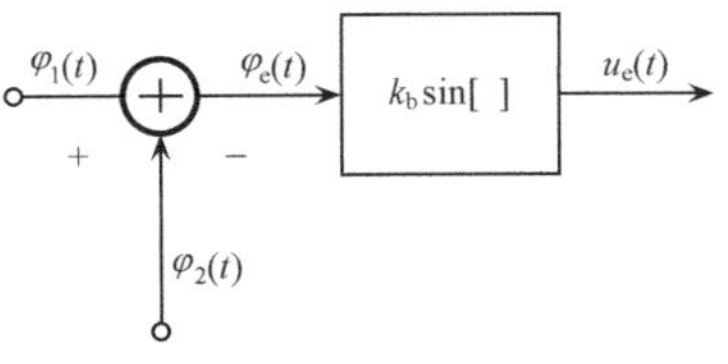

图 7.14　正弦鉴相器的相位模型

2. 环路滤波器(LF)

环路滤波器是一个低通滤波器，它的作用是滤出鉴相器输出电压中的高频分量和其他干扰分量，让鉴相器输出电压中的低频分量或直流分量通过，以保证环路所要求的性能，并提高环路的稳定性。

在锁相环电路中常用的环路滤波器有 RC 积分滤波器、RC 比例积分滤波器和有源比例积分滤波器。设环路滤波器的传递函数为 $H(s)$，则有

$$H(s)=\frac{U_c(s)}{U_e(s)}$$

将 $H(s)$ 中的 s 用微分算子 $p=\mathrm{d}/\mathrm{d}t$ 替换，就可以写出描述环路滤波器激励和相应之间关系的微分方程，即

$$u_c(t)=H(p)u_e(t) \tag{7.9}$$

由此可得环路滤波器的相位模型，如图 7.15所示。

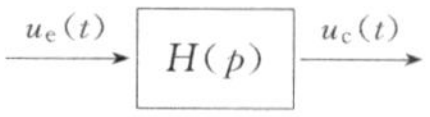

图 7.15　环路滤波器的相位模型

3. 压控振荡器(VCO)

压控振荡器是瞬时振荡角频率 $\omega_o(t)$ 受控制电压 $u_c(t)$ 控制的一种振荡器。它的作用是产生频率随控制电压变化的振荡电压。在有限的控制电压范围内，VCO 的振荡角频率 $\omega_o(t)$ 与控制电压 $u_c(t)$ 可认为是线性关系，即

$$\omega_o(t)=\omega_{o0}+k_c u_c(t)$$

k_c 为压控灵敏度，是一常数。

因此，VCO 输出信号 $u_o(t)$ 的相位为

$$\varphi_o(t)=\int_0^t \omega_o(\tau)d\tau+\varphi_{o0}=\omega_{o0}t+k_c\int_0^t u_c(\tau)\mathrm{d}\tau+\varphi_{o0}$$

由式(7.6)可知

$$\varphi_2(t)=k_c\int_0^t u_c(\tau)\mathrm{d}\tau$$

可见，VCO 的瞬时相位变化 $\varphi_2(t)$ 与控制电压 $u_c(t)$ 却是积分关系。所以 VCO 往往被称为锁相环路中的固有积分环节。将式中的积分符号用积分算子 $\frac{1}{p}=\int_0^t(\quad)\mathrm{d}\tau$ 来表示，则可写成

$$\varphi_2(t)=\frac{k_c}{p}u_c(t) \tag{7.10}$$

由此可得到压控振荡器的相位模型，如图 7.16 所示。

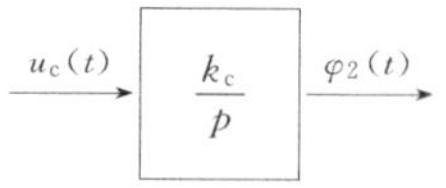

图 7.16　压控振荡器的相位模型

4. 锁相环路的相位模型和基本方程

将图 7.14、图 7.15、图 7.16 所示的三个基本组成部分的数学模型按图 7.12 所示连接起来，可画出如图 7.17 所示的锁相环路的相位模型。

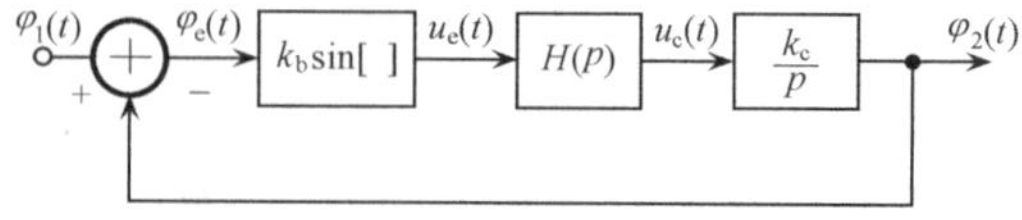

图 7.17　锁相环路的相位模型

由该模型写出环路基本方程为

$$\varphi_e(t) = \varphi_1(t) - \varphi_2(t) = \varphi_1(t) - k_b H(p)\frac{k_c}{p}\sin\varphi_e(t)$$

对上式两边微分并移项，可得

$$p\varphi_e(t) + k_b k_c H(p)\sin\varphi_e(t) = p\varphi_1(t) \tag{7.11}$$

$p\varphi_e(t)=\dfrac{d\varphi_e(t)}{dt}=\Delta\omega_e(t)=\omega_i-\omega_o$，表示瞬时相位误差 $\varphi_e(t)$ 随时间的变化率，即 VCO 角频率 ω_o 偏离输入信号角频率 ω_i 的数值，称为瞬时角频差。

$p\varphi_1(t)=\dfrac{d\varphi_1(t)}{dt}=\omega_i-\omega_{o0}=\Delta\omega_i(t)$，表示输入信号相位差 $\varphi_1(t)$ 随时间的变化率，即输入信号角频率 ω_i 偏离 VCO 中心频率 ω_{o0} 的数值，为输入固有角频差。

$k_b k_c H(p)\sin\varphi_e(t)=\Delta\omega_o(t)=\omega_o-\omega_{o0}$，表示 VCO 在控制电压 $u_c(t)$ 的作用下，产生的振荡角频率 ω_o 偏离 ω_{o0} 的数值，称为控制角频差。

基本环路方程描述了锁相环电路相位调节的动态过程，它表明在环路闭合以后，任何时刻的瞬时角频差 $\Delta\omega_e(t)$ 与控制角频差 $\Delta\omega_o(t)$ 之和恒等于输入固有角频差 $\Delta\omega_i(t)$，即

$$\Delta\omega_e(t) + \Delta\omega_o(t) = \Delta\omega_i(t) \tag{7.12}$$

如果输入信号 $u_i(t)$ 为恒定频率，输入固有角频差 $\Delta\omega_i(t)$ 必然为常数，设 $\Delta\omega_i(t)=\Delta\omega_i$，则在环路进入锁定的过程中，瞬时角频差 $\Delta\omega_e(t)$ 不断减小，而控制角频差 $\Delta\omega_o(t)$ 不断增大，两者之和恒等于固有角频差 $\Delta\omega_i$，直到瞬时角频差减小到零，即 $\dfrac{d\varphi_e(t)}{dt}=0$，控制角频差增大到 $\Delta\omega_i$，VCO 的振荡角频率 ω_o 等于输入信号角频率 ω_i 时，环路便进入锁定状态。这时，相位误差 $\varphi_e(t)$ 为一固定值，用 $\varphi_{e\infty}$ 表示，称为稳态相位误差或剩余相位误差。正是这个稳态相位误差才使鉴相器输出一个直流电压，控制 VCO，使其振荡频率等于输入信号角频率。

$\Delta\omega_i$ 越大，则环路锁定时 $\varphi_{e\infty}$ 也就越大。因为 $\Delta\omega_i$ 越大，将 VCO 振荡角频率调整到等于输入信号角频率所需的控制电压也就越大，因而产生这个控制电压的 $\varphi_{e\infty}$ 也就越大。但 $\Delta\omega_i$ 不能过大，否则环路将无法锁定。

基本环路方程是一个非线性微分方程，这是由鉴相器鉴相特性的非线性引起的(方程中包含了正弦函数)。方程的阶数取决于 $H(p)/p$ 的阶数，因为 VCO 等效于一个一阶理想积分器，所以微分方程的最高阶数取决于环路滤波器的阶数加 1。一般情况下，环路滤波器用一阶电路实现，所以相应的基本环路方程是二阶非线性微分方程。

7.4.3　锁相环路的捕捉与跟踪

根据初始状态的不同，锁相环路有两种自动调节过程，即捕捉过程和跟踪

过程。

1. 捕捉过程

若环路初始状态是失锁的，通过自身的调节，使 VCO 的振荡频率逐渐向输入信号频率靠近，达到一定程度后，环路进入锁定，这种由失锁进入锁定的过程称为捕捉过程。相应的能够由失锁进入锁定的最大输入固有频差称为环路捕捉带。

2. 跟踪过程

若环路初始状态是锁定的，当输入信号频率发生变化时，环路通过自身调节来维持锁定的过程称为跟踪过程。处于锁定状态的环路，是一种动态平衡状态。当输入信号频率 ω_i 改变时，破坏了环路动态平衡，使 $\omega_o \neq \omega_i$，造成鉴相器输出的误差电压发生变化，该变化经过滤波器加到压控振荡器上，使 ω_o 变化到等于变化后的 ω_i，环路再次达到动态平衡，这就是自动跟踪特性。跟踪范围同样是有限的，把能够保持跟踪的输入信号频率与 VCO 振荡频率最大频差范围称为同步带或跟踪带。

一般来说，环路捕捉带小于同步带。

7.4.4 锁相环路的基本特性

总结以上的讨论可知，锁相环路在正常工作状态（锁定）时，具有以下的基本特性：

(1) 锁定后没有剩余频差。在没有干扰和输入信号频率不变的情况下，一经锁定，环路的输出信号频率与输入信号频率相等，没有剩余频差，只有不大的固定的剩余相位相差。

(2) 有自动跟踪特性。锁相环路在锁定时，输出信号频率能在一定范围内跟踪输入信号频率。

(3) 有良好的窄带滤波特性。由于环路滤波器的作用，锁相环路具有良好的窄带滤波特性。当 VCO 输出信号的频率锁定在输入信号频率上时，位于信号频率附近的频率分量通过鉴相器变成低频信号而平移到零频附近，这样，环路滤波器的低通作用对输入信号而言，就相当于一个高频带通滤波器，只要把环路滤波器的通带做得比较窄，整个环路就具有很窄的带通特性，不但能滤除噪声和干扰，而且能跟踪输入信号的载频变化，从受噪声污染的未调或已调（有载波调制或抑制载波调制）的输入信号中提取纯净的载波。在设计良好时，可以在几十兆赫兹的频率上实现几赫兹的窄带滤波。这种窄带滤波特性是任何 LC、RC、石英晶体、陶瓷片等滤波器所难以达到的。

7.4.5　集成锁相环路及其应用

1. 集成锁相环路

集成锁相环路的发展十分迅速，应用非常广泛。集成锁相环路可分为模拟锁相环路和数字锁相环路两大类。无论是模拟锁相环路或数字锁相环路，按其用途又可分为通用型和专用型两种。

通用型是一种适应于各种用途的锁相环路，其内部电路主要由鉴相器和压控振荡器两部分组成，有时还附加放大器和其他辅助电路，环路滤波器一般需外接。专用型是一种专为某种功能设计的锁相环路，例如用于调频立体声解调环路及彩色电视机的正交色差信号同步检波环路等。

按照最高工作频率的不同，集成锁相环路可分成低频(1MHz以下)、高频(1～30MHz)、超高频(30MHz以上)几种类型。各种集成锁相环路所采用的集成工艺不同，其内部电路也有些不同。

目前生产的集成锁相环路已有成百上千种。集成锁相环路已成为继运算放大器和模拟乘法器之后的又一种常用的集成器件。

下面，以通用型单片集成锁相环路L562为例，介绍典型集成锁相环路的使用方法。

L562(国外型号为NE562)是目前广泛使用的集成锁相环电路之一，其内部电路框图见图7.18。由图7.18可知，L562中鉴相器与VCO是断开的，可以插入分频器或混频器作频率合成器或者作移频用。电路最高工作频率为30MHz，最大锁定范围为$\pm 15\% f_{o0}$(f_{o0}是VCO中心频率)，工作电压为16～30V，典型工作电流

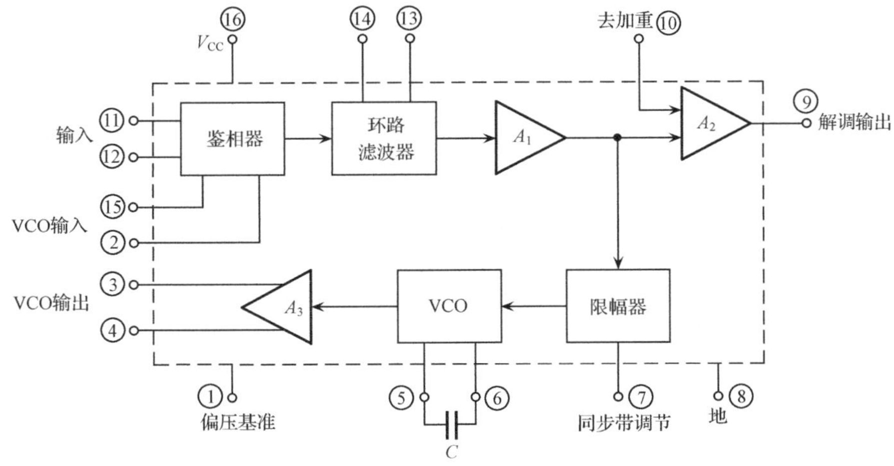

图7.18　L562内部电路框图

为 12mA。

L562 主要由鉴相器、VCO、放大器三部分组成，环路滤波器中的电容元件需由⑬、⑭脚外接，另外还采用了一系列稳压偏置和温度补偿电路。

L562 的鉴相器采用双差分对模拟相乘器电路，VCO 采用射级耦合多谐振荡电路，C 为外接定时电容，它的最高振荡频率可达到 30MHz。限幅器用来限制锁相环路的直流增益，调节限幅电平可改变直流增益(信号由⑦脚注入)，改变 VCO 的控制电平，从而改变 VCO 振荡频率的控制范围，即控制环路同步带的大小。环路中的放大器 A_1、A_2、A_3 起隔离、缓冲放大的作用。当环路作为调频波解调电路时，A_2 为解调电压放大器。输入信号从⑪、⑫脚双端输入，VCO 的输出经外电路从②、⑮脚双端输入，⑬、⑭脚用来外接阻容滤波元件。⑤、⑥脚之间外接定时电容，⑦脚注入的信号用来改变 VCO 的控制电压，控制 VCO 的振荡角频率。

2. 锁相环电路的应用

1) 锁相倍频、分频和混频

在基本锁相环的反馈通道中插入分频器，就组成了锁相倍频电路，如图 7.19 所示。

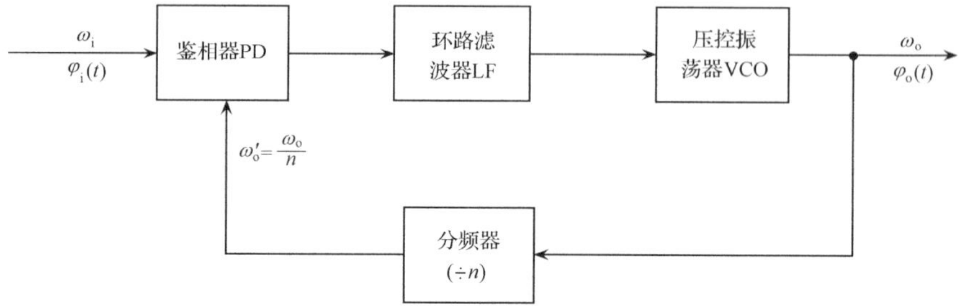

图 7.19 锁相倍频电路组成框图

VCO 的输出角频率 ω_o 可以调整到等于所需的倍频角频率上，当环路锁定后，PD 的输入信号角频率与反馈信号角频率相等，即 $\omega_i=\omega'_o$。而 ω'_o 是 VCO 输出信号经 n 次分频后的角频率，$\omega'_o=\omega_o/n$，所以 $\omega_o=n\omega_i$，即 VCO 输出信号角频率是输入信号角频率的 n 倍。若输入信号由高稳定度的晶体振荡器产生，且分频器的分配比是可变的，就可以得到一系列稳定的间隔为 ω_i 的角频率信号输出。

显然，如将分频器改为倍频器，则可以组成锁相分频电路，即 $\omega_o=\omega_i/n$。

在基本锁相环的反馈通道中插入混频器和中频放大器，还可以组成锁相混频器，如图 7.20 所示。

设混频器输入本振信号角频率为 ω_L，则当环路锁定时，有 $\omega_i=|\omega_L-\omega_o|$，即 $\omega_o=\omega_L\pm\omega_i$，从而实现混频作用。

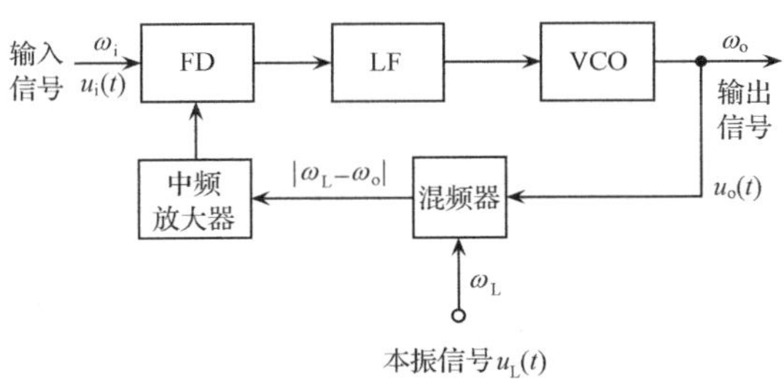

图 7.20　锁相混频器组成框图

2）锁相调频和鉴频

在普通的直接调频电路中，振荡器的中心频率稳定度较差，而采用晶体振荡器的调频电路，其调频范围又太窄。采用锁相环的调频电路可以解决这个矛盾，如图 7.21所示。

锁相环路使 VCO 的中心频率锁定在晶振频率上，同时调制信号也加到 VCO，对中心频率进行频率调制，得到中心频率稳定度很高的 FM 信号输出。为了使环路仅对 VCO 中心频率不稳定所引起的缓变分量有所反映，因此环路滤波器的通频带应该很窄，保证调制信号频谱分量处于低通滤波器频带之外而不能形成交流反馈。显然，这是一种载波跟踪环。如果将调制信号经过微分电路送入 VCO，环路输出的就是调相信号。

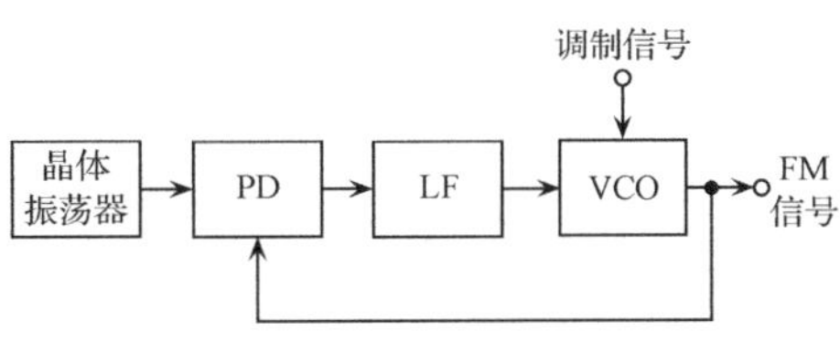

图 7.21　锁相环路调频器组成框图

调制跟踪锁相环本身就是一个调频解调器。锁相环路鉴频器框图如图 7.22所示。它利用锁相环路良好的调制跟踪特性，使环路跟踪输入调频信号瞬时相位的变化，从环路滤波器输出端（VCO 控制端）引出控制电压，即可得到调频波的解调信号。

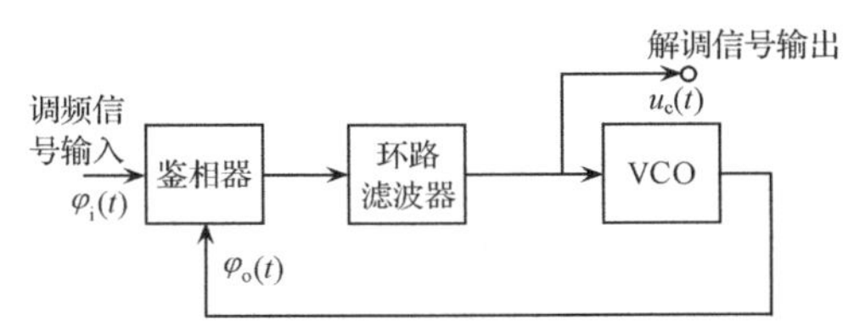

图 7.22　锁相环路鉴频器组成框图

环路滤波器的作用在于滤除调制信号 $u_\Omega(t)$ 带宽以外的无用频率分量，保证不失真解调，所以其通频带要足够宽，使调制信号顺利通过。可见，这是一种调制跟踪环。

图 7.23 所示为采用 L562 的锁相环路鉴频器的外接电路。输入调频信号电压 u_i 经耦合电容 C_4、C_5 以平衡方式加到鉴相器的一对输入端⑪和⑫脚，VCO 的输出电压从③脚取出，经耦合电容 C_6 以单端方式加到鉴相器的另一对输入端的②

脚,而另一端⑮脚则经 0.1μF 的电容交流接地。从①脚取出的稳定基准电压经 1kΩ 电阻分别加到②脚和⑮脚,作为双差分对管的基极偏置电压。放大器 A_3 的输出端 ④脚外接 12kΩ 电阻到地,其上输出 VCO 电压。放大器 A_2 的输出端⑨脚外接 15kΩ 电阻到地,其上输出解调电压。⑩脚外接去加重电容 C_3,提高解调电路的抗干扰能力。

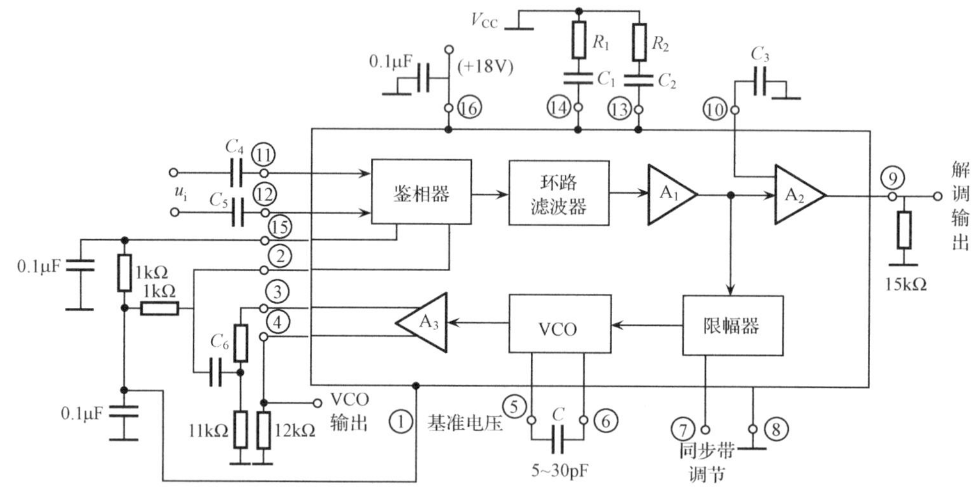

图 7.23 采用 L562 的锁相环路鉴频器电路

7.4.6 锁相频率合成器

随着现代无线电技术的迅速发展,对振荡信号源提出了越来越高的要求。不仅要求频率稳定度和准确度要高,而且还要能方便地改换频率。锁相频率合成技术就是一种广泛采用的频率合成技术,它利用一个(或多个)高稳定度的基准频率,通过一定的变换与处理后,产生出一系列的离散频率信号。

根据锁相频率合成器所用锁相环路的数量可分为单环锁相频率合成器和多环锁相频率合成器,均在锁相环路中串入可编程程序分频器,通过编程改变程序分频器的分频比,从而获得与标准频率有相同稳定度的合成离散频率,因此又称为数字式频率合成器,这里讨论单环锁相频率合成器。

单环锁相频率合成器电路中只采用一个锁相环路。图 7.24 所示为其组成框图,由锁相倍频电路组成。

为了减小相邻两个输出频率的间隔,增加输出频率数目,在晶体振荡器和鉴相器之间插入了前置可变 m 分频器。可变 n 分频器是可编程分频器,通过编程改变分频比。由石英晶体振荡器产生一个高稳定度的标准频率源 f_s,经 m 分频后得到参考频率 f_r,即

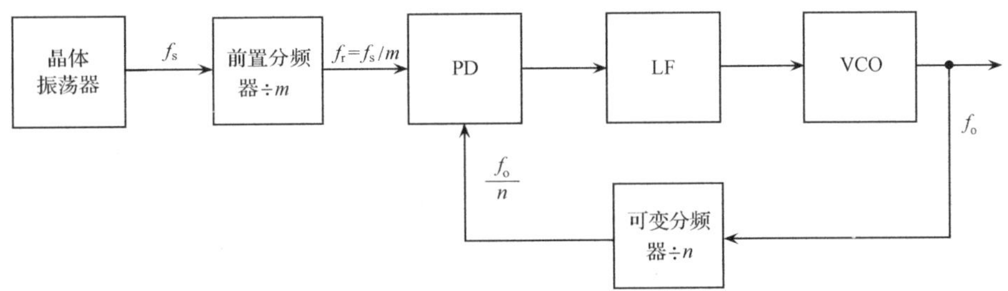

图 7.24 单环锁相频率合成器组成框图

$$f_r = \frac{f_s}{m} \tag{7.13}$$

环路锁定时必然有

$$f_r = \frac{f_s}{m} = \frac{f_o}{n}$$

所以,VCO 输出频率为

$$f_o = \frac{n}{m} f_s = n f_r \tag{7.14}$$

输出频率 f_o 是参考频率 f_r 的整数倍。其中分频比 $n=1,2,\cdots,N;m=1,2,\cdots,M$。最小频率间隔(步长或频率分辨率)为$\frac{1}{M}f_s$,频率范围为$\frac{1}{M}f_s \sim N f_s$。

锁相频率合成器的主要性能指标有输出频率范围和数目、频率间隔和频率转换时间。由于频率转换时间取决于锁相环的非线性性能,精确的表达式还难以导出,工程上常用的经验公式为

$$t_s = \frac{25}{f_r} \tag{7.15}$$

式中,f_r 是鉴相器输入参考频率。

单环锁相频率合成器结构简单,体积小,制作和调试容易,便于集成化,但是性能指标较差。

频率分辨率等于参考频率 f_r,为了提高频率分辨率就必须减小 f_r,但由式(7.15)可知,转换时间又与 f_r 成反比,减小 f_r 必然会使转换时间加长。如 $f_r=10\text{Hz}$,则 $t_s=2.5\text{s}$,这显然难以满足系统的要求。通常单环频率合成器的参考频率 f_r 不能小于 1kHz,这也就是它的最小频率间隔。

单环频率合成器 VCO 输出是直接加到可编程分频器上的,而这种可编程分频器的最高工作频率可能要比所要求的合成器工作频率低很多。对于图 7.24 所示单环频率合成器来说,可编程分频器的工作频率就是 f_o,这就限制了频率合成器的最高输出频率。固定分频器的工作频率明显高于可编程分频器,超高速器件的上限频率可达千兆赫兹以上,所以,在锁相环路中可编程分频器之前串接一个固定分频的前置分频器,可大大提高 VCO 的工作频率。

单环频率合成器的另一个缺点是输出频率数目受限制。因为若要增加输出频率数目,则需增大分频比 n。当 n 大幅度变化时,将使环路的跟踪特性急剧变化。

本章小结

(1) 反馈控制电路是通信和电子设备中广泛采用的闭环负反馈调节系统。根据比较和调节的参量不同,可分为自动增益控制电路、自动频率控制电路和自动相位控制电路,自动相位控制电路又称锁相环路。三者都是有剩余误差的自动调节电路。

(2) 自动增益控制电路可以维持输出电压基本恒定。被控参量是信号的电平,它将输出电压的一部分反馈到前级可控增益器件(如晶体管),按照输入信号的强弱自动调节其增益,输入信号强时增益低,弱时增益高。稳态时存在电平剩余误差。

(3) 自动频率控制电路可以使频率保持稳定。被控参量是频率,它是用频率误差信号来控制稳定压控振荡器的输出频率,所以稳态时存在频率的剩余误差,即压控振荡器的振荡频率与标准频率接近一致,但不相等。

(4) 锁相环路(PLL)的被控参量是信号的相位,通过相位误差信号来控制稳定信号的频率,所以稳态时(锁定)存在剩余相位误差,而没有剩余频率误差,压控振荡器的振荡频率与输入的标准频率相等,可以实现精确的频率跟踪。锁相环路的自动调节过程有两种:捕捉过程和跟踪过程。一般情况,捕捉带小于跟踪带(同步带)。由于锁相环路的良好性能,其应用极其广泛,如锁相倍频、分频与混频、调制与解调、频率合成、滤波等。

(5) 锁相频率合成是频率合成技术中一种重要的方法。锁相频率合成器由基准频率产生器和锁相环路两部分组成。基准频率产生器提供稳定度和准确度很高的参考频率,锁相环路则利用其良好的窄带跟踪特性,使输出频率保持在参考频率的稳定度上。变模频率合成器可以提高输出频率。多环锁相频率合成器可以减小输出频率间隔,同时还可以增加输出频率数目。

习　　题

7.1 有哪几类反馈控制电路?每一类反馈控制电路控制的参量是什么?要达到的目的是什么?

7.2 什么是自动增益控制?举例说明自动增益控制的应用。

7.3 题 7.3 图所示是调频接收机 AGC 电路的两种设计方案,试分析哪一种方案可行,并加以说明。

7.4 AFC 电路的组成包括哪几部分,阐述其工作原理。

7.5 AFC 电路达到平衡时回路有频率误差存在,而锁相环路在达到平衡时频率误差为零,这是为什么?锁相环路锁定时,存在什么误差?

中频输入
可控增益中放
鉴频器
音频输出
控制信号产生
电压比较器
峰值包络解调
中频输入
可控增益中放
鉴频器
音频输出
控制信号产生
电压比较器
峰值包络解调

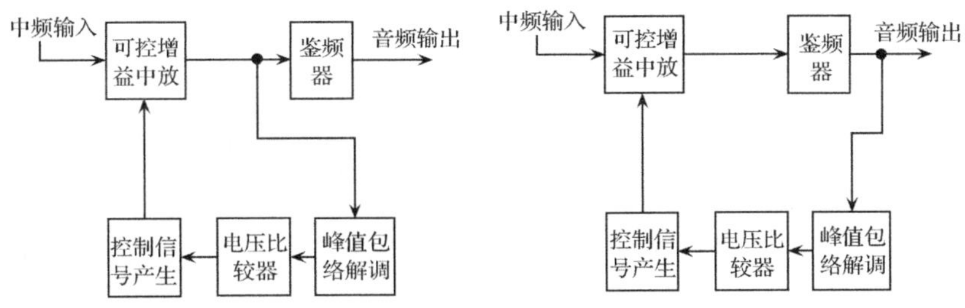

题 7.3 图

第 8 章　无线收发信系统设计简介

无线收发信系统的设计包括发射机系统设计和接收机系统设计，无论是发射机设计还是接收机设计，必须清楚系统的实现方案、组成结构、性能指标和各部分及其指标间的相互关系，在实现时还必须全面了解各部分的元器件与单元电路，选择合适的器件与封装。下面将分别探讨发射机和接收机有关的系统设计工作。

8.1　发射系统设计

8.1.1　发射机结构

发射机的主要功能是实现基带信号的调制和高频与射频信号的功率放大。根据基带信号和调制的方法不同，发射机可以分为连续波发射机、调频发射机、调幅发射机、调相发射机和单边带发射机等。无论哪种发射机，一般都可以分为两种：一种是直接调制法，它是直接在高频或射频工作频率上实现调制变换，省略了上变频器，构成框图如图 8.1(a)所示；另一种是二次变频法，基本原理是先在较低的频率上实现调制，然后将调制后的信号通过混频器上变频到工作的载频上，其构成框图如图 8.1(b)所示。

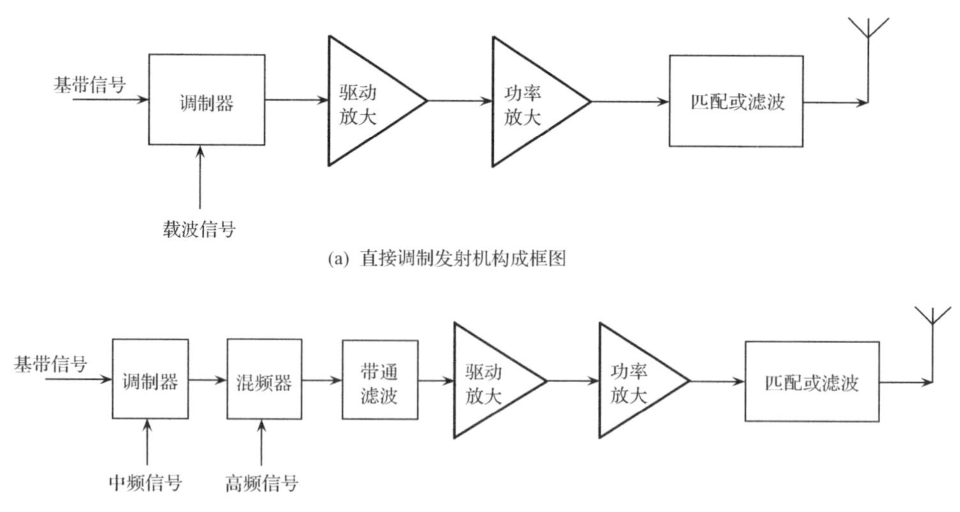

(a) 直接调制发射机构成框图

(b) 二次变频发射机构成框图

图 8.1　发射机构成框图

上述两种方案各有优缺点，直接调制法结构简单，器件少，实现容易，但是如果调制器和本振隔离不好，载波信号将直接从调制器输出，并通过天线辐射出去，对系统本身和邻近信道造成干扰。二次变频法结构相对复杂些，但可以解决直接调制法中的问题，同时由于在较低的频率上完成调制，调制的性能较高，也较容易实现，但是二次变频法必须采用带通滤波器来滤除另一个边带，在某些场合这个滤波器的指标要求可能很高，难于实现。

一般情况下，当载波频率较高时，为了抑制互调干扰，同时由于载频高，本振输出滤波器的相对带宽较窄，使得群时延变化很大，这将导致输出信号严重失真，故通常采用二次变频法。

8.1.2　发射机的性能指标

发射机设计的主要目标是得到高效的输出功率、纯净的输出频谱、低的发射机噪声和最大化线性特性等，所以发射机的有关系统设计参数和性能指标主要有：

1）发射机的功率

包括峰值功率和平均功率。峰值功率是指发射机的最大瞬时功率，平均功率是指发射机在发射有用信息时的功率的平均值。发射机的功率与功率准确度在特定场合将成为关键指标。

2）增益

发射机每一级电路都存在固有的增益或损耗，故对输入和输出功率都有相应的要求，如功放，若输入功率较低，则输出功率无法达到要求。整个系统的增益由各级电路决定，所以各级电路的增益分配将十分重要。

3）载波频率的稳定度

频率的稳定度是发射机的一个十分重要的指标，它定义为在规定的时间内和一定条件下（如温度、湿度和电源电压变化范围），载波频率的相对变化值，其值一般为 10^{-6}，特殊情况可以达到 $10^{-9}\sim10^{-8}$。影响频率稳定度的因素主要是温度、电源电压和负载阻抗的变化，采用晶振或温补晶振可以获得很高的频率稳定度。

4）频率的准确度

频率的准确度定义为发射信号的频率与规定的标称频率之间的差。差值越小，准确度越高。

5）射频的频谱纯度

发射信号的频谱纯度对通信的质量、相邻信道和其他无线系统的影响很大，在设计时，发射信号的频谱纯度必须满足有关规定。一个符合要求的、性能良好的发射机，其输出的信号中所有的谐波、虚假信号和噪声等都在规定的范围内。

6）载波泄漏

发射机本振泄漏不仅影响发射信号的频谱，且对接收机性能产生严重影响，所以发射机载波泄漏与收发隔离也是一个关键指标。

7）杂散辐射

杂散辐射是指除载波和正常调制以外的辐射。发射机的带外杂散主要是本振的泄漏和发射频谱的镜频，对它们的抑制主要依靠通道滤波器和双工器实现；对于本振的杂散，如果经过混频器则杂散落入射频通带内，只有通过抑制本振的杂散来消除。

8）调制特性

对于调幅系统，随调制信号幅度变化的最大载波功率必须在非线性允许的范围内；对于调频系统，随调制信号变化的载波频率与标准频率的差在要求的范围内；对于调相系统，随调制信号变化的载波相位与标准相位的差在规定的范围内。

9）输出驻波比

输出驻波比（VSWR）是一个反映输出端反射情况的参数，VSWR 会随着终端负载变化而变化。如天线在不同的使用环境和条件下其阻抗会发生变化，使得 VSWR 增大，这将导致发射机的功放被烧毁。所以在设计时，输出 VSWR 必须限制在功放能够承受的 VSWR 最大值之内。

8.2　接收系统设计

接收机的主要功能是从空中存在的众多电磁波中，选出自己需要的频率成分，抑制或滤除不需要的信号或噪声与干扰信号，然后经过放大、解调得到原始的有用信息。而接收机的构成方法或结构和各项性能指标是设计者必须清楚的，下面将具体介绍。

8.2.1　接收机结构

接收机有两种基本构成结构，一种是超外差（Superhetrodyne）结构，另一种是直接转换结构。图 8.2 是这两种结构的典型构成图。

所谓超外差接收机，就是将接收到的射频信号与某一频率的本振信号进行混频或下变频之后输出一个频率较低的中频调制信号，该中频信号的频率就是本振信号和被接收的信号的频率之间的固定频差。最终信号的解调是将中频信号滤波、放大后在中频上由解调器完成。超外差接收机的构成图中，有三种不同的滤波器，它们所起的作用各不相同，都不可或缺。其中，带通滤波器是将所需频带的信号从天线接收到的众多无线信号中选择或隔离出来，起频段选择作用，其中心频率就是载波频率，带宽较宽，由于载波频率一般都较高，所以带通滤波器的相对带宽较窄，故其品质因数 Q 必须较大才能满足要求；镜频滤波器主要完成对输入信号中的镜像信号的滤波或抑制，由于混频器或下变频器的存在，镜频输入信号经过混

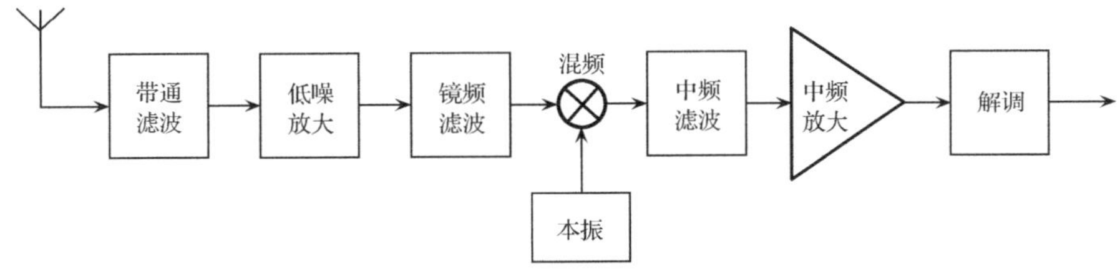

(a) 超外差接收机构成框图

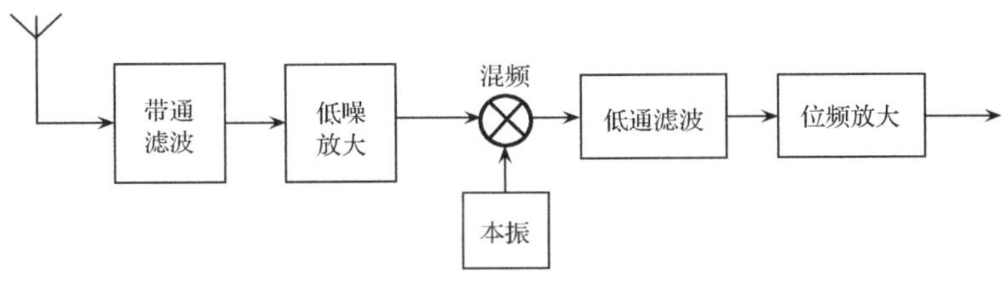

(b) 直接转换接收机构成框图

图 8.2　接收机结构框图

频在混频器输出的中频信号中存在干扰，所以在超外差接收机中这种镜频滤波器必不可少；中频滤波器，一方面完成从混频器输出的信号中滤除高频信号，选择出所需要的频率较低的中频信号，另一方面由于中频频率较低，若要实现较好的选择性，对滤波器 Q 值的要求可以降低，所以在中频滤波器中实现频道选择作用比在高频带通滤波器中容易得多。

超外差接收机具有如下优点：

(1) 天线接收的信号电平一般为 $-120\sim-100$dB，后续的解调器或 AD 变换器要正常工作通常需要 100dB 以上的放大，如此高的增益如果在一个放大器中进行，容易使得放大器不稳定而形成自激振荡，而超外差接收机可以将总的增益分散到高频、中频和基带三个频段上来实现系统高增益要求，同时在较低频率上实现高增益要更容易和稳定。

(2) 由于超外差结构将射频信号变成较低的中频信号，相应的解调和 AD 变换就较为容易实现。

超外差接收机的显著缺点是存在众多的组合干扰频率。由于超外差接收机中的混频器通常不是一个简单的理想的乘法器，在完成信号相乘与变频时，由于非线性的存在，当有干扰信号进入混频器时，干扰信号将与本振信号混频产生多种组合频率，如果这些来自干扰信号的中频信号落入接收机的中频频带内，就会对有用信号产生干扰，通常可以通过选择一个合适的中频频率来降低这种干扰。另外，由于超外差结构中的镜频滤波器和中频滤波器的 Q 值都较高，普通的 LC 滤波器很难满足需要，一般都是外接高性能的集中选频组件，这样对接收机的功耗和性能都存在不利影响。

在直接转换接收机中，其基本原理同于外差接收机，不同之处在于参与混频的本振频率不是任意给定的，而是等于载波频率，这样中频频率就为0，所以再不存在镜像频率与镜频干扰，这种方案通常称为零中频方案。该方案的射频部分省去了镜频滤波器，而中频滤波器变成了低通滤波器，简化了系统的构成，降低了设计和实现的难度，节约了成本。但是直接转换接收机存在明显的缺点，如由于本振的频率和载波频率相同，故容易造成本振的泄漏；存在直流偏差，对随后的电路造成严重影响；只能用于调幅信号的解调，不能解调调频和调相信号；对本振的稳定性要求高，所以多数只在低频段使用。

直接转换接收机还有一种正交形式的结构，如图8.3所示。采用了两个相互正交的本振信号分别进行混频，得到两个正交的基带信号。这种结构存在的主要问题是正交的两路由于模拟器件电气特性不可能完全相同，使得幅相特性存在差异，难以保持正交要求。

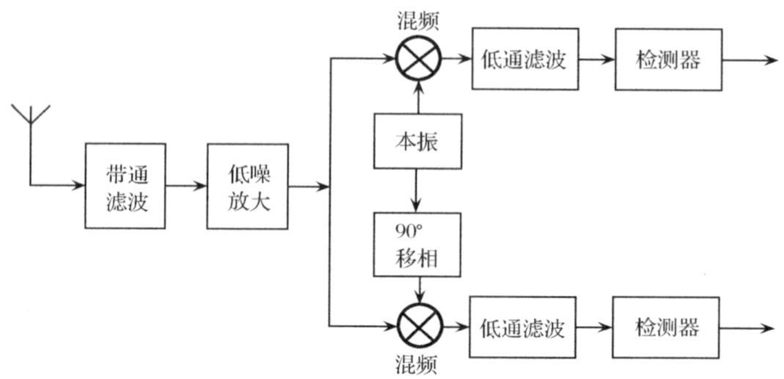

图8.3　正交形式的直接转换接收机结构框图

为了解决上述模拟正交结构中幅相不一致的问题，还有一种数字零中频方案如图8.4所示。它是先将射频信号经过一次混频得到中频信号，然后在中频进行

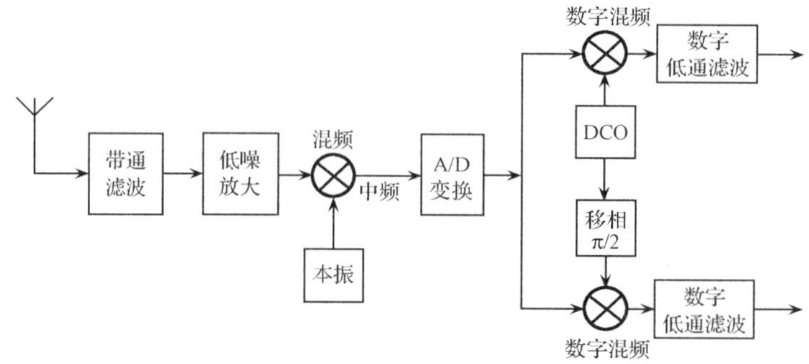

图8.4　数字零中频接收机结构框图

A/D 变换实现数字化，之后采用两个正交的数字本振进行数字下变频，从而得到两个正交的数字基带信号。由于在中频就实现数字化，采样率很高，这样可以大大地改善信噪比，提高系统的动态范围。

8.2.2 接收机的性能指标

接收机的主要性能指标如下。

1. 灵敏度

接收机灵敏度是一个十分重要的指标，它是指接收机在满足给定的误码性能时所能接收的信号最小电平值。灵敏度主要受到内在和外在噪声，特别是接收机内部噪声的限制，所以灵敏度也可以通过接收机输出端的信噪比来表示。另外，不同的调制解调方式对灵敏度存在一定影响。

2. 噪声系数

噪声系数(Noise Figure，NF)反映了部件或系统本身的噪声大小，信号通过电路时由于电路中存在多种噪声，使得信号受到污染，从而输出端的信噪比相对于输入端的信噪比必将降低，通常将输入端的信噪比和输出端的信噪比之比定义为噪声系数。每级电路都存在一个噪声系数，由多级电路构成的接收系统的噪声系数的计算公式为

$$F = F_1 + \frac{F_2 - 1}{G_1} + \frac{F_3 - 1}{G_1 G_2} + \frac{F_4 - 1}{G_1 G_2 G_3} + \cdots \tag{8.1}$$

式中，F 为各级电路的噪声系数；G 为相应各级的增益。

从式(8.1)知，当 G_1 较大时，系统总的噪声系数便由第一级的噪声系数确定，其他各级对系统噪声系数影响较小，所以为了使得系统总的噪声系数较小，系统中第一级电路的增益设计的都较高。

噪声系数常用 dB 表示如下：

$$\text{NF(dB)} = 10\lg F \tag{8.2}$$

3. 动态范围

接收机的动态范围(Dynamic Range，DR)是指接收机能够正确接收的最小输入信号电平与最大输入信号电平之间的范围，通常用这两个电平的 dB 之差来表示。输入的最小信号电平可用灵敏度对应的电平值来代替，输入的最大信号电平可采用 1dB 压缩点对应的电平为参考。接收机的动态范围值一般在 80dB 左右。

4. 互调干扰抑制

互调干扰抑制是指接收机在接收的频带范围内存在两个或多个干扰信号时，

接收机正确接收满足性能指标的有用信号的能力。互调干扰抑制主要由接收机射频部分的线性度决定。

5. 邻道干扰抑制

邻道干扰抑制是指相邻信道上若存在信号时，接收机在本身所在的信道上正确接收而不受干扰的能力。它主要取决于信道选择与隔离滤波器的选择性。

实际上，无线电收发信机的设计工作是一项较为复杂的系统工程，必须根据各方面的要求，合理选择收发信机的实现结构方案和调制解调方法，综合考虑收发信机的性能指标，才能达到令人满意的效果。

本章小结

本章内容主要为无线收发信机系统设计提供参考。

发射机可以分为连续波发射机、调频发射机、调幅发射机、调相发射机和单边带发射机等。无论哪种发射机，一般都可以分为两种：一种是直接调制法，它是直接在高频或射频工作频率上实现调制变换，省略了上变频器；另一种是二次变频法，基本原理是先在较低的频率上实现调制，然后将调制后的信号通过混频器上变频到工作的载频上。

发射机设计的主要目标是得到高效的输出功率、纯净的输出频谱、低的发射机噪声和最大化线性特性等，其主要性能指标有发射机的功率、增益、载波频率的稳定度、频率的准确度、射频的频谱纯度、载波泄漏、杂散辐射、调制特性和输出驻波比。

接收机有两种基本构成结构，一种是超外差结构，另一种是直接转换结构。而正交形式的直接转换接收机结构和数字零中频接收机结构是两种实用的结构。

接收机的主要性能指标包括灵敏度、噪声系数、动态范围、互调干扰抑制和邻道干扰抑制。

习　题

8.1 发射机的实现方案有哪些？它们各有什么优缺点？

8.2 发射机的主要性能指标有哪些？

8.3 什么是发射机频率的准确度和稳定度？

8.4 什么是发射机的杂散辐射？

8.5 发射机的输出驻波比是什么？减小它有何意义？

8.6 接收机的实现方案有哪些？

8.7 超外差接收机的主要构成包括哪些部分？有何优点？

8.8　什么是正交接收机？其工作原理是什么？

8.9　什么是数字零中频接收机？其工作原理是什么？有何特点？

8.10　接收机的主要性能指标有哪些？

8.11　什么是接收机灵敏度？它与什么因素有关？

8.12　什么是噪声系数？为什么系统的噪声系数主要取决于第一级电路的噪声系数？

8.13　什么是动态范围？

8.14　什么是互调干扰抑制？它反映了接收机哪方面的性能？

参考答案

第 2 章

2.3 $Q_L \approx 58$;回路上应并接的负载值约为 475kΩ

2.4 有载品质因数约为 3

2.7 4.43μH,71,21.2kΩ

2.9 217kHz,306kHz

2.10 $47.75 \leqslant Q_L \leqslant 51$

2.11 (1) 10.7μH, 43.3;(2) 18dB

2.12 (1) 0.65H,60;(2) 88.33

第 3 章

3.7 (1) 40W,8A;(2) 25W

3.8 $\theta=69°, I_{C0}=0.174A, I_{c1m}=0.302A, I_{c2m}=0.188A$

3.9 6.63W,75.42%

3.10 $\theta=120°, I_{C0}=40.6mA, I_{c1m}=53.6mA$,62.7%

$\theta=70°, I_{C0}=25.3mA, I_{c1m}=43.6mA$,81.9%

3.14 $L=14.59\mu H, C=2987pF$

3.15 低阻变高阻网络,$L=1.986\mu H, C=110pF$

3.16 $L_1=133.8\mu H, C_1=339pF, C_2=520pF$

第 4 章

4.1 (a) 同名端标于二次侧线圈的下端; (b) 同名端标于二次侧线的圈下端;
(c) 同名端标于二次侧线圈的上端

4.4 (a) 不能; (b) 不能; (c) 可能

4.5 同名端标于二次侧线的圈下端,$f_0 \approx \frac{1}{2\pi\sqrt{LC}} = \frac{1}{2\pi\sqrt{0.1u \times 4m}} \approx 8kHz$

4.6 $f_0 = \frac{1}{2\pi\sqrt{L\frac{C_1C_2}{C_1+C_2}}}$

4.7 (1) 1、5 为同名端; (5) $f_0 \in (1.35, 3.52)MHz$

4.8 (2)$L \approx 245\mu H$

4.9 (3)$C_\Sigma = C + \frac{C_1C_2}{C_1+C_2}$

4.10 (3)$C_\Sigma = C_3 + \frac{C_1C_2}{C_1+C_2}$

4.11 (2)$f_0=\frac{1}{2\pi\sqrt{(L_1+L_2)C}}$

4.13 能,1MHz,不能

4.14 $f_0\approx4.0$MHz,不能

4.15 (1)4MHz;(2)$f_s=\frac{1}{2\pi\sqrt{L_qC_q}}$,$f_p=\frac{1}{2\pi\sqrt{L_q\frac{C_qC_0}{C_q+C_0}}}$;(3)并联型晶体振荡器

第5章

5.1 BW=2kHz

5.2 $m_a=\frac{2}{3}$,BW=4kHz

5.3 $u(t)=5\left[1+\frac{1}{2}\cos(2\pi\times500t)+\frac{1}{3}\cos(2\pi\times300t)\right]\cos(2\pi\times5\times10^3t)$V

BW=1kHz

5.5 $U_{cm}=10$V,$F=500$Hz,$m_a=\frac{1}{2}$,BW=1kHz

5.6 载波功率:$P_c=2$W;边频功率:$P_{SB}=0.125$W;平均总功率:$P_{AV}=2.25$W

5.8 $u(t)=4\left[1+\frac{1}{2}\cos(2\pi\times10^3t)+\cos(2\pi\times2\times10^3t)\right]\cos(2\pi\times50\times10^3t)$V

5.9 (1)为AM调幅信号;

(2)为DSB调幅信号;

(3)为SSB上边带调幅信号。

5.10 BW=6.8kHz

5.11 (a)$u_o=U_{cm}\cos\omega_ct+\frac{4U_{\Omega m}}{\pi}\cos\Omega t\cos\omega_ct-\frac{4U_{\Omega m}}{3\pi}\cos\Omega t\cos3\omega_ct+\cdots$可见,含有关于$\cos\Omega t\cos\omega_ct$项,故能够实现调幅;

(b)$u_o=2U_{cm}\cos\omega_ct\left[\frac{1}{2}+\frac{4}{\pi}\cos\omega_ct-\frac{4}{3\pi}\cos3\omega_ct+\cdots\right]$,未含有关于$\cos\Omega t\cos\omega_ct$项,故不能够实现调幅

5.12 $u_o=-\frac{8U_{\Omega m}}{\pi}\cos\Omega t\cos\omega_ct+\frac{8U_{\Omega m}}{3\pi}\cos\Omega t\cos3\omega_ct+\cdots$可见,含有关于$\cos\Omega t\cos\omega_ct$项,故能够实现调幅

5.13 (a)$u_o=U_{cm}\cos\omega_ct+\frac{4U_{\Omega m}}{\pi}\cos\Omega t\cos\omega_ct-\frac{4U_{\Omega m}}{3\pi}\cos\Omega t\cos3\omega_ct+\cdots$可见,含有关于$\cos\Omega t\cos\omega_ct$项,故能够实现调幅;

(b)$u_o=0$,故不能够实现调幅

5.14 由框图可见，它含有两相乘器和两上边带滤波器，因此，它进行了两次频谱的线性搬移，且实现的是上边带调幅。总输出是载频＝20MHz 的上边带信号

5.15 因 $u_o=0.15\left[1+\frac{2}{3}\cos\Omega_1 t+\frac{1}{2}\cos\Omega_2 t\right]+0.15\cos2\omega_c t$，所以如果相乘器后面再接一低通滤波器，则将实现乘积型同步检波功能

5.16 $340\text{PF}\leqslant C\leqslant 0.0225\mu\text{F}$， $R_i=R/2=5\text{k}\Omega/2=2.5\text{k}\Omega$

5.17 (1)由 u_S 表示式可知，$f_c=465\text{kHz}$，$F=4\text{kHz}$，$m_a=0.4$。

因 $RC=5.1\times10^3\times6800\times10^{-12}=34.68\times10^{-6}$，而 $\frac{\sqrt{1-m_a^2}}{m_a\Omega}=89.57\times10^{-6}$，所以 $RC<\frac{\sqrt{1-m_a^2}}{m_a\Omega}$，故该电路不会产生惰性失真。

因 $\frac{R_L'}{R}=\frac{R/\!/R_L}{R}=\frac{3}{3+5.1}=0.37<m_a(=0.4)$，故电路会产生负峰切割失真

5.18 $22\text{pF}\leqslant C\leqslant3536\text{pF}$，$R_L\geqslant19.8\text{k}\Omega$

5.20 $u_i(t)=\frac{1}{2}U_{Lm}U_{sm}[1+k_a u_\Omega(t)]\cos\omega_i t$

5.21 (1) $u_o(t)=\frac{1}{2}U_{\Omega m}U_{cm}[\cos(\omega_c+\Omega)t+\cos(\omega_c-\Omega)]t$；滤波器为中心角频率＝$\omega_c$ 的带通滤波器，电路实现 DSB 调幅功能。

(2) $u_o'=\frac{1}{2}U_{sm}U_{rm}\cos\Omega t+\frac{1}{2}U_{sm}U_{rm}\cos\Omega t\cos2\omega_c t$；所以用一截止频率为 F 的低通滤波器滤除上式中的第 2 项，就可以解调输入的单音 DSB 信号。

(3) $u_o'=\frac{1}{2}U_{sm}U_{rm}\cos\Omega t\cos(\omega_L+\omega_c)t+\frac{1}{2}U_{sm}U_{rm}\cos\Omega t\cos(\omega_L-\omega_c)t$；如果滤波器为中心角频率＝$\omega_i$（＝$\omega_L+\omega_c$ 或＝$\omega_L-\omega_c$），带宽＝$2F$ 的带通滤波器，则电路实现混频功能

5.22 L_1C_1 回路应调谐于输入 AM 信号 1MHz 的中心载频；L_2C_2 回路应调谐于 465kHz 中频；L_3C_3 回路应调谐于本振频率 $f_L=1\text{MHz}+465\text{kHz}$。
A 点为中心频率为 1MHz 的单音 AM 信号；B 点为等幅正弦波（本振信号）；C 点为中心频率为 465kHz 的单音 AM 信号

第 6 章

6.1 (1) $f_c=30\text{MHz}$，$F=2\text{kHz}$，$m_f=1\text{rad}$，$\Delta f_m=2\text{kHz}$；
(2) 同上

6.2 $u_\Omega(t)=2\cos(2\pi\times6\times10^2 t)\text{V}$

6.3 $u_{FM}(t)=10\cos(2\pi\times20\times10^6 t-5\cos2\pi\times2\times10^3 t)\text{V}$

6.5 (1) $\Delta f_m=500\text{kHz}, BW=1100\text{kHz}$；(2) $\Delta f_m=500\text{kHz}, BW=1200\text{kHz}$；(3) $\Delta f_m=1000\text{kHz}$，$BW=2100\text{kHz}$；(4) $\Delta f_m=1000\text{kHz}, BW=2200\text{kHz}$

6.6 (1) $\Delta f_m=500\text{kHz}, BW=1100\text{kHz}$；(2) $\Delta f_m=1000\text{kHz}, BW=2200\text{kHz}$；(3) $\Delta f_m=1000\text{kHz}$，$BW=2100\text{kHz}$；(4) $\Delta f_m=2000\text{kHz}, BW=4200\text{kHz}$

6.7 $\omega(t)=\omega_Q\left(1+\frac{1}{2}\frac{Au_\Omega(t)}{Q_e}\right)$

6.8 $f_c=9.19\text{MHz}, \Delta f_m=0.836\text{MHz}$

6.10 (1) 中心频率 100MHz,最大频偏 150kHz，调制频率 5kHz；
(2) 放大器 1 的中心频率应为 10MHz,通频带宽度应大于 16kHz；
放大器 2 的中心频率应为 100MHz,通频带宽度应大于 310kHz

6.11 $u_o(t)=0.3\cos 2\pi\times 2\times 10^3 t\,\text{V}$

6.12 (1) $u'_o(t)\propto-[\Omega\sin(\Omega t)+2\Omega\sin(2\Omega t)+3\Omega\sin(3\Omega t)]$；(2) 积分电路

6.13 (1) $u'_o(t)=-RCU_m[\omega_c+m_f\Omega\cos(\Omega t)]\sin[\omega_c t+m_f\sin(\Omega t)]$，调频-调幅波；(2) 包络检波器

6.14 (1) 低通滤波器；(2) $u_1(t)=-A_0U_m\sin[\omega_c t+m_f\sin(\Omega t)+k_0m_f\Omega\cos(\Omega t)]$，$u_o(t)=-\frac{1}{2}A_M A_0 U_m^2\sin[k_0m_f\Omega\cos(\Omega t)]\approx-\frac{1}{2}A_M A_0 U_m^2 k_0 m_f\Omega\cos(\Omega t)$

6.15 (a) 斜率鉴频，$f_c=\frac{f_{01}+f_{02}}{2}$；(b) 包络检波，$f_c=f_{01}=f_{02}$

6.16 (1) 一个管子极性接反，不能鉴频；(2) 两个管子的极性都接反，能鉴频，输出反相；(3) 一个管子断开，能鉴频，输出减小

6.17 (1) 一个管子极性接反，不能鉴频；(2) 两个管子的极性都接反，能鉴频；(3)一个管子断开，能鉴频

参 考 文 献

陈邦媛.2006. 射频通信电路. 北京:科学出版社
高吉祥.2003. 高频电子线路. 北京:电子工业出版社
高如云,陆曼茹,张企民,孙万蓉. 2002.通信电子线路. 西安:西安电子科技大学出版社
顾宝良.2002. 通信电子线路. 北京:电子工业出版社
胡晏如,耿秋燕. 2004.高频电子线路. 北京:高等教育出版社
黄亚平.2007.高频电子线路. 北京:机械工业出版社
铃木宪次.2005.高频电路设计与制作.北京:科学出版社
刘宝玲,胡春静.2005.通信电子线路. 北京:邮电大学出版社
沈伟慈.2004.通信电路.西安:西安电子科技大学出版社
谐嘉奎.2000. 电子线路,非线性部分. 北京:高等教育出版社
严国萍,龙占超.2005. 通信电子线路. 北京:科学出版社
于洪珍.2005.通信电子电路. 北京:清华大学出版社
袁杰.2006. 实用无线电设计. 北京:电子工业出版社
曾兴雯等.2004. 高频电子线路学习指导. 西安:西安电子科技大学出版社
张玉兴.2002. 射频模拟电路. 北京:电子工业出版社